生态水力学
——河流建坝水生态环境效应与保护

陈求稳 等 著

U0263246

科学出版社
北京

内 容 简 介

　　河流建坝是人类开发利用水资源最有效的方式之一，在防洪、发电和水资源时空配置等方面发挥了重大作用，但同时不可避免地引发了一系列河流生态环境问题。建坝河流生态环境效应与保护是国际生态水利研究热点，尤其是在生态文明建设和长江大保护新形势下，已成为河流生态保护亟待破解的难题。本著作选取南北流向跨境河流澜沧江和东西流向的境内河流长江作为主要研究对象，聚焦建坝河流生态环境保护领域的关键科学问题和技术瓶颈，基于已有的研究成果，全面阐述了建坝对河流生源要素迁移转化、水生生物生境及群落结构的影响，提出了建坝河流生态环境保护多维调控技术，并介绍了不同应用实例。

　　本书可供从事河流生态保护、水利水电工程规划建设等领域工作的科研人员、工程技术人员、管理人员参考，也可作为高等院校水利、环境、生态等专业的教学参考书。

审图号：GS 京（2024）2462 号

图书在版编目(CIP)数据

生态水力学：河流建坝水生态环境效应与保护 / 陈求稳等著. -- 北京：科学出版社，2025. 2. -- ISBN 978-7-03-078716-3

Ⅰ．X321；X524

中国国家版本馆 CIP 数据核字第 2024KZ2082 号

责任编辑：周　丹　沈　旭　李佳琴/责任校对：郝璐璐
责任印制：张　伟/封面设计：许　瑞

科学出版社 出版
北京东黄城根北街 16 号
邮政编码：100717
http://www.sciencep.com

北京汇瑞嘉合文化发展有限公司印刷
科学出版社发行　各地新华书店经销
*
2025 年 2 月第　一　版　　开本：787×1092　1/16
2025 年 2 月第一次印刷　　印张：18 3/4
字数：445 000
定价：299. 00 元
（如有印装质量问题，我社负责调换）

前　　言

　　水安全和能源安全是关系到国家社会经济可持续发展的重大安全问题。我国水资源短缺、时空分布不均，随着社会经济高速发展，对水资源需求量急剧增加。与此同时，在当前背景下，清洁能源需求日益突出。

　　河流建坝在防洪、发电和水资源时空配置等方面发挥了重大作用。然而，闸坝建设改变了河流天然水文情势，影响了河流物质迁移转化过程，进而对河流生态系统的生物生境、群落结构及相应的生态功能造成影响，引发了一系列河流生态环境问题。

　　有关河流建坝的生态环境问题，长期存在争议，主要观点包括：梯级水库拦截碳氮磷硅等关键生源要素，影响下游水生生态系统和区域食物安全；水库温室气体排放，影响水电的清洁性；生境改变影响底栖动物群落结构特征，鱼类天然洄游通道被截断，河流水文和水温情势变化，影响土著鱼类生存与繁殖。在生态文明建设和长江大保护新形势下，建坝河流生态环境问题是国际上生态水利研究的热点，也是河流生态保护亟须破解的难题。科学且定量地分析河流建坝对生态环境的影响，提出相应的生态保护技术，具有重要研究意义。

　　本书围绕建坝河流生态环境效应及生态保护存在的科学问题与技术瓶颈，以澜沧江梯级、长江上游梯级和怒江等为典型研究区域，从生态水力学视角，探究了梯级开发影响下氮磷营养盐和重金属的迁移转化过程，阐明了工程运行调控对温室气体排放的影响及其机制，量化了水库运行对河流生源要素再分布的影响及其生态环境效应，分析了工程前后河流水生生物（浮游植物、微生物、底栖生物、鱼类）群落结构及其时空分布特征；基于鱼类对关键生境因子的生理生态学响应机制，阐明了工程运行引起的水文情势、水温、溶解气体、床质变化对目标鱼类生境的影响；建立了耦合流量过程-水温过程-生源要素输出过程的水库生态调度模式，提出了支流生境替代补偿和微生境修复技术，构建了坝下生态流量过程调控与坝上支流生境替代相结合的建坝河流生态环境保护多维调控技术，并在淮河及汉江等区域进行了工程应用。

　　本书研究建立的理论方法和关键技术可为建坝河流水安全与能源安全提供理论依据与技术支撑，深化了生态水力学研究，促进了生态水利学科发展，具有重要的现实意义与较为广阔的推广应用前景。

　　全书共分八章。陈求稳负责本书的总体研究思路和内容设置，具体章节内容第 1 章由李沁园、唐宇萌协助编写；第 2 章由马宏海、张志远、张思九、朱昊彧协助编写；第 3 章由陈宇琛、张琦、闫兴成、冯韬协助编写；第 4 章由张志远、朱晨曦、唐磊、王瀚锐协助编写；第 5 章由林育青、乔如霞、李婷、唐磊、曾晨军协助编写；第 6 章由冯韬、杨培思、唐磊、李婷、洪迎新、张与馨协助编写；第 7 章由李沁园、杨早立、何术锋、张琦协助编写；第 8 章由何术锋、王丽、陈凯、胡威、张劲、张辉、莫康乐协助编写。全书由陈求稳统稿完成，严晗璐、林育青和陈宇琛协助统稿工作。

　　本书出版获得国家重点研发计划项目（2022YFC3203900）、国家自然科学基金创新研究群体项目（52121006）、国家自然科学基金长江联合基金项目（U2340220）、国家杰出青年科学基金项目（51425902）、国家自然科学基金重大研究计划重点支持项目（91547206）、国家重点研发计划课题（2016YFC0502205）、中国长江电力股份有限公司"变化环境下长江中下游水平衡及三峡水资源高效利用研究"（Z242302052）的共同资助。本书的出版要特别感谢张建云院士、胡春宏院士、倪晋仁院士、唐洪武院士、胡亚安院士等的指导。

　　限于时间和水平，本书难免存在疏漏之处，敬请读者批评指正。

作　者

2023 年 10 月

目　　录

前言

第1章　绪论 ··· 1

1.1　建坝河流生态环境效应研究背景 ··· 1

1.2　建坝河流生态环境效应研究进展 ··· 4

　　1.2.1　建坝对河流水文情势和水温情势的影响 ······················· 4

　　1.2.2　建坝对河流关键生源要素迁移转化的影响 ····················· 5

　　1.2.3　建坝对河流水生生物生境及群落结构的影响 ··················· 8

1.3　建坝河流生态保护研究进展 ··· 13

　　1.3.1　生态调度 ·· 13

　　1.3.2　生境修复 ·· 15

1.4　章节设计与主要内容 ··· 17

参考文献 ··· 17

第2章　典型研究区域概况 ··· 32

2.1　澜沧江流域概况 ·· 32

　　2.1.1　自然地理概况 ·· 32

　　2.1.2　水利工程概况 ·· 36

2.2　长江上游流域概况 ··· 37

　　2.2.1　金沙江流域概况 ··· 38

　　2.2.2　三峡水利枢纽概况 ··· 43

2.3　怒江流域概况 ·· 47

参考文献 ··· 49

第3章　河流建坝对物质循环的影响 ··· 51

3.1　水库对氮磷纵向输移的影响及梯级累积效应 ·························· 51

　　3.1.1　氮磷的沿程分布特征 ··· 51

　　3.1.2　氮磷的迁移转化机制 ··· 66

　　3.1.3　氮磷的梯级累积效应 ··· 72

3.2　梯级水库对碳氮温室气体排放的影响 ·································· 80

　　3.2.1　水库沿程碳温室气体排放 ·· 80

　　3.2.2　水库沿程氮温室气体排放 ·· 84

　　3.2.3　梯级水库总温室气体排放 ·· 89

3.3　梯级水库对重金属汞迁移转化的影响 ·································· 91

　　3.3.1　梯级水库对汞和甲基汞分布的影响 ······························ 92

　　3.3.2　不同流域梯级水库对汞和甲基汞分布的影响 ··················· 96

3.4　本章小结 ··· 100
参考文献 ··· 101
第4章　河流建坝对底栖动物的影响 ··· 106
4.1　建坝河流底栖动物分布特征及影响机制 ··· 106
4.1.1　金沙江流域底栖动物分布特征及影响机制 ····························· 106
4.1.2　澜沧江流域底栖动物分布特征及影响机制 ····························· 114
4.2　建坝河流和自然河流底栖动物分布特征的差异 ······························· 117
4.2.1　自然河流怒江底栖动物群落分布特征 ··································· 117
4.2.2　自然河流与建坝河流底栖动物群落分布的差异 ······················ 125
4.3　河流建坝对底栖动物生物多样性的影响 ··· 127
4.3.1　自然河流水系底栖动物生物多样性的生态尺度效应 ·················· 128
4.3.2　河流建坝对底栖动物生物多样性影响的定量评估 ··················· 130
4.4　本章小结 ··· 132
参考文献 ··· 132
第5章　河流建坝对鱼类关键生境因子的影响 ··· 134
5.1　河湖相分区对鱼类群落的影响 ··· 134
5.1.1　河湖相分区对鱼类群落组成的影响 ··································· 135
5.1.2　河湖相分区对鱼类群落分布的影响 ··································· 136
5.1.3　河湖相分区对鱼类群落优势种的影响 ································· 137
5.1.4　河湖相分区对鱼类群落生态类型的影响 ······························ 139
5.2　水文情势变化对鱼类繁殖的影响 ··· 141
5.2.1　河流建坝前后水文情势变化特征 ······································· 141
5.2.2　水文情势变化对鱼类繁殖的影响特征 ································· 143
5.2.3　水文情势变化对鱼类繁殖的影响机制 ································· 151
5.3　水温情势变化对鱼类繁殖的影响 ··· 156
5.3.1　河流建坝水温情势变化 ··· 157
5.3.2　水温情势变化对鱼类繁殖的影响特征 ································· 157
5.3.3　水温情势变化对鱼类繁殖生理的影响机制 ···························· 161
5.4　高坝泄水气体过饱和对鱼类生境的影响 ··· 164
5.4.1　高坝泄水总溶解气体过饱和生成特征 ································· 164
5.4.2　高坝泄水总溶解气体过饱和生成主要影响因子 ······················ 166
5.4.3　坝下总溶解气体饱和度时空变化特征 ································· 170
5.4.4　总溶解气体过饱和对鱼类生境的影响 ································· 171
5.5　本章小结 ··· 176
参考文献 ··· 177
第6章　河流建坝对鱼类生境影响的调控措施 ··· 181
6.1　梯级水库多目标生态调度 ··· 181
6.1.1　满足鱼类产卵流速需求的生态调度 ····································· 181

6.1.2　满足鱼类产卵水温需求的生态调度 ···187
6.1.3　多目标多要素耦合生态调度 ···199
6.2　高坝大库支流生境替代 ···204
6.2.1　金沙江支流生境替代 ···204
6.2.2　澜沧江支流生境替代 ···225
6.3　本章小结 ··230
参考文献 ···230
第7章　河流建坝对鱼类生境的其他影响及保护措施 ··233
7.1　河流建坝对鱼类生境的其他影响 ···233
7.1.1　建坝对河流连通性及鱼类的影响 ···233
7.1.2　建坝对河貌及鱼类的影响 ···236
7.2　建坝河流的其他保护措施 ···238
7.2.1　过鱼设施 ··238
7.2.2　增殖放流 ··242
7.3　建坝河流保护措施效益评估 ··244
7.4　本章小结 ··247
参考文献 ···248
第8章　其他工程应用 ··259
8.1　淮河多闸坝河流生态流量过程调控 ··259
8.1.1　淮河流域典型水体生态流量过程确定 ··259
8.1.2　淮河流域典型水体水文调控阈值确定 ··267
8.2　汉江梯级航电枢纽多目标生态流量调控 ··267
8.2.1　基于断面水质达标的生态流量 ··268
8.2.2　基于河流水华控制的生态流量 ··272
8.2.3　基于河流鱼类生境保护的生态流量 ···279
8.2.4　多目标生态环境流量过程保障 ··282
8.3　本章小结 ··289
参考文献 ···289
跋 ··291

第 1 章 绪 论

河流建坝是人类开发利用水资源最有效的手段之一，在防洪、发电和水资源时空配置等方面发挥了重大作用，但同时不可避免地引发了一系列河流生态环境问题。在生态文明建设和长江大保护新形势下，建坝河流生态环境问题既是国际上生态水利研究的热点，也是河流生态保护亟待破解的难题。本章节重点阐述全书撰写的背景，全面梳理有关建坝对河流水文情势、水温情势、泥沙输移及河貌、生源要素迁移转化、水生生物生境及群落结构的影响，明确存在的知识与技术缺陷，概述各章节安排及其主要内容。

1.1 建坝河流生态环境效应研究背景

自公元前 3000 年左右在约旦贾瓦的瓦迪拉吉尔建造第一座石坝以来，河流建坝已对全球的水资源和能源的供应、洪水调控、灌溉以及航运做出了巨大贡献，特别是在 20 世纪（Best，2019）。第一次全球建坝热潮发生在第二次世界大战后，在 20 世纪 60～70 年代达到顶峰，主要集中在西欧和北美[图 1-1（a）和图 1-2；Lehner et al.，2011]。随着人们对河流建坝造成的社会和生态影响的日益关注，全球建坝趋势在 20 世纪 90 年代有所放缓（Moran et al.，2018）。然而，为了满足社会经济发展对能源和水资源快速增长的需求，全球出现了第二次建坝热潮，主要集中在亚洲、非洲和南美洲的发展中国家和新兴经济体[图 1-1（b）和图 1-3；Zarfl et al.，2015]，特别是在亚马孙河、刚果河和澜沧江等大型河流流域（Winemiller et al.，2016；Zarfl et al.，2015）。根据 Zarfl 等（2015）的研究，全球处于建设中或规划中的大坝约有 3700 座，并且这个数字还会进一步增加。同时，

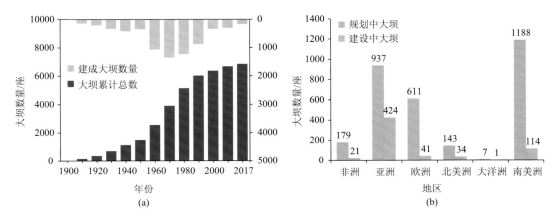

图 1-1 全球建坝概况

（a）1900～2017 年，全球大坝总数和每十年建造的大坝数量；（b）各大洲处于建设中和规划中的大坝数量

资料来源：（a）Lehner 等（2011）；（b）Zarfl 等（2015）

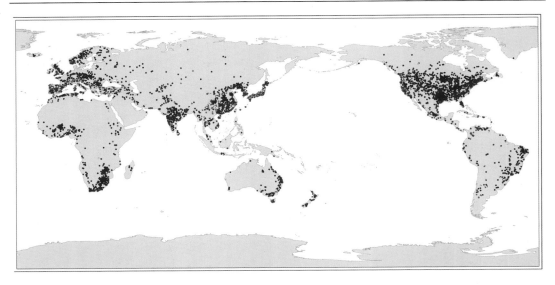

图 1-2　全球已建成大坝的分布

不同颜色代表不同高度范围的大坝

资料来源：Lehner 等（2011）

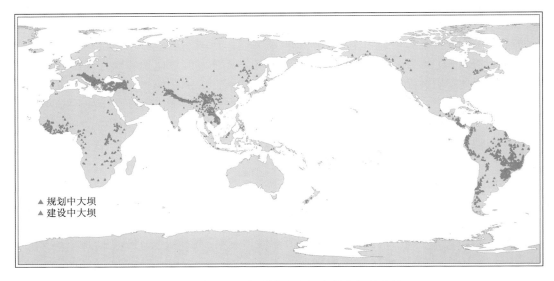

▲ 规划中大坝
▲ 建设中大坝

图 1-3　各大洲处于规划中和建设中的大坝分布情况

资料来源：Zarfl 等（2015）

一些国家也在因工程安全问题拆除老化的大坝，这也在一定程度上恢复了受损的河流生态系统（Habel et al., 2020；O'Connor et al., 2015）。

目前，世界上有 70%以上的河流受闸坝控制，全球 292 个大型河流系统中，超过半数受到水库调控的影响（Nilsson et al., 2005; Liermann et al., 2012）。据国际大坝委员会（International Commission on Large Dams, ICOLD）统计，截至 2023 年 4 月，全球注册

登记的大坝（坝高大于 15 m 或坝高在 5～15 m 且蓄水量超过 300 万 m^3）数量已达到 61988 座。从全球各个地区来看，截至 2021 年，欧洲、北美洲地区各国水电开发程度较高，开发潜力有限；亚非拉等第三世界发展中国家（主要是南亚和中亚地区）水电开发程度较低，开发潜力巨大；东亚（主要是中国）、大洋洲地区水电开发程度接近，但依然有一定增长空间（IHA，2022）。

建坝阻碍了河流自然流动，从而导致栖息地破碎化（Grill et al., 2015, 2019）。在全球范围内，63%的大型河流（>1000 km）已不再自由流动（Grill et al., 2019）。全球已建成的 6374 座大坝已导致全球河流栖息地破碎化程度达到 48%，而全球预计将继续规划和建设超过 3700 座大坝，这将使全球河流栖息地破碎化程度增加到 93%（Grill et al., 2015; Zarfl et al., 2015）。河流流量和水温的季节性和年际动态已被大坝运行大大削弱（Poff et al., 2007）。随着水库运行时间的增加，泥沙在水库中淤积，下游河床容易被冲刷，最终改变河流形态（Kondolf et al., 2014, 2018; Schmitt et al., 2019）。此外，高坝泄洪还会导致下游河道水体总溶解气体过饱和（Ma et al., 2018b; Weitkamp and Katz, 1980）。

中国河流水系众多，是世界上水能资源最丰富的国家之一。进入 21 世纪以后，我国水电开发迎来了高速发展的黄金期，河流建坝数量逐年增加。2003 年，拥有世界上最大发电能力的三峡水电站并网运行，不仅刷新了水电站装机容量的世界纪录，也标志着我国水电开发建设水平走到了世界前列。西南澜沧江、金沙江等流域的水电项目相继开工建设；其中，金沙江干流巨型水电工程——装机容量 0.64×10^7 kW 的向家坝水电站、装机容量 1.386×10^7 kW 的溪洛渡水电站、装容机量 1.02×10^7 kW 的乌东德水电站以及装机容量 1.6×10^7 kW 的白鹤滩水电站相继开发并投产发电。据《2021 年全国水利发展统计公报》的统计，截至 2021 年底，我国的江河湖泊已建成各类水库 97036 座，水库总库容 9853 亿 m^3。其中，大型水库 805 座，总库容 7944 亿 m^3；中型水库 4174 座，总库容 1197 亿 m^3；小型水库 92057 座，总库容 712 亿 m^3，已建水电总装机容量超 3.0×10^8 kW，水电发电量达到 1.3 TW·h。中国已成为世界上水库大坝数量最多、农田灌溉面积最大、水电总装机容量最大的国家（IHA, 2022）。

在水资源刚性需求下，河流建坝作为水资源和水能资源高效利用的重要方式，未来很长一段时间，包括中国在内的绝大多数国家仍将河流水库大坝建设作为当前发展的重要任务，河流建坝具有广泛的发展前景。河流建坝在防洪、发电、供水、航运和水资源时空配置方面发挥重大作用的同时，改变了河流的天然水文情势，影响了河流生源要素生物地球化学循环，对河流生态系统的物种构成、栖息地分布及相应的生态功能造成影响，引发一系列河流生态环境问题。生态文明建设、长江大保护、黄河高质量发展等新发展理念对生态环境保护提出了纲领性的要求。建坝河流生态环境效应已成为河流可持续开发利用的瓶颈。

围绕建坝河流生态环境效应与保护问题，探究建坝河流水环境累积效应、水生生态系统响应特征，提出建坝河流生态环境保护多维调控技术体系，具有重要应用价值及广阔的推广前景，可为建坝河流水安全与能源安全提供理论依据与技术支撑，有利于推动生态水利学科的发展，具有重要研究意义。

1.2　建坝河流生态环境效应研究进展

建坝改变了河流原有的物质场、能量场、化学场和生物场,对河流的水文情势、水温节律、河道功能、物质循环等一系列环境因子产生影响,导致生源要素在河流中的生物地球化学行为发生变化,最终改变河流生态系统的物种构成、栖息地分布以及相应的生态功能(陈求稳等,2020)。

1.2.1　建坝对河流水文情势和水温情势的影响

水文情势(包括流量、流速、水深等水文要素)在河流生态系统中发挥着至关重要的作用(Chen et al., 2016c),建坝会显著改变河流水文状况(Timpe and Kaplan, 2017)。河流建坝后,大坝上游由自然流动的河流转变为水库的静止水体,完全改变了原有的水文情势。建坝会直接降低河流流速(Yang et al., 2017),如南美洲巴拉那河的年平均流速在建坝前为 0.88 m/s,在建坝后降至 0.56 m/s(Stevaux et al., 2009)。水库蓄丰补枯的运行模式还会改变河流流量的季节性变化[图 1-4(a)]。Chong 等(2021)发现澜沧江枯水期流量比建库前高出 63%,而丰水期下降 22%。尽管径流式水电站不会改变河流流量的季节性变化[图 1-4(b)],但它们可以通过调峰操作显著增加日流量或日流量的变异性(Almeida et al., 2020)。建坝将削减天然河流高流量脉冲过程的大小并缩短其持续时间,改变水位变化的频率(Timpe and Kaplan, 2017)。葛洲坝和三峡大坝建成后,长江下游的高流量脉冲次数减少了 22%,最大持续时间从 16 d 减少到 4~6 d(Wang et al., 2016)。河流建坝降低了河流的最大流量,提高了河流的最小流量,从而减小了水位波动带的范围(Poff et al., 2007)。建坝还减小了河漫滩的范围、洪水的周期和持续时间,减少了主河道与河漫滩之间的物质交换(Jardim et al., 2020; Moi et al., 2020)。澳大利亚巴朗河的大坝建设导致 23% 的活跃洪泛区面积损失,降低了洪泛区营养物质的可利用性

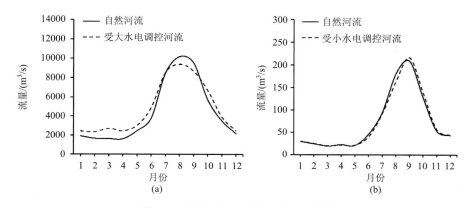

图 1-4　自然河流与建坝河流水文曲线

(a)长江上游屏山水文站(2007~2010 年月平均流量,自然河流)和向家坝水文站(2016~2020 年取代屏山水文站,月平均流量受向家坝水库调节,受大水电调控河流)的水文曲线;(b)长江上游支流黑水河宁南水文站在拆除老木河坝(无调节能力的小水电)前(2015 年,受小水电调控河流)和后(2019 年,自然河流)的水文曲线

（Thoms，2003）。为了量化建坝对河流水文情势的改变，水文变异指标（indicators of hydrologic alteration, IHA）评估方法被广泛用于评估建坝河流水文情势的变化（Richter et al., 1996，1998）。基于 IHA 法，变异性范围（range of variability approach, RVA）法被开发用于评估特定范围内的水文情势变化程度（Richter et al., 1997）。

水温是河流生态系统中一个重要且高度敏感的因子，具有明显的规律性，而建坝会显著影响水温情势［图 1-5（a）］（Cheng et al., 2015；Jung et al., 2023）。水库的水温变化受多种因素的影响，包括水库的形状、库容和深度，上游来水温度，水力停留时间（HRT）和水库的运行方式（Lessard and Hayes, 2003；Prats et al., 2010；Wotton, 1995）。建坝对河流水温情势的影响较为复杂，但其影响程度主要取决于大坝高度和区域气候特征（Maheu et al., 2016b）。不同气候区的水库对建坝河流的水温情势有不同的影响（Pieters and Lawrence, 2012；Yang et al., 2005）。水库水温具有季节热分层性，在热带、亚热带和温带地区，大型水库通常在春、夏、秋季形成热分层，表层温度高，底层温度低［图 1-5（b）］；在寒冷地区，大型水库在冻结期存在热分层现象，主要发生在冬季和早春，表层温度较低，底层温度相对较高［图 1-5（b）］。水库水体的季节热分层在一定程度上改变了下游水温的自然节律［图 1-5（a）］，表现为冬季水温升高，春夏季水温下降，最高水温幅度减小（Long et al., 2019；Soleimani et al., 2019）。值得一提的是，下游水温的最大变化发生在旱季（Maheu et al., 2016a）。小型水库采用表层泄水方式，且水库水温不分层，因此小型水库对河流水温的影响与大型水库不同（Maheu et al., 2016b）。小型水库春夏季释放表层水会使下游河道水温升高（Webb et al., 2008），这与大型水库夏季引起的水温变化相反（Skoglund et al., 2011）。目前已建立了多种指标来量化建坝河流的水温变化，如目标物种适宜水温范围的变化、最高和最低水温的变化（Li et al., 2021；Maheu et al., 2016a）。

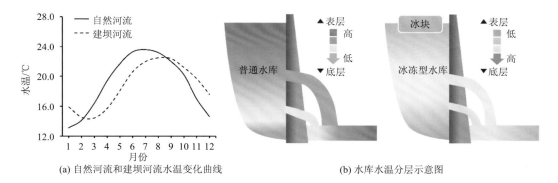

(a) 自然河流和建坝河流水温变化曲线　　　　　　(b) 水库水温分层示意图

图 1-5　建坝对河流水温情势的影响

1.2.2　建坝对河流关键生源要素迁移转化的影响

河流建坝将异养的自然河流转变成自养的水库型河流，入库水体流速减缓、滞留时间延长，干扰了自然河流生源物质的生物地球化学循环过程，促进了碳、氮、磷、硅的固定和沉积，进而导致生源物质形态转变和组成通量发生相当大的变化（Syvitski et al.,

2005；Hughes et al.，2012；邓浩俊等，2018）。当前，水库对关键生源要素的迁移转化和物质循环过程的影响及其滞留效应等问题受到广泛关注，研究重点包括水库对碳、磷、硅的拦截滞留，典型重金属沉积与转化，碳、氮温室气体释放特征及其影响机制等方面，研究对象包括库内水体、沉积物和消落带。

氮、磷元素是生物地球化学循环的物质基础，是水生生态系统中重要的营养限制元素，它们的迁移与再生过程对控制水域水生生物结构及其水体初级生产力具有重要的作用（Xu et al.，2010）。河流建坝不同程度地减少了生源要素的输出通量，导致大坝下游水体氮：磷：硅的值改变（Seitzinger et al.，2005）。目前，关于水库对生源要素循环的影响研究主要集中于对水库滞留通量和效率的估算。相关研究结果表明，全球水库对溶解性硅酸盐的年均滞留通量约为 163 Gmol/a（9.8 Tg SiO_2，$1\ Tg = 1 \times 10^{12}\ g$），而总活性硅酸盐的年均滞留通量约为 372 Gmol/a（22.3 Tg SiO_2），占全球河流输出硅酸盐通量的 5.3%（Maavara et al.，2014）；崔彦萍等（2013）分析发现三峡水库蓄水后对长江河口 SiO_3^{2-} —Si 浓度产生影响，导致硅酸盐与溶解性无机氮以及磷酸盐的比值降低。此外，水库大量拦截了总磷和溶解态磷，且拦截比例随着水库水力停留时间的增加呈指数增长，最高达到 80%以上，从而对全球磷的循环产生影响（Maavara et al.，2015）；Stone（2011）和Schmitt 等（2018）针对澜沧江水电开发的研究也认为，水库对泥沙的拦截，可能导致40%的磷被拦截在库内。不同地区水库对不同类型生源营养元素的滞留能力和效率差异较大：以多瑙河上著名的铁门水库为例，其氮和磷的平均滞留率分别为 5%和 12%（Teodoru and Wehrli，2005），Si 的滞留率也仅为 4%（Friedl et al.，2004）；Jossette 等（1999）对法国塞纳河上游 3 个大型水库的营养元素收支平衡研究表明，其对氮、磷和硅的滞留率较高，分别为 40%、60%和 50%；中国三峡水库对溶解性硅酸盐和生物可利用硅酸盐的滞留率分别为 2.9%和 44%（Ran et al.，2013）。水库对生源要素迁移转化过程的影响机制及滞留率很大程度上受控于不同元素的生物地球化学特征。磷属于典型的沉积型循环元素，其滞留率最高，基本上所有水库都表现为磷的"汇"（Powers et al.，2015），水库中氮主要通过反硝化和沉降损失（陈朱虹等，2014；Cook et al.，2010）。传统的有关大坝对河流磷迁移转化过程的影响研究主要集中在沿水流纵向磷的物理滞留和沉积过程（营养盐滞留）、基于磷的物料平衡模型进行估算和基于水库对泥沙及其携带的颗粒态磷的拦截进行估算（Maavara et al.，2020）。首先，由于全球水库在空间分布、类型或运行条件等多方面的差异，这些研究缺乏足够的长序列观测数据的支撑；其次，将氮、磷在河流中的各种滞留过程统一视为"黑箱"，忽视了磷界面垂向交换过程（界面营养盐交换）对纵向输送的作用机理，且建立的模型很难完全涵盖各种影响因子，模型参数的不确定性大，缺乏对河流营养盐迁移动态演变的定量描述，估算结果存在较大不确定性；最后，聚焦于水库对泥沙中结合态磷的拦截，忽略了水库内发生的磷生物地球化学转化过程以及与之相应的生物有效磷的释放与输送。Chen 等（2020）通过对澜沧江梯级水库的沿程氮、磷营养盐及其形态的实地监测和分析，发现澜沧江梯级水电可能并不会导致下游河道生物可利用磷降低，提出了高坝深库对磷生物地球化学转化及输送的影响机制概念模型，揭示了建模没有预见到的生源物质形态转变、初级生产力和物种组成的变化。研究结果冲击了长期以来有关建坝对河流生源要素影响的传统认知，并指出了水电开发生态环境影响评价中开展长期系统性监测的重要性。

随着全球内陆水域中甲基汞水平的持续增加，其健康风险一直受到广泛关注。河流是汞输移和甲基化的重要通道，随着全球大规模筑坝活动的进行，河流的水动力条件减弱，水力停留时间（HRT）增长，导致河流中汞和有机碳的累积增加及厌氧环境的增强，进而潜在地影响水库中的甲基汞水平。先前研究已广泛报道水库对甲基汞的生成具有促进作用，并受水深、HRT、库龄及汞甲基化功能基因 $hgcAB$ 丰度等多种因素影响（O'Driscoll et al.，2008；Ma et al.，2021）。例如，Eckley 等（2015）研究表明，水库引起的水深增加通过增强厌氧环境，促进了沉积物中汞的甲基化；St Louis 等（2004）研究表明，随着水库的运行，水库中的有机碳被不断分解和消耗，导致水库中汞的甲基化随着水库库龄的增加而不断降低，Rolfhus 等（2015）的研究也证实了此观点。Ma 等（2018a）研究指出，三峡水库沉积物中汞的甲基化强度与汞甲基化功能基因 $hgcAB$ 丰度分布有关。然而，由于河流梯级开发已成为水电能源开发的主要形式，目前对单一水库的研究并不能有效揭示水库特性对甲基汞的动态影响；此外，梯级水库并非沿河流方向修建，难以揭示重金属等物质的空间变化规律（Bastviken et al.，2011）；而且水库之间的库容不同，导致梯级水库的 HRT 存在差异，这些都不利于水库运行过程中对甲基汞风险的管控。Ma 等（2022）基于澜沧江梯级水库沿程沉积物甲基汞的实地监测和分析，发现在单库中，沉积物中汞的含量与黏性土的占比呈现显著正相关关系，即汞主要附着在黏性土上进行输移。同时，在微生物介导的汞甲基化作用下，泥沙颗粒作为汞、有机碳和甲基化微生物的载体，其沿程沉降的变化对汞的累积和甲基化起着重要作用。此外，通过小波分析法解析梯级水库历史沉降信息，发现水库中甲基汞占比与 HRT 成正比，而与库龄成反比。原因在于 HRT 越长，泥沙颗粒沉降越多，汞的累积和甲基化发生越充分；相反，库龄越大，原始沉积物质消耗越多，甲基化发生越不足。研究结果为揭示梯级建库河流重金属（如汞）等物质的循环过程和影响因素提供了新的思路和方向。

水库运行对内陆水体温室气体排放具有重要的调节作用，一方面，库区淹没的土壤、植被及累积的有机质在缺氧或厌氧状态下分解，释放 CO_2、CH_4 和 N_2O 等温室气体，使之成为"源"；另一方面，水库中的水生植物或浮游植物通过光合作用固定 CO_2，使之成为"汇"（Giles，2006；Musenze et al.，2014）。CH_4 是水库温室效应研究的重点物质，其温室效应是 CO_2 的 25 倍以上（Hertwich，2013）。CH_4 排放量主要受水库地理位置、季节、运行条件及生命周期等多种因素的影响。Fearnside 和 Pueyo（2012）比较了欧洲中部河流与水库河段 CH_4 排放量，二者排放均值分别为 3.6 mg/（m^2·d）和 315.2 mg/（m^2·d），并据此估算出水库物质累积使得全球淡水水域 CH_4 排放量增加了约 7%。政府间气候变化专门委员会（IPCC）第 5 次评估报告推测，热带地区温室气体排放量比温带和寒带地区大得多，Hertwich（2013）基于水库面积和地理位置估算了 CH_4 的排放量，得出热带、温带和寒带年排放的 CH_4 分别是 46 g/m^2、7.2 g/m^2 和 4.0 g/m^2，这与 Maeck 等（2013）的结果相似，是 Barros 等（2011）估算结果的 2.5 倍。澳大利亚昆士兰南部 3 个亚热带淡水水库 CH_4 排放量分别为 4.8～20.5 mg/（m^2·d）、2.3～5.4 mg/（m^2·d）和 2.3～7.5 mg/（m^2·d）。此外，同一水库的排放也有空间和时间上的差别，通常入流区 CH_4 排放量要高于常年淹没区（Giles，2006）。相关研究还表明，河库过渡带 CH_4 排放强度比其他库区高出 1 个数量级；而从季节上看，温度较高的春、夏季排放量较高，温度较低的冬季排放量最低（Beaulieu et al.，2014）。N_2O 的当量温室效应是 CO_2 的 298 倍。近年来，研究认为水电开发导致水库内陆水体的 N_2O 排放增加，但是对水库 N_2O 产生机理、释放水平及控制因素的认识依然欠缺。Shi 等（2019）通过开展澜沧江梯级水库沿程 N_2O 排放通量的调查分析，发现澜沧江氮温室气体排放通量远低于世界平均水平，梯级水库 N_2O 排放通量自上游起呈沿程递增趋势，沿程氮素输入和温度上升是导致 N_2O 排放通量沿程递增的原因。研究结果明确了水库沿程氮素输入对梯级水库氮温室气体排放通量增加的贡献，提升了对梯级水库 N_2O 释放水平及控制因素的认识。

　　水库建设形成大量新的洲滩和水库消落带，受发电影响，库水位频繁波动，导致洲滩和消落带周期性淹没—落干，增强了水体与洲滩和消落带之间的水热及物质交换（姬雨雨等，2018）。从水库自身的空间范围来看，消落带和河流-水库过渡带通常具有较高的硝化和反硝化速率，消落带具有较高的有机物沉积速率和硝酸盐浓度，加上干湿交替的氧化还原环境，有利于硝化-反硝化的持续进行（Wall et al.，2005；Triplett et al.，2012）。这不仅促进了水库与陆地生物圈的物质交换，所产生的交替的氧化还原条件也会对温室气体释放产生影响。Yu 等（2018）研究发现，在水位反季节调控的三峡水库，消落带在落干向淹没转变过程中，发生 N_2O 从汇向源的转换，而且存在较高的初期释放峰值。Shi 等（2020）发现漫湾水库洲滩中心是 CH_4 释放的高值区，但洲滩近岸区存在环状地带，CH_4 释放量很低，甚至为碳汇。水库运行导致水位频繁波动，加强了潜流物质与能量交换，调节了潜流带的微生物过程（丰度与活性），从而影响碳的循环，即 CH_4 的排放，最终致使 CH_4 释放水平降低。Shi 等（2020）还运用自主研发的消落带关键环境参数动态监测系统，开展了漫湾水库水土界面的氮转化过程在线监测，发现水库运行导致的水位波动引起周期性淹没—落干，提高了干湿交替频率，增大了单宽反硝化速率；同时，河流建库及其蓄水抬升水位扩大了干湿交替区域的面积，从而增强了水陆交错带反硝化作用，提高了水库脱氮能力；阐明了库水位人工调控对氮生物地球化学循环的定量影响及其机制，表明水力发电对水库关键带具有脱氮和削减温室气体等正面环境效应。

1.2.3　建坝对河流水生生物生境及群落结构的影响

　　由于水库的蓄水倒灌，且库与库之间受下级水库的顶托作用，库区河段由原有的自然流水生境转变为流水、缓流水以及静水区梯次排列的复杂生境，库区生物群落发生演替，水生生态系统由以底栖附着生物为主的"河流型"异养体系向以浮游生物为主的"湖沼型"自养体系演化（Ward and Stanford，1979）。浮游植物作为水生生态系统的主要初级生产者，处于生态系统食物链的基础环节（Zheng and Sugie，2019），其初级生产力是水体生物生产力的基础，在维持河流生态系统平衡、物质循环以及能量流动等方面起着重要的作用（Mwedzi et al.，2016；朱为菊等，2017）。建坝河流的流速减缓，被淹没的土地中有机物分解释放养分（Rangel et al.，2012）；水库拦截作用减少了向下游输送的营养物质，影响营养盐的转化过程，改变了水体营养盐的结构特征，造成营养盐失衡（Middelburg，2020）；水库蓄水后，水温、栖息地、泥沙输移、水力停留时间等重要因素均发生巨大改变（Fan et al.，2015），这些都会影响浮游生物群落结构的组成和数量。

2003 年三峡水库蓄水后，藻类平均密度显著增加，硅藻所占比例降低，绿藻比例升高（况琪军等，2005）。Humborg 等（1997）指出，多瑙河上的大坝建设使得输向黑海的溶解性硅酸盐通量减少了将近 60%，导致黑海浮游植物群落结构从大型硅藻向鞭毛类群转变。Ponomareva 等（2017）对俄罗斯叶尼塞河克拉斯诺亚尔斯克（Krasnoyarsk）水电站下游的浮游植物进行监测发现，水电站的下泄流量改变了水库下游河流的温度，进而影响浮游植物的生长。Rangel 等（2012）和 Soares 等（2012）发现水力停留时间和磷浓度主导着热带地区水电站浮游植物特征变化和浮游植物生物量的空间异质性。Nogueira 等（2010）分析结果显示，水温升高、水力停留时间增加以及养分的富集均会导致浮游植物大量增殖，引起水库发生富营养化。澜沧江漫湾水库上游 30 km 曾暴发甲藻水华（王海珍等，2004）；三峡水库建成后，库区水温分层、水体营养升高和分层异重流等为浮游植物生长创造了有利条件，导致部分支流库湾出现显著的藻类水华现象，且藻类水华优势种已逐渐由蓄水初期的以硅藻、甲藻为主的河道型藻类向以蓝藻、绿藻为主的湖泊型藻类演替（刘德富等，2016）。Li 等（2013）通过对比澜沧江梯级水库建设前后浮游植物物种组成、生物量，并基于浮游植物生物完整性指数（P-IBI）评价梯级水库修建前后生物完整性和水生生态系统退化的变化情况，发现梯级水库比单库的影响更为严重且复杂。浮游动物作为水生生态系统组成的重要中间环节（王丽等，2016），一方面作为浮游植物的消费者，影响着浮游植物的种类、数量和群落结构，另一方面作为鱼类等高级消费者的饵料，其种类和丰度变化直接影响鱼类的资源量。因此，浮游动物在生态系统的能量流动和物质循环中起着承上启下的作用，其相较于浮游植物对水电站的影响变化更加敏感。加拿大库特内湖在上游水库建成后，浮游动物的生物量显著降低（Ashley et al.，1997）。在中小河流中，由于受到小型水电站群建设的影响，浮游动物的多样性减少了 4%（Lai et al.，2022）。一项针对澜沧江小湾大坝蓄水后水生生物的生态风险评估表明，筛选后的浮游动物特有种均处于高风险状态，而 6 种广域属种均处于中风险状态（李小艳等，2013）。浮游动物群落结构和组成随季节和库区的不同而有很大变化。例如，三峡水库蓄水运行后，浮游动物群落结构在水库的纵轴（库首、库中、库尾、库区回水末端）上表现出明显的分布梯度（吴利等，2021）。Fan 等（2015）发现，在枯水期澜沧江漫湾水库蓄水以后，坝前湖相段浮游动物的物种丰度和生物量均大幅上升；而在丰水期小湾水库蓄水以后，坝前湖相段浮游动物的物种丰度和生物量急剧下降，库中过渡段和库尾河相段浮游动物的物种丰度和生物量相差不大。Wu 等（2019）也指出，筑坝导致库区轮虫浮游动物数量减少，水库下游桡足类和枝角类浮游动物的数量随着与主河道距离的增加呈指数式下降。尽管水电站对浮游动物影响变化更为明显，但是也有相关研究表明，浮游生物群落似乎更能抵抗干扰，能够更快地适应新环境并恢复到以前的状态（韩耀全等，2011；Spitale et al.，2015）。

　　细菌群落在水生生态系统的物质循环、能量传递中起着关键作用，细菌群落的变化会对物质的生物地球化学循环产生重大影响（Arrigo，2005），物质的生物地球化学循环过程与细菌组成、丰富程度和生物活性密切相关（Segovia et al.，2016）。河流中的细菌群落结构会受到纬度、海拔、水温、pH、土地利用、支流汇入、营养盐和有机质的影响（Logue et al.，2012；Hu et al.，2014；Staley et al.，2016；Liu et al.，2019）。通常来说，上游河流流速湍急，温度较低，适合生长速度快、竞争能力低的类杆菌等细菌生长（r-选择）；下游河流流速较缓，温度较高，生长速度慢、竞争能力高的放线菌则成为优势物种（k-选择）（Andrews and Harris，1986）。支流汇入不同生境的微生物群落，贡献了河流微生物的"群体效应"（Moitra and Leff，2015；Niño-García et al.，2016）；水库截留含有机物的沉积物，水环境的异质性变化使特定的物种更具竞争力，贡献了本地微生物群落的"环境选择"（Székely et al.，2013；Staley et al.，2015）。单个深水水库具有与深水湖泊相似的水环境特征，如有季节性的热分层、溶解氧分层（Degermendzhy et al.，2010；Liu et al.，2015）。水温和溶解氧的分层对水体细菌群落的分布有显著影响，垂向上表现出物种组成的差异（Yu et al.，2014）。河流中的梯级大坝通常形成一系列不同特征的水库（Ruiz-González et al.，2013），且下游水库的水环境条件受上游最近水库泄水的影响，可能导致细菌群落结构的特征不同于单个水库或湖泊。Chen 等（2021a）运用自主研发的高坝深库水与沉积物智慧采样设备开展了澜沧江深大水库的细菌群落分层调研，研究表明筑坝未造成细菌群落的隔离，地理距离是决定河流细菌群落空间分布的主要因素，水库尺度下的"环境选择"效应逐渐超越"群体效应"成为影响细菌群落组成的主要因素，有机质和细菌含量较高的细粒沉积物沉降在水库中部，形成了生物地球化学循环的"热区"。该研究为梯级水库河流中细菌群落的分布及其功能的研究提供了一个新的视角，为预测微生物介导的生物地球化学循环提供了理论依据。

河湖相生境差异还导致底栖动物群落组成、结构及空间分布在水库干支流河段形成显著差异（Linares et al.，2019；dos Santos et al.，2016）。大型底栖动物的生长繁殖主要受水文水动力、水环境和自然地理等因子的影响。水文水动力因子包括水深、流速、水温等；水环境因子主要包括营养盐、溶解氧、pH、重金属、悬浮物等；自然地理因子包括河床底质、河岸地貌、纬度、海拔等（Mbaka and Wanjiru Mwaniki，2015）。水深变化往往伴随着水温、溶解氧等在垂向上发生分层现象，直接或间接地对底栖动物群落结构、密度、生物量产生影响，研究表明水深与生物多样性、生物量等均呈现负相关关系（Beisel et al.，1998；马徐发等，2004）。Nelson 和 Lieberman（2002）发现流速是影响底栖动物群落结构变化的主要变量，由于流速快慢会影响水体中溶解氧的含量，静水或缓流区适宜对氧气需求较低的底栖动物生存，而急流区较适宜好氧型底栖动物的生存（Beauger et al.，2006；任海庆等，2015）。温度对生物的新陈代谢起着重要作用，底栖动物的生长和发育均会随着温度的升降变化（李仁熙，2003）。研究发现，当水体温度过高或过低时都会对底栖动物的生长发育产生抑制作用，温度通过影响喜温和喜冷生物的生存进而对底栖动物群落结构产生作用（段学花等，2010）。不同的底栖动物物种对水体溶解氧含量要求不同，其中清洁型种类（如毛翅目等）对溶解氧的要求较高，而耐污型种类（如颤蚓类、摇蚊幼虫等）能够适应极低的溶解氧环境（任淑智，1991；Mandaville，2002）。水体中氮、磷等营养盐的含量也会直接影响底栖动物的群落结构，研究表明水体中营养盐浓度过低或过高，都会使底栖动物群落结构简化，前者会使生产者的生产力下降，而后者可能导致水体溶解氧降低从而引起物种多样性降低（Frouin，2000；龚志军等，2001；吴东浩等，2010）。在水库中，重金属离子多沉积于底泥，由于不同底栖动物对重金属的耐受性不同，底泥中重金属的富集也会改变底栖动物群落结构组成（Sloane and

Norris，2003；徐霖林等，2011）。此外，河流底质的结构、粒径大小、稳定性和有机质含量等差异均会导致底栖动物群落结构的不同（Buss et al.，2004；Graça et al.，2004）。研究表明，不同类群的底栖动物会选择不同的河流底质类型进行栖息，如寡毛纲和摇蚊幼虫比较喜欢生活在黏土和淤泥底质中，软体动物门喜欢生活在卵砾石底质中（Tews et al.，2004）。海拔属于宏观尺度自然地理因子，海拔的差异可能引起水文水动力、水质条件等其他因素的改变。例如，河流的流向均是由高向低，因此在海拔跨度较大的山区型河流中，海拔对底栖动物群落的影响较为显著（Wang et al.，2011；陈丽等，2019）。梯级水库建设还使得水系大型底栖动物生物多样性呈现出明显的空间差异性。金沙江支流为典型山区河流，河道底质类型丰富，包括卵石、粗砂、细砂、淤泥等，且水流流态相较于干流更为丰富，致使物种多样性大、均匀性小（陈浒等，2010）。与建坝前相比，库区干流的底栖动物在建坝后群落结构变化最为显著，一般表现为物种种类减少，主要以耐低氧、对环境变化适应能力强的摇蚊类为主，而在建坝前主要以喜急流、富氧的石蛾类为主。主要原因是水库蓄水所引起的生境条件急剧改变（张敏等，2017），水深增加，流速减缓，库区干流形成缓流静水河段，改变了建坝前山区型河流的流场多样性（激流、缓流、河湾、深潭），生境多样性的丧失使底栖动物的生物多样性也相应减小，并使适应静水生存的底栖动物物种逐渐替代适应急流生存的物种（Baxter，1977）。

　　河流建坝对鱼类的影响是水电工程生态环境效应研究最为关注和最为深入的方面。许多研究表明，在建坝对淡水鱼类种群的所有生态环境效应中，栖息地破碎化和水文情势改变被认为是两个最重要的影响因素（Cheng et al.，2015；Barbarossa et al.，2020）。栖息地破碎化是指原来连续成片的自然生境被分割与破碎，从而形成分散、孤立的岛状生境或生境碎片的现象。建坝引起的生境破碎化使在局部水域内能完成生活史的鱼类种群被分隔成相对孤立的、较小的异质种群，使其面临种群隔离和遗传漂变（Brinker et al.，2018），导致鱼类种群的遗传多样性及种群生存力受到明显影响。Jager 等（2001）通过在一定距离河段依次增加虚拟水坝数目的梯度实验研究发现，随着栖息地破碎化程度的增加，高首鲟（*Acipenser transmontanus*）的种群遗传多样性降低，种群生存力呈指数下降趋势，其中梯级水库上游的灭绝风险高于下游。Leclerc 等（2008）对分布于加拿大圣劳伦斯河 310 km 河段 16 个采集点的 1715 条黄金鲈（*Perca flavescens*）进行了遗传学分析，结果明确了对基因交流有限制作用的 3 个区域，同时发现种群遗传差异和产卵场片段化程度成正相关，并提出该河段鱼类已经特化为 4 个独立的生物单元。Morita 等（2009）发现大坝阻隔和生境破碎使白斑红点鲑（*Salvelinus leucomaenis*）遗传多样性和种群生存力降低，其影响程度与隔离种群大小成负相关。Hudman 和 Gido（2013）在黑斑须雅罗鱼（*Semotilus atromaculatus*）遗传多样性的研究中发现，静水的库区能够阻碍不同生境斑块间鱼类的基因交流，但如果某一生境斑块中的种群数量较大的话，则阻碍效应很难发现。Carim 等（2016）在美国蒙大拿州弗拉特黑德河流域对克拉克大马哈鱼（*Oncorhynchus clarkii*）的调查研究发现，隔离生境中的克拉克大马哈鱼种群的遗传多样性呈现一致性的下降。河流筑坝改变了水文情势，如流速减缓、流量过程的季节性变化、高流量脉冲的消除等，均会对鱼类的产卵、洄游和觅食行为产生负面影响（Mims and Olden，2012）。同时，河流开发通常以梯级方式展开，受水库空间分布位置、水力停留时间等因素的影响（Ferrareze et al., 2014；Ganassin et al., 2021），从而形成特殊的河湖分相格局，各个梯级水库的鱼类群落结构呈现从上游到下游纵向梯度分布的特征，许多适应流水生境的鱼类被迫迁徙到库尾及支流具有一定流速的江段（Yang et al., 2012；Loures and Pompeu, 2019）。例如，在金沙江溪洛渡至向家坝河段水电梯级开发的影响下，土著鱼类如铜鱼和裂腹鱼集中在河相段，放流的四大家鱼集中在湖相段和过渡段（李婷等，2020）。此外，不同的鱼类物种可能对河床底质有不同的偏好。通常情况下，高首鲟仔鱼喜欢干净的砾石和卵石（Nguyen and Crocker, 2006）；七鳃鳗会在覆盖有泥沙、砾石和卵石混合物的河床产卵（Johnson et al., 2014）；而短须裂腹鱼（*Schizothorax wangchiachii*）仔鱼根据生命阶段的不同对底质的偏好会发生相应变化（柴毅等，2019）。因此，筑坝导致的河流形态和泥沙颗粒级配的改变可能会严重影响鱼类栖息地。

河流筑坝改变水温情势会严重影响鱼类的栖息地（Prats et al., 2010；Kuczynski et al., 2017；Grill et al., 2019；Ahmad et al., 2021；Couto et al., 2021），直接影响鱼类的产卵、洄游和生长等活动。在欧洲北部和北美洲，水库运行导致冬季河流水温升高，使得通常在冬季产卵的大西洋鲑鱼（*Salmo salar*）和褐鳟（*Salmo trutta*）的产卵时间推迟，卵孵化时间缩短（Bohlin et al., 1993；Jonsson and Jonsson, 2009；Heggenes et al., 2018），进一步地可能会出现物候学上的连锁反应（Elliott and Elliott, 2010；Skoglund et al., 2011），导致它们仔鱼的存活率降低。长江上游溪洛渡大坝和中游三峡大坝的运行，使得河流秋季水温升高，对通常在秋季产卵的中华鲟的繁殖活动产生抑制作用，导致其有效繁殖量减少到0%～4.5%（Huang and Wang, 2018）。圆口铜鱼（*Coreius guichenoti*）通常在春末夏初临界水温超过20℃时产卵，而溪洛渡水库的运行推迟了这一临界水温到来的时间（Li et al., 2021）；此外，水库运行导致的冬季水温升高还加快了圆口铜鱼性腺的发育，使卵的成熟时间提前；在这两个因素的共同作用下，圆口铜鱼错过了产卵的窗口期，导致其种群数量急剧下降（Li et al., 2021；Yang et al., 2021）。

高坝泄水导致水体总溶解气体（total dissolved gas，TDG）过饱和，由于TDG在下游河道中不能快速释放，可能对水生生物尤其是鱼类造成损伤，导致鱼类患气泡病，甚至死亡（Lu et al., 2019）。针对TDG过饱和对鱼类的危害，当前研究重点关注了鱼类气泡病及其症状（Smiley et al., 2012）、气泡病的致病因素（Smiley et al., 2011）、鱼类对过饱和TDG的耐受性（Wang et al., 2018），从而评价高坝泄水过饱和TDG的生态风险（Ma et al., 2018b）。TDG过饱和对鱼类的影响取决于TDG饱和度、暴露时间、鱼的年龄和种类及其行为习惯。过高的TDG饱和度和过长的暴露时间会增加鱼类的死亡率。齐口裂腹鱼（*Schizothorax prenanti*）在TDG饱和度为150%时的半致死时间约为在120%时的十分之一。鱼类反复暴露在TDG过饱和水中会减弱其摄食能力并增加其对真菌和细菌易感性，进而降低其对TDG过饱和水的耐受性，最终影响鱼类的存活率（Schisler et al., 2000；Huchzermeyer, 2003；Brosnan et al., 2016）。鱼类对过饱和TDG的耐受性也因物种和生长阶段而异。例如，在卵孵化阶段，TDG饱和度的增加会导致孵化成功率下降（Liang et al., 2013；Li et al., 2019）。齐口裂腹鱼（Wang et al., 2015）、鲢（*Hypophthalmichthys molitrix*, Deng et al., 2020）和胭脂鱼（*Myxocyprinus asiaticus*, Cao et al., 2016）的幼鱼对TDG饱和度的耐受阈值高于岩原鲤（*Procypris rabaudi*, Huang et al.,

2010）和草鱼（*Ctenopharyngodon idella*，吴凡等，2020）的幼鱼。然而，当 TDG 饱和度超过 135%时，鱼类对 TDG 饱和度的耐受阈值在物种和体型大小之间并无显著差异（Xue et al.，2019）。值得一提的是，水深的增加可减弱 TDG 过饱和对鱼类的影响，这对采取补偿水深降低甚至规避大坝泄水产生的过饱和 TDG 对鱼类的危害具有较强的指导意义。梯级开发后形成水库之间首尾相连的格局，上一梯级泄水产生的过饱和 TDG 在下一梯级释放缓慢，导致影响持续至大坝下游数十甚至数百千米（Ma et al.，2018b），因此需要特别关注过饱和 TDG 在下游水体中的释放过程及规律研究，尤其是初始饱和度的精确确定和沿程饱和度变化的准确预测。不过，由于梯级水库之间的水域水深较大，为鱼类进行深度补偿提供了有利条件。但是，最后一级水库的下游主河槽泄水期流速较大，喜好静水的鱼类往往栖息于流速较小的滩地或近岸浅水区，不利于鱼类进行深度补偿，需要对最后一级电站坝下近区的 TDG 饱和度提出比中间梯级电站更严格的限制标准。因此，需要精确测定近区 TDG 初始含量，深入研究 TDG 过饱和的发生过程及其机制，从而为防控近区 TDG 过饱和提供依据。

1.3　建坝河流生态保护研究进展

随着水电行业对生态环境保护的认识不断提高，生态环境保护工作日益受到重视。针对建坝河流的水生态环境问题，人们提出并实施了多种保护措施，包括水库生态调度、支流生境修复、鱼类洄游通道建设、人工繁殖放流等，最大限度地减缓了河流建坝对水生态环境的影响。每种措施都有其优势和局限性，适用条件和成本效益也不同，因此应根据建坝河流的具体情况进行选择。本章重点介绍鱼类保护的生态调度和生境修复，其他保护措施在第 7 章作简要概述。

1.3.1　生态调度

传统的水库生态调度主要以社会经济效益最大化为目标，这可能会对河流生态系统的生态结构和功能造成严重破坏。相比之下，水库生态调度遵循基于自然的解决方案（nature based solutions，NbS）理念，旨在平衡社会经济效益与河流生态系统的需求（Xia et al.，2009）。自 Schlueter（1971）首次提出水库生态调度需要在满足社会经济用水需求的同时保证河流生态系统的生境多样性以来，国内外有关水库生态调度的研究已持续了几十年，为修复河流生态系统做出了突出贡献（Higgins and Brock，1999；Xia et al.，2019；Miao et al.，2020；Chen et al.，2021b）。

生态流量泄放是水库生态调度的重要手段（Poff，2018）。Chen 等（2012）提出的漓江青狮潭水库生态调度方案，能在满足灌溉、航运和供水需求的同时，维持下游河段的近天然水文情势。此外，水库通过调节出库流量可在鱼类关键生命阶段（尤其是产卵期）创造适宜的水文条件（Yin et al.，2011），而通过生态调度人为塑造洪水过程也已被广泛用于刺激产漂流卵鱼类产卵（周雪等，2019）。在美国科罗拉多河的格伦坎宁（Glen Canyon）大坝进行了多年的人造洪水试验，成功拯救了濒危物种隆背骨尾鱼（*Gila cypha*），并有效维持了当地其他鱼类种群数量（Melis et al.，2015；Yao et al.，2015）。

澳大利亚墨累-达令河的休姆（Hume）水库通过生态调度重塑中小型洪水过程并延长洪水持续时间，将物种的繁殖期从 10 月中旬延长至 12 月中旬，有效刺激了当地圆尾麦氏鲈（*Macquaria ambigua*）和澳洲银鲈（*Bidyanus bidyanus*）产卵（King et al.，2010）。2018年 6 月中旬，在三峡水库进行了为期 4 d 的生态调度试验后，Ma 等（2020）发现在长江宜昌段有四大家鱼的集中产卵活动。在巴西，水库管理者制定了一项水库生态调度规则方针以满足亚马孙河流域欣古（Xingu）河 32 个鱼类繁殖栖息地所需的洪水过程（Moutinho，2023）。然而，仅靠水库调节流量有时并不能满足鱼类繁殖对水温的需求，通过控制大型水库分层取水装置，下泄不同水温分层中的水体，可以在一定程度上改善水温节律，是调节下游河道水温的有效方式（Kedra and Wiejaczka，2018）。通过制定合理的基于水温的水库生态调度方案，可以保证水库下游鱼类正常繁殖活动的进行，进而实现对河流的生态保护（Saadatpour et al.，2021；King et al.，2016）。Bartholow 等（2001）指出，美国加利福尼亚州沙斯塔大坝安装分层取水装置以后，可以有效调节下游水温，以满足当地鲑鱼全年的热量需求，鲑鱼种群数量显著增加。长江上游溪洛渡—向家坝梯级水库于 2017 年 5 月进行了分层取水的生态调度试验，以提高水库下泄水温，旨在刺激向家坝水库下游河段鱼类产卵；试验效果显著，试验期间鱼类产卵量达到年内高峰，在长江的宜宾段和江津段分别监测到约 $1×10^8$ 粒和 $1×10^9$ 粒鱼卵（任玉峰等，2020）。但是，对于梯级筑坝河流来说，水库对河流水温的影响存在沿程累积效应（梁瑞峰等，2012；纪道斌等，2017），在确定梯级水库生态调度规则时，需要对其进行系统性的模拟分析。

经过几十年的发展，水库生态调度已从考虑单一生态环境因子逐步发展到满足鱼类生境的多因素耦合阶段。He 等（2020）提出了沅江三板溪水库的生态调度方案，旨在同时满足水库下游鱼类栖息地的水温需求和生态流量需求。Xu 等（2017）提出了一种同时考虑目标鱼类流速和水温需求的生态友好型调度方案，大大促进了目标鱼类的产卵繁殖。King 等（1998）在南非象河（Olifants）上克兰威廉（Clanwilliam）大坝的一项试验中发现，通过塑造较小规模的高流量脉冲过程使水库下游产卵栖息地的水温达到 19℃以上，同时满足克兰威廉黄鱼（*Barbus capensis*）产卵所需的流量和水温条件之后，其成功产卵的次数明显增加。同样地，Jacobson 和 Galat（2008）发现美国密苏里河通过 Gavin's Point 大坝的生态调度既保证了下游河道的高流量脉冲过程，同时还改善了水温情势，有效刺激了密苏里铲鲟（*Scaphirhynchus albus*）的产卵繁殖。然而，单座水库生态调度的效果有时是有限的，多座水库（如同一河流上的梯级水库，或是分布在同一流域内多条干支流上的串并联水库群）的联合调度可以更好地协调社会经济利益和满足生态需求。Dalcin等（2022）提出了一套指导梯级水库调度运行的方法框架，并应用于巴西巴拉那河流域上游的 Porto Primavera 水电站和伊泰普（Itaipu）水电站，通过施行水库生态调度为当地洄游鱼类的成功繁殖提供了适宜的条件。Chen 等（2013，2015）提出了雅砻江锦屏一级、二级梯级水电站的适应性调度方案，以满足两座水库之间脱水河段上细鳞裂腹鱼（*Schizothorax chongi*）对日尺度生态流量和水温的要求，保护当地土著鱼类的产卵繁殖。Chen 等（2016b，2017a，2017b）对美国哥伦比亚河流域上游干支流上 10 座水库进行了优化调度，模型结果显示调度方案既能保证发电量最大的兴利效益，也能满足鱼类对生态流量需求的生态效益。Jiang 等（2019）以珠江流域上游巨型水库群的防洪、发电和生态需求为落脚点，建立了一个水库群多目标优化调度模型，发挥了水库群在提高社会经济效益和鱼类保护方面的重要作用。值得一提的是，当前关于水库群联合调度方面的研究多采用水量平衡方法将各水库联系起来，未来的研究需要更多地结合水动力模型，模拟流场、水温等因子的分布情况，进而实现精细化调度，以更有效地保护鱼类。此外，全球气候变化会导致水库入库流量的不确定性增加（Wang et al.，2019），目前基于历史实测数据和确定性优化模型的水库生态调度方法需要进一步改进。

1.3.2 生境修复

面对河流水电大开发下的鱼类栖息地受损甚至丧失的情况，采取河流生境修复的生态保护措施显得尤为重要。总体而言，河流生境修复是指辅以人工措施，恢复生态系统的结构和功能，将受人类干扰而退化的河流恢复至原来没有受干扰的状态，或者恢复到某种合适的状态（Palmer et al.，2005；徐菲等，2014；Wohl et al.，2015）。常见的河流生境修复方法有：修复河道纵横向连通性、拆除挡水建筑、构造替代生境等，其目的都是恢复河流的天然连通性和多样性。

河流-河漫滩区是一个不可分割的完整系统，维持主河道与河漫滩区之间的侧向水力联系，保证河流的横向连通性，可为鱼类提供重要的育苗场所，减少鱼类多样性的丧失（Stoffers et al.，2022）。例如，Jordan 和 Arrington（2014）发现，美国基西米河在重新建立了主河道-河漫滩之间的水文联系以后，对河流的食物网结构和生态系统功能产生了积极影响；在多瑙河上游，根据一项基于自然的修复计划人工开辟的一条次级河漫滩河道，为本地濒危鱼类提供了额外的栖息地并恢复了其洄游通道，对濒危鱼类种群数量的维持做出了重要贡献（Pander et al.，2015）；同样地，在荷兰境内的莱茵河上，修复后的主河道-河漫滩系统也已成为喜流水生活鱼类适宜的育苗区（Stoffers et al.，2021）。

河流建库后，库区河段的流水生境逐渐转变为缓流及静水生境，导致鱼类等水生物种栖息地的永久性丧失（Antonio et al.，2007；Liermann et al.，2012），这种退化有时难以通过生态调度的生态保护措施来弥补。在这种情况下，在受影响相对较小的支流上开展保护工作以维持其自然条件属性，进而恢复建坝河流生态系统功能和为本地水生物种提供可生存的栖息地，逐渐成为建坝河流生态保护措施领域的研究热点（Pracheil et al.，2013；Marques et al.，2018；Lopes et al.，2019）。支流生境替代是指以天然条件为基础，适当施以人工综合措施，对支流生境进行维护、修复与重建，从而为在干流中受到水电开发影响的土著、洄游、特有及濒危保护性鱼类提供补偿生境（洪迎新等，2022）。Gorman 和 Stone（1999）指出，隆背骨尾鱼之所以能成功产卵与其成鱼从梯级开发的科罗拉多河干流洄游到建坝影响相对小的支流有关，因为支流提供了产卵所需的生境和天然水文情势变化。Firehammer 和 Scarnecchia（2006）发现，当美国长吻鲟（*Polyodon spathula*）成鱼沿密苏里河上游干流游至黄石河（密苏里河上游的主要支流之一）与干流的交汇处时，它们更偏好沿黄石河洄游上溯，这可能是因为相对于下游建库的密苏里河干流河段，未开发的黄石河支流的自然水文情势能提供更好的产卵条件。南美洲的研究也得到相似的结论：在 Porto Primavera 水库建成后，至少有 8 种长距离洄游鱼类利用巴西巴拉那河流域上游 4 条支流作为替代的产卵栖息地（da Silva et al.，2015，2019）；同样地，在卡皮瓦拉（Capivara）水库建成后，巴拉那河主要支流之一的孔戈尼亚斯河为 6 种重要的洄游性鱼类提供了可能的繁殖路线和索饵栖息地，这 6 种鱼约占巴拉那河上游中所有洄游性鱼类的 29%（Garcia et al.，2019）。现阶段，我国在支流生境替代领域也已开展积极的探索与实践。例如，Park 等（2003）认为，长江上游的三条支流：嘉陵江、赤水河和沱江可成为 22 种珍稀物种的避难所，其中包括一级保护动物达氏鲟；针对三峡以及金沙江一期水电开发所产生的环境影响问题，长江取消了赤水河的 10 个水电梯级规划项目，用以保护上游珍稀特有鱼类（邱阳凌，2018）；2014 年中国长江三峡集团有限公司与四川省凉山彝族自治州签订黑水河鱼类栖息地保护责任框架协议，将金沙江左岸一级支流黑水河作为乌东德、白鹤滩水电站鱼类替代生境予以保护（吕雅宁等，2020）；澜沧江高坝大库在开发过程中针对鱼类保护的特殊难题，探索性地对罗梭江和基独河（澜沧江流域典型一级支流）采用支流生境补偿措施（洪迎新等，2022）。

虽然支流正逐渐成为筑坝河流中许多鱼类的适宜替代生境，但是在世界范围内，大多数大型河流的支流或多或少已被开发并建有单个或梯级小水电站。在美国的 75000 多座水库中，大多数都是小型水坝（高度小于 10 m）且均已老化失修（Ahearn and Dahlgren，2005）。我国已建大坝约 9.8 万座，其中近一半（约 4.5 万座）为小型水坝（Ding et al.，2019；Hennig and Harlan，2018），这些水坝大多数是特殊年代、特殊条件下的产物，普遍存在设计标准偏低、施工质量差、后期工程管理与运行维护经验不足等问题，随设计年限临近，安全隐患日益突出，其中约有 6590 座因老化和功能丧失而无法继续使用（盛金保，2008）。相较于对这些小型病险水库采取除险加固措施，实施报废拆除是消除其安全隐患、发挥经济和生态效益的一种必要管理措施（林育青等，2017）。美国自 20 世纪以来已拆除了近 1800 座小型水坝（Fox et al.，2022）；在欧洲，光是从 20 世纪 90 年代以来就至少有 4000 座水坝被拆除（Kim and Choi，2019）。拆除支流中的小型水坝可以重新连接鱼类上溯洄游的通道，改善河貌形态以重塑自然水文情势，并开辟适宜鱼类产卵繁殖的生境，对建库河流鱼类多样性的恢复产生积极影响（Im et al.，2011；Lasne et al.，2015；Hatten et al.，2016；Magilligan et al.，2016a）。Foley 等（2017）指出，在拆除桑迪河（美国哥伦比亚河支流）上的 Marmot 水库后的数天至数周的时间里，在原坝址附近发现有鲑鱼等洄游性鱼类游过的踪迹。同样地，基独河上的小型水坝被拆除以后，7 种洄游性鱼类也被发现重新进入支流上新开辟的栖息地（洪迎新等，2022）。Tang 等（2021）通过数学模型模拟了黑水河在小型水坝拆除后河道河貌及水文情势的演变特征，发现拆坝后河道的自然水流形态逐渐恢复，并且栖息地质量持续提高，适宜中华金沙鳅（*Jinshaia sinensis*）产卵的栖息地面积占比是拆坝前的 4 倍。从以上研究可以看出，通过支流拆坝进行河流生态修复的核心是河貌演变及相应的鱼类生境的变化。尽管过去几十年来世界范围内拆除了大量水坝，但由于缺乏长期监测数据，我们对这些影响的了解仍然有限。Lovett（2014）总结分析了小型旧坝拆除后的生态效应，指出拆坝后使得河川径流自由流动，河流生态系统重新变得有活力，水生植被迅速恢复，鱼类短期内已经成功洄游上溯；但他同时还指出需要密切关注短期内下泄洪水和泥沙对下游生态系统的冲击，不仅需要关注其对鱼类的影响，也要关注其对底栖动物和水生昆虫的影响，建议开展系统性研究和观测。Magilligan 等（2016b）研究了美国某支流上游小坝拆除后短期内河道地形、水生生物生境、鱼类群落的变化，指出了在拆坝前后开展短期和长期河貌演变及其生态影响监测与评价的重要性。林育青等（2017）梳理了国内外有关拆坝对河流泥沙地貌、岸边带植物、鱼类和底栖动物群落等影响的评估方法，可为今后支流拆坝和生境替代提供参考。

1.4 章节设计与主要内容

西南河流是我国重要的水电基地，开发有长江上游、澜沧江、雅砻江等梯级水电设施，在我国能源安全保障、能源结构优化中发挥了举足轻重的作用。本书选择南北流向跨境河流澜沧江和东西流向的境内河流长江作为主要研究区域，主体内容在第 3 章至第 8 章：第 3 章以河流氮磷营养盐和重金属汞作为典型物质，阐述了梯级水库对河流物质拦截及转化的影响及其作用，分析了甲烷（CH_4）、二氧化碳（CO_2）等温室气体在梯级水库的沿程变化特征，揭示了建坝河流浮游植物和微生物群落空间分布格局及其关键驱动因子；第 4 章以底栖动物为研究对象，阐明了梯级水库建设调控下底栖动物群落结构变化及分布特征；第 5 章从鱼类生理生态学机制出发，阐明了工程运行引起的水文情势、水温情势、溶解气体、床质变化对目标鱼类生境的影响，确定了促进鱼类繁殖行为的关键生境因子调控阈值；第 6 章结合水库多目标生态调度、生境替代的工程与非工程措施，提出了建坝河流生态环境保护多维调控技术；第 7 章综述了建坝对鱼类生境的其他影响、保护措施及其效益评价；第 8 章介绍了本书建立的多维调控技术在淮河及汉江区域的工程应用推广实例。

参 考 文 献

柴毅, 黄俊, 朱挺兵, 等. 2019. 短须裂腹鱼仔稚鱼底质选择性初步研究[J]. 淡水渔业, 49(1): 42-45.
陈浒, 李厚琼, 吴迪, 等. 2010. 乌江梯级电站开发对大型底栖无脊椎动物群落结构和多样性的影响[J]. 长江流域资源与环境, 19(12): 1462-1470.
陈丽, 王东波, 君珊. 2019. 拉萨河流域大型底栖动物群落结构及其与环境因子的关系[J]. 生态学报, 39(3): 757-769.
陈求稳, 张建云, 莫康乐, 等. 2020. 水电工程水生态环境效应评价方法与调控措施[J]. 水科学进展, 31(5): 793-810.
陈朱虹, 陈能汪, 吴殷琪, 等. 2014. 河流库区沉积物-水界面营养盐及气态氮的释放过程和通量[J]. 环境科学, 35(9): 3325-3335.
崔彦萍, 王保栋, 陈求稳, 等. 2013. 三峡水库三期蓄水前后长江口硅酸盐分布及其比值变化[J]. 环境科学学报, 33(7): 1974-1979.
邓浩俊, 陶贞, 高全洲, 等. 2018. 河流筑坝对生源物质循环的改变研究进展[J]. 地球科学进展, 33(12): 1237-1247.
段学花, 王兆印, 徐梦珍. 2010. 底栖动物与河流生态评价[M]. 北京: 清华大学出版社.
龚志军, 谢平, 唐汇涓, 等. 2001. 水体富营养化对大型底栖动物群落结构及多样性的影响[J]. 水生生物学报, (3): 210-216.

韩耀全, 杨琼, 周解, 等. 2011. 岩滩水电站建设对水生生物的影响[J]. 水资源保护, 27(2): 9-12.

洪迎新, 刘东升, 马宏海, 等. 2022. 澜沧江梯级开发下鱼类支流生境替代效果[J]. 生态学报, 42(8): 3191-3205.

姬雨雨, 陈求稳, 施文卿, 等. 2018. 水库运行对漫湾库区洲滩水热交换影响[J]. 水科学进展, 29(1): 73-79.

纪道斌, 龙良红, 徐慧, 等. 2017. 梯级水库建设对水环境的累积影响研究进展[J]. 水利水电科技进展, 37(3): 7-14.

况琪军, 毕永红, 周广杰, 等. 2005. 三峡水库蓄水前后浮游植物调查及水环境初步分析[J]. 水生生物学报, (4): 353-358.

李仁熙. 2003. 水温对正颤蚓繁殖的影响[J]. 水生生物学报, (4): 443-444.

李婷, 唐磊, 王丽, 等. 2020. 水电开发对鱼类种群分布及生态类型变化的影响: 以溪洛渡至向家坝河段为例[J]. 生态学报, 40(4): 1473-1485.

李小艳, 彭明春, 董世魁, 等. 2013. 基于 ESHIPPO 模型的澜沧江中游大坝水生生物生态风险评价[J]. 应用生态学报, 24(2): 517-526.

梁瑞峰, 邓云, 脱友才, 等. 2012. 流域水电梯级开发水温累积影响特征分析[J]. 四川大学学报(工程科学版), 44(S2): 221-227.

林育青, 马君秀, 陈求稳. 2017. 拆坝对河流生态系统的影响及评估方法综述[J]. 水利水电科技进展, 37(5): 9-15, 21.

刘德富, 杨正健, 纪道斌, 等. 2016. 三峡水库支流水华机理及其调控技术研究进展[J]. 水利学报, 47(3): 443-454.

吕雅宁, 解莹, 王少明, 等. 2020. 基于底栖动物群落相似性的黑水河替代生境的研究[J]. 中国环境科学, 40(6): 2647-2657.

马徐发, 熊邦喜, 王明学, 等. 2004. 湖北道观河水库大型底栖动物的群落结构及物种多样性[J]. 湖泊科学, (1): 49-55.

邱阳凌. 2018. 黑水河生态河貌模拟及鱼类替代生境评价[D]. 重庆: 重庆交通大学.

任海庆, 袁兴中, 刘红, 等. 2015. 环境因子对河流底栖无脊椎动物群落结构的影响[J]. 生态学报, 35(10): 3148-3156.

任淑智. 1991. 京津及邻近地区底栖动物群落特征与水质等级[J]. 生态学报, (3): 262-268.

任玉峰, 赵良水, 曹辉, 等. 2020. 金沙江下游梯级水库生态调度影响研究[J]. 三峡生态环境监测, 5(1): 8-13.

盛金保. 2008. 小型水库大坝安全与管理问题及对策专题报告[R]. 南京: 南京水利科学院研究院.

王海珍, 刘永定, 沈银武, 等. 2004. 云南漫湾水库甲藻水华生态初步研究[J]. 水生生物学报, (2): 213-215.

王丽, 王保栋, 陈求稳, 等. 2016. 三峡三期蓄水后长江口海域浮游动物群落特征及影响因子[J]. 生态学报, 36(9): 2505-2512.

吴东浩, 于海燕, 吴海燕, 等. 2010. 基于大型底栖无脊椎动物确定河流营养盐浓度阈值: 以西苕溪上游流域为例[J]. 应用生态学报, 21(2): 483-488.

吴凡, 杜开开, 柳凌, 等. 2020. 气体过饱和对草鱼和鲢受精卵、仔鱼和幼鱼的影响[J]. 淡水渔业, 50(4): 91-98.

吴利, 唐会元, 龚云, 等. 2021. 三峡水库正常运行下库区干流浮游动物群落特征研究[J]. 水生态学杂志, 42(1): 58-65.

徐菲, 王永刚, 张楠, 等. 2014. 河流生态修复相关研究进展[J]. 生态环境学报, 23(3): 515-520.

徐霖林, 马长安, 田伟, 等. 2011. 淀山湖沉积物重金属分布特征及其与底栖动物的关系[J]. 环境科学学报, 31(10): 2223-2232.

张敏, 蔡庆华, 渠晓东, 等. 2017. 三峡成库后香溪河库湾底栖动物群落演变及库湾纵向分区格局动态[J]. 生态学报, 37(13): 4483-4494.

周雪, 王珂, 陈大庆, 等. 2019. 三峡水库生态调度对长江监利江段四大家鱼早期资源的影响[J]. 水产学报, 43(8): 1781-1789.

朱为菊, 庞婉婷, 尤庆敏, 等. 2017. 淮河流域春季浮游植物群落结构特征及其水质评价[J]. 湖泊科学, 29(3): 637-645.

Ahearn D S, Dahlgren R A. 2005. Sediment and nutrient dynamics following a low-head dam removal at Murphy Creek, California[J]. Limnology and Oceanography, 50(6): 1752-1762.

Ahmad S K, Hossain F, Holtgrieve G W, et al. 2021. Predicting the likely thermal impact of current and future dams around the world[J]. Earth's Future, 9(10): e2020EF001916.

Almeida R M, Hamilton S K, Rosi E J, et al. 2020. Hydropeaking operations of two run-of-river mega-dams alter downstream hydrology of the largest Amazon tributary[J]. Frontiers in Environmental Science, 8: 120.

Andrews J H, Harris R F, 1986. R– and K–selection and microbial ecology[M]//Marshall K C. Advances in Microbial Ecology. Boston: Springer U S: 99-147.

Antonio R R, Agostinho A A, Pelicice F M, et al. 2007. Blockage of migration routes by dam construction: Can migratory fish find alternative routes？[J]. Neotropical Ichthyology, 5(2): 177-184.

Arrigo K R. 2005. Marine microorganisms and global nutrient cycles[J]. Nature, 437: 349-355.

Ashley K, Thompson L C, Lasenby D C, et al. 1997. Restoration of an interior lake ecosystem: The Kootenay Lake fertilization experiment[J]. Water Quality Research Journal, 32(2): 295-324.

Barbarossa V, Schmitt R J P, Huijbregts M A J, et al. 2020. Impacts of current and future large dams on the geographic range connectivity of freshwater fish worldwide[J]. Proceedings of the National Academy of Sciences of the United States of America, 117(7): 3648-3655.

Barros N, Cole J J, Tranvik L J, et al. 2011. Carbon emission from hydroelectric reservoirs linked to reservoir age and latitude[J]. Nature Geoscience, 4(9): 593-596.

Bartholow J, Hanna R B, Saito L, et al. 2001. Simulated limnological effects of the Shasta Lake temperature control device[J]. Environmental Management, 27(4): 609-626.

Bastviken D, Tranvik L J, Downing J A, et al. 2011. Freshwater methane emissions offset the continental carbon sink[J]. Science, 331(6013): 50.

Baxter R M. 1977. Environmental effects of dams and impoundments[J]. Annual Review of Ecology and Systematics, 8(1): 255-283.

Beauger A, Lair N, Reyes-Marchant P, et al. 2006. The distribution of macroinvertebrate assemblages in a reach of the River Allier (France), in relation to riverbed characteristics[J]. Hydrobiologia, 571: 63-76.

Beaulieu J J, Smolenski R L, Nietch C T, et al. 2014. High methane emissions from a midlatitude reservoir draining an agricultural watershed[J]. Environmental Science & Technology, 48(19): 11100-11108.

Beisel J N, Usseglio-Polatera P, Thomas S, et al. 1998. Stream community structure in relation to spatial variation: The influence of mesohabitat characteristics[J]. Hydrobiologia, 389:73-88.

Best J. 2019. Anthropogenic stresses on the world's big rivers[J]. Nature Geoscience, 12: 7-21.

Bohlin T, Dellefors C, Faremo U. 1993. Timing of sea-run brown trout (*Salmo trutta*) smolt migration: Effects of climatic variation[J]. Canadian Journal of Fisheries and Aquatic Sciences, 50(6): 1132-1136.

Brinker A, Chucholl C, Behrmann-Godel J, et al. 2018. River damming drives population fragmentation and habitat loss of the threatened Danube streber (*Zingel streber*): Implications for conservation[J]. Aquatic Conservation: Marine and Freshwater Ecosystems, 28(3): 587-599.

Brosnan I G, Welch D W, Scott M J. 2016. Survival rates of out-migrating yearling Chinook salmon in the lower Columbia River and plume after exposure to gas-supersaturated water[J]. Journal of Aquatic Animal Health, 28(4): 240-251.

Buss D F, Baptista D F, Nessimian J L, et al. 2004. Substrate specificity, environmental degradation and disturbance structuring macroinvertebrate assemblages in neotropical streams[J]. Hydrobiologia, 518: 179-188.

Cao L, Li K F, Liang R F, et al. 2016. The tolerance threshold of Chinese sucker to total dissolved gas supersaturation[J]. Aquaculture Research, 47(9): 2804-2813.

Carim K J, Eby L A, Barfoot C A, et al. 2016. Consistent loss of genetic diversity in isolated cutthroat trout populations independent of habitat size and quality[J]. Conservation Genetics, 17: 1363-1376.

Chao B F, Wu Y H, Li Y S. 2008. Impact of artificial reservoir water impoundment on global sea level[J]. Science, 320: 212-214.

Chen D, Chen Q W, Leon A S, et al. 2016a. A genetic algorithm parallel strategy for optimizing the operation of reservoir with multiple eco-environmental objectives[J]. Water Resources Management, 30(7): 2127-2142.

Chen D, Leon A S, Engle S P, et al. 2017a. Offline training for improving online performance of a genetic algorithm based optimization model for hourly multi-reservoir operation[J]. Environmental Modelling & Software, 96: 46-57.

Chen D, Leon A S, Gibson N L, et al. 2016b. Dimension reduction of decision variables for multireservoir operation: A spectral optimization model[J]. Water Resources Research, 52(1): 36-51.

Chen D, Leon A S, Hosseini P, et al. 2017b. Application of cluster analysis for finding operational patterns of multireservoir system during transition period[J]. Journal of Water Resources Planning and Management, 143(8): 04017028.

Chen D, Li R N, Chen Q W, et al. 2015. Deriving optimal daily reservoir operation scheme with consideration of downstream ecological hydrograph through a time-nested approach[J]. Water Resources Management, 29(9): 3371-3386.

Chen Q W, Chen D, Han R G, et al. 2012. Optimizing the operation of the Qingshitan Reservoir in the Lijiang River for multiple human interests and quasi-natural flow maintenance[J]. Journal of Environmental Sciences, 24(11): 1923-1928.

Chen Q W, Chen D, Li R N, et al. 2013. Adapting the operation of two cascaded reservoirs for ecological flow requirement of a de-watered river channel due to diversion-type hydropower stations[J]. Ecological Modelling, 252(SI): 266-272.

Chen Q W, Chen Y C, Yang J, et al. 2021a. Bacterial communities in cascade reservoirs along a large river[J].

Limnology and Oceanography, 66: 4363-4374.

Chen Q W, Shi W Q, Huisman J, et al. 2020. Hydropower reservoirs on the upper Mekong River modify nutrient bioavailability downstream[J]. National Science Review, 7(9): 1449-1457.

Chen Q W, Zhang J Y, Chen Y C, et al. 2021b. Inducing flow velocities to manage fish reproduction in regulated rivers[J]. Engineering, 7(2): 178-186.

Chen Y N, Li W H, Deng H J, et al. 2016c. Changes in central Asia's water tower: Past, present and future[J]. Scientific Reports, 6(1): 35458.

Cheng F, Li W, Castello L, et al. 2015. Potential effects of dam cascade on fish: Lessons from the Yangtze River[J]. Reviews in Fish Biology and Fisheries, 25: 569-585.

Chong X Y, Vericat D, Batalla R J, et al. 2021. A review of the impacts of dams on the hydromorphology of tropical rivers[J]. Science of the Total Environment, 794: 148686.

Cook P L M, Aldridge K T, Lamontagne S, et al. 2010. Retention of nitrogen, phosphorus and silicon in a large semi-arid riverine lake system[J]. Biogeochemistry, 99: 49-63.

Couto T B A, Messager M L, Olden J D. 2021. Safeguarding migratory fish via strategic planning of future small hydropower in Brazil[J]. Nature Sustainability, 4(5): 409-416.

da Silva P S, Makrakis M C, Miranda L E, et al. 2015. Importance of reservoir tributaries to spawning of migratory fish in the Upper Paraná River[J]. River Research and Applications, 31(3): 313-322.

da Silva P S, Miranda L E, Makrakis S, et al. 2019. Tributaries as biodiversity preserves: An ichthyoplankton perspective from the severely impounded Upper Paraná River[J]. Aquatic Conservation: Marine and Freshwater Ecosystems, 29(2): 258-269.

Dalcin A P, Marques G F, de Oliveira A G, et al. 2022. Identifying functional flow regimes and fish response for multiple reservoir operating solutions[J]. Journal of Water Resources Planning and Management, 148(6): 04022026.

Degermendzhy A G, Zadereev E S, Rogozin D Y, et al. 2010. Vertical stratification of physical, chemical and biological components in two saline Lakes Shira and Shunet (South Siberia, Russia)[J]. Aquatic Ecology, 44: 619-632.

Deng Y X, Cao C Y, Liu X Q, et al. 2020. Effect of total dissolved gas supersaturation on the survival of bighead carp (*Hypophthalmichthys nobilis*)[J]. Animals, 10(1): 166.

Ding C Z, Jiang X M, Wang L E, et al. 2019. Fish assemblage responses to a low-head dam removal in the Lancang River[J]. Chinese Geographical Science, 29(1): 26-36.

dos Santos N C L, de Santana H S, Dias R M, et al. 2016. Distribution of benthic macroinvertebrates in a tropical reservoir cascade[J]. Hydrobiologia, 765: 265-275.

Eckley C S, Luxton T P, McKernan J L, et al. 2015. Influence of reservoir water level fluctuations on sediment methylmercury concentrations downstream of the historical Black Butte mercury mine, OR[J]. Applied Geochemistry, 61: 284-293.

Elliott J M, Elliott J A. 2010. Temperature requirements of Atlantic salmon *Salmo salar*, brown trout *Salmo trutta* and Arctic charr *Salvelinus alpinus*: Predicting the effects of climate change[J]. Journal of Fish Biology, 77(8): 1793-1817.

Fan H, He D M, Wang H L. 2015. Environmental consequences of damming the mainstream Lancang-Mekong River: A review[J]. Earth-Science Reviews, 146: 77-91.

Fearnside P M, Pueyo S. 2012. Greenhouse-gas emissions from tropical dams[J]. Nature Climate Change, 2(6): 382-384.

Ferrareze M, Casatti L, Nogueira M G. 2014. Spatial heterogeneity affecting fish fauna in cascade reservoirs of the Upper Paraná Basin, Brazil[J]. Hydrobiologia, 738: 97-109.

Firehammer J A, Scarnecchia D L. 2006. Spring migratory movements by paddlefish in natural and regulated river segments of the Missouri and Yellowstone Rivers, North Dakota and Montana[J]. Transactions of the American Fisheries Society, 135(1): 200-217.

Foley M M, Bellmore J, O'Connor J E, et al. 2017. Dam removal: Listening in[J]. Water Resources Research, 53(7): 5229-5246.

Fox C A, Reo N J, Fessell B, et al. 2022. Native American tribes and dam removal: Restoring the Ottaway, Penobscot and Elwha Rivers[J]. Water Alternatives, 15(1): 31-55.

Friedl G, Teodoru C, Wehrli B. 2004. Is the Iron Gate I reservoir on the Danube River a sink for dissolved silica?[J]. Biogeochemistry, 68: 21-32.

Frouin P. 2000. Effects of anthropogenic disturbances of tropical soft-bottom benthic communities[J]. Marine Ecology Progress Series, 194: 39-53.

Ganassin M J M, Muñoz-Mas R, de Oliveira F J M, et al. 2021. Effects of reservoir cascades on diversity, distribution, and abundance of fish assemblages in three Neotropical basins[J]. Science of the Total Environment, 778: 146246.

Garcia D A Z, Vidotto-Magnoni A P, Costa A D A, et al. 2019. Importance of the Congonhas River for the conservation of the fish fauna of the Upper Paraná basin, Brazil[J]. Biodiversitas Journal of Biological Diversity, 20(2): 474-481.

Giles J. 2006. Methane quashes green credentials of hydropower[J]. Nature, 444(7119): 524-525.

Gorman O T, Stone D M. 1999. Ecology of spawning humpback chub, *Gila cypha*, in the Little Colorado River near Grand Canyon, Arizona[J]. Environmental Biology of Fishes, 55(1): 115-133.

Graça M A S, Pinto P, Cortes R, et al. 2004. Factors affecting macroinvertebrate richness and diversity in Portuguese streams: A two-scale analysis[J]. International Review of Hydrobiology, 89(2): 151-164.

Grill G, Lehner B, Lumsdon A E, et al. 2015. An index-based framework for assessing patterns and trends in river fragmentation and flow regulation by global dams at multiple scales[J]. Environmental Research Letters, 10: 015001.

Grill G, Lehner B, Thieme M, et al. 2019. Mapping the world's free-flowing rivers[J]. Nature, 569(7755): 215-221.

Habel M, Mechkin K, Podgorska K, et al. 2020. Dam and reservoir removal projects: A mix of social-ecological trends and cost-cutting attitudes[J]. Scientific Reports, 10: 1-16.

Hatten J R, Batt T R, Skalicky J J, et al. 2016. Effects of dam removal on tule fall Chinook salmon spawning habitat in the white salmon river, Washington[J]. River Research and Applications, 32(7): 1481-1492.

He W, Ma C, Zhang J, et al. 2020. Multi-objective optimal operation of a large deep reservoir during storage period considering the outflow-temperature demand based on NSGA-II [J]. Journal of Hydrology, 586: 124919.

Heggenes J, Alfredsen K, Bustos A A, et al. 2018. Be cool: A review of hydro-physical changes and fish responses in winter in hydropower-regulated northern streams[J]. Environmental Biology of Fishes,

101(1): 1-21.

Hennig T, Harlan T. 2018. Shades of green energy: Geographies of small hydropower in Yunnan, China and the challenges of over-development[J]. Global Environmental Change, 49: 116-128.

Hertwich E G. 2013. Addressing biogenic greenhouse gas emissions from hydropower in LCA[J]. Environmental Science & Technology, 47(17): 9604-9611.

Higgins J M, Brock W G. 1999. Overview of reservoir release improvements at 20 TVA dams[J]. Journal of Energy Engineering, 125(1): 1-17.

Hu A Y, Yang X Y, Chen N W, et al. 2014. Response of bacterial communities to environmental changes in a mesoscale subtropical watershed, Southeast China[J]. Science of the Total Environment, 472: 746-756.

Huang X, Li K F, Du J, et al. 2010. Effects of gas supersaturation on lethality and avoidance responses in juvenile rock carp (*Procypris rabaudi* Tchang)[J]. Journal of Zhejiang University Science B, 11(10): 806-811.

Huang Z, Wang L. 2018. Yangtze dams increasingly threaten the survival of the Chinese sturgeon[J]. Current Biology, 28(22): 3640-3647.

Huchzermeyer K D A. 2003. Clinical and pathological observations on *Streptococcus* sp. infection on South African trout farms with gas supersaturated water supplies[J]. The Onderstepoort Journal of Veterinary Research, 70(2): 95-105.

Hudman S P, Gido K B. 2013. Multi-scale effects of impoundments on genetic structure of creek chub (*Semotilus atromaculatus*) in the Kansas River basin[J]. Freshwater Biology, 58: 441-453.

Hughes H J, Bouillon S, André L, et al. 2012. The effects of weathering variability and anthropogenic pressures upon silicon cycling in an intertropical watershed (Tana River, Kenya)[J]. Chemical Geology, 308: 18-25.

Humborg C, Ittekkot V, Cociasu A, et al. 1997. Effect of Danube River dam on Black Sea biogeochemistry and ecosystem structure[J]. Nature, 386: 385-388.

IHA. 2022. 2022 Hydropower Status Report: Sector Trends and Insights[M]. London: International Hydropower Association.

Im D, Kang H, Kim K H, et al. 2011. Changes of river morphology and physical fish habitat following weir removal[J]. Ecological Engineering, 37(6): 883-892.

Jacobson R B, Galat D L. 2008. Design of a naturalized flow regime — an example from the lower Missouri River, USA[J]. Ecohydrology, 1(2): 81-104.

Jager H I, Chandler J A, Lepla K B, et al. 2001. A theoretical study of river fragmentation by dams and its effects on white sturgeon populations[J]. Environmental Biology of Fishes, 60: 347-361.

Jardim P F, Melo M M M, de Castro Ribeiro L, et al. 2020. A modeling assessment of large-scale hydrologic alteration in South American pantanal due to upstream dam operation[J]. Frontiers in Environmental Science, 8: 1-15.

Jiang Z Q, Liu P, Ji C M, et al. 2019. Ecological flow considered multi-objective storage energy operation chart optimization of large-scale mixed reservoirs[J]. Journal of Hydrology, 577: 123949.

Johnson N S, Buchinger T J, Li W M. 2014. Reproductive ecology of lampreys[M]//Lampreys: Biology, Conservation and Control. Dordrecht: Springer Netherlands: 265-303.

Jonsson B, Jonsson N. 2009. A review of the likely effects of climate change on anadromous Atlantic salmon

Salmo salar and brown trout *Salmo trutta*, with particular reference to water temperature and flow[J]. Journal of Fish Biology, 75(10): 2381-2447.

Jordan F, Arrington D A. 2014. Piscivore responses to enhancement of the channelized Kissimmee River, Florida, U. S. A[J]. Restoration Ecology, 22(3): 418-425.

Jossette G, Leporcq B, Sanchez N, et al. 1999. Biogeochemical mass-balances (C, N, P, Si) in three large reservoirs of the Seine Basin (France)[J]. Biogeochemistry, 47: 119-146.

Jung E, Joo G J, Kim H G, et al. 2023. Effects of seasonal and diel variations in thermal stratification on phytoplankton in a regulated river[J]. Sustainability, 15(23): 16330.

Kedra M, Wiejaczka L. 2018. Climatic and dam-induced impacts on river water temperature: Assessment and management implications[J]. Science of the Total Environment, 626: 1474-1483.

Kim S K, Choi S U. 2019. Ecological evaluation of weir removal based on physical habitat simulations for macroinvertebrate community[J]. Ecological Engineering, 138: 362-373.

King A J, Gwinn D C, Tonkin Z, et al. 2016. Using abiotic drivers of fish spawning to inform environmental flow management[J]. Journal of Applied Ecology, 53: 34-43.

King A J, Ward K A, O'Connor P, et al. 2010. Adaptive management of an environmental watering event to enhance native fish spawning and recruitment[J]. Freshwater Biology, 55(1): 17-31.

King J, Cambray J A, Dean I N. 1998. Linked effects of dam-released floods and water temperature on spawning of the Clanwilliam yellowfish *Barbus capensis*[J]. Hydrobiologia, 384: 245-265.

Kondolf G M, Rubin Z K, Minear J T. 2014. Dams on the Mekong: Cumulative sediment starvation[J]. Water Resources Research, 50: 5158-5169.

Kondolf G M, Schmitt R J P, Carling P, et al. 2018. Changing sediment budget of the Mekong: Cumulative threats and management strategies for a large river basin[J]. Science of the Total Environment, 625: 114-134.

Kuczynski L, Chevalier M, Laffaille P, et al. 2017. Indirect effect of temperature on fish population abundances through phenological changes[J]. PLoS One, 12(4): e0175735.

Lai R Y, Chen X H, Zhang L L. 2022. Evaluating the impacts of small cascade hydropower from a perspective of stream health that integrates eco-environmental and hydrological values[J]. Journal of Environmental Management, 305: 114366.

Lasne E, Sabatié M R, Jeannot N, et al. 2015. The effects of DAM removal on river colonization by sea lamprey *Petromyzon marinus*[J]. River Research and Applications, 31(7): 904-911.

Leclerc E, Mailhot Y, Mingelbier M, et al. 2008. The landscape genetics of yellow perch (*Perca flavescens*) in a large fluvial ecosystem[J]. Molecular Ecology, 17: 1702-1717.

Lehner B, Liermann C R, Revenga C, et al. 2011. High-resolution mapping of the world's reservoirs and dams for sustainable river-flow management[J]. Frontiers in Ecology and the Environment, 9(9): 494-502.

Lessard J L, Hayes D B. 2003. Effects of elevated water temperature on fish and macroinvertebrate communities below small dams[J]. River Research and Applications, 19(7): 721-732.

Li J P, Dong S K, Liu S L, et al. 2013. Effects of cascading hydropower dams on the composition, biomass and biological integrity of phytoplankton assemblages in the middle Lancang-Mekong River[J]. Ecological Engineering, 60: 316-324.

Li N, Fu C H, Zhang J, et al. 2019. Hatching rate of Chinese sucker (*Myxocyprinus asiaticus* Bleeker) eggs exposed to total dissolved gas (TDG) supersaturation and the tolerance of juveniles to the interaction of TDG supersaturation and suspended sediment[J]. Aquaculture Research, 50(7): 1876-1884.

Li T, Mo K, Wang J, et al. 2021. Mismatch between critical and accumulated temperature following river damming impacts fish spawning[J]. Science of the Total Environment, 756: 144052.

Liang R F, Li B, Li K F, et al. 2013. Effect of total dissolved gas supersaturated water on early life of David's schizothoracin (*Schizothorax davidi*)[J]. Journal of Zhejiang University Science B, 14(7): 632-639.

Liermann C R, Nilsson C, Robertson J, et al. 2012. Implications of dam obstruction for global freshwater fish diversity[J]. BioScience, 62(6): 539-548.

Linares M S, Assis W, de Castro Solar R R, et al. 2019. Small hydropower dam alters the taxonomic composition of benthic macroinvertebrate assemblages in a neotropical river[J]. River Research and Applications, 35(6): 725-735.

Liu M D, Xie H, He Y P, et al. 2019. Sources and transport of methylmercury in the Yangtze River and the impact of The Three Gorges dam[J]. Water Research, 166: 115042.

Liu S, Ren H X, Shen L D, et al. 2015. pH levels drive bacterial community structure in sediments of the Qiantang River as determined by 454 pyrosequencing[J]. Frontiers in Microbiology, 6: 285.

Logue J B, Langenheder S, Andersson A F, et al. 2012. Freshwater bacterioplankton richness in oligotrophic lakes depends on nutrient availability rather than on species-area relationships[J]. The ISME Journal, 6: 1127-1136.

Long L H, Ji D B, Liu D F, et al. 2019. Effect of cascading reservoirs on the flow variation and thermal regime in the lower reaches of the Jinsha River[J]. Water, 11(5): 1008.

Lopes J D M, Pompeu P S, Alves C B M, et al. 2019. The critical importance of an undammed river segment to the reproductive cycle of a migratory Neotropical fish[J]. Ecology of Freshwater Fish, 28: 302-316.

Loures R C, Pompeu P S. 2019. Temporal changes in fish diversity in lotic and lentic environments along a reservoir cascade[J]. Freshwater Biology, 64: 1806-1820.

Lovett R A. 2014. Rivers on the run[J]. Nature, 511: 521-523.

Lu J Y, Li R, Ma Q, et al. 2019. Model for total dissolved gas supersaturation from plunging jets in high dams[J]. Journal of Hydraulic Engineering, 145(1): 04018082.

Ma C, Xu R, He W, et al. 2020. Determining the limiting water level of early flood season by combining multiobjective optimization scheduling and copula joint distribution function: A case study of Three Gorges Reservoir[J]. Science of the Total Environment, 737: 139789.

Ma H H, Chen Y C, Chen Q W, et al. 2022. Dam cascade unveils sediment methylmercury dynamics in reservoirs[J]. Water Research, 212: 118059.

Ma H H, Wei L L, Zhu H Y, et al. 2021. Advances in mercury biogeochemical cycles in lakes and reservoirs[J]. Fresenius Environmental Bulletin, 30(6): 6064-6074.

Ma M, Du H X, Wang D Y, et al. 2018a. Mercury methylation in the soils and sediments of Three Gorges Reservoir Region[J]. Journal of Soils and Sediments, 18: 1100-1109.

Ma Q, Li R, Feng J J, et al. 2018b. Cumulative effects of cascade hydropower stations on total dissolved gas supersaturation[J]. Environmental Science and Pollution Research International, 25: 13536-13547.

Maavara T, Chen Q W, Van Meter K, et al. 2020. River dam impacts on biogeochemical cycling[J]. Nature Reviews Earth and Environment, 1(2): 103-116.

Maavara T, Dürr H H, Van Cappellen P. 2014. Worldwide retention of nutrient silicon by river damming: From sparse data set to global estimate[J]. Global Biogeochemical Cycles, 28(8): 842-855.

Maavara T, Parsons C T, Ridenour C, et al. 2015. Global phosphorus retention by river damming[J]. Proceedings of the National Academy of Sciences of the United States of America, 112: 15603-15608.

Maeck A, DelSontro T, McGinnis D F, et al. 2013. Sediment trapping by dams creates methane emission hot spots[J]. Environmental Science & Technology, 47(15):8130-8137.

Magilligan F J, Graber B E, Nislow K H, et al. 2016a. River restoration by dam removal: Enhancing connectivity at watershed scales[J]. Elementa: Science of the Anthropocene, 4: 000108.

Magilligan F J, Nislow K H, Kynard B E, et al. 2016b. Immediate changes in stream channel geomorphology, aquatic habitat, and fish assemblages following dam removal in a small upland catchment[J]. Geomorphology, 252: 158-170.

Maheu A, St-Hilaire A, Caissie D, et al. 2016a. Understanding the thermal regime of rivers influenced by small and medium size dams in eastern Canada[J]. River Research and Applications, 32(10): 2032-2044.

Maheu A, St-Hilaire A, Caissie D, et al. 2016b. A regional analysis of the impact of dams on water temperature in medium-size rivers in eastern Canada[J]. Canadian Journal of Fisheries and Aquatic Sciences, 73(12): 1885-1897.

Mandaville S M. 2002. Benthic Macroinvertebrates in Freshwaters-Taxa Tolerance Values, Metrics, and Protocols[M]. Halifax: Soil & Water Conservation Society of Metro Halifa.

Marques H, Dias J H P, Perbiche-Neves G, et al. 2018. Importance of dam-free tributaries for conserving fish biodiversity in neotropical reservoirs[J]. Biological Conservation, 224: 347-354.

Mbaka J G, Wanjiru Mwaniki M. 2015. A global review of the downstream effects of small impoundments on stream habitat conditions and macroinvertebrates[J]. Environmental Reviews, 23(3): 257-262.

Melis T S, Walters C J, Korman J. 2015. Surprise and opportunity for learning in grand canyon: The Glen Canyon Dam adaptive management program[J]. Ecology and Society, 20(3): 22.

Miao Y, Li J Z, Feng P, et al. 2020. Effects of land use changes on the ecological operation of the Panjiakou-Daheiting Reservoir system, China[J]. Ecological Engineering, 152: 105851.

Middelburg J J. 2020. Are nutrients retained by river damming?[J]. National Science Review, 7(9): 1458.

Mims M C, Olden J D. 2012. Life history theory predicts fish assemblage response to hydrologic regimes[J]. Ecology, 93(1): 35-45.

Moi D A, Ernandes-Silva J, Baumgartner M T, et al. 2020. The effects of river-level oscillations on the macroinvertebrate community in a river–floodplain system[J]. Limnology, 21(2): 219-232.

Moitra M, Leff L G. 2015. Bacterial community composition and function along a river to reservoir transition[J]. Hydrobiologia, 747: 201-215.

Moran E F, Lopez M C, Moore N, et al. 2018. Sustainable hydropower in the 21st century[J]. Proceedings of the National Academy of Sciences, 115(47): 11891-11898.

Morita K, Morita S H, Yamamoto S. 2009. Effects of habitat fragmentation by damming on salmonid fishes: Lessons from white-spotted charr in Japan[J]. Ecological Research, 24: 711-722.

Moutinho S. 2023. A river's pulse[J]. Science, 379(6627): 18-23.

Musenze R S, Grinham A, Werner U, et al. 2014. Assessing the spatial and temporal variability of diffusive methane and nitrous oxide emissions from subtropical freshwater reservoirs[J]. Environmental Science &

Technology, 48(24): 14499-14507.

Mwedzi T, Bere T, Mangadze T. 2016. Macroinvertebrate assemblages in agricultural, mining, and urban tropical streams: Implications for conservation and management[J]. Environmental Science and Pollution Research International, 23(11): 11181-11192.

Nelson S M, Lieberman D M. 2002. The influence of flow and other environmental factors on benthic invertebrates in the Sacramento River, U. S. A. [J]. Hydrobiologia, 489: 117-129.

Nguyen R M, Crocker C E. 2006. The effects of substrate composition on foraging behavior and growth rate of larval green sturgeon, *Acipenser medirostris*[J]. Environmental Biology of Fishes, 76(2-4): 129-138.

Nilsson C, Reidy C A, Dynesius M, et al. 2005. Fragmentation and flow regulation of the world's large river systems[J]. Science, 308(5720): 405-408.

Niño-García J P, Ruiz-González C, Del Giorgio P A. 2016. Interactions between hydrology and water chemistry shape bacterioplankton biogeography across boreal freshwater networks[J]. The ISME Journal, 10: 1755-1766.

Nogueira M G, Ferrareze M, Moreira M L, et al. 2010. Phytoplankton assemblages in a reservoir cascade of a large tropical-subtropical river (SE, Brazil)[J]. Brazilian Journal of Biology, 70(3): 781-793.

O'Connor J E, Duda J J, Grant G E. 2015. 1000 dams down and counting[J]. Science, 348(6234): 496-497.

O'Driscoll N J, Poissant L, Canário J, et al. 2008. Dissolved gaseous mercury concentrations and mercury volatilization in a frozen freshwater fluvial lake[J]. Environmental Science & Technology, 42(14): 5125-5130.

Palmer M A, Bernhardt E S, Allan J D, et al. 2005. Standards for ecologically successful river restoration[J]. Journal of Applied Ecology, 42(2): 208-217.

Pander J, Mueller M, Geist J. 2015. Succession of fish diversity after reconnecting a large floodplain to the upper Danube River[J]. Ecological Engineering, 75: 41-50.

Park Y S, Chang J B, Lek S, et al. 2003. Conservation strategies for endemic fish species threatened by the Three Gorges Dam[J]. Conservation Biology, 17(6): 1748-1758.

Pieters R, Lawrence G A. 2012. Plunging inflows and the summer photic zone in reservoirs[J]. Water Quality Research Journal, 47(3/4): 268-275.

Poff N L. 2018. Beyond the natural flow regime? Broadening the hydro-ecological foundation to meet environmental flows challenges in a non-stationary world[J]. Freshwater Biology, 63(8): 1011-1021.

Poff N L, Olden J D, Merritt D M, et al. 2007. Homogenization of regional river dynamics by dams and global biodiversity implications[J]. Proceedings of the National Academy of Sciences of the United States of America, 104(14): 5732-5737.

Ponomareva Y, Prokopkin I, Belolipetsky P. 2017. The influence of Krasnoyarsk hydropower station discharge rate on the dynamics of the phytoplankton population downstream of the dam[C]//15th International Conference on Environmental Science and Technology (CEST 2017) .

Powers S M, Tank J L, Robertson D M. 2015. Control of nitrogen and phosphorus transport by reservoirs in agricultural landscapes[J]. Biogeochemistry, 124: 417-439.

Pracheil B M, McIntyre P B, Lyons J D. 2013. Enhancing conservation of large-river biodiversity by accounting for tributaries[J]. Frontiers in Ecology and the Environment, 11(3): 124-128.

Prats J, Val R, Armengol J, et al. 2010. Temporal variability in the thermal regime of the lower Ebro River

(Spain) and alteration due to anthropogenic factors[J]. Journal of Hydrology, 387(1/2): 105-118.

Ran X B, Yu Z G, Yao Q Z, et al. 2013. Silica retention in the Three Gorges Reservoir[J]. Biogeochemistry, 112: 209-228.

Rangel L M, Silva L H S, Rosa P, et al. 2012. Phytoplankton biomass is mainly controlled by hydrology and phosphorus concentrations in tropical hydroelectric reservoirs[J]. Hydrobiologia, 693: 13-28.

Richter B D, Baumgartner J V, Braun D P, et al. 1998. A spatial assessment of hydrologic alteration within a river network[J]. Regulated Rivers: Research & Management, 14: 329-340.

Richter B D, Baumgartner J V, Powell J, et al. 1996. A method for assessing hydrologic alteration within ecosystems[J]. Conservation Biology, 10(4): 1163-1174.

Richter B, Baumgartner J, Wigington R, et al. 1997. How much water does a river need?[J]. Freshwater Biology, 37(1): 231-249.

Rolfhus K R, Hurley J P, Bodaly R A D, et al. 2015. Production and retention of methylmercury in inundated boreal forest soils[J]. Environmental Science & Technology, 49: 3482-3489.

Ruiz-González C, Proia L, Ferrera I, et al. 2013. Effects of large river dam regulation on bacterioplankton community structure[J]. FEMS Microbiology Ecology, 84: 316-331.

Saadatpour M, Javaheri S, Afshar A, et al. 2021. Optimization of selective withdrawal systems in hydropower reservoir considering water quality and quantity aspects[J]. Expert Systems with Applications, 184: 115474.

Schisler G J, Bergersen E P, Walker P G. 2000. Effects of multiple stressors on morbidity and mortality of fingerling rainbow trout infected with *Myxobolus cerebralis*[J]. Transactions of the American Fisheries Society, 129(3): 859-865.

Schlueter U. 1971. Ueberlegungen zum naturnahen Ausbau von Wasseerlaeufen[J]. Landschaft und Stadt, 9(2): 72-83.

Schmitt R J P, Bizzi S, Castelletti A, et al. 2018. Improved trade-offs of hydropower and sand connectivity by strategic dam planning in the Mekong[J]. Nature Sustainability, 1: 96-104.

Schmitt R J P, Bizzi S, Castelletti A, et al. 2019. Planning dam portfolios for low sediment trapping shows limits for sustainable hydropower in the Mekong[J]. Science Advances, 5(10): eaaw2175.

Segovia B T, Domingues C D, Meira B R, et al. 2016. Coupling between heterotrophic nanoflagellates and bacteria in fresh waters: Does latitude make a difference?[J]. Frontiers in Microbiology, 7: 114.

Seitzinger S P, Harrison J A, Dumont E, et al. 2005. Sources and delivery of carbon, nitrogen, and phosphorus to the coastal zone: An overview of global nutrient export from watersheds (NEWS) models and their application[J]. Global Biogeochemical Cycles, 19: GB4S01.

Shi W Q, Chen Q W, Zhang J Y, et al. 2019. Enhanced riparian denitrification in reservoirs following hydropower production[J]. Journal of Hydrology, 583: 124305.

Shi W Q, Chen Q W, Zhang J Y, et al. 2020. Nitrous oxide emissions from cascade hydropower reservoirs in the upper Mekong River[J]. Water Research, 173: 115582.

Skoglund H, Einum S, Forseth T, et al. 2011. Phenotypic plasticity in physiological status at emergence from nests as a response to temperature in Atlantic salmon (*Salmo salar*)[J]. Canadian Journal of Fisheries and Aquatic Sciences, 68(8): 1470-1479.

Sloane P I W, Norris R H. 2003. Relationship of AUSRIVAS-based macroinvertebrate predictive model outputs to a metal pollution gradient[J]. Journal of the North American Benthological Society, 22(3): 457-471.

Smiley J E, Drawbridge M A, Okihiro M S, et al. 2011. Acute effects of gas supersaturation on juvenile cultured White Seabass[J]. Transactions of the American Fisheries Society, 140: 1269-1276.

Smiley J E, Okihiro M S, Drawbridge M A, et al. 2012. Pathology of ocular lesions associated with gas supersaturation in White Seabass[J]. Journal of Aquatic Animal Health, 24(1): 1-10.

Soares M C S, Marinho M M, Azevedo S M O F, et al. 2012. Eutrophication and retention time affecting spatial heterogeneity in a tropical reservoir[J]. Limnologica, 42(3): 197-203.

Soleimani S, Bozorg-Haddad O, Saadatpour M, et al. 2019. Simulating thermal stratification and modeling outlet water temperature in reservoirs with a data-mining method[J]. Journal of Water Supply: Research and Technology-Aqua, 68(1): 7-19.

Spitale D, Angeli N, Lencioni V, et al. 2015. Comparison between natural and impacted Alpine Lakes six years after hydropower exploitation has ceased[J]. Biologia, 70(12): 1597-1605.

St Louis V L, Rudd J W M, Kelly C A, et al. 2004. The rise and fall of mercury methylation in an experimental reservoir[J]. Environmental Science & Technology, 38: 1348-1358.

Staley C, Gould T J, Wang P, et al. 2015. Species sorting and seasonal dynamics primarily shape bacterial communities in the Upper Mississippi River[J]. Science of the Total Environment, 505: 435-445.

Staley Z R, Grabuski J, Sverko E, et al. 2016. Comparison of microbial and chemical source tracking markers to identify fecal contamination sources in the Humber River (Toronto, Ontario, Canada) and associated storm water outfalls[J]. Applied and Environmental Microbiology, 82: 6357-6366.

Stevaux J C, Martins D P, Meurer M. 2009. Changes in a large regulated tropical river: The Paraná River downstream from the Porto Primavera Dam, Brazil[J]. Geomorphology, 113(3-4): 230-238.

Stoffers T, Buijse A D, Geerling G W, et al. 2022. Freshwater fish biodiversity restoration in floodplain rivers requires connectivity and habitat heterogeneity at multiple spatial scales[J]. Science of the Total Environment, 838(4): 156509.

Stoffers T, Collas F P L, Buijse A D, et al. 2021. 30 years of large river restoration: How long do restored floodplain channels remain suitable for targeted rheophilic fishes in the lower River Rhine?[J]. Science of the Total Environment, 755: 142931.

Stone R. 2011. Mayhem on the Mekong[J]. Science, 333: 814-818.

Syvitski J P M, Vörösmarty C J, Kettner A J, et al. 2005. Impact of humans on the flux of terrestrial sediment to the global coastal ocean[J]. Science, 308(5720): 376-380.

Székely A J, Berga M, Langenheder S. 2013. Mechanisms determining the fate of dispersed bacterial communities in new environments[J]. The ISME Journal, 7: 61-71.

Tang L, Mo K L, Zhang J Y, et al. 2021. Removing tributary low-head dams can compensate for fish habitat losses in dammed rivers[J]. Journal of Hydrology, 598: 126204.

Teodoru C, Wehrli B. 2005. Retention of sediments and nutrients in the iron gate I reservoir on the Danube River[J]. Biogeochemistry, 76: 539-565.

Tews J, Brose U, Grimm V, et al. 2004. Animal species diversity driven by habitat heterogeneity/diversity: The importance of keystone structures[J]. Journal of Biogeography, 31(1): 79-92.

Thoms M C. 2003. Floodplain–river ecosystems: Lateral connections and the implications of human interference[J]. Geomorphology, 56(3-4): 335-349.

Timpe K, Kaplan D. 2017. The changing hydrology of a dammed Amazon[J]. Science Advances, 3(11): e1700611.

Triplett L D, Engstrom D R, Conley D J. 2012. Changes in amorphous silica sequestration with eutrophication of riverine impoundments[J]. Biogeochemistry, 108: 413-427.

Wall L G, Tank J L, Royer T V, et al. 2005. Spatial and temporal variability in sediment denitrification within an agriculturally influenced reservoir[J]. Biogeochemistry, 76: 85-111.

Wang J J, Soininen J, Zhang Y, et al. 2011. Contrasting patterns in elevational diversity between microorganisms and macroorganisms[J]. Journal of Biogeography, 38(3): 595-603.

Wang Y F, Lei X H, Wen X, et al. 2019. Effects of damming and climatic change on the eco-hydrological system: A case study in the Yalong River, Southwest China[J]. Ecological Indicators, 105: 663-674.

Wang Y K, Rhoads B L, Wang D. 2016. Assessment of the flow regime alterations in the middle reach of the Yangtze River associated with dam construction: Potential ecological implications[J]. Hydrological Processes, 30(21): 3949-3966.

Wang Y M, Li K F, Li J, et al. 2015. Tolerance and avoidance characteristics of prenant's schizothoracin Schizothorax prenanti to total dissolved gas supersaturated water[J]. North American Journal of Fisheries Management, 35(4): 827-834.

Wang Y M, Li Y, An R D, et al. 2018. Effects of total dissolved gas supersaturation on the swimming performance of two endemic fish species in the Upper Yangtze River[J]. Scientific Reports, 8: 10063.

Ward J V, Stanford J A. 1979. Ecological factors controlling stream zoobenthos with emphasis on thermal modification of regulated streams[M]//The Ecology of Regulated Streams. Boston: Springer US.

Webb B W, Hannah D M, Moore R D, et al. 2008. Recent advances in stream and river temperature research[J]. Hydrological Processes, 22(7): 902-918.

Weitkamp D E, Katz M. 1980. A review of dissolved gas supersaturation literature[J]. Transactions of the American Fisheries Society, 109: 659-702.

Winemiller K O, McIntyre P B, Castello L, et al. 2016. Balancing hydropower and biodiversity in the Amazon, Congo, and Mekong[J]. Science, 351: 128-129.

Wohl E, Lane S N, Wilcox A C. 2015. The science and practice of river restoration[J]. Water Resources Research, 51(8): 5974-5997.

Wotton R S. 1995. Temperature and lake-outlet communities[J]. Journal of Thermal Biology, 20(1/2): 121-125.

Wu H P, Chen J, Xu J J, et al. 2019. Effects of dam construction on biodiversity: A review[J]. Journal of Cleaner Production, 221: 480-489.

Xia X H, Yang Z F, Wu Y X. 2009. Incorporating eco-environmental water requirements in integrated evaluation of water quality and quantity—a study for the Yellow River[J]. Water Resources Management, 23(6): 1067-1079.

Xia Y, Feng Z K, Niu W J, et al. 2019. Simplex quantum-behaved particle swarm optimization algorithm with application to ecological operation of cascade hydropower reservoirs[J]. Applied Soft Computing, 84: 105715.

Xu H, Paerl H W, Qin B Q, et al. 2010. Nitrogen and phosphorus inputs control phytoplankton growth in eutrophic Lake Taihu, China[J]. Limnology and Oceanography, 55(1): 420-432.

Xu Z H, Yin X N, Sun T, et al. 2017. Labyrinths in large reservoirs: An invisible barrier to fish migration and the solution through reservoir operation[J]. Water Resources Research, 53(1): 817-831.

Xue S D, Wang Y M, Liang R F, et al. 2019. Effects of total dissolved gas supersaturation in fish of different sizes and species[J]. International Journal of Environmental Research and Public Health, 16(13): 2444.

Yang D Q, Liu B Z, Ye B S. 2005. Stream temperature changes over Lena river basin in Siberia[J]. Geophysical Research Letters, 32(5): L05401.

Yang S R, Gao X, Li M Z, et al. 2012. Interannual variations of the fish assemblage in the transitional zone of the Three Gorges Reservoir: Persistence and stability[J]. Environmental Biology of Fishes, 93: 295-304.

Yang Y P, Zhang M J, Zhu L L, et al. 2017. Influence of large reservoir operation on water-levels and flows in reaches below dam: Case study of the Three Gorges Reservoir[J]. Scientific Reports, 7(1): 1-14.

Yang Z, Zhu Q G, Cao J, et al. 2021. Using a hierarchical model framework to investigate the relationships between fish spawning and abiotic factors for environmental flow management[J]. Science of the Total Environment, 787: 147618.

Yao W W, Rutschmann P, Sudeep. 2015. Three high flow experiment releases from Glen Canyon Dam on rainbow trout and flannelmouth sucker habitat in Colorado River[J]. Ecological Engineering, 75: 278-290.

Yin X N, Yang Z F, Petts G E. 2011. Reservoir operating rules to sustain environmental flows in regulated rivers[J]. Water Resources Research, 47: W08509.

Yu J H, Zhang J Y, Chen Q W, et al. 2018. Dramatic source-sink transition of N_2O in the water level fluctuation zone of the Three Gorges Reservoir during flooding-drying processes[J]. Environmental Science and Pollution Research, 25(20): 20023-20031.

Yu Z, Yang J, Amalfitano S, et al. 2014. Effects of water stratification and mixing on microbial community structure in a subtropical deep reservoir[J]. Scientific Reports, 4: 5821.

Zarfl C, Lumsden A E, Berlekamp J, et al. 2015. A global boom in hydropower dam construction[J]. Aquatic Sciences, 77(1): 161-170.

Zheng W, Sugie J. 2019. Global asymptotic stability and equiasymptotic stability for a time-varying phytoplankton–zooplankton–fish system[J]. Nonlinear Analysis: Real World Applications, 46: 116-136.

第2章 典型研究区域概况

西南地区是我国重要的水资源富集区，水资源约占全国水资源储量的 75%，分布有澜沧江、金沙江、雅砻江等梯级开发河流，以及干流尚未开发的怒江，其中澜沧江、长江上游和怒江三江并流，具有相似的区域气候特征、河谷地形、土壤类型、植被覆盖度和景观特征，且澜沧江和怒江作为跨境国际河流，其水电开发一直存在很多争议。近年来，在澜沧江和金沙江上已修建众多水电站，且新的水电站仍在建设，水电开发程度分别位列我国十三大水电开发基地的第七位和第一位。然而，澜沧江和金沙江中水库的建设时间、顺序和规模不尽相同，且两条河流的土壤侵蚀条件相差较大，接纳外源物质汇入的特征显著不同；怒江是自然河流，可作为不受建坝影响的河流的参照。因此，西南三江为河流建坝对水生态环境的影响提供了理想的研究区域。

本书主题为河流建坝水生态环境效应与保护，研究内容主要在澜沧江流域、长江上游流域及怒江流域开展。本章将重点介绍这三个典型研究区域的流域概况。

2.1 澜沧江流域概况

2.1.1 自然地理概况

澜沧江系国际河流，流出国境后称为湄公河，藏语称为拉楚，意思是"獐子河"。澜沧江是中国西南地区的大河之一，是亚洲流经国家较多的河，也是世界第七长河，亚洲第三长河，东南亚第一长河。澜沧江发源于青海省玉树藏族自治州杂多县的河源区，其在境内主要流经青海、西藏和云南三省（区），并在云南省西双版纳傣族自治州勐腊县出境称为湄公河（Mekong River）。澜沧江—湄公河流经的国家包括中国、缅甸、老挝、柬埔寨、泰国和越南，于越南胡志明市流入中国南海，因此有"一江跨六国"之称，其主干流总长度约为 4880 km，在中国内长度约为 2161 km，流域地貌类型复杂多样，纵贯横断山脉，是世界上较为典型的南北走向的河流。

1. 区域水文水系特征

澜沧江流域（21°N～34°N，94°E～102°E）南北跨纬度 13°，东西跨经度 8°，流域北高南低，整体呈倒纺锤体状，合计流域面积 16.48 万 km²。澜沧江水系支流众多，水系丰富（图 2-1），流域面积大于 100 km² 的支流有 138 条，流域面积大于 1000 km² 的支流有 41 条，较大的支流一般分布在流域上游和下游。澜沧江水系较大的支流有子曲、昂曲、盖曲、麦曲、金河、漾濞江、西洱河、罗闸河、小黑江、威远江、南班河、南拉河等（图 2-2）。澜沧江流域支流一般较短，多为 20～50 km，支流特点是落差大、水资源丰富，上中游降水量少，有雪水补给，水量稳定，下游地处热带、亚热带气候区，降水量大，水量充沛，但缺乏调节水库，以引水式开发为主（陈茜等，2000）。昂曲是澜沧江最大支流，发源于青海省玉树藏族自治州杂多县结多乡唐古拉山北麓瓦尔公冰川（海拔5664 m），河长约 500 km，流域面积 16700 km² 左右，天然落差 1898 m，平均比降 3.8‰，多年平均流量 186 m³/s，理论水能资源蕴藏量 116.91 万 kW；漾濞江是澜沧江在云南境内最大的支流，是澜沧江第二大支流，河长约 334 km，流域面积 11970 km² 左右，落差 1402 m，平均比降 4.2‰，河口多年平均流量 155 m³/s，理论水能资源蕴藏量 82.5 万 kW；子曲是澜沧江上游扎曲的支流，河长约 280 km，流域面积 12650 km² 左右，落差 1540 m，平均比降 5.37‰，多年平均流量 137 m³/s，理论水能资源蕴藏量 39.04 万 kW；威远江是澜沧江在云南境内较大的支流，河长约 290 km，流域面积 8800 km² 左右，落差 1700 m，平均比降 5.86‰，河口多年平均流量 193 m³/s，理论水能资源蕴藏量 43 万 kW；西洱河是支流中水能资源利用条件最优越的河流，上游有洱海作为较大调节水库（总库容约 29 亿 m³），河长约 22 km（洱海出海口以下），下游有 600 余米落差，河口流量约 30 m³/s，理论水能资源蕴藏量达 27 万 kW（陈茜等，2000）。

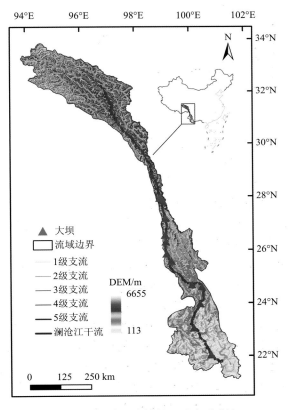

图 2-1　澜沧江流域概况及水系分布

根据美国航空航天局（NASA）发布的全球数字高程模型 ASTER GDEM V3，利用数字提取河网技术绘制，河流分级按照 Horton-Strahler 分级法进行

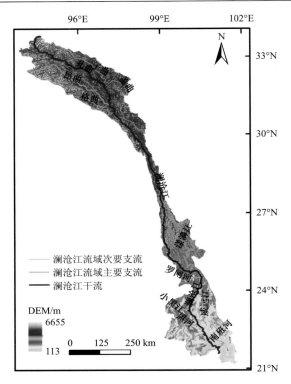

图 2-2　澜沧江流域主要干支流分布图

澜沧江上游干流河谷宽广，河道、漫滩汊流发育，水流平缓，该段水系发育度较高，干支流多以斜交相汇，呈"树枝"状分布格局；上游西藏境内部分的干流平均比降为 4.0‰~4.5‰，最大达 10‰~15‰，是全流域比降最大地段，为干流全程平均值的 10~15 倍。澜沧江中游是高山峡谷区，主河谷深切，是典型的"V"形谷。中游水系多沿断层发育，东西岸支流短小，与干流直交，水系结构呈"非"字形排列，属"羽状"水系。澜沧江下游处于中山峡谷、中低山宽谷地貌区，河谷仍以"V"形为主，沿程时宽时窄变化。河谷宽多在 150~300 m，最大可达 800~1200 m；水面宽多在 50~100 m，最大可达 100~150 m。下游河床平均比降为 0.9‰，最大可达 8‰~11‰。河谷发育和水系展布仍受横断山脉南部的"帚"形山系控制，水系特征不明显。

澜沧江流域径流以降雨补给为主，以地下水和冰雪融水补给为辅。上游地处青藏高原，该地区气候寒冷干燥，降水量较少，河流的径流补给以冰雪融水和地下水为主，约占年径流量的 50%以上，而降雨对径流的补给较少。中游两岸多为高山，支流的长度较短，山巅终年积雪，但冰雪融水占年径流量比重较小，此区域河流的径流补给以降水补给和地下水混合补给为主。下游处于亚热带和热带区域，受季风影响，此区域降水充沛，河流径流补给以降雨和地下水为主，其中，降雨补给占径流补给的 60%以上，其次是地下水补给。澜沧江流域年径流深为 450.2 mm，其中青海区年径流深为 304.4 mm，西藏区为 283.3 mm，云南区为 583.8 mm，国界处多年平均流量为 2180 m³/s，根据出境处的景洪水文站监测，澜沧江多年平均出境水量为 765 亿 m³（Fan and He, 2015）。澜沧江径流量年内分配季节性变化特征明显，春、夏、秋、冬四季的径流量占比分别达到 10%～15%、45%～50%、30%～35% 和 10% 以下（Fan and He，2015）。受径流补给变化的影响，其上下游的最大径流量出现季节也不同，澜沧江上中游最大径流量出现在 6 月～9 月，而下游最大径流量出现在 7 月～10 月，连续 4 个月最大径流量占年径流量的 65%～70%；最大月径流量上游出现在 7 月，中下游出现在 8 月，约占年径流量 20% 以上（Chen et al.，2019；Colin et al.，2010）。河川径流的空间分布除受降雨这一主导因素影响外，还与下垫面自然地理要素和人类活动因素等密切相关。因此，其空间非均匀变化较时程分配复杂多样，总的分布规律是：流域单位面积拥有水量下游大于上游，左岸（迎风坡）大于右岸（背风坡）；高山峡谷区的谷地属少水区。

2. 区域其他地理特征

澜沧江流域上游源头北与长江上游通天河相邻；西部与怒江的分水岭为他念他翁山及怒山，其间，梅里雪山海拔高达 6740 m；东部与金沙江和元江的分水岭为宁静山、云岭及无量山。澜沧江流域上游和下游相对宽阔，中游比较狭窄，研究表明，澜沧江流域的平均宽度为 80 km，而在澜沧江中游，流域平均宽度仅有 36 km（Fan and He，2015；Shi et al.，2017）。流域上游属青藏高原，海拔 4000～6000 m，该区域沟谷地段较为平缓，而河流两岸多为险峻的雪山。中游海拔落差变化较大，河流两岸多为高山，河流距高山顶峰的距离可达 3000 m，河谷下切明显且比较狭窄，河床坡度大，形成陡峻的坡状地形。下游海拔处于 2500 m 以下，河流海拔落差变化逐渐变小，河流两岸的地形逐渐趋于平缓，河道呈束放状。澜沧江流域地形地貌复杂。上游地貌特征可分为河源区和杂多—昌都段。河源区指青海省杂多县城以上的流域地区，该区平均海拔 4500 m 以上，属高原草甸区，主要地貌类型有河谷平原、高山和冰川。杂多—昌都段是澜沧江上游的一部分，它与河源区合起来称为澜沧江上游，该区段流域地貌是由河源区的高山-河谷平原地貌向中游的高山-峡谷地貌过渡类型，也是青藏高原向横断山区的地貌过渡类型。自西藏昌都向下至云南功果桥为澜沧江中游，该地区为典型的高山-峡谷地貌，高山与峡谷相间，地形起伏大，流域狭窄。该地区位于横断山三江并流区，高山与峡谷的相对高差为 3000～4000 m，河谷两岸主要山峰海拔在 5500 m 以上。澜沧江中游流域区段既是全流域相对高差最大的区段，又是全流域最窄区段。起伏最大段是云南省迪庆藏族自治州德钦县的溜筒江口，其枯水位为 2054 m，而其右岸的梅里雪山主峰海拔为 6740 m，其相对高差达 4686 m。流域最狭窄地段为云南的云岭附近，两岸分水岭相距只有 20～25 km。澜沧江下游河段为功果桥以下至南阿河口。功果桥以下至景云桥为中山宽谷区，是青藏高原向云贵高原的过渡带，该区域地形破碎，河谷切割强烈，主河谷仍为"V"形，高山峡谷相对高差为 1000～3500 m。景云桥至南阿河口，呈中低山-宽谷（盆地）地貌景观，海拔 500～1000 m，河谷底宽多为 150～300 m，最大可达 800～1200 m（陈茜等，2000）。

澜沧江流域地势高亢，山峦重叠，起伏变化大，导致流域内气候差异很大，气温及降水量一般由北向南递增，海拔越高，气温越低，降水量越少。源头地区（青海南部）属高寒气候，地势高、气温低、降水量少，年平均气温-3～3℃，最热月平均气温 6～12℃，年降水量 400～800 mm。西藏地区，属高原温带气候，气温由北向南递增，并有明显的垂直变化，年降水量 400~800 mm，山区潮湿，河谷干燥。海拔 3000 m 以下河谷，气候干热，年平均气温 10℃以上，最热月气温 18℃以上；海拔 3000~3500 m 地带，最热月平均气温 15~18℃；海拔 3500~4000 m 地带，最热月平均气温 12~15℃。中游滇西北区，属亚热带，气温垂直变化明显，气温由北向南递增，年平均气温 12~15℃，最热月平均气温 24~28℃，年降水量 1000~2500 mm，年降水量西多东少，山区多，河谷少。下游滇西南地区丘陵和盆地交错，属亚热带或热带气候，平均气温 15~22℃，气温由北向南递增，最热月平均气温 20~28℃，年降水量 1000~3000 mm，年降水量由北向南递增。全流域属西南季风气候，干、湿两季分明，一般 5 月~10 月为湿季，11 月至次年 4 月为干季，约 85%以上的降水量集中在湿季，而又以 6 月~8 月最为集中，3 个月的降水量占全年降水量的 60%以上。总体而言，澜沧江流域气候随着海拔变化呈现梯度变化，自北向南包括寒带、温带、热带等多种气候类型，气温、降水量和植被覆盖度也随之增大。澜沧江流域内的土壤类型包括高山草甸土、砖红壤、赤红壤、红壤、黄壤和棕壤。流域中土地利用类型以耕地、林地和草地为主，分别约占流域面积的 16.74%、62.27% 和 20.12%。流域内土壤侵蚀面积约为 11309 km^2，占流域面积的 6.9%左右（何大明等，2007）。

2.1.2　水利工程概况

澜沧江流域水资源丰富，径流充沛，天然河川水资源总量为 740 亿 m^3，约占全国水资源的 2.73%，流域面积仅占全国面积的 1.72%，流域单位面积产水量是全国单位面积产水量的 1.6 倍以上。流域内有地下水资源 282.7 亿 m^3，占天然河川水资源总量的 38.2%；有冰川面积 268.8 km^2，冰川融水量 6.2 亿 m^3，占河川径流的 0.8%（陈茜等，2000）。流域理论水能资源总蕴藏量为 3656 万 kW，其中干流理论水能资源蕴藏量 2560 万 kW，约占全流域 70%；支流理论水资源蕴藏量 1111 万 kW，约占全流域 30%。可开发水电的总装机容量约为 2826 万 kW，其中干流约为 2540 万 kW，约占 91%；支流约为 260 万 kW，约占 9%。澜沧江现已成为国家水电重点开发河段，共规划建设 15 座水电站，是中国第七大水电开发基地。截至 2021 年，澜沧江干流从上游至下游建造并运行了 11 座水电站（图 2-3），这些水库开始运行时间从 1993 年至 2021 年不等，水力停留时间变化范围从 0.001 a 至 2.36 a 不等。具体包括里底水电站、托巴水电站、黄登水电站、大华桥水电站、苗尾水电站、功果桥水电站、小湾水电站、漫湾水电站、大朝山水电站、糯扎渡水电站和景洪水电站（Fan et al.，2015），并且上游水电站仍在持续建造中。澜沧江干流水电站的具体信息见表 2-1。

小湾水库是本书研究重点区域之一，位于云南省大理白族自治州南涧彝族自治县和临沧市凤庆县境内，是澜沧江中下游水电规划"两库八级"中的第二级，其建设目标以发电为主，兼有灌溉、防洪、拦沙和航运等经济效益。该地区年平均气温为 10℃，属于温带和亚热带季风气候。建设时的小湾水库大坝是世界上最高的混凝土坝，水库覆盖了澜沧江干流 260 km 长的峡谷河流。小湾水库控制的流域面积约 1.133×10^5 km^2，正常蓄水位为 1240 m，总库容为 149.1 亿 m^3，调节库容为 99 亿 m^3，具有不完全多年调节性能。

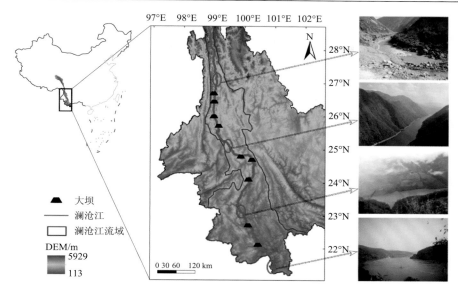

图 2-3　澜沧江流域中下游水电站分布及地势概况

表 2-1　澜沧江梯级水库属性一览表

水库名称	里底	托巴	黄登	大华桥	苗尾	功果桥	小湾	漫湾	大朝山	糯扎渡	景洪
建成时间（年份）	2019	2021	2018	2018	2017	2011	2009	1993	2001	2012	2008
海拔/m	1801	1735	1505	1433	1315	1247	1069	997	833	623	550
回水区长度/km	24	—	91	41	66	42	260	93	155	293	129
坝高/m	74	158	203	106	139.8	105	292	132	115	261.5	108
水力停留时间/a	0.001	0.010	0.050	0.010	0.520	0.010	2.360	0.780	0.300	1.870	0.400
库容/10^8 m^3	0.75	10.39	14.18	2.93	6.60	3.50	149.10	5.00	9.40	237.00	11.40
装机容量/10^6 kW	0.42	1.40	1.90	0.92	1.40	0.90	4.20	1.50	1.35	5.85	1.75
年平均径流/（m^3/s）	763	822	901	925	960	1010	1220	1230	1330	1730	1820
流域面积/km^2	86400	88700	91900	92600	93900	97200	113300	114500	121000	144700	149100
水深/m	41	86	91	52	68	35	144	52	71	179	61
调节类型	日调节	季调节	季调节	周调节	周调节	日调节	年调节	季调节	季调节	年调节	季调节

2.2　长江上游流域概况

长江上游干流建设有金沙江梯级、三峡和葛洲坝水利枢纽工程，本书重点关注金沙江和三峡水利枢纽工程。

2.2.1　金沙江流域概况

1. 自然地理概况

金沙江是中国第一大河——长江的重要组成部分,是整个长江水系(图 2-4)的源头,是长江上游自青海省玉树藏族自治州玉树市巴塘河口至四川省宜宾市岷江口的河段的统称。金沙江流域(含通天河)位于我国青藏高原、云贵高原和四川盆地,跨越青海、西藏、四川、云南、贵州五省(区),流域面积约 50 万 km²,约占长江流域总面积的 27.8%;干流全长约 3500 km,为长江全长的 55.5%;落差约 5100 m,占整个长江落差的 95%(彭亚,2004)。其主源沱沱河发源于青海省唐古拉山主峰各拉丹冬雪山西南侧,沱沱河与当曲汇合后称通天河,通天河流至玉树市附近与巴塘河汇合后称金沙江,至四川省宜宾市与岷江汇合后称长江。金沙江在 2000 多年前的战国时期成书的《禹贡》中称为黑水,随后的《山海经》中称为绳水,宋代因为沿河盛产沙金,"黄金生于丽水,白银出自朱提",大量淘金人在江上采金沙而改称金沙江。通常地,习惯以云南省丽江市玉龙纳西族自治县石鼓镇和四川省攀枝花市雅砻江口为分界点,将金沙江分为三段。上游是指青海省玉树市巴塘河口至云南省丽江市石鼓镇金沙江河段,该段河流长约 994 km,海拔落差 933 m;中游是指云南省丽江市石鼓镇至四川省攀枝花市雅砻江口段河流,该段河流长约 564 km,海拔落差 838 m;下游是指四川省攀枝花市雅砻江口至宜宾市岷江口河段,该段河流长约 768 km,海拔落差 719 m。

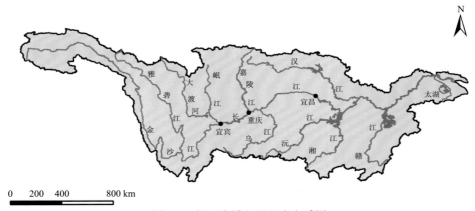

图 2-4　长江流域主要河流水系图

1) 区域水文水系特征

金沙江流域(24°N~36°N,90°E~105°E)南北跨纬度 12°,东西跨经度 15°,整个流域支流众多,水系丰富(图 2-5)。金沙江上段有 13 条支流的流域面积超过 1200 km²,9 条支流的河长超过 100 km,金沙江中下段有 19 条支流的流域面积超过 1200 km²,14 条支流的河长超过 100 km,自上而下较大的支流有当曲、楚玛尔河、雅砻江、龙川江、普隆河、普渡河、小江、以礼河、黑水河、西溪河、牛栏江、横江等(图 2-6)。金沙江水系的最大支流为流域面积超过 10 万 km² 的雅砻江,此外流域面积在 1 万 km² 以上的支流还有左岸的松麦河、水落河,右岸的普渡河、牛栏江、横江等。总体来说,位于左岸的支流平均比位于右岸的支流长；位于四川省攀枝花市至云南省昭通市永善县河段的支流平均比位于永善县至宜宾市河段的支流长。金沙江下游各主要支流的基本信息如表 2-2 所示。雅砻江不仅是金沙江的最大支流，也是长江 8 条大支流之一，发源于青海省巴颜喀拉山南麓的尼彦纳玛克山与冬拉冈岭之间，在青海省境称扎曲，又称清水河，至四川省甘孜藏族自治州石渠县境后始称雅砻江，在攀枝花市雅江桥下汇入金沙江；雅砻江干流全长 1571 km，流域面积约 128440 km²，约占长江上游总面积的 13%，其干流天然落差 3870 m，平均坡降 2.46‰，年径流量约 580 亿 m³，其主要支流有鲜水河、理塘河、安宁河等。黑水河源于四川省凉山彝族自治州昭觉县西部三岗乡马石梁子，于四川省凉山彝族自治州宁南县东南部华弹镇葫芦口注入金沙江，全长 174 km，天然落差 1931 m，平均比降 11.90‰，水面平均宽 45 m，流域面积 3600 km²；其河口多年平均流量 68.2 m³/s，径流量 25.25 亿 m³，径流主要靠降雨补给，年际变化不大。

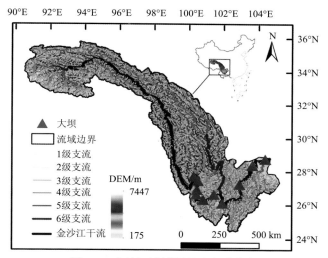

图 2-5　金沙江流域概况及水系分布

根据 NASA 发布的全球数字高程模型 ASTER GDEM V3，利用数字提取河网技术绘制，河流分级按照 Horton-Strahler 分级法进行

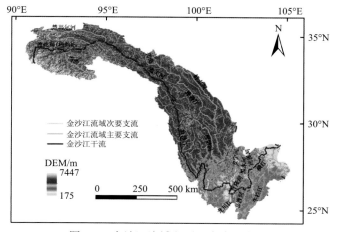

图 2-6　金沙江流域主要干支流分布图

表 2-2　金沙江下游主要支流基本信息汇总

支流名称	关系	发源地	河口	河长/km	流域面积/km²	落差/m
雅砻江	左岸	青海省巴颜喀拉山	四川省攀枝花市盐边县三堆子	1571	128440	3870
龙川江	右岸	云南省南华县天子庙坡东侧蒲藻塘	云南省元谋县龙街渡口	261	9260	1470
普隆河	左岸	四川省会理市龙肘山	四川省会理市	156	2330	1700
普渡河	右岸	云南省嵩明县梁王山	云南省禄劝县则黑乡	380	11090	1850
小江	右岸	云南省寻甸回族彝族自治县西湖	云南省东川区小河口	134	3120	1510
以礼河	右岸	云南省东川区野马川地区	云南省巧家县金塘镇	121	2560	2110
黑水河	左岸	四川省昭觉县马石梁子	四川省宁南县葫芦口	174	3600	1931
西溪河	左岸	四川省越西县蘑菇山	四川省金阳县石子坝	152	2920	2540
牛栏江	右岸	云南省昆明市老爷山	云南省昭通市田坝乡	423	13320	1660
美姑河	左岸	四川省美姑县黄茅埂山脉	四川省雷波县莫红乡	162	3240	2950
大毛滩	右岸	云南省大关县三江口	云南省永善县大毛村	44	—	1200
中都河	左岸	四川省马边彝族自治县刘家沟	四川省屏山县新市镇	56	600	970
大汶溪	右岸	云南省大关县罗汉坪	云南省绥江县后坝村	36	327	1035
横江	右岸	云南省鲁甸县大海子	云南省水富市云富街道	305	14781	2080

金沙江因流域广阔，支流众多，河川径流比较丰富且稳定，金沙江年平均流量 4750 m³/s，径流补给以降雨为主，以冰雪融水和地下水补给为辅，构成长江干流比较稳定的基本流量。金沙江水系径流分布情势和降雨分布情势相应，具有中下段径流增长较快、降雨山地大于河谷、地带性水平分布和局部地区垂直分布相互交织的特点（冯胜航等，2023）。金沙江降雨径流主要来源于石鼓水文站以下及其支流雅砻江。因玉树市巴塘河口—石鼓水文站间属于横断山区，流域狭窄，而且又位于金沙江纵向河谷少雨区，降水量在 600 mm 以下，特别是青海省玉树藏族自治州玉树市巴塘河口至云南省迪庆藏族自治州德钦县奔子栏段的年平均降水量仅在 500 mm 以下，径流深小于 250 mm，两岸无较大支流汇入，因此金沙江上段区间径流量只占约 27%。石鼓水文站以上多年平均年径流量为 424 亿 m³，石鼓水文站多年平均流量为 1343 m³/s；在中段由于降水量增大，又有最大支流雅砻江汇入，河川径流倍增，龙街水文站多年平均流量为 3760 m³/s，至屏山水文站多年平均流量达 4610 m³/s。多年平均年径流量在攀枝花水文站为 572 亿 m³，支流雅砻江小得石水文站为 524 亿 m³，两者几乎相当。屏山水文站多年平均年径流量为 1428 亿 m³，约占长江宜昌以上总径流量的 1/3。金沙江流域内年内径流分配差异大，金沙江的径流和降雨都集中在汛期 6 月～10 月，屏山、攀枝花、石鼓、小得石等水文站 6 月～10 月径流量均占全年径流总量的 75% 左右，7 月～9 月更为集中，上述各站 7 月～9 月径流量占全年的 55% 左右。金沙江的枯水期从 11 月至次年 5 月，枯水期径流量约占年径流总量的 25%，枯水期径流量变化总体平缓，最小径流量出现在每年 2 月～4 月，该时间段径流量仅占全年径流量的 7% 左右（Wang et al., 2013；Chen et al., 2020）。

2）区域其他地理特征

金沙江是长江泥沙的主要来源之一。屏山水文站多年平均年输沙量为 2.55 亿 t，约为宜昌水文站多年平均年输沙量 5.21 亿 t 的 49%，少数年份所占比重更大。例如，1974年，屏山水文站年输沙量达 5.01 亿 t，占宜昌水文站 6.76 亿 t 的 74.1%，占长江大通水文站多年平均输沙量的近一半。金沙江泥沙含量大的原因是多方面的，既有自然因素，又有人为因素。地质地貌条件和气候条件是造成本区严重水土流失的主要自然原因。本区以山地为主，多数地区切割强烈，山高坡陡，加之断裂发育，地震频繁，岩层破碎，易导致崩塌、滑坡和泥石流的发生。气候条件方面，由于干湿季分明，植被的生长受到限制，岩层物理风化强烈，易松散破碎，加之雨季降雨集中，历时短、降水强度大的局地性暴雨成为滑坡、泥石流的激发因素。人为因素方面，随着人口增长，过度垦殖和放牧，滥伐森林，工矿、交通建设等也加重了水土流失程度。屏山水文站的数据分析表明，输沙量与年径流量有密切关系，呈现出水多沙多、水少沙少的基本规律（潘庆燊，2010）。雅砻江口至屏山河段是金沙江流域主要产沙区，含沙量呈沿程递增的趋势。攀枝花水文站以上人烟稀少，基本属于自然侵蚀，含沙量低于长江上游平均值；攀枝花水文站以下至屏山水文站区间，由于岩层破碎，表土疏松，泥石流发育，含沙量沿程急剧增加。金沙江输沙量主要集中在汛期 6 月～10 月，约占全年输沙量的 96%，年输沙量约 80% 集中在 7 月～9 月。泥沙年内分配比径流分配更为集中，最大输沙月，上游一般为 7 月，下游一般为 8 月。金沙江流域各站的多年平均年输沙模数为：攀枝花水文站约 142 t/km²，屏山水文站近 500 t/km²，雅砻江流域约 294 t/km²，而雅砻江口至屏山水文站区间高达 2310 t/km²。区间内各支流上段输沙模数一般不大，如牛栏江上段年输沙模数仅 69 t/km²；而下段因河谷深切，地形破碎，回龙湾至大沙店区间，年输沙模数增至 1810 t/km²（陈松生等，2008）。

金沙江流域河床窄，岸坡陡峭，河床呈"V"形，具有高、深、窄、曲、陡的特点，为典型的高山深谷型河道，流域地形极为复杂，众多高山深谷相间并列，峰谷高差可达 4000 m。流域内地势西高东低，西部属横断山脉和青藏高原，平均海拔 3000～5000 m，东南部海拔多在 500 m 以下。气温总体呈现由上游向下游、由西北向东南递增趋势。上游多年平均气温处于 0℃以下，中游多年平均气温在 5℃左右，下游多年平均气温在 10℃以上。巨大的海拔落差和降雨变化使得金沙江流域气候特征丰富，流域内气候不仅时空变化大，而且垂直差异十分显著，气候从北向南依次是：高原亚寒带半干燥气候、高原亚寒带湿润气候、高原温带湿润气候和温带气候（Song et al., 2012；Chen et al., 2020）。金沙江流域的土壤类型包括高山草甸土、红壤、燥红土、棕壤、黄棕壤、暗棕壤，其中以红壤和棕壤占比最高，但随着海拔降低，土壤性质的差异较大。流域内土地利用类型以草地、林地、未利用地和耕地为主，分别占流域总面积的 52.53%、29.68%、9.40% 和 5.92% 左右；流域内土壤侵蚀面积为 8600 km² 左右（何大明等，2007）。

金沙江流域拥有令世人瞩目的自然资源，尤其在云南北部和四川西部，森林资源不仅储量大，而且质量优，因此被誉为"森林王国"；金沙江所在"三江并流"地区被誉为"世界生物基因库"，是欧亚大陆生物群落最富集的地区，这一地区占我国国土面积不到 0.4%，却拥有全国 20% 以上的高等植物和全国 25% 的动物种数。

2. 水利工程概况

金沙江流域海拔落差大，径流集中，水量充足且稳定，拥有非常丰富的水能资源。金沙江水能资源蕴藏量达 1.12 亿 kW，约占长江流域总水能资源蕴藏量的 42.23% 和全国水能资源蕴藏量的 16.70%，其中可开发水能资源达 0.9 亿 kW，年发电量达 5000 亿 kW·h，约占长江流域的 49%，其水能资源的富集程度堪称世界之最。截至 2023 年，金沙江干支流已建成二十多座大型水电站，成为我国最大的水电开发基地，是规划的"西电东送"的重要电源基地，具有重要战略地位。在干流从上游至下游建造并运行了 11 座水电站，这些水库建成运行时间从 2010 年至 2021 年不等，水力停留时间变化范围从 0.002 a 至 0.30 a 不等，具体包括梨园水电站、阿海水电站、金安桥水电站、龙开口水电站、鲁地拉水电站、观音岩水电站、金沙水电站、乌东德水电站、白鹤滩水电站、溪洛渡水电站和向家坝水电站。金沙江水电站建设的具体信息见表 2-3。

表 2-3　金沙江梯级水库属性一览表

水库名称	梨园	阿海	金安桥	龙开口	鲁地拉	观音岩	金沙	乌东德	白鹤滩	溪洛渡	向家坝
建成时间（年·月）	2014.10	2011.12	2010.10	2012.11	2013.06	2014.10	2020	2020.09	2021.10	2013.06	2012.10
海拔/m	1618	1504	1418	1303	1228	1134	1022	988	825	610	384
回水区长度/km	58	75	73	41	85	88	28	207	195	199	157
坝高/m	155	130	160	116	140	159	66	270	289	286	162
水力停留时间/a	0.004	0.004	0.003	0.002	0.010	0.009	—	0.080	0.300	0.100	0.040
库容/10^8 m³	8.91	8.40	6.63	6.57	20.99	19.73	1.08	58.63	190.06	115.70	49.77
装机容量/10^6 kW	2.28	2.10	1.80	2.50	2.10	3.00	0.56	10.20	16.00	13.86	6.40
年平均径流/(m³/s)	1430	1640	1670	1710	1750	1830	1870	3850	4110	4570	4570
流域面积/km²	220100	235400	237357	239700	247300	256500	258900	406100	430300	454400	458800
水深/m	58	33	29	61	39	52	30	115	136	85	50
调节类型	日调节	日调节	周调节	日调节	周调节	周调节	日调节	季调节	年调节	年调节	季调节

金沙江下游是我国西部大开发战略中"西电东送"的主要水电基地之一，根据 1981 年成都勘测设计研究院编写的《金沙江渡口宜宾河段规划报告》，推荐四级开发方案，即乌东德水电站、白鹤滩水电站、溪洛渡水电站和向家坝水电站四座世界级巨型梯级水电站（图 2-7），这四大水电站规划的总装机容量为 4646 万 kW，年发电量为 1843 亿 kW·h，规模相当于两个三峡水电站（表 2-3）。四大水电站的建设不仅增加了我国发电清洁能源的占比，而且使以浅滩居多的金沙江下游具有了通航千吨级船舶的能力，减轻了下游三峡大坝的防洪任务，使长江中下游防洪标准进一步提高，减少了三峡水库的入库泥沙及库区泥沙淤积，带动两岸区域的经济发展。但是该区为干热河谷区，生态环境十分脆弱，水电站的建设同时改变了金沙江下游河段的水域形态和水文情势，改变了河流的物理特征，使水生生物群落结构发生变化，是研究建坝对河流生态环境影响的重点区域（杨少荣和王小明，2017）。

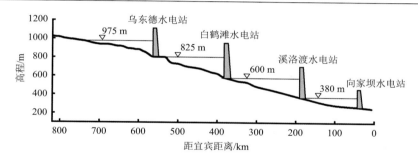

图 2-7　金沙江下游梯级水电开发纵剖面图

2.2.2　三峡水利枢纽概况

1. 自然地理概况

长江三峡属长江干流部分，起于重庆市奉节县，止于湖北省宜昌市，整个三峡江段（瞿塘峡、巫峡、西陵峡）主要位于长江流域中部（图 2-8），两岸悬崖峭壁，江面狭窄，水流湍急，险滩密布。三峡库区（图 2-9）位于经度 105°E～112°E 及纬度 28°N～32°N，全长 193 km，水库总面积约 1084 km² （范围覆盖湖北省和重庆市的 21 个县市），控制流域面积约 100 万 km²，落差高达 110 m。该区处于大巴山褶皱带、川东平行岭谷区和川鄂湘黔隆起褶皱带三大构造单元交会处，以山地、丘陵为主。

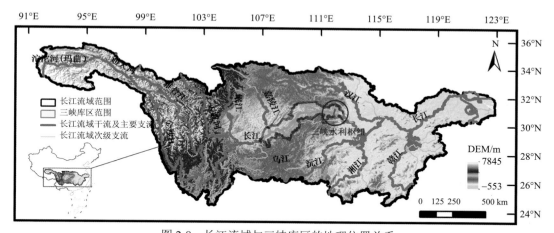

图 2-8　长江流域与三峡库区的地理位置关系

三峡库区地处亚热带季风气候区，受秦巴山脉地形的影响，形成了富有特色的峡谷气候，较我国东部同纬度地区气候偏暖，冬季温和、夏季炎热、雨热同季、雨量适中。三峡库区区域气候差异明显，空间分布复杂，垂直差异显著，海拔 1500 m 以下属于亚热带气候，海拔 1500 m 以上类似于暖温带气候。气候类型包括局地河谷南亚热带、中亚热带、山地北亚热带、暖温带、中温带 5 种类型。谷地一般夏热冬暖，山地夏凉冬寒、温凉多雨、雾多湿重，并具有阴阳坡气候不同的特点，小气候特征十分明显。库区受地形屏蔽及西南暖湿气流的共同影响，易形成逆温层，比同纬度其他地区气温高，1 月平

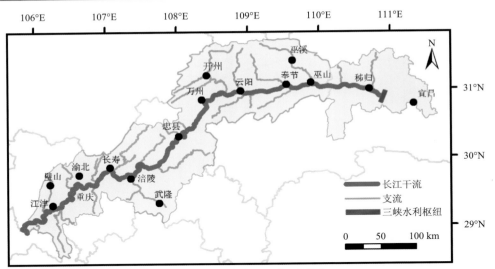

图 2-9 三峡库区研究区域图

均气温比同纬度长江中下游一带高出 3℃以上，库区内中低山地在垂直分层上的水、热量资源配置明显优于我国东部相应纬度水平地带。库区常年年平均气温约为 17℃，月平均气温的时间分布表现为单峰单谷型，库区多年平均气温分布具有明显的西北高、东南低特征。三峡库区的主要植被类型为常绿与落叶阔叶混交林、落叶阔叶与常绿针叶混交林、针叶林和灌草丛等。库区耕地资源主要分布于长江干、支流两岸，土壤熟化度低、易侵蚀，平均侵蚀模数高达 7500 t/(km²·a)，年侵蚀量达 9450 万 t（曹华盛和李进林，2016）。

  三峡库区的年降水量为 1000～1300 mm，其中中段多，并向东北和西南两端减少，呈现一条西北—东南走向的鞍形分布格局。降水量最多的湖北省恩施土家族苗族自治州鹤峰县多年平均值超过 1400 mm，而东北部最少的湖北省宜昌市兴山县多年平均降水量不到 1000 mm。4 月～10 月是三峡库区降雨的主要时期，5 月～9 月常有暴雨出现，通常 7 月的降水量最多（超过 200 mm），库区西段秋季多连阴雨天气。库区云雾多，日照少，总体来说相对湿度较大，特别是库区西段万州至重庆段的年平均相对湿度整体较高，大部分测站的年平均相对湿度为 80%左右，库区各季节的相对湿度差异不大。三峡库区的水系河道主要以 1 级和 2 级（Horton-Strahler 分级法）为主，分别占总数的 77%和 17%，其余 3 个级别的水系河道共占总数的 6%（曹华盛和李进林，2016）。各级水系长度占水系总长度比例由大到小分别是 1 级河道 51%、2 级河道 26%、3 级河道 13%、5 级河道 6%和 4 级河道 4%。1～4 级河道在流域防洪中主要起调蓄作用，5 级河道（即主干道）主要发挥区域行洪排涝作用，说明整个库区水系调蓄能力较强，但行洪排涝能力相对较弱（曹华盛和李进林，2016）。

  三峡库区的主要汇入支流有香溪河、大宁河、东溪河、黄金河、汝溪河等。香溪河，亦称昭君河，是三峡库区在湖北省内的最大河流，河长约 110 km，流域面积约 3100 km²，属典型山区季节性河流，全年径流量为 19.56 亿 m³。香溪河干支流的坡度大，上游地势高而陡，海拔在 2500 m 以上，局部可达 3000 m，河水流经峡谷，坡度大，自然落差为1000 m。由于年际之间降雨时间分布不均匀，随机性较大，三峡水库蓄水之前整个香溪河的河水暴涨暴落现象非常明显，河流溪涧性特征显著。自三峡水库下闸蓄水至今，随着坝前水位的抬升，香溪河河水加深，从河口向上游形成了显著的回水区，回水区河道水文情势发生了明显变化，水体由河流水体转变为类似湖泊的水体（缓流水体），形成了回水水域的"平湖"生境（黄庆超，2016）。2008 年夏季，在香溪河库湾地区第一次暴发了蓝藻水华，整个库湾都被波及，此后每当春夏季节，都有不同程度的水华暴发，影响水质安全。大宁河是三峡库区的一条典型支流，位于三峡库区腹心，流域面积达 4045 km²。大宁河流域的年均温度为 16.6℃，年均降水量为 1124.5 mm。在三峡库区蓄水后，大宁河在 2003 年 6 月于双龙地区首次暴发蓝藻水华，多年来在大宁河回水区水华时有发生。东溪河、黄金河、汝溪河为三峡库区忠县至万州段的三条长江一级支流。东溪河发源于重庆市石柱土家族自治县万朝镇境内，流经东溪镇，最后经钟溪村注入长江，全流域面积约 140 km²，库区境内长度 32.1 km。黄金河发源于重庆市梁平区柏家镇境内，流经黄金镇，经大面村注入长江，全流域面积约 960 km²，库区境内长度 71.2 km。汝溪河发源于重庆市万州区分水镇，在梁平区境内和汝溪河另一支流交汇，最后经忠县石宝镇注入长江，全流域面积约 720 km²，库区境内长度 54.5 km。这三条河流的气候类型均属中亚热带湿润季风气候，受峡谷地形影响十分显著。

　　受人为水位调控影响，在三峡库区形成了 30 m 落差、面积约 349 km² 的夏季出露、冬季淹没的消落带（图 2-10），对两岸原生环境产生了极大的影响（席北斗等，2009）。三峡库区消落带多为坡度小于 15°的缓坡（60.90%），大于 35°的陡坡集中在干流区，占比 20.46%（唐敏等，2013），水库水位 155 m 以上经常性出露的区域约占总面积的 82.2%（雷波等，2012）。在库区所在各区县中，重庆市云阳县消落带面积较大，各坡度和各高程消落带分布均匀，消落带占比前三名分别为干流（46.73%）、澎溪河（15.6%）和大宁河（3.02%），其中澎溪河流域消落带坡度分布均匀。澎溪河，又称小江，是三峡库区中段北岸最大的一级支流，流域面积约 5173 km²，干流长约 182.4 km，主要分布在重庆开州区和云阳县，河口距离坝址约 247 km。目前关于库区消落带的各类研究多集中在澎溪河云阳县流域。

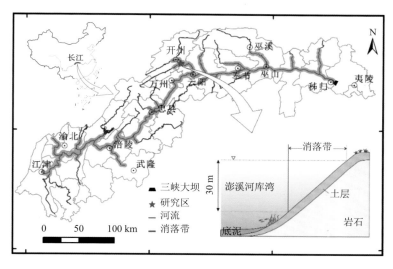

图 2-10　三峡库区消落带示意图

2. 水利工程概况

三峡水电站共布置 32 台单机容量 70 万 kW 的发电机组和 2 台 5 万 kW 电源机组，总装机容量达 2250 万 kW。三峡的设计标准是千年一遇洪水，校核标准是万年一遇洪水，对应坝前最高洪水位分别为 175 m 和 180.4 m。三峡水利枢纽工程（又称三峡工程）正常蓄水位 175 m，对应库容 393 亿 m³，水库在枯水期允许消落的最低水位为 155 m，对应库容 228 亿 m³；水库调节库容 165 亿 m³；防洪限制水位为 145 m，相应库容 171.5 亿 m³，水库防洪库容 221.5 亿 m³。三峡水库分三次蓄至最高正常蓄水位（为 175 m），首次蓄水是在 2003 年蓄至目标蓄水位 135 m，第二次蓄水是在 2006 年蓄至 156 m，蓄水至最高正常蓄水位 175 m 是在 2010 年，标志着可以全面发挥初步设计确定的综合效益，是三峡工程建设运行的重要里程碑。

三峡工程是开发治理长江的骨干工程，主要由拦河大坝、水电站厂房、通航建筑物三大部分组成，主要开发目标是保护长江中下游地区免受洪水灾害，同时具有发电、航运、供水和节能减排等巨大的综合效益（张超然和戴会超，1998）。在防洪方面，水库调洪可以削减洪峰流量达 27000~33000 m³/s，缓解了长江中下游的洪涝灾害，使长江荆江河段的防洪标准从十年一遇提高到百年一遇，对下游具有极强的防洪作用。例如，2021 年三峡水库入库流量极大，达 55000 m³/s，水库削峰率达五成，有效地减小了下游防洪压力；同时，在这年三峡水库首次开启 11 孔泄洪，下泄流量达到 49200 m³/s。在发电方面，其是华中、华东和华南地区电力供应主要的来源，其中在 2020 年全年累计发电量为 1118 亿 kW·h，创造了单座水库发电纪录。在航运方面，库区周围适宜建设客货运码头，比原有的年单向通航能力 1000 万 t 提升了五倍，运输成本可降低 1/3，促进了长江航运事业，带动了沿江经济社会发展，使长江真正成为黄金水道。在供水方面，在三峡水库运行中，加强三峡水库对长江中下游枯水期补水调度方式的研究，可为发挥三峡水库供水效益提供科学支撑。水库调度问题涉及防洪、发电、航运等多种水库调度任务，因此，在水库调度运行中应尽量兼顾各种调度任务，充分发挥三峡水库各项功能。

三峡工程的建设运行同样带来了一些环境与生态上的问题。在泥沙淤积方面，三峡水库水下实测地形表明，水库蓄水以来，横断面以主槽淤积为主；从沿程变化来看，94.1%的淤积量集中在宽谷段，且以主槽淤积为主；窄深段淤积相对较少或略有冲刷；深泓最大淤高 64.6 m。水利部长江水利委员会 2015 年发布的《长江泥沙公报》显示，三峡库区淤积泥沙情况远好于预期，2014 年库区淤积泥沙 0.449 亿 t，仅为原预测值的一成多。这主要是由于上游水库群拦截泥沙、水土保持和退耕还林减少水土流失面积、上游降水量总体偏少等因素使水库上游来沙大幅减少。此外，三峡水库采用了"蓄清排浑"的运行方式，使得汛期约三成的泥沙被排除在库外，并在汛期开展沙峰调度，有效减少了水库的泥沙淤积。在水环境方面，由于河流流态从急到缓的变化以及库区周边的建设开发导致的污染源的增加，整个库区的水环境条件发生了巨大变化。在水生态方面，三峡水库完全蓄水后将淹没 560 多种陆生珍稀植物，并且阻隔鱼类等水生生物的正常通行，使得它们的生活习性和遗传特征发生改变。毫无疑问，三峡水利枢纽工程的建设运行将会对长江中游干支流及周边原有的生态环境造成严重的冲击，是研究建坝对河流生态环境影响的典型区域。

2.3　怒江流域概况

怒江又称潞江，发源于青藏高原的唐古拉山南麓的将美尔岗尕楼冰川，其上游也被称作"那曲河"。怒江流经西藏自治区和云南省后，在云南省德宏傣族景颇族自治州芒市中山乡附近流出，成为缅甸的国界河，之后被称为萨尔温江。怒江在流经中国和缅甸后，于缅甸毛淡棉市注入安达曼海，是一条重要的国际河流。怒江在我国境内全长 2020 km，多年平均出境水量约 700 亿 m³。通常，怒江可分为上、中、下游三段。其中，自源头至西藏自治区林芝市察隅县察瓦龙乡之间的河段称为怒江上游，河道长度为 1278 km；察隅县察瓦龙乡至云南省泸水市六库街道之间的河段称为怒江中游，河道长度为 434 km；云南省泸水市六库街道至国境线之间河段称为怒江下游，河道长度为 308 km。怒江径流补给以降雨为主，以冰川融雪和地下水补给为辅。在怒江上游的青藏高原区，降水较少，径流补给以冰雪融水和地下水补给为主。中下游受西南季风影响，冰川融雪补给逐渐减少，降雨补给成为径流的主要补给形式。

怒江流域（23°N～32°N，91°E～100°E）南北跨纬度 9°，东西跨经度 9°，流域面积为 13.67 万 km²。怒江水系（图 2-11）主要由干流和众多的支流、支沟组成，上游青

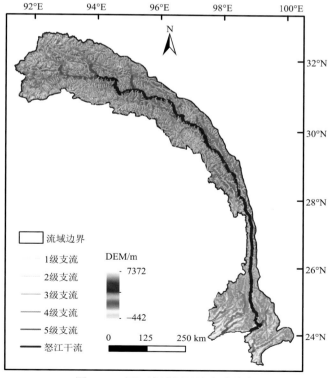

图 2-11　怒江流域概况及水系分布

根据 NASA 发布的全球数字高程模型 ASTER GDEM V3，利用数字提取河网技术绘制，河流分级按照 Horton-Strahler 分级法进行

藏高原段支流呈羽状分布，下游云南段支流多发育于左岸。流域面积大于 100 km² 的支流有 59 条，大于 1000 km² 的支流有 37 条，大于 5000 km² 的支流有 6 条，即下秋曲、索曲、姐曲、玉曲（伟曲）、枯柯河（勐波罗河）、南汀河（图 2-12）。其中，索曲发源于唐古拉山南麓，流域面积为 1.32 万 km²，是怒江流域中流域面积最大的支流；玉曲发源于西藏自治区昌都市类乌齐县南部的瓦合山麓，是怒江流域河流最长、理论水能资源蕴藏量最大的支流；南汀河发源于云南省临沧市凉山西麓，出国界流入缅甸后下行 23 km 汇入怒江，中国境内全长 265 km。此外，南卡江为另外一条单独出境的支流。

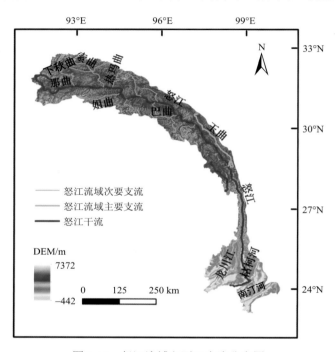

图 2-12　怒江流域主要干支流分布图

　　怒江流域地形、地貌复杂，高原、高山、丘陵、深谷、盆地等景观相互交错，大体可分为上游青藏高原区，中游横断山纵谷区和下游云贵高原区。怒江上游指从河源穿过错那湖、黑河盆地，直至西藏自治区林芝市察隅县察瓦龙乡区域，该区域地处青藏高原东南部，海拔较高，气候干燥寒冷。怒江中段是指西藏自治区林芝市察隅县察瓦龙乡至泸水市六库街道进入西藏东南横断山纵谷区，该区域两侧山峰巍峨挺立，冰川融雪资源丰富，河流坡度迅速升高，水流湍急。怒江下游是指泸水市六库街道以南的怒江河段，河流逐渐进入丘陵地带，两侧山势逐渐缓和，河道逐渐变宽。怒江流域因高程差异较大，气候分布变化明显。上游河源区长期处于 0℃ 以下，且降水量较小，属于高原亚寒带季风半湿润气候；中游河段气温处于 0～20℃，降雨逐渐增多，属于寒温带气候；下游区域气温长期处于 20℃ 以上，且降雨充沛，属于南亚热带季风气候。怒江流域降雨存在明显的季节变化特征，5 月～10 月降水量占全年降水量的 80%，11 月至次年 4 月降水量一般不足全年降水量的 20%。由此造成怒江径流主要集中于夏秋季节，而冬春季节径流量较少。

怒江天然存在巨大海拔落差，水能资源丰富。据估计，怒江理论水能资源蕴藏量为4700 万 kW。在能源日益紧张的今天，怒江丰富的水电资源已引起研究人员的注意。怒江流域曾被规划为中国重要的水电开发基地，规划有 13 级水电开发方案。由于水电站的开发将极大地改变现有的生态环境，该计划被搁置下来，但一直受到国内外关注。目前，怒江是中国为数不多干流尚未修建水电站的主要河流之一，且怒江其他方面的开发也很少，因此也被称为原生态河流。

参 考 文 献

曹华盛, 李进林. 2016. 三峡库区水系形态分形特征及地貌发育指示[J]. 科技通报, 32(9): 30-34.

陈茜, 孔晓莎, 等. 2000. 澜沧江—湄公河流域基础资料汇编[M]. 昆明: 云南科技出版社.

陈松生, 张欧阳, 陈泽方, 等. 2008. 金沙江流域不同区域水沙变化特征及原因分析[J]. 水科学进展, 19(4): 475-482.

冯胜航, 王党伟, 秦蕾蕾, 等. 2023. 金沙江流域径流变化特征及成因[J]. 南水北调与水利科技(中英文), 21(2): 248-257.

何大明, 冯彦, 胡金明, 等. 2007. 中国西南国际河流水资源利用与生态保护[M]. 北京: 科学出版社.

黄庆超. 2016. 三峡库区典型支流的水文水质特征研究[D]. 武汉: 华中农业大学.

雷波, 杨春华, 杨三明, 等. 2012. 基于 GIS 的长江三峡水库消落带生态类型划分及其特征[J]. 生态学杂志, 31(8): 2082-2090.

潘庆燊. 2010. 长江河流研究进展[J]. 人民长江, 41(9): 64-68.

彭亚. 2004. 金沙江水电基地及前期工作概况(一)[J]. 中国三峡建设, 11(4): 37-38.

唐敏, 杨春华, 雷波. 2013. 基于 GIS 的三峡水库不同坡度消落带分布特征[J]. 三峡环境与生态, 35(3): 8-10, 20.

席北斗, 于会彬, 马文超, 等. 2009. 湖岸缓冲带反硝化作用的研究进展[J]. 环境工程学报, 3(10): 1729-1734.

杨少荣, 王小明. 2017. 金沙江下游梯级水电开发生态保护关键技术与实践[J]. 人民长江, 48(S2): 54-56, 84.

张超然, 戴会超. 1998. 三峡水利枢纽工程建设概况和若干关键技术问题[J]. 水力发电, (1): 16-19.

Chen A F, Ho C H, Chen D L, et al. 2019. Tropical cyclone rainfall in the Mekong River Basin for 1983—2016[J]. Atmospheric Research, 226: 66-75.

Chen Q H, Chen H, Zhang J, et al. 2020. Impacts of climate change and LULC change on runoff in the Jinsha River Basin[J]. Journal of Geographical Sciences, 30(1): 85-102.

Colin C, Siani G, Sicre M A, et al. 2010. Impact of the East Asian monsoon rainfall changes on the erosion of the Mekong River basin over the past 25,000yr[J]. Marine Geology, 271(1/2): 84-92.

Fan H, He D M. 2015. Temperature and precipitation variability and its effects on streamflow in the upstream regions of the Lancang–Mekong and Nu–Salween rivers[J]. Journal of Hydrometeorology, 16(5): 2248-2263.

Fan H, He D M, Wang H L. 2015. Environmental consequences of damming the mainstream Lancang-Mekong River: A review[J]. Earth-Science Reviews, 146: 77-91.

Shi W Q, Chen Q W, Yi Q T, et al. 2017. Carbon emission from cascade reservoirs: Spatial heterogeneity and mechanisms[J]. Environmental Science & Technology, 51(21): 12175-12181.

Song M B, Li T X, Chen J Q. 2012. Preliminary analysis of precipitation runoff features in the Jinsha River Basin[J]. Procedia Engineering, 28: 688-695.

Wang S J, Zhang X L, Liu Z G, et al. 2013. Trend analysis of precipitation in the Jinsha River Basin in China[J]. Journal of Hydrometeorology, 14(1): 290-303.

第3章　河流建坝对物质循环的影响

本章阐述了水库对氮磷迁移转化的影响及其机制、建坝河流氮磷迁移转化模型、梯级水库对氮磷输移的累积效应；同时，围绕碳氮阐明了梯级水库对温室气体排放的影响；此外，针对水库对重金属的影响，阐明了梯级水库汞与甲基汞的空间分布特征及其形成机制。

3.1　水库对氮磷纵向输移的影响及梯级累积效应

氮磷作为重要的生源要素，影响着水生态系统平衡与稳定。大坝建立后，河流水文条件发生显著变化，如水位升高、水力停留时间增加和温度分层等，进而引起水环境条件和营养盐停留时间的改变，影响氮磷迁移和转化过程。本书针对该问题，调查了澜沧江水库及沿程水体和沉积物的氮磷迁移转化特征、沉积物-水界面生物有效氮磷的释放通量，揭示了梯级水库氮磷的库内转化机制，开发了梯级水库生源要素累积效应定量模型，并将模型应用于澜沧江和金沙江下游梯级水库，量化了梯级水电开发对河流生源要素截留或转化的累积效应。

3.1.1　氮磷的沿程分布特征

受梯级水库影响，澜沧江水体总氮（TN）沿着水流方向呈现逐渐升高的趋势，从上游河道的 0.17 mg/L 逐渐增加到下游河道的 0.62 mg/L［图 3-1（a）］。与 TN 相比，水体溶解态无机氮（DIN）也呈现升高趋势，幅度较小，仅从上游河道的 0.09 mg/L 增加到下游河道的 0.20 mg/L，但水体 DIN 组分发生了显著变化：经过梯级水库后，水体 DIN 主要组分由硝态氮转变为氨氮［图 3-1（b）］。上游河道硝态氮和氨氮浓度分别为 0.08 mg/L

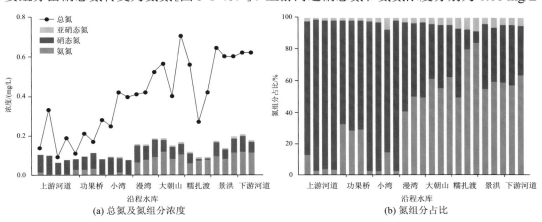

(a) 总氮及氮组分浓度　　　　　　　　(b) 氮组分占比

图 3-1　澜沧江沿程水体中各形态氮素变化

和 0.01 mg/L，分别占 DIN 的 88.0%和 10.8%，而下游河道中硝态氮和氨氮浓度分别为 0.07 mg/L 和 0.12 mg/L，分别占 DIN 的 35.1%和 60.0%。此外，水体亚硝态氮含量也从 0.003 mg/L 增加到 0.010 mg/L，在 DIN 中占比从 1.2%上升到 4.9%。

水体和沉积物总氮从上游河道到下游各级水库总体上呈现逐渐上升趋势，这是因为汇入上游河道及各级水库的有机氮经矿化分解等转化过程产生溶解态无机氮，随水流"越过"电站大坝，在下游水库产生累积。有机氮矿化分解产生的氨氮在下游库区水体无机氮中的比重明显高于上游河道及库区。上游河道沉积物为水体氨氮的"汇"，水库沉积物为氨氮的"源"，且释放通量逐级增加。上游河道为水体硝态氮的"源"，而库区沉积物"源"释放能力递减，至末级水库转变为硝态氮的"汇"。相比较而言，上游河道和各级水库沉积物均为亚硝态氮的"源"。

沉积物-水界面氨氮通量在上游河道为-4.6 mg/(m²·d)，但在功果桥水库逆转为正值，随后继续增加[图 3-2（a）]。沉积物-水界面硝态氮通量在上游河道为 4.6 mg/（m²·d），在功果桥水库增加到 18.7 mg/（m²·d），随后呈逐渐减少趋势[图 3-2（b）]。沉积物-水界面亚硝态氮通量较低，均低于 1.6 mg/（m²·d）[图 3-2（c）]。相关性分析表明，氨氮通量与沉积物 TN 成正相关（$r^2 = 0.82$）[图 3-3（a）]。沉积物剖面溶解氧分析表明，水库库内沉积物中溶解氧含量明显低于上游河道。上游河道、漫湾和景洪的沉积物-水界面溶解氧渗透深度分别为 17.0 mm、5.4 mm 和 3.0 mm[图 3-3（b）]。

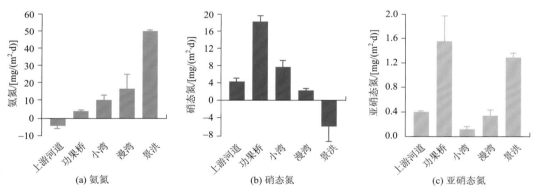

图 3-2 澜沧江沿程沉积物-水界面各形态氮通量
正值代表氮"源"，即沉积物向上覆水释放；负值代表氮"汇"，即上覆水向沉积物汇入

沉积物硝化潜力、反硝化潜力和厌氧氨氧化潜力实验表明，下游库区较上游河道及库区的氮转化活跃，沉积物硝化潜力、反硝化潜力和厌氧氨氧化潜力相对较高，这主要与下游库区丰富的氮底物相关[图 3-4（a）]。但是，与反硝化潜力相比，沉积物硝化潜力和厌氧氨氧化潜力较弱。沉积物硝化潜力和厌氧氨氧化潜力最高分别仅为 0.15 μmol/（kg·h）和 0.65 μmol/（kg·h），而反硝化潜力则最高可达 10.9 μmol/（kg·h）。硝化作用是在好氧条件下氨氮通过亚硝酸根最终转化成硝酸盐过程，反硝化作用是在厌氧条件下将硝酸盐转化成氮气的过程，而厌氧氨氧化是在缺氧环境下将氨氮直接转化为氮气的过程。澜沧江各梯级水库属于深水水库，库底沉积物往往处于厌氧状态，加之丰富的硝酸盐底

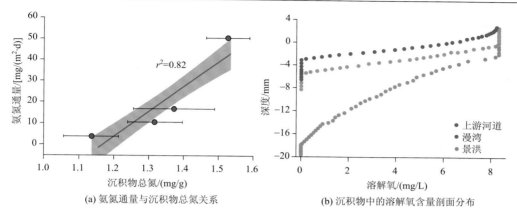

(a) 氨氮通量与沉积物总氮关系　　　　(b) 沉积物中的溶解氧含量剖面分布

图 3-3　沉积物-水界面氨氮、硝态氮、亚硝态氮通量和溶解氧含量剖面分布

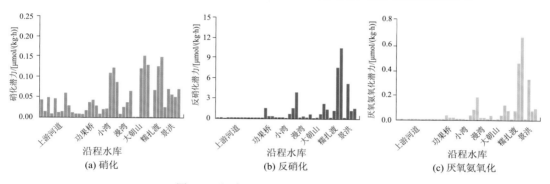

(a) 硝化　　　　　　(b) 反硝化　　　　　　(c) 厌氧氨氧化

图 3-4　澜沧江沿程沉积物氮转化潜力

物［图 3-4（b）］，厌氧氨氧化过程虽沿程增加，但整体潜力不高，能消耗的氨氮底物非常有限［图 3-4（c）］。因此，被促进的反硝化过程和较弱的硝化过程是引起各库氨氮累积的主要原因之一。

梯级水库类似河流氮转化的串联反应器，对河流水体 DIN 产生累积效应，河流水体 DIN 主要形态由硝态氮转变为氨氮，氨氮的占比从 10.8% 增加到 60.0%，而硝态氮的占比从 88.0% 降到 35.1%。水库建设后水文条件的改变调控了沉积物硝化过程和反硝化过程，最终影响水体 DIN 形态转化。水库形成后，水深增加创造的缺氧环境抑制了沉积物硝化作用［< 0.15 μmol/（kg·h）］，导致氨氮的累积；而低氧和有机碳累积促进了沉积物反硝化作用 ［2.0～12.5 μmol/（kg·h）］，增大硝态氮消耗。

上游河道沉积物中反硝化潜力约为 0.06 μmol/（kg·h），其显著低于下游水库（P < 0.05），功果桥水库、小湾水库、漫湾水库、大朝山水库、糯扎渡水库和景洪水库沉积物反硝化潜力分别为 0.21 μmol/（kg·h）、3.92 μmol/（kg·h）、0.63μmol/（kg·h）、1.31 μmol/（kg·h）、10.62 μmol/（kg·h） 和 1.50 μmol/（kg·h）［图 3-5（a）］。对沉积物反硝化潜力与水深进行相关性分析表明，二者存在显著正相关性（r^2 = 0.77）［图 3-5（b）］。与反硝化作用相比，硝化作用相对较弱，其潜力维持在 0.003～0.050 μmol/（kg·h）较低水平。此外，水-气界面 N_2O 通量沿着水流方向逐渐增加，从上游河道 1.06 μmol/（kg·h）逐渐增加到

景洪水库的 2.45 μmol/（kg·h）［图 3-5（c）］。

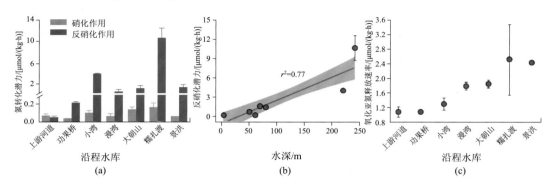

图 3-5　沉积物氮转化潜力与水深的关系

（a）沉积物硝化和反硝化潜力的各库平均分布；（b）沉积物反硝化潜力和水库水深关系；（c）澜沧江沿程氧化亚氮通量

　　澜沧江沿程水体总磷和颗粒态磷含量随河流流向总体呈现逐渐下降趋势，而溶解态磷含量变化表现出波动增加趋势（图 3-6）。澜沧江上游河道输入总磷、颗粒态磷含量逐

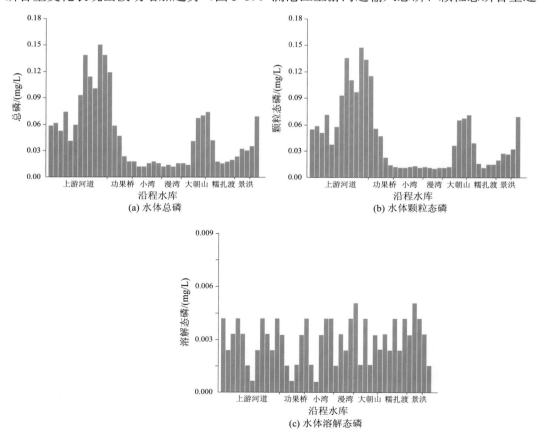

图 3-6　澜沧江水库水体各种形态磷空间分布特征

渐增加。随后在梯级水库运行作用下,从功果桥水库至漫湾水库,水体总磷和颗粒态磷浓度逐渐降低。从水体溶解态磷含量分布来看,梯级水库对澜沧江溶解态磷没有明显的滞留效应。

基于多断面同步观测结果表明,梯级水库对河流总磷具有较明显的滞留作用,而且这种滞留效应与水库水力调节周期相互关系较弱,但与水库的沿程分布位置密切相关(图 3-7)。一级水库对总磷的滞留率高达 40%,对于多年调节水库小湾水库总磷的滞留率高达 50%;自糯扎渡水库向下,水库促进河流总磷向下游输移。在梯级水库作用下,河流沿程总溶解态磷含量逐渐增加,水库对磷的滞留表现为负效应,表明了梯级水库并不会减少河流水体溶解态磷向澜沧江下游输送。水库生态系统也可将上游输入溶解态无机磷固定于浮游生物中,通过生物输移的方式进行溶解态磷向水库下游的输移(图 3-8)。

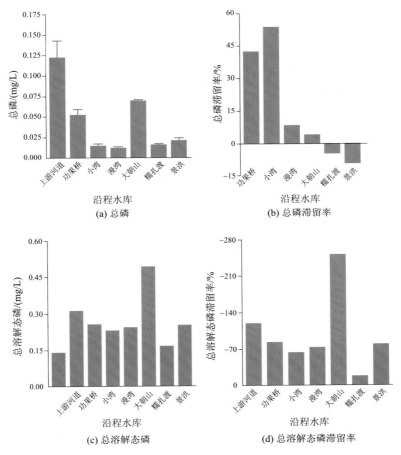

图 3-7 澜沧江水库对各形态磷的滞留作用

为了进一步明晰梯级水库运行下重点库区沉积物-水界面溶解态磷酸盐迁移及再生规律,借助薄膜扩散梯度技术(DGT)进一步研究了沉积物向间隙水和上覆水补给溶解反应磷(SRP)的再生能力[图 3-9(a)、(b)]。上游河流区及功果桥库区沉积物-水界面溶解反应磷的离子浓度势能显著低于漫湾、大朝山和景洪水库;相反,界面处溶解反

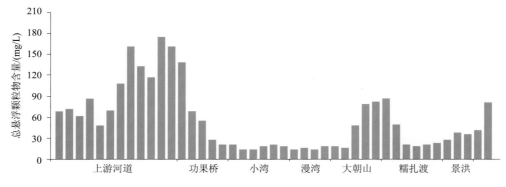

图 3-8　澜沧江总悬浮颗粒物含量空间特征

应磷的离子扩散层厚度却显著大于后者，表明上游河道及功果桥库区沉积物中溶解反应磷向上覆水释放的潜力低于后者。总体而言，从表层 3.0 cm 沉积物溶解反应磷的离子势能估算沉积物-水界面磷的释放通量，重点库区小湾库区沉积物溶解态磷酸盐从沉积物向间隙水的补给潜力结果表明，坝前>库中>库尾，沿程梯级水库的结果是漫湾>大朝山>景洪>功果桥>上游河道，沉积物溶解反应磷的再生潜力变化较好地佐证了澜沧江中下游梯级水库沉积物溶解态磷酸盐向水体迁移能力大于上游河道。通过溶解反应磷和铁的相关性分析表明，除了上游河道，沉积物剖面中溶解反应磷和铁出现同步释放现象，这种现象表明磷铁耦合关系是磷迁移的主要机制。澜沧江沉积物-水界面溶解态磷酸盐释放通量沿水流方向呈现先升高后降低的趋势，其中漫湾水库沉积物-水界面溶解态磷酸盐通量最大，而上游河道释放通量较低，这可能与漫湾水库是澜沧江第一个建成水库密切相关[图 3-9（c）]。

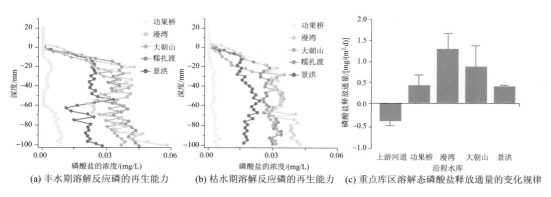

(a) 丰水期溶解反应磷的再生能力　　(b) 枯水期溶解反应磷的再生能力　　(c) 重点库区溶解态磷酸盐释放通量的变化规律

图 3-9　澜沧江水库沉积物-水界面剖面溶解反应磷分布特征及溶解态磷酸盐变化规律

从沉积物磷的赋存形态来看，自上游向下游，沉积物磷形态从由钙磷为主向铁磷和有机磷为主转变（图 3-10）。青藏高原是一个现代风化引擎，为发源于那里的河流提供富含钙的沉积物。然而，从小湾水库到景洪水库，沉积物离子中钙含量的优势被铝和铁含量的优势所取代。相应地，沉积物中生物有效磷（Bio-P，即生物可利用磷）的含量和占比沿水库梯级增加。沉积物钙磷占总磷比例从 83%减少至 4%；而沉积物铁磷和有机磷的占比则从 14%逐渐增大到 86%；沉积物中生物有效磷占比沿河流的纵向从 15%增加到 88%。因此，沿河流纵向梯度，在澜沧江梯级水库影响下河流沉积物 Bio-P 逐渐增加，直接佐证了梯级水库的运行并不会降低澜沧江梯级向下游输送的磷的生物可利用性。

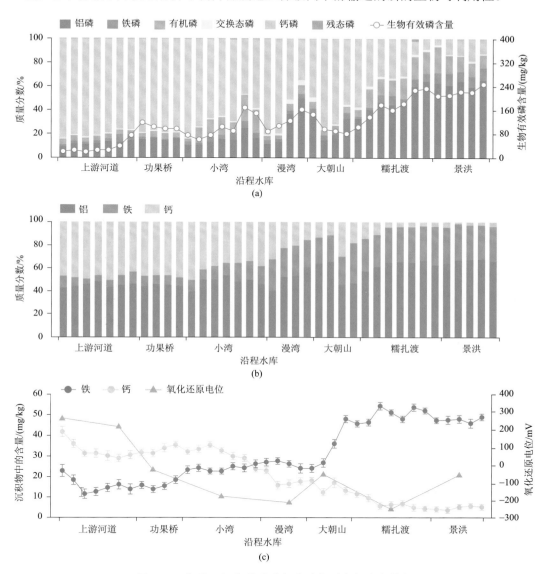

图 3-10　澜沧江沉积物磷分级和矿物质空间分布特征

澜沧江沿河流纵向梯度，沉积物总铁含量逐渐升高，其中主要以残渣结合态铁为主，还原态铁和氧化态铁的含量自上而下逐渐增加，此为沉积物中铁磷和有机磷含量逐渐递增的内在原因。沉积物总铁、交换态铁、还原态铁、氧化态铁、残渣态铁以及活性铁均与铁磷显著正相关，表明沉积物中铁的氧化还原过程主导磷的释放与迁移过程。进一步分析发现，澜沧江中下游云南段干流沉积物中 Fe：P 比均大于 15，且自上而下呈逐渐增大的趋势，表明沉积物中磷的释放除受控于铁含量及形态外，还受到水库氧化还原条件、溶解氧、温度及 pH 等环境因子的控制，特别是浅水急流的河相向深水缓流的湖相的过渡区水环境变化。SRP 含量相对较高的水体通过水电站连续向下游排放，沿水库梯级增加了 SRP 的浓度。级联水库增加了 SRP 的输送，有可能提高下游磷的生物可利用性。值得注意的是，碳和氮可以通过植物或微生物固定，但磷只能通过岩石风化和大气沉积到河流系统中，单向来源于陆地系。磷的生物地球化学循环可以部分抵消梯级坝的营养滞留效应，也可以缓解下游和沿海水域的氮磷失衡。

　　澜沧江丰水期、枯水期浮游植物生物量沿程变化见图 3-11。丰水期澜沧江浮游植物生物量显著高于枯水期，丰水期、枯水期浮游植物生物量变化范围分别为 3.93～29.28 mg/L 和 1.28～23.32 mg/L。其中小湾水库浮游植物生物量最高，糯扎渡水库次之，均以蓝藻和绿藻为主。丰水期糯扎渡水库浮游植物的生物量为 19.96 mg/L，枯水期糯扎渡水库浮游植物的生物量为 12.42 mg/L。澜沧江丰水期浮游植物生物量显著高于枯水期，一方面原因在于丰水期降雨充沛，土壤中的营养物质通过地表径流被带入库区，为浮游植物生长提供丰富的营养物质；另一方面澜沧江丰水期、枯水期监测的水温平均值分别为 20.13℃、16.78℃，丰水期的水温高于枯水期，更适合浮游植物生长繁殖。小湾水库和糯扎渡水库的浮游植物生物量均显著高于其他梯级水库，因为小湾水库和糯扎渡水库水力停留时间（HRT）较长（Ma et al., 2022）。HRT 是水生生态系统中营养物质负荷的关键环境要素，高流速降低了营养物质的可获得性，影响浮游植物的生长（Rangel et al., 2012; Schindler, 2006）。相关研究表明，随 HRT 增加，水库中营养物质富集，浮游植物丰度也随之增加（Li et al., 2013; Nogueira et al., 2010; Chen et al., 2020）。

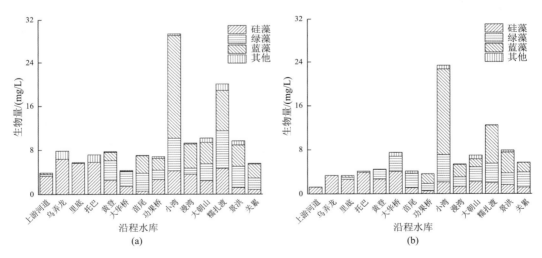

图 3-11　澜沧江浮游植物生物量沿程变化

　　影响梯级水库浮游植物群落结构特征的参数主要包括水库物理属性和水体理化指标，其中物理属性主要包括 HRT、水温（WT）、地理距离等，水体理化指标主要包括氮磷营养盐、溶解氧（DO）等指标。以 HRT 作为变量进行距离邻近点位的对比分析：选择上游河道（流速较大，其 HRT 接近于 0）与相邻的首级水库进行对比，其中 2018 年首级水库为黄登水库（HRT = 0.05 a），2021 年首级水库为乌弄龙水库（HRT = 0.002 a），在本书中统称为邻近水库；选择 HRT 最大的小湾水库（HRT = 2.36 a）与其邻近的功果桥水库（HRT = 0.01 a）进行对比分析。以地理距离作为变量进行相似 HRT 点位的对比分析：选择小湾水库（HRT = 2.36 a）与糯扎渡水库（HRT = 1.87 a）作为大库的代表，糯扎渡水库位于澜沧江下游，其被视为下游大库，小湾水库位于糯扎渡水库上游，其被视为上游大库；选择黄登水库（HRT = 0.05 a）和景洪水库（HRT = 0.40 a）作为小库的代表，黄登水库位于澜沧江上游，其被视为上游小库，景洪水库为最后一级水库，其被视为下游小库。

上游河道与河道邻近水库、小湾水库与功果桥水库浮游植物生物量对比分析结果见图 3-12（a）。结果表明：澜沧江上游河道浮游植物的生物量显著低于邻近水库，其生物量平均值分别为 3.93 mg/L、6.72 mg/L；功果桥水库浮游植物生物量显著低于小湾水库，功果桥水库浮游植物生物量平均值为 6.75 mg/L，小湾水库浮游植物生物量平均值为 29.29 mg/L。对比上游水库与下游水库之间浮游植物生物量的差异结果见图 3-12（b），小湾水库浮游植物生物量高于糯扎渡水库，糯扎渡水库浮游植物生物量平均值为 17.39 mg/L，上游黄登水库浮游植物的生物量显著低于下游景洪水库，黄登水库浮游植物生物量平均值为 7.71 mg/L，景洪水库浮游植物生物量平均值为 14.40 mg/L。

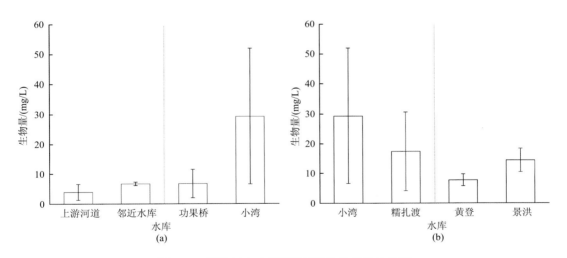

图 3-12　澜沧江丰水期浮游植物生物量对比分析

在水库建设后，水体流速和紊动强度降低（Syvitski et al., 2005），HRT 增加，浮游植物对于氮、磷营养物质生物的利用性随之提高，促进了浮游植物生长繁殖（Chen et al., 2020）。上下游大、小水库对比分析结果显示，小湾水库浮游植物的生物量高于糯扎渡水库，一方面是因为小湾水库 HRT 比下游糯扎渡水库长，另一方面是因为小湾水库位于糯扎渡水库的上游，其对营养物质存在拦截作用，在一定程度上影响了糯扎渡水库中浮游植物对营养物质的摄取。黄登水库浮游植物生物量低于下游景洪水库，原因在于景洪水库的 HRT 较长（Ma et al., 2022），且景洪水库位于社会经济较为发达的市区，受人类活动扰动强烈，丰水期降水量增加，大量氮、磷营养物质通过地表径流等方式汇入水库，导致营养盐浓度增加；相关研究表明，25℃是浮游植物生长繁殖的最佳条件，景洪水库属于亚热带或热带气候，其平均气温高于上游黄登水库，丰水期的水温维持在 24℃ 左右。较长的 HRT、频繁的人类活动、适宜的水温是景洪水库浮游植物生物量高于黄登水库的主要原因。

将各级水库物理属性：HRT、WT、地理距离，水库水体理化指标：DO、pH、TN、TP、NH_4^+-N、NO_3^--N、NO_2^--N、PO_4^{3-}-P、TN/TP，共 12 项环境要素作为解释变量，将浮游植物群落结构（多样性指数和丰富度指数）、生物量分别作为响应变量，建立浮游植物生物量与环境要素的广义可加模型（generalized additive model, GAM）。浮游植物生物量与环境要素的 GAM 模型分析和拟合结果如图 3-13 和表 3-1 所示，结果表明浮游植物生物量与 HRT 相关性极显著（$p < 0.001$），其次是 TN/TP、NO_3^--N（$p < 0.05$），与其他环境要素相关性不显著（$p > 0.05$）。在 GAM 模型中逐步加入 HRT、TN/TP、NO_3^--N，模型的累积解释度为 98.9%。NO_3^--N 的估计自由度为 1，表明 NO_3^--N 与浮游植物生物量间是线性关系，而 HRT、TN/TP 估计自由度分别为 2.251 和 2.847，HRT、TN/TP 与浮游植物生物量间是非线性关系，3 个变量的 F 值排序结果为 HRT>TN/TP> NO_3^--N，其中 HRT 的值最大，为 154.832，说明浮游植物生物量主要受 HRT 影响。

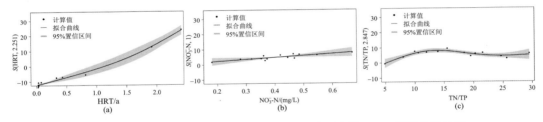

图 3-13　澜沧江丰水期浮游植物生物量与环境要素的 GAM 模型分析结果

横坐标为解释变量的实测值；纵坐标代表解释变量对响应变量的拟合值，括号中的数值则代表估计自由度

表 3-1　澜沧江丰水期浮游植物生物量与环境要素的 GAM 模型拟合结果

响应变量	关键解释变量	edf	p	F	解释度/%
生物量	TN/TP	2.847	0.0230	5.602	18.1
	NO_3^--N	1.000	0.040	4.563	48.3
	HRT	2.251	$<2×10^{-16}$	154.832	98.9

注：edf 表示估计自由度。

HRT 和营养盐（TN/TP、NO_3^--N）是影响沿程浮游植物生物量变化的关键环境要素，其中 HRT 非线性影响能力最强，TN/TP、NO_3^--N 的影响能力相对较弱。TN/TP 是影响浮游植物生物量变化的潜在限制环境要素，Bergström（2010）研究认为，当 TN/TP 值低于 10 时，主要表现为氮限制，当 TN/TP 值高于 10 时，表现为磷限制，苗尾至下游河道

（关累），TN/TP 值均高于 10，下游各水库处于磷限制的状态。NO$_3^-$-N 是被浮游植物高度吸收利用的氮形态，显著促进了浮游植物生长（Wetzel, 2001）。

对于人工调蓄的水库而言，水库的物理属性、水体理化指标等生境特征共同影响着浮游植物群落演替。浮游植物群落结构的组成对食物网动态具有重要生态意义，其变动会影响浮游植物多样性，进而影响水域生态系统功能（Amorim and Moura, 2021）。丰富度指数可用于表征浮游植物群落的生境物种数目，多样性指数可用于反映浮游植物群落结构与食物链上下游生物的营养关系和对生态环境的影响，如捕食、竞争和演替，更多样化的群落能够维持稳定的生态系统功能，如提供生产力、养分保留等（Amorim and Moura, 2021）。丰水期、枯水期澜沧江浮游植物物种组成相对丰度沿程变化见图 3-14。不论丰水期还是枯水期，浮游植物物种组成均以硅藻、蓝藻、绿藻为主。上游河道、乌弄龙水库、里底水库、托巴水库等上游水库中浮游植物以硅藻为主，相对丰度约为 80%。中下游各级水库硅藻相对丰度明显降低，浮游植物主要以蓝藻、绿藻为主。枯水期上游河道、乌弄龙水库浮游植物的物种组成均为硅藻，无其他门类，而里底水库、托巴水库除硅藻外还有部分绿藻及（或）蓝藻。黄登水库、大华桥水库硅藻相对丰度约为 60%，苗尾水库、功果桥水库、小湾水库、漫湾水库、大朝山水库、糯扎渡水库、景洪水库、下游河道浮游植物物种组成以蓝藻、绿藻为主，硅藻相对丰度降低。丰水期、枯水期澜沧江上游、下游水库浮游植物物种组成存在明显的空间差异，澜沧江自上游至下游存在 1350 m 海拔落差，造成上下游的水体存在温差。枯水期（冬季）上游来水温度较低，导致上下游水温差异较大，而丰水期（夏季）上下游温度均有升高且差异较小；高温可提高浮游植物的代谢活性，进而促进了其生物量的升高。雨水对岸边带的冲刷及抬升的水位对岸边带的淹没，将土壤有机质带入水体中，为浮游植物生长提供营养物质，促进了浮游植物多样性升高。

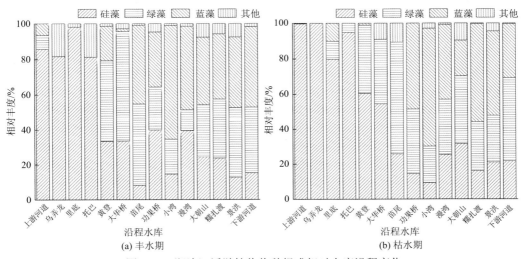

图 3-14　澜沧江浮游植物物种组成相对丰度沿程变化

澜沧江丰水期上游河道、邻近水库、功果桥水库及小湾水库浮游植物相对丰度如图 3-15（a）所示，物种组成以硅藻、蓝藻、绿藻为主，上游河道、邻近水库 60% 以上的浮游植物属于硅藻，蓝藻和绿藻相对丰度较低。功果桥水库、小湾水库硅藻相对丰度降低，浮游植物物种组成以蓝藻、绿藻为主，其相对丰度为 50%～80%。对比上游小湾水库、黄登水库与下游糯扎渡水库、景洪水库的浮游植物相对丰度[图 3-15（b）]，结果表明：小湾水库、糯扎渡水库浮游植物的物种组成以蓝藻和绿藻为主，其中硅藻相对丰度低于 20%，下游糯扎渡水库浮游植物物种组成较为丰富；黄登水库和景洪水库浮游植物物种组成同样以蓝藻和绿藻为主，但黄登水库浮游植物中硅藻占比约 1/3，明显高于下游景洪水库中硅藻的相对丰度。

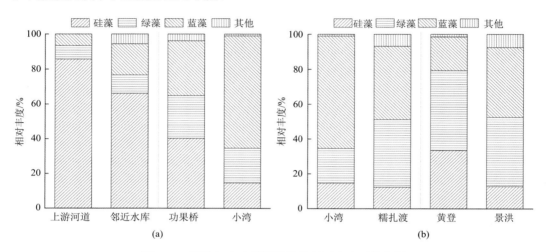

图 3-15　澜沧江丰水期浮游植物相对丰度对比分析

　　基于 GAM 模型拟合浮游植物群落结构多样性指数、丰富度指数与环境要素间的关系，结果表明多样性指数与 HRT、WT、TP 的相关性显著（$p < 0.05$），而与 DO、pH、TN、NH_4^+-N、NO_3^--N、NO_2^--N、PO_4^{3-}-P 的相关性不显著（$p > 0.05$）。在 GAM 模型中逐步加入 HRT、WT、TP，拟合结果如图 3-16 所示，模型的累积解释度为 94.4%，模拟结果较好。HRT、WT、TP 的估计自由度分别为 2.759、2.234 和 2.985，其值均大于 1，说明 HRT、WT、TP 与多样性指数呈非线性关系。3 个变量的 GAM 模型拟合 F 值排序结果为 HRT > TP > WT，表明这些变量对浮游植物的多样性均存在不同程度的影响，其中 HRT 对浮游植物多样性的影响最大。丰水期上游至下游浮游植物群落结构呈现硅藻—绿藻—蓝绿藻的变化特征，其群落演变是上下游的气候条件变化所造成的。澜沧江流域由北向南跨越多个气候带，上游西藏属于高原温带气候，下游属于亚热带或热带气候，气温由北向南递增（张景华等，2015）。对比上下游水库，黄登水库的硅藻相对丰度明显高于景洪水库，因为硅藻在低温条件下具有极强的耐受性，它可通过调节生理代谢适应低温环境（李建等，2020）。随着下游 WT 的升高，蓝藻生长被促进，硅藻的生长受到了抑制。因为蓝藻对高温具有更强的环境适应能力（朱广伟等，2020），较高的温度可促进其进行光合作用，延长蓝藻的生长时间（Rasconi et al., 2017），WT 与多样性指数 GAM 模型拟合结果显示二者具有非线性关系，合适的温度会促进浮游植物种类增加，但是当温度达到一定范围，能够快速适应环境的物种大量繁殖反而降低了浮游植物的多样性，导致生态结构逐渐趋于简单化,影响水生生态系统稳定性(Rasconi et al.,2017)。

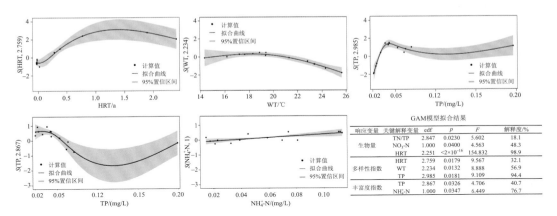

GAM模型拟合结果					
响应变量	关键解释变量	edf	p	F	解释度/%
生物量	TN/TP	2.847	0.0230	5.602	18.1
	NO_3^--N	1.000	0.0400	4.563	48.3
	HRT	2.251	$<2×10^{-16}$	154.832	98.9
多样性指数	HRT	2.759	0.0179	9.567	32.1
	WT	2.234	0.0132	8.888	56.9
	TP	2.985	0.0181	9.109	94.4
丰富度指数	TP	2.867	0.0326	4.706	40.7
	NH_4^+-N	1.000	0.0347	6.449	76.7

图 3-16　澜沧江丰水期浮游植物群落结构的 GAM 模型分析结果

横坐标为解释变量的实测值;纵坐标代表解释变量对响应变量的拟合值,纵坐标轴括号中的数值则代表估计自由度

浮游植物丰富度指数与各环境要素 GAM 模型拟合结果表明丰富度指数与 NH_4^+ -N、TP 呈显著相关关系($p < 0.05$),而与其他环境要素相关性不显著($p > 0.05$),模型的累积解释度为 76.7%,TP 的估计自由度为 2.867,表明 TP 与丰富度指数之间呈非线性关系,TP 浓度介于 0.05~0.10 mg/L 时,丰富度指数与 TP 浓度呈负相关关系,当 TP 浓度介于 0.125~0.20 mg/L 时,丰富度指数随 TP 浓度增加呈上升趋势;NH_4^+ -N 的估计自由度为 1,表明 NH_4^+ -N 与丰富度指数之间呈线性关系,NH_4^+ -N 是能够被浮游植物直接吸收利用的氮形态(Wetzel,2001),NH_4^+ -N 浓度增加提高了浮游植物丰富度。营养物质通过各种形式(如有机态和无机态、颗粒态和溶解态、反应性和非反应性)进入水库,库内的生物地球化学循环会改变营养物质的形式和比例,从而影响下游水库生物多样性和生态系统功能,如硅藻逐渐被蓝藻、绿藻所替代(Middelburg,2020)。澜沧江水库水体的营养盐浓度总体偏低,营养盐(主要是 TP)是影响浮游植物群落结构的关键环境要素,浮游植物多样性指数与 TP 存在非线性关系,当 TP 浓度介于 0~0.035 mg/L 时,多样性指数与 TP 浓度呈现较为显著的正相关关系,当 TP 浓度进一步增加时,多样性指数反而会随着 TP 浓度的增加而降低。浮游植物丰富度指数与 TP 存在非线性关系,由于磷元素参与了浮游植物的光合作用、能量储存及细胞分裂等基本生长过程(Zhang et al.,2021),不同种类浮游植物对磷浓度的需求和耐受范围不同,导致浮游植物丰富度与 TP 浓度之间呈现非线性关系(Xu et al.,2022)。

上游河道硅藻相对丰度高于邻近水库,小湾水库硅藻相对丰度低于功果桥水库,因为河道与水库、大库与小库的水动力条件不同,上游河道、功果桥水库 HRT 显著低于邻近水库及小湾水库(Ma et al.,2022);硅藻适合在流速较快、紊动水体环境下生长繁殖(李飞鹏等,2015),因为自身比重较大,较快的流速能够协助硅藻在水体中悬浮(Harris,1980);而蓝藻和绿藻更适合在静止、弱紊动水体中生长。因此,澜沧江浮游植物群落结构由上游硅藻演替为下游的绿藻、蓝藻。HRT 是营养物质负荷的重要调节因素,通过影响浮游植物对营养物质的获取，间接影响了浮游植物多样性，因此，浮游植物多样性沿程先增加后缓慢降低。

对澜沧江细菌样品进行高通量测序，共检测到 13588 个生物物种分类单元（OTU），水体中有 11133 个 OTU，沉积物中有 12848 个 OTU。当前测序深度获得的细菌 OTU 能够代表所有样本中的细菌群落（图 3-17）。水体和沉积物中细菌的 α 多样性由 Chao1 指数表示，该指数对稀有物种更为敏感[图 3-17（b）]。在流域尺度上，无论是水体还是沉积物，细菌的 α 多样性从上游到下游均没有显著差异。即使在水库建成初期，水体中细菌的 α 多样性也没有明显变化。而沉积物细菌 α 多样性的均值是水体的 1.35 倍，其中小湾水库和糯扎渡水库水体和沉积物的 α 多样性差异非常显著（$p < 0.01$）。

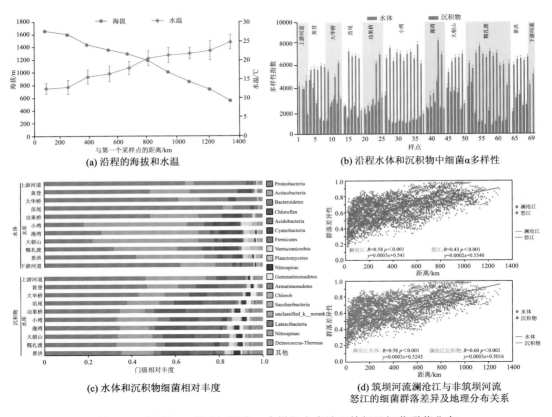

(a) 沿程的海拔和水温

(b) 沿程水体和沉积物中细菌α多样性

(c) 水体和沉积物细菌相对丰度

(d) 筑坝河流澜沧江与非筑坝河流
怒江的细菌群落差异及地理分布关系

图 3-17　澜沧江—湄公河沿岸 9 个梯级水库地理特征及细菌群落分布

在门水平上，水体和沉积物中的细菌群落主要以变形菌门、放线菌门、拟杆菌门和绿弯菌门为主[图 3-17（c）]。水体中放线菌门、拟杆菌门、蓝细菌门、疣微菌门、浮霉菌门的比例较高，沉积物中绿弯菌门、酸杆菌门、厚壁菌门、硝化螺旋菌门、芽单胞菌门的比例较高。从上游河道到苗尾水库，变形杆菌门在所有门类中占据的比例超过45%，平均值为 57%。从功果桥水库到景洪水库，变形杆菌门所占比例平均值下降至27%。对比筑坝河流澜沧江和非筑坝河流怒江中细菌群落结构的地理空间相似性[图 3-17（d）]。以河流的千米数作为采样点间的地理距离。怒江（$R = 0.43$，$p < 0.001$）和澜沧

江（$R = 0.58$，$p < 0.001$）细菌的 Bray-Curtis 群落差异与地理距离显著相关。非筑坝河流怒江的斜率略低于筑坝河流澜沧江。澜沧江水体细菌群落差异（$R = 0.58$，$p < 0.001$）与地理距离以及沉积物细菌群落差异（$R = 0.60$，$p < 0.001$）与地理距离均显著相关。

　　非度量多维排列（NMDS）分析结果表明，细菌的地理空间分布被明显划分为水体和沉积物[图 3-18（a）]。因此，分别分析了水体和沉积物中细菌的 β 多样性。在水体和沉积物中都发现了相类似的地理分布模式，梯级水库中细菌 β 多样性在方向上遵循从上游到下游的流动方向[图 3-18（b）、（c）]。水体和沉积物中细菌 β 多样性与环境要素间相关性热图分析 [图 3-18（d）、（e）] 显示，与海拔有关的水温是形成水体中细菌群落的主要因素（$R = 0.77$，$p < 0.001$）。营养盐（TN、NH_4-N、PO_4-P）和 pH 对沉积物细菌的影响较大（$R = 0.63$、0.59、0.62、0.51，$p < 0.001$）。河流筑坝改变了细菌的生境，从而影响了细菌群落的丰度、结构和功能。然而，沿着水库密集的澜沧江，细菌群落的演替遵循天然河流中常见的典型特征变化，即从 r-选择到 k-选择。细菌群落组成由上游的变形杆菌门占优势转变为下游的放线菌门占优势，同时拟杆菌门的比例下降。筑坝河流澜沧江与非筑坝河流怒江细菌群落差异性和地理距离具有相似的线性趋势，筑坝的澜沧江具有较高的斜率，因此，两条河流细菌的地理分布特征没有显著差异。

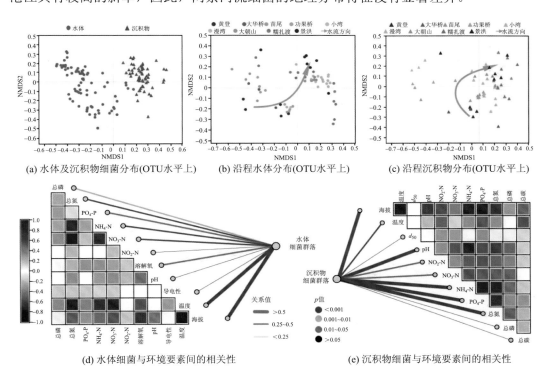

图 3-18　澜沧江—湄公河沿岸细菌 NMDS 排序及热图分析细菌群落多样性与环境要素的线性回归

　　水体和沉积物细菌群落之间存在显著的差异，从水体和沉积物中的细菌 β 多样性结果来看，二者的群落演替趋势与河流的流向是一致的。澜沧江的流向是由北向南，采样点布设自北向南跨度为 1290 km，海拔变化 1150 m。从上游到下游，水体和沉积物的温差超过 10℃。群落与环境要素的相关性热图显示，温度是影响澜沧江沿程细菌群落变化的最主要的环境因子。尽管细菌的生长会受到养分的影响，但是温度也可以调控细菌吸收利用养分的方式，从而在整体上决定细菌群落的组成（Vrede，2005）。由于水温梯度主要与沿河的海拔变化和流向有关，细菌群落在河流尺度上的分布实际上是由地理距离决定的，而与水库的梯级无关。因此，地理因素决定河流规模的细菌群落，超过了梯级水库本身。

3.1.2　氮磷的迁移转化机制

以澜沧江小湾水库作为研究对象，溶解态总氮（TDN）的浓度在水库坝前的恒温层最高[（0.96±0.14）mg/L][图 3-19（a）]；硝态氮浓度在表层最低[（0.23±0.07）mg/L]，在温跃层附近增加到最高[（0.67±0.12）mg/L][图 3-19（c）]；氨氮在坝前表层[（0.33±0.08）mg/L]和下层[（0.28±0.09）mg/L]最高[图 3-19（b）]。河流筑坝后河流由激流转变为缓流，为浮游植物的生长提供了有利的环境。水库中部和坝前浮游植物细胞密度高与滞水增加有关。水体中硝态氮含量低可归因于藻类的吸收，藻类死亡后在表层水中立即分解产生了氨氮，导致表层氨氮的增加[图 3-19（d）]。一部分的死藻沉降至温跃层附近后分解，导致温跃层中氧气浓度低，厌氧氨氧化和反硝化作用增强，另一小部分死藻可能沉入深水，它们分解导致坝前氨氮的增加。

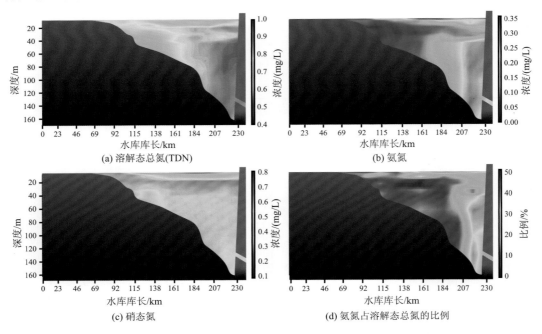

图 3-19　澜沧江小湾水库水体中各形态氮浓度剖面分布

小湾水库从库尾到坝前，沉积物中氨氮的含量和比例分别从（1.41±0.13）mg/kg 增加到（56.62±14.86）mg/kg 和从 0.9%增加到 17.2%（图 3-20）。河流筑坝降低了水流流速，从而增强了悬浮颗粒的沉积过程。在水库中，粗颗粒首先在水库尾部沉淀和沉积，而细颗粒可以随水流漂流到更远的地方，并从水库中部沉积到坝前，导致水库中沿水体流动方向的粒度普遍减小。与粗颗粒相比，细颗粒通常表现出更高的吸附能力，并携带更多的有机物。此外，在从水库中部到坝前的沉积物中，通过附着颗粒沉积了一定比例的死藻。因此，沉积物中氨氮的含量从库尾到坝前增加[图 3-20（b）]，形成了一个生物地球化学循环的热区。

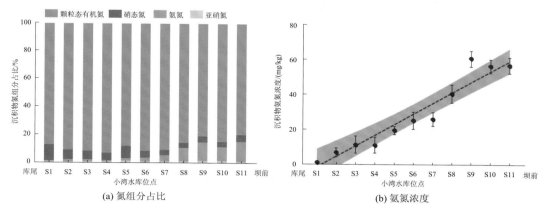

(a) 氮组分占比　　　　　　　　　　　　(b) 氨氮浓度

图 3-20　澜沧江小湾水库沉积物各形态氮含量分布

从库尾到坝前，沉积物中有机物的分解消耗了氧气，且深层储层的垂直混合较差，导致水体供应有限，使氨化活性逐渐增加。深层水库水沙界面的低氧和低温环境抑制了硝化作用。沉积物向水体中释放的氨氮导致坝前亚水层中的氨氮含量很高（图 3-21）。

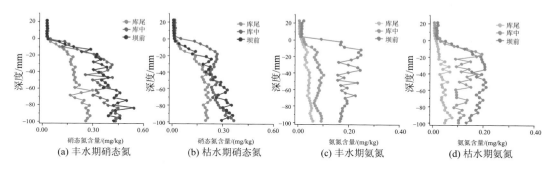

(a) 丰水期硝态氮　　　(b) 枯水期硝态氮　　　(c) 丰水期氨氮　　　(d) 枯水期氨氮

图 3-21　澜沧江小湾水库沉积物-水界面剖面氮组分分布特征

在小湾水库中，溶解态总磷（TDP）和磷酸盐在坝前低渗水层中的浓度最高，分别达到（0.05±0.01）mg/L 和（0.04±0.01）mg/L[图 3-22（a）、（b）]。溶解态有机磷（DOP）的浓度在表层中最高[图 3-22（c）]。磷酸盐转化为 DOP 是由表层水中的浮游植物介导的，浮游植物的生长也吸收了表层磷酸盐，导致表层磷酸盐呈现较低的浓度水平。藻类死亡后在表层水中立即分解产生 DOP，导致表层 DOP 呈现较高的浓度水平。此外，在坝前的恒温层中观察到相对较高水平和占比的 TDP 和磷酸盐，这可能是因为，一小部分藻类死亡后沉入深水，这部分死藻分解释放出磷酸盐，并在汛期通过泄水向下游释放。

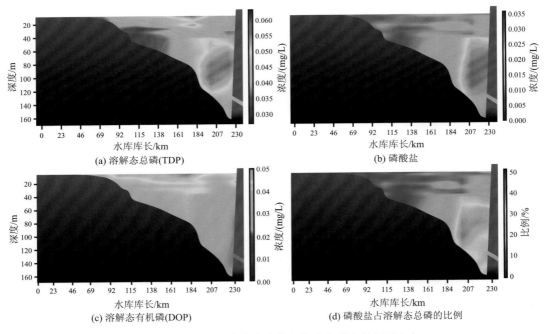

图 3-22　澜沧江小湾水库水体中各形态磷浓度剖面分布

小湾水库从坝尾到坝前，生物可利用磷（Bio-P）的含量和比例分别从（59.83±14.47）mg/kg 增加到（181.09±21.86）mg/kg 和从 11.2% 增加到 52.5%，其中生物可利用磷包括铁磷（Fe-P）、铝磷（Al-P）、有机磷（Org-P）及可交换态磷（Ex-P），并且可以在还原环境中释放溶解反应磷（SRP）［图 3-23（a）］；在 Fe-P 和还原性铁之间发现了正线性关系，r^2 值为 0.82［图 3-23（b）］；在还原性铁和沉积物铁之间，r^2 值为 0.81［图 3-23（c）］。

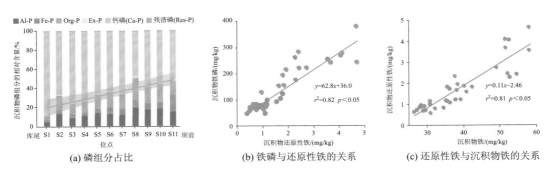

图 3-23　澜沧江小湾水库沉积物各形态磷、铁含量分布

沉积物磷的生物可利用性与主要沉积物的矿物属性表现出显著的相关性。在缺氧条件下，沉积物中 Al-P 和 Fe-P 的还原溶解可以向水体中释放磷酸盐。从库尾到坝前沉积物生物可利用磷含量的增加可能相应地导致 SRP 的释放增加。沉积物地球化学、大坝诱导的缺氧条件及微生物介导的磷酸化的共同作用，增强了 SRP 从沉积物向深层水库水体

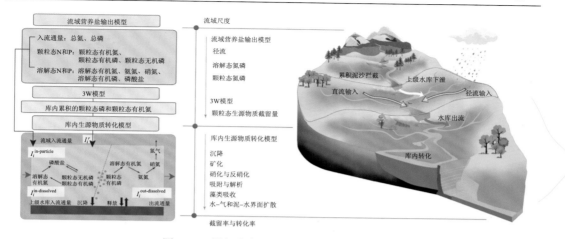

图 3-28　梯级水库累积模型框架与流程图

2. 3W 模型

3W 模型是估算梯级水库泥沙沉积量的统计学模型。本章利用 3W 模型计算水库生源物质截留率。默认颗粒态氮磷主要富集在泥沙中，因此颗粒态氮磷的截留量与泥沙截留率保持一致。根据上级水库输入和流域输入的颗粒态生源物质通量、截留率，计算得到库内截留的氮磷量，截留部分将参与库内转化，而未被截留的颗粒态氮磷将参与下一级水库库内转化的计算。

3. 基于过程的水库氮磷质量平衡模型

水库氮磷质量平衡模型简化了年尺度水体氮和磷循环过程，并未考虑物理和生物地球化学过程的空间异质性及水库在较短时间尺度上运行的过程（如生物活动的日变化到季节性变化和短暂的水文事件）。水库中的物质质量平衡为

$$\frac{\mathrm{d}M_i}{\mathrm{d}t} = F_{\mathrm{in},i} + W_{\mathrm{in},i} - F_{\mathrm{out},i} - G_{\mathrm{out},i} + T_{\mathrm{local},i} \tag{3-1}$$

式中，M_i 为第 i 种物质在整个水库系统（水体+沉积物）中的总质量，Gmol；i 为 DOP、PP、POP、PIP、NH_4、NO_3、DON 和 PON；t 为时间步长，a；$F_{\mathrm{in},i}$ 为 i 物质从上游水库流入的通量，Gmol/a；$F_{\mathrm{out},i}$ 为 i 物质从水库流出并转移到下游的通量，Gmol/a；$W_{\mathrm{in},i}$ 为来自水库流域的 i 物质的输入通量，Gmol/a；$G_{\mathrm{out},i}$ 为从水-气界面排放的 i 物质的通量，不包括反硝化过程产生的气体释放，Gmol/a；$T_{\mathrm{local},i}$ 为 i 物质的转化通量，如矿化、硝化、吸附和解吸、与初级生产相关的摄取，不包括沉积和反硝化。梯级开发河流生源物质通量平衡如图 3-29 所示。

磷循环子模块：磷循环子模块由溶解态有机磷（DOP）、磷酸盐（phosphate）、颗粒态有机磷（POP）和颗粒态无机磷（PIP）组成，考虑了溶解态有机磷的矿化、磷酸盐的水解、颗粒态无机磷的吸附和解吸、磷酸盐吸收及颗粒态磷的沉降。SRP 为溶解态有机磷和磷酸盐的总和（图 3-30）。在本书中，SRP 包括磷酸盐和可利用性 DOP。根据室内

分析结果，DOP 中可利用部分占比为 0.84。

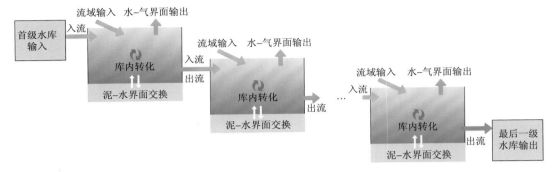

图 3-29　梯级开发河流生源物质通量平衡示意图

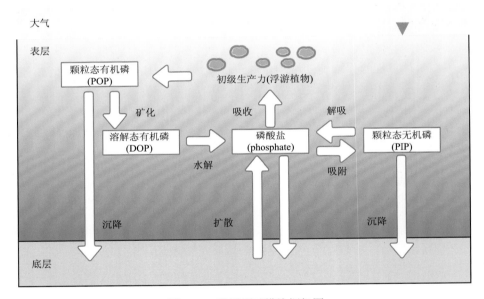

图 3-30　磷循环子模块框架图

1）溶解态有机磷（DOP）

$$\frac{\mathrm{d}C_{\mathrm{DOP}}}{\mathrm{d}t} = F_{\mathrm{mineral}} - F_{\mathrm{hydrolysis}} \tag{3-2}$$

$$F_{\mathrm{hydrolysis}} = \mathrm{khydr} \times \theta^{\mathrm{Temperature}-20} \times C_{\mathrm{DOP}} \tag{3-3}$$

$$F_{\mathrm{mineral}} = \mathrm{kmin}_{\mathrm{POP}} \times \theta^{\mathrm{Temperature}-20} \times C_{\mathrm{POP}} \tag{3-4}$$

式中，C_{DOP} 为库内水体中溶解态有机磷的浓度，mol P/km³；C_{POP} 为库内水体中颗粒态有机磷的浓度，mol P/km³；khydr 和 $\mathrm{kmin}_{\mathrm{POP}}$ 分别为 DOP 一阶水解速率和 POP 一阶矿化速率；θ 为无量纲化系数；Temperature 为年内平均水温。

2）磷酸盐（phosphate）

$$\frac{\mathrm{d}C_{\mathrm{Phosphate}}}{\mathrm{d}t} = F_{\mathrm{hydrolysis}} + F_{\mathrm{desorption}} - F_{\mathrm{sorption}} - F_{\mathrm{uptake,Phosphate}} \tag{3-5}$$

$$F_{\mathrm{desorption}} = C_{\mathrm{PIP}} \times \mathrm{kdesorp} \tag{3-6}$$

$$F_{\mathrm{sorption}} = C_{\mathrm{PIP}} \times \mathrm{ksorp} \tag{3-7}$$

$$F_{\mathrm{uptake,Phosphate}} = \frac{\mathrm{kup}}{106} \times C_{\mathrm{Phosphate}} / \left(\mathrm{hm\_p} + C_{\mathrm{Phosphate}} \right) \tag{3-8}$$

$$\mathrm{kup} = B_{c\mathrm{max}} \times P_{\mathrm{Chl}} \times M \tag{3-9}$$

式中，$C_{\mathrm{Phosphate}}$ 为库内水体中磷酸盐的浓度，mol P/km^3；C_{PIP} 为库内水体中颗粒态无机磷的浓度，mol P/km^3；kdesorp 和 ksorp 分别为 PIP 一阶吸附、解吸速率；hm_p 为磷吸收半饱和常数；kup 为与初级生产力相关的碳吸收速率；$B_{c\mathrm{max}}$ 为年内平均水库叶绿素 a 浓度；P_{Chl} 为叶绿素特异性碳固定率；M 为与水温相关的无量纲代谢校正因子。

3）颗粒态有机磷（POP）

$$\frac{\mathrm{d}C_{\mathrm{POP}}}{\mathrm{d}t} = F_{\mathrm{uptake,Phosphate}} - F_{\mathrm{mineral}} - F_{\mathrm{sedimentation,POP}} \tag{3-10}$$

$$F_{\mathrm{sedimentation,POP}} = \mathrm{ksed\_p} \times C_{\mathrm{POP}} \tag{3-11}$$

式中，ksed_p 为 POP 和 PIP 一阶沉降速率。

4）颗粒态无机磷（PIP）

$$\frac{\mathrm{d}C_{\mathrm{PIP}}}{\mathrm{d}t} = F_{\mathrm{sorption}} - F_{\mathrm{desorption}} - F_{\mathrm{sedimentation,PIP}} \tag{3-12}$$

$$F_{\mathrm{sedimentation,PIP}} = \mathrm{ksed\_p} \times C_{\mathrm{PIP}} \tag{3-13}$$

氮循环子模块：氮循环子模块由氨氮（NH$_4$）、硝氮（NO$_3$）、溶解态有机氮（DON）和颗粒态有机氮（PON）组成。考虑了溶解态有机氮的氨化、氨氮和硝氮的吸收、氨氮的硝化、硝氮的反硝化、颗粒态有机氮的矿化和沉降（图 3-31）。

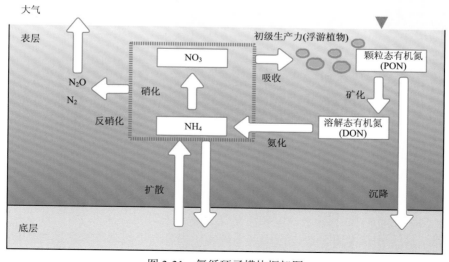

图 3-31　氮循环子模块框架图

1）氨氮（NH₄）

$$\frac{dC_{NH_4}}{dt} = F_{ammonification} - F_{nit} - F_{uptake,NH_4} \tag{3-14}$$

$$F_{ammonification} = kamm \times \theta^{Temperature-20} \times C_{DON} \tag{3-15}$$

$$F_{uptake,NH_4} = \frac{16}{106} \times kup \times C_{NH_4} / (C_{NH_4} + hm\_nh4) \tag{3-16}$$

$$F_{nit} = knitw \times C_{NH_4} / (C_{NH_4} + hm\_nit) \times C_{NH_4} \tag{3-17}$$

式中，C_{NH_4} 为库内水体中铵态氮（NH₄⁺）的浓度，mol N/km³；C_{DON} 为库内水体中溶解态有机氮（DON）浓度，mol N/km³；kup 为浮游植物对营养盐的最大吸收速率参数，表示浮游植物在最适条件下单位时间内对营养盐（这里是 NH₄⁺）的最大吸收能力，反映了浮游植物生长过程中对氮素的需求强度；kamm 为 DON 一阶氨化速率；hm_nh4 为 NH₄ 吸收半饱和常数；knitw 为硝化速率；hm_nit 为硝化半饱和常数。

2）硝氮（NO₃）

$$\frac{dC_{NO_3}}{dt} = F_{nit} - F_{denit} - F_{uptake,NO_3} \tag{3-18}$$

$$F_{uptake,NO_3} = \frac{16}{106} \times kup \times C_{NO_3} / (C_{NO_3} + hm\_no3) \tag{3-19}$$

$$F_{denit} = kdenw \times C_{NO_3} / (C_{NO_3} + hm\_denit) \tag{3-20}$$

式中，C_{NO_3} 为库内水体中硝态氮（NO₃⁻）的浓度，mol P/km³；hm_no3 为 NO₃ 吸收半饱和常数；kdenw 为反硝化速率；hm_denit 为反硝化半饱和常数。

3）溶解态有机氮（DON）

$$\frac{dC_{DON}}{dt} = F_{mineral} - F_{ammonification} \tag{3-21}$$

$$F_{mineral} = kmin\_nit \times \theta^{Temperature-20} \times C_{PON} \tag{3-22}$$

式中，C_{PON} 为库内水体中颗粒态有机氮（PON）的浓度，mol P/km³；kmin_nit 为 PON 一阶矿化速率。

4）颗粒态有机氮（PON）

$$\frac{dC_{PON}}{dt} = F_{uptake} - F_{mineral} - F_{sedimentation} \tag{3-23}$$

$$F_{uptake} = F_{uptake,NO_3} + F_{uptake,NH_4} \tag{3-24}$$

$$F_{sedimentation} = ksed\_nit \times C_{PON} \tag{3-25}$$

式中，ksed_nit 为 PON 一阶沉降速率。

4. 模型计算与模型参数

结合 Global NEWS2 模型和 3W 模型结果，量化流域内各水库 TN、TP、NO₃、NH₄ 和 SRP 的入库、出库通量。以流域输入生源物质通量、上级水库输出通量和泥-水界面扩散通量作为库内生源物质转化计算的边界条件。首级水库的输入边界采用实测值，泥-

水界面溶解态扩散通量利用薄膜扩散梯度技术（DGT）方法获取。最终，基于模型输出的浓度均值和水库设计流量，得到水库年尺度各形态氮、磷输出通量，作为下一级水库的计算边界。

采用蒙特卡罗方法计算库内不同形态氮、磷浓度。针对单个水库，模型运算 2000 次，每次时间步长为 0.01 a。每次运算都要根据模型参数的范围与分布曲线分配其随机值（表 3-2）。各形态氮磷的初始浓度设置为零，直至各形态氮磷的浓度达到平衡值，得到 2000 次运算输出的氮磷浓度均值，并利用原位监测数据对模型结果进行验证。

表 3-2　模型参数

参数	单位	分布参数	分布方式
C_{DON}	mol N/km^3	—	—
C_{PON}	mol N/km^3	—	—
C_{NO_3}	mol N/km^3	—	—
C_{NH_4}	mol N/km^3	—	—
C_{POP}	mol P/km^3	—	—
$C_{Phosphate}$	mol P/km^3	—	—
C_{DOP}	mol P/km^3	—	—
C_{PIP}	mol P/km^3	—	—
kdesorp	a^{-1}	[0.01, 2.0]	均匀分布
ksorp	a^{-1}	1.5	—
ksed_p	a^{-1}	a=0.2, b=13	伽马分布
khydr	a^{-1}	[18.2, 365]	均匀分布
kmin$_{POP}$	a^{-1}	7	均匀分布
hm_p	mol P/km^3	[1.9×10^5, 6.6×10^6]	均匀分布
hm_nh4	mol N/km^3	[7.14×10^5, 1.42×10^6]	均匀分布
hm_denit	mol N/km^3	[3×10^6, 1.1×10^8]	均匀分布
hm_no3	mol N/km^3	[7.14×10^6, 3.57×10^7]	均匀分布
hm_nit	mol N/km^3	[1.43×10^6, 7.1×10^6]	均匀分布
kmin_nit	a^{-1}	[0.001, 7.5]	均匀分布
kamm	a^{-1}	μ=1.58, σ=1.32	对数正态分布
ksed_nit	a^{-1}	[0.5, 2.0]	均匀分布
knitw	a^{-1}	[3.65, 7.3]	均匀分布
kdenw	mol N/km^3	[2.61×10^8, 5.21×10^9]	均匀分布
kup	a^{-1}	[0.1, 2.0]	均匀分布
θ	—	[1, 1.2]	均匀分布

注：a 为形状参数，b 为尺度参数；这两个参数用于定义伽马分布的形状和尺度特征。μ 为均值，σ 为标准差；这两个参数用于定义对数正态分布的位置和分散程度

5. 模型验证

针对小湾水库，将模型模拟均值与 4 次野外监测数据进行了比较。虽然由于参数随机分配而出现相对较大的方差，但模型总体上能较好地模拟 TN 和 TP 浓度及溶解氮、磷的占比（图 3-32）。

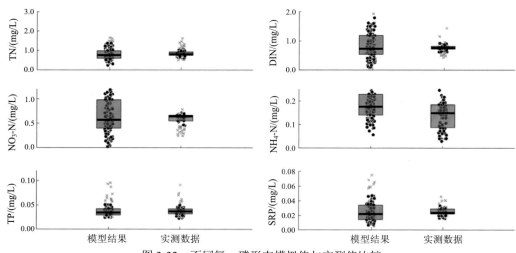

图 3-32　不同氮、磷形态模拟值与实测值比较

6. 模型结果

每个水库中氮（TN、NH_4 和 NO_3）和磷（TP、SRP 和 PIP）的输入由上游水库输入（F_{in}）和水库控制流域的输入（W_{in}）组成。氮、磷的输出通过库内营养盐模拟浓度和年径流量相乘得到。

根据式（3-26）计算总氮、总磷截留率：

$$R_j = \frac{F_{in,j} + W_{in,j} - F_{out,j}}{F_{in,j} + W_{in,j}} \times 100\% \qquad (3\text{-}26)$$

根据式（3-27）和式（3-29）计算不同氮磷形态的输入占比和输出占比：

$$I_{\frac{in}{in},k} = \frac{F_{in,k} + W_{in,k}}{F_{in,j} + W_{in,j}} \times 100\% \qquad (3\text{-}27)$$

$$E_{\frac{out}{in},k} = \frac{F_{out,k}}{F_{in,j} + W_{in,j}} \times 100\% \qquad (3\text{-}28)$$

$$E_{\frac{out}{out},k} = \frac{F_{out,k}}{F_{out,j}} \times 100\% \qquad (3\text{-}29)$$

上式中，$j \in$（TN, TP）和 $k \in$（NH_4, NO_3, SRP, PIP）；R_j 为第 j 种营养盐组分的截留率；$I_{in/in,k}$ 为第 k 种营养盐组分的输入量占输入总氮/总磷的比例；$E_{out/in,k}$ 为第 k 种营养盐组分的输出量占输入总氮/总磷的比例；$E_{out/out,k}$ 为第 k 种营养盐组分的输出量占输出总氮/总磷的比例。

功果桥、漫湾、大朝山、景洪小型水库 TP 截留率为 14.1%～22.8%，而小湾水库和糯扎渡水库分别达到 37.5% 和 37.8%。小型水库中 NH_4^+ 输出量占 TN 流入量的比例增加了 3.3%～4.5%，在小湾水库和糯扎渡水库中，这一比例分别增加了 8.0% 和 9.0%。NO_3^- 输出量在 TN 输入量中的比例降低了 1.8%～7.8%。小型水库 SRP 流出量占入库比重增加 2.9%～3.9%，小湾水库和糯扎渡水库中占比分别增加 6.0% 和 6.6%［图 3-33（a）］。澜沧江与金沙江截留率差异明显［图 3-33（b）］，TP 主要受到颗粒态磷沉降影响，且澜沧江水力停留时间较长。因此，相较于金沙江，澜沧江 TP 截留率较高。澜沧江 NH_4^+ 和 SRP 的转化率明显高于金沙江。如图 3-34 所示，NH_4^+ 和 SRP 的转化率与流域入库通量和组成的线性关系不显著，与 HRT 存在显著正相关关系。

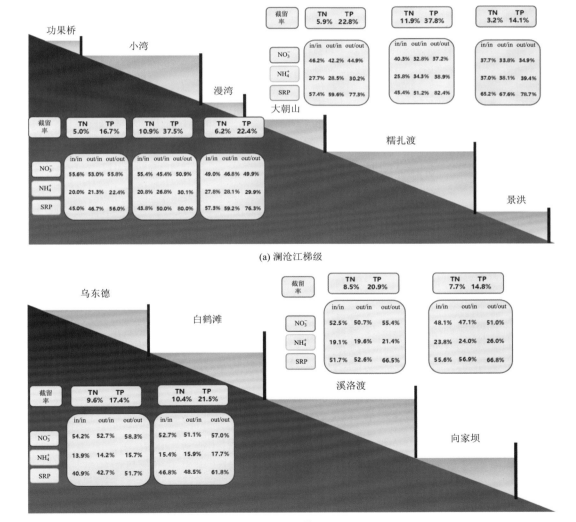

图 3-33　梯级水库中氮、磷滞留和转化模型结果

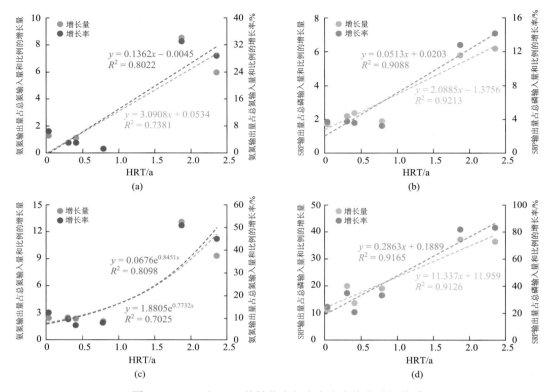

图 3-34　NH₄ 和 SRP 的转化率与水库水力停留时间关系

（a）澜沧江 NH₄ 转化率与水库水力停留时间关系；（b）澜沧江 SRP 转化率与水库水力停留时间关系；（c）金沙江 NH₄ 转化率与水库水力停留时间关系；（d）金沙江 SRP 转化率与水库水力停留时间关系

3.2　梯级水库对碳氮温室气体排放的影响

水库温室气体排放与水电的清洁性长期存在争议（Fearnside，1995；Barros et al.，2011；Maavara et al.，2017），本书通过野外采样，结合研制的在线监测系统和原位感知系统，揭示澜沧江梯级水库温室气体排放空间特征，阐明了梯级水库 CH_4、CO_2 和 N_2O 三种温室气体空间差异的形成机制，以及水库运行水位波动对洲滩 CH_4 和 N_2O 排放通量的影响，对水利工程开发的温室气体排放管理具有重要意义。

3.2.1　水库沿程碳温室气体排放

水库温室气体排放通量具有较强的空间异质性（Xiao et al.，2013；姜星宇等，2017），阐明水库温室气体排放通量的空间特征及其形成机制对水库温室气体排放的评估和管理具有重要意义。通过对澜沧江梯级水库开展野外观测，揭示了澜沧江梯级水库 CH_4 和 CO_2 释放空间特征（Shi et al.，2017）。结果表明，水库建设确实促进了 CH_4 的产生和排放，上游河道 CH_4 排放通量为 0.03 mg/（m²·d），远低于水库的排放通量。CH_4 和 CO_2 排放通量的最高值均出现在首级水库——功果桥水库（图 3-35）。首级水库是 CH_4 和 CO_2

释放热点,且其 CH_4 与 CO_2 排放通量比值最高,具有较高增温潜能。与世界其他水库 CH_4 和 CO_2 排放通量相比,澜沧江梯级水库 CH_4 和 CO_2 释放通量明显低于世界其他水库平均水平。

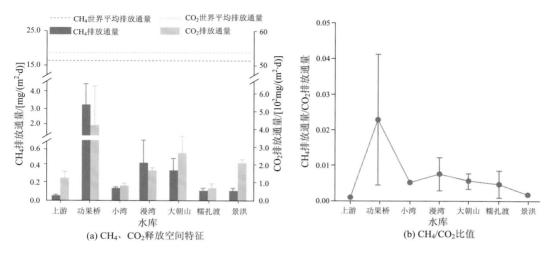

图 3-35 澜沧江梯级水库 CH_4、CO_2 释放空间特征及 CH_4/CO_2 比值

沉积物有机质含量对 CH_4 和 CO_2 具有重要影响(周石磊等,2018),结合沉积物理化性质分析和分子生物学手段,阐明了澜沧江 CH_4 和 CO_2 释放空间差异性的河流动力学与微生物学机制。水库建设后,水流变缓,大量泥沙携带有机碳沉积至沉积物中(图 3-36),有利于沉积物微生物和产甲烷菌大量繁殖(任艺洁等,2019; Rosa et al., 2003),有机碳矿化分解导致水库 CH_4 和 CO_2 释放通量增加[图 3-36(a)]。首级水库因对泥沙的高效拦截,淤积了大量新鲜有机碳,CH_4 和 CO_2 释放通量最高;同时,大量泥沙快速沉降,沉积物淤积增厚,产甲烷菌丰度增加,有利于 CH_4 产生,因此首级水库中 CH_4 与 CO_2 比值也较高[图 3-36(a)、(d)]。水库沉积物有机碳的含量随库龄的增加而减小,因此水库沉积物碳温室气体产生潜力随库龄的增加逐渐减小[图 3-36(d)]。

通过对澜沧江梯级水库 CH_4 和 CO_2 排放通量空间特征的研究,发现首级水库功果桥水库增温潜能最为明显(Shi et al., 2021)。CH_4 增温潜能值是 CO_2 的 25 倍,有机碳矿化分解产生 CH_4 的增温效应要高于 CO_2。因此,首级水库功果桥水库因较高的 CH_4/CO_2 比值增加了其增温潜能。此外,首级水库对氮磷生源物质具有较强拦截能力,使其发生富营养化的风险增加。在富营养化条件下,水体浮游植物大量繁殖,通过光合作用输入大量内源有机碳,这些内源有机碳经矿化分解,将碳以 CH_4 的形式再次释放回大气中(闫兴成等,2018),这种 CO_2 转化为 CH_4 的途径将增大水库的增温效应。因此,在评估梯级水库温室气体排放时应当重点关注首级水库。

水库运行会造成周期性的水位波动,影响洲滩消落带的水流交换,改变沉积物氧化还原环境(刘洋等,2018),进而影响沉积物 CH_4 的产生和排放。以澜沧江漫湾水库洲滩为例,通过静态箱-气相色谱法量化了水位波动下洲滩 CH_4 排放通量的时空特征及影响因素。研究发现,在潜流交换驱动下,地表水和地下水发生混合,富含氧气水体从水库进入洲滩内部。随着溶解氧逐渐被消耗,在潜流路径上形成了氧化还原梯度[图3-37(a)]。同时,洲滩边缘至中心方向上,由于潜流交换强度递减,沉积物含水率也随之递减,有机碳矿化分解速率下降,洲滩沉积物孔隙水中溶解态有机碳含量和沉积物中溶解态有机碳含量也表现出递减趋势[图3-37(b)]。

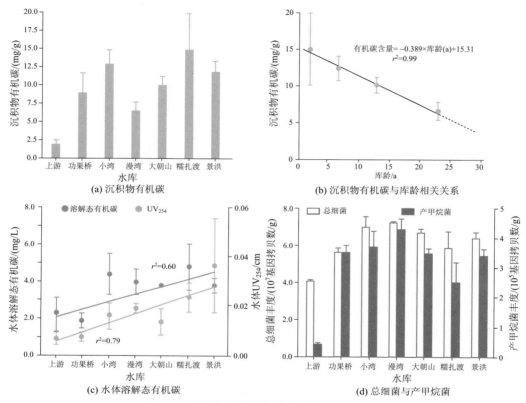

图3-36　澜沧江水体和沉积物有机碳空间特征

UV$_{254}$表示水体中有机物的含量

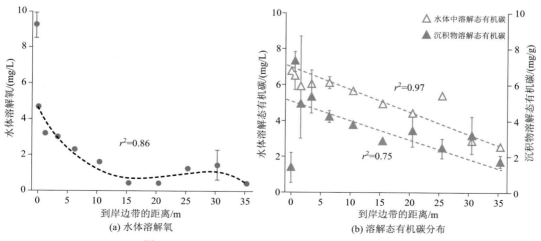

图3-37　水库洲滩孔隙水与沉积物基本理化特征

洲滩沉积物中产甲烷菌和甲烷氧化菌是 CH_4 产生和消耗的重要驱动因素（林亚萱等, 2020），通过对沉积物产甲烷菌和甲烷氧化菌基因丰度的分析，发现潜流交换作用下形成的氧化还原梯度，是造成沉积物中产甲烷菌和甲烷氧化菌基因丰度空间差异性的主要原因。在潜流交换强度高和溶解氧浓度大的洲滩边缘区域，产甲烷菌基因丰度较低，甲烷氧化菌基因丰度较高；在潜流交换强度小和溶解氧浓度低的洲滩中心区域，产甲烷菌基因丰度较高，甲烷氧化菌基因丰度较低（图 3-38）。

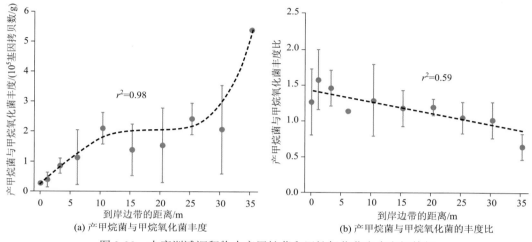

(a) 产甲烷菌与甲烷氧化菌丰度　　　　　(b) 产甲烷菌与甲烷氧化菌的丰度比

图 3-38　水库洲滩沉积物中产甲烷菌和甲烷氧化菌丰度空间特征

洲滩边缘孔隙水中较高的溶解态有机碳和沉积物中较高的有机碳（张倩等, 2018）为该区域 CH_4 产生提供了充足的碳源，但该区域 CH_4 释放通量较低，这是因为潜流交换作用下洲滩内部形成的氧化还原梯度，调控了产甲烷菌和甲烷氧化菌等功能微生物丰度。较少的产甲烷菌导致 CH_4 产生量较少，同时较多的甲烷氧化菌进一步促进 CH_4 氧化，最终导致 CH_4 释放水平较低。而洲滩中心区域，虽然有机碳含量低，但是 CH_4 释放通量较高，这是因为较丰富的产甲烷菌导致 CH_4 产生量较多，同时较少的甲烷氧化菌进一步降低了 CH_4 的氧化消耗，最终导致 CH_4 释放水平较高，不过高 CH_4 释放水平的区域仅占洲滩总面积的 0.2%（图 3-39）。

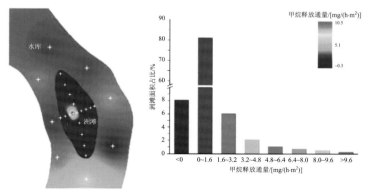

图 3-39　洲滩 CH_4 释放空间特征

在水库运行条件下，削减水陆交错带的 CH_4 释放对水库温室气体释放控制具有积极意义。在潜流交换较强的区域，CH_4 释放通量可能会减少，在理论的实际应用中，可以采用不同的工程措施减小释放 CH_4 气体的热点区域面积。例如，一种方法是通过渠道连通河流和洲滩的中心区域，以增强洲滩中心的潜流交换量；另一种方法是改变水库运行方式，增加水库水位波动频率和幅度，进而增加洲滩内潜流交换的强度和范围，从而减少水库运行过程中 CH_4 排放量。

3.2.2　水库沿程氮温室气体排放

水库建设除了会影响碳温室气体排放外，还会改变氮的生物地球化学循环，进而影响氧化亚氮（N_2O）的排放（Louis et al., 2000; Delsontro et al., 2010; Jacinthe et al., 2012; Wang et al., 2021），其当量温室效应是 CO_2 的 273 倍。近年来，研究认为水电开发导致水库增加了内陆水体的 N_2O 排放（Tremblay et al., 2005）。但是，对水库 N_2O 产生机理、释放水平及控制因素的认识依然欠缺。此外，水库沿程存在氮素的输入，对梯级水库氮温室气体排放通量具有重要影响。因此，明晰水电开发下 N_2O 排放通量的影响十分关键和必要。

水库 N_2O 排放通量受多种因素的影响，阐明梯级水库 N_2O 排放通量的空间特征及其主控因素对水库 N_2O 排放管理具有重要意义。通过多点位调查，揭示了澜沧江梯级水库沿程 N_2O 释放空间特征（Shi et al., 2020）。总体上看，澜沧江水库 N_2O 释放水平明显低于世界其他水库，与上游河道相比，水库 N_2O 排放通量明显高于上游河道[图 3-40（a）]，而未进行水电开发的怒江并未表现出递增趋势[图 3-40（b）]，表明水库建设增加了河

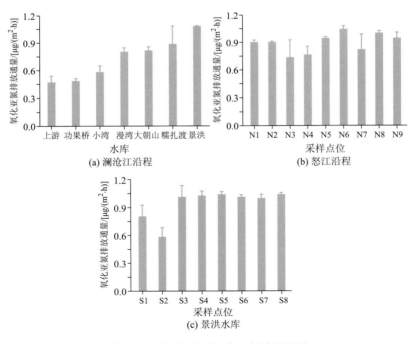

图 3-40　水-气界面氧化亚氮排放通量

流 N$_2$O 排放通量。N$_2$O 排放通量在澜沧江呈现从上游至下游逐渐增加的趋势，N$_2$O 排放通量从上游河道的 0.47 μg/（m^2·h）逐渐增加到下游景洪水库的 1.08 μg/（m^2·h）。在单库中 N$_2$O 释放也存在空间异质性，库尾 S1 点位释放水平较低，库中至坝前（S2 点位）区域释放水平较高但无明显差异［图 3-40（c）］。

水库建设后，水流变缓，泥沙携带有机质沉降淤积，下游水库中沉积物总氮和总有机碳浓度均高于上游河道［图 3-41（a）］。泥沙沉降过程中，粗颗粒泥沙易于沉降，而细颗粒泥沙随水流运移较远［图 3-41（b）］。

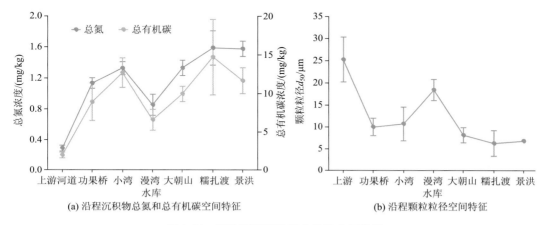

(a) 沿程沉积物总氮和总有机碳空间特征　　(b) 沿程颗粒粒径空间特征

图 3-41　澜沧江沉积物基本性质空间特征

沉积物反硝化潜力是影响水库 N$_2$O 排放通量的重要因素（Beaulieu et al., 2011）。通过室内模拟实验发现，上游河道沉积物反硝化潜力为 0.38 μg/（kg·h），远远低于水库段，梯级水库沉积物反硝化潜力与 N$_2$O 排放通量在沿程上的变化趋势基本一致，从上游到下游呈现逐渐增加的趋势［图 3-42（a）］。在景洪水库中，沉积物反硝化潜力从库尾至坝前呈现先增加后降低的趋势，最高值出现在过渡带，为 21.59 μg/（kg·h）［图 3-42（b）］。

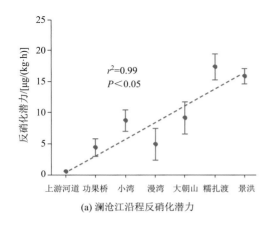
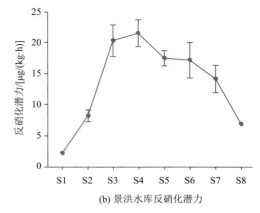

(a) 澜沧江沿程反硝化潜力　　(b) 景洪水库反硝化潜力

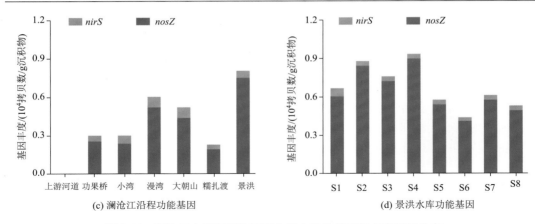

(c) 澜沧江沿程功能基因　　　　　　　(d) 景洪水库功能基因

图 3-42　澜沧江水库沉积物反硝化潜力及功能基因丰度空间分布

沉积物总氮和总有机碳富集为反硝化提供了丰富的底物和碳源，从而促进反硝化产生 N_2O（Wang et al., 2007）。下游水库沉积物反硝化相关的功能基因（*nirS*：亚硝酸还原酶基因，*nosZ*：氧化亚氮还原酶基因）丰度高于上游河道，沉积物反硝化速率沿着水流方向呈现递增趋势［图 3-42（c）］。在景洪水库中，沉积物中与反硝化相关的功能基因丰度和反硝化速率空间特征与沉积物总氮和总有机碳空间特征表现一致，即从库尾到坝前先增加后降低［图 3-42（d）］。

水库运行引起的水位波动除了会影响水库洲滩水交换及氮循环，还会影响水库消落带的氮循环过程（Zhang et al., 2012; Dietrich et al., 2015）。为探究水库消落带 N_2O 排放情况，以三峡消落带为研究对象开展了系统的野外监测，发现淹水-落干过程下的消落带既是大气 N_2O 的源，也是它的汇。在淹水阶段的前 1.5 天，观察到了 N_2O 由源到汇的转换过程［图 3-43（a）］。淹水过程中，水体对沉积物的覆盖使得沉积物中 DO 逐渐减小，而沉积物中 DO 的变化改变了 N_2O 的源汇过程。由于沉积物形成了还原条件，有利于硝化、反硝化和硝酸盐还原成铵的微生物过程，在有氧向缺氧环境的转化过程中，有助于N_2O 的产生。随着氧气的消耗和缺氧条件的进一步形成，反硝化过程加强，造成硝酸盐的浓度降低，并释放了 N_2O［图 3-43（b）］。

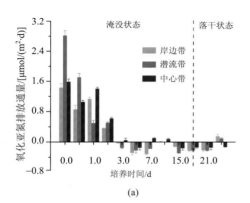

(a)

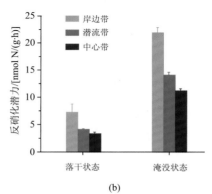

(b)

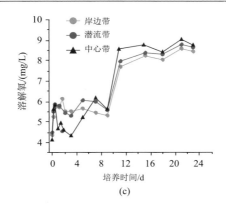

图 3-43　淹水-落干过程下消落带 N_2O 排放通量和溶解氧的变化

　　N_2O 排放主要受细菌硝化和反硝化作用的调节。微生物反硝化在低氧或厌氧条件下将 NO_3^--N 还原为 N_2，这是产生 N_2O 的主要过程（张紫薇等，2022）。水体中 N_2O 和 NO_3^--N 之间有很强的正相关性。淹水后沉积物的潜在反硝化率是未淹没沉积物的 3 倍，而 N_2O 的产生部分来自硝酸盐还原为铵的作用。这说明，淹水期间沉积物中 N_2O 从源到汇的转变是由于水柱中氧气浓度的增加，不利于反硝化过程，而较高的含氧条件有利于硝化作用，这在淹水期有助于 N_2O 由源到汇的转换。因此，N_2O 的形成主要源于有氧-缺氧条件下的反硝化作用，而源-汇转换主要受反硝化作用、反应底物的可利用性及沉积过程中沉积物和水柱中的氧气条件的影响。

　　夏季水库水温低于洲滩潜流带孔隙水温，主要是因为强烈的太阳辐射作用和洲滩土层相对于水体有着较低的比热容；冬季水库水温同样较低，这主要归因于冬季较高的地温和部分微生物活动。潜流带上层温度波动比中层和底层更频繁、剧烈，尤其是在夏季，且夏季各沉积层温度的空间异质性也均大于冬季。在水库水位调控下，冬、夏季热量均由潜流带向水库输送，但夏季热量交换整体强于冬季。夏季，热量输送主要发生在潜流带上层，且从上层到底层呈下降趋势。冬季，热量输送较弱，主要发生在潜流带底层，且越往上层越弱。在建库河流中，由于用电需求变化，库内水位频繁波动，在库容较小的水库中作用更加明显。反傅里叶分析表明，水库水位波动具有周期性，主要周期为 7.8 d。在水位周期性波动下，洲滩周期性处于淹没-落干交替状态［图 3-44（a）］。洲滩不同区域受淹没-落干交替频率不同：洲滩岸边带淹没-落干交替频率最高，近岸带次之，洲滩中心带最低。相对比而言，在未建库自然河流中，受雪山融水和大气降雨补给影响，河流水位波动通常呈现季节性变化，变化周期为 365 d。岸边带潜流带纵深往往仅为几米。

　　洲滩岸边带在淹水时处于缺氧状态，落水后转入有氧状态，厌氧-好氧交替的环境会驱动硝化-反硝化耦合反应持续进行。水库运行下水位波动引起的周期性淹没-落干，导致了洲滩反硝化强度存在空间差异性。淹没-落干交替频率较高的岸边带因长期处于淹没状态，反硝化速率较低；淹没-落干交替频率较低的洲滩中心带因长期处于落干状态，反硝化速率最低；而在淹没-落干交替频率适度的洲滩近岸带，反硝化速率最高。相应地，反硝化底物硝酸盐水平和中间产物氧化亚氮排放通量在洲滩上表现出空间异质性，即硝酸盐在反硝化速率相对较高的洲滩近岸带和岸边带浓度极低，在洲滩中心带相对较高；氮排放通量在洲滩近岸带最高，岸边带次之，中心带最低，反硝化速率与淹没-落干周期表现出明显负相关[图 3-44（b）]。在自然河流中，因融雪和暴雨等自然事件引发的水位波动一样可以促发岸边带反硝化作用，但季节性融雪或洪水对岸边带反硝化作用的促进作用非常有限，甚至长期的淹没和落干周期对反硝化会产生抑制效应。

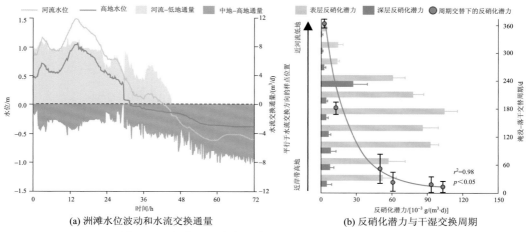

(a) 洲滩水位波动和水流交换通量　　　　　(b) 反硝化潜力与干湿交换周期

图 3-44　澜沧江洲滩水位波动和水流交换通量及氮循环

与反硝化有关的功能微生物为异养兼性厌氧型细菌，其生命活动受有机碳源的限制。溶解态有机碳能够为异养反硝化细菌提供维持生命所需的碳源和能量（梁伟光等，2022）。因此，孔隙水中溶解态有机碳也是洲滩反硝化呈现空间异质性的另一个决定性因素。水库运行中，水库水位波动频繁，而洲滩内水位波动较水库水位波动滞后，形成水力梯度，进而驱动洲滩与水库出现潜流交换。随着水库至洲滩中心方向水力梯度逐渐衰减，潜流交换强度逐渐减小，与反硝化相关的功能基因（nirS：亚硝酸还原酶基因，nosZ：氧化亚氮还原酶基因）丰度沿水库至洲滩方向表现出先增加后减小的趋势，为反硝化脱氮空间差异提供微生物基础（图 3-45）。

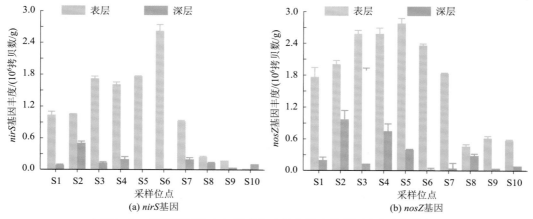

(a) nirS基因　　　　　(b) nosZ基因

图 3-45　洲滩沉积物中与反硝化功能相关功能基因丰度空间特征

水库建设阻隔了河流连通性，导致氮素在库内大量滞留。水库运行下水位波动增强了水陆交错带反硝化作用，促进了水库脱氮（图 3-46），为实现利用水库运行方式调控河流脱氮，控制富营养化水平提供理论基础。例如，增大水库水位波动幅度，扩大洲滩近岸带潜流区和河流岸边带潜流区面积；采取工程措施降低岸边带的坡度，增大水位波动与岸边带坡面的接触面积，以扩大潜流区面积。在贫营养水库中，可采取相反的措施控制水库脱氮，提高水体初级生产力。

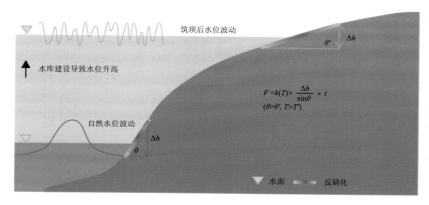

图 3-46　水库运行下洲滩强化脱氮概念模型

F 为单位脱氮量，T 为水位波动周期，Δh 为水位波动幅度，θ 和 θ' 为角度，t 为时间

3.2.3　梯级水库总温室气体排放

CH_4、CO_2 和 N_2O 三种温室气体在百年尺度上的增温潜势存在差异，CH_4 和 N_2O 增温潜势分别是 CO_2 的 27.2 倍和 273.0 倍[以当量 CO_2（eq）计]，它们是衡量水库总温室气体排放量的重要指标。澜沧江作为我国重要的水电基地，干流水电持续开发。因此，揭示澜沧江水库总温室气体 CO_2（eq）的空间差异及其影响因素对未来我国梯级水库开发的温室气体排放管理具有重要意义。

为进一步探讨温室气体排放通量在梯级水库间的差异及其影响因素，2018 年对澜沧江 9 座（从上至下分别是黄登水库、大华桥水库、苗尾水库、功果桥水库、小湾水库、漫湾水库、大朝山水库、糯扎渡水库和景洪水库）已建成水库开展野外监测。结果表明，CH_4、CO_2 和 N_2O 排放通量的空间特征与 2016 年功果桥水库至景洪水库段总体一致（Shi et al., 2020）。上游河道 CH_4 排放通量为 1.5 mg/（m²·d），远低于水库段 CH_4 排放通量[图 3-47（a）]。CO_2 排放通量从上游至下游总体上呈现逐渐增加的趋势，从上游河道的（548.5±38.7）mg/（m²·d）增加到下游景洪水库的（1328.3±369.7）mg/（m²·d）。此外，研究发现水库运行造成的脱气使得坝下 CH_4 排放通量较高[图 3-47（b）]。N_2O 排放通量的空间特征与 CO_2 类似，从上游河道的（0.015±0.001）mg/（m²·d）增加到下游景洪水库的（0.032±0.001）mg/（m²·d）。梯级水库 CO_2（eq）从上游至下游总体上呈现逐渐增加的趋势，从上游河道（591.5±40.4）mg/（m²·d）增加到下游景洪水库的（1404.9±

393.1）mg/（m²·d）［图 3-47（c）］。三种气体对水库总温室气体 CO_2（eq）的贡献存在差异，CO_2 是 CO_2（eq）的主要的组成部分，占 85%；N_2O 贡献最小，占 CO_2（eq）的比例约 1%；CH_4 占 14%［图 3-47（d）］。

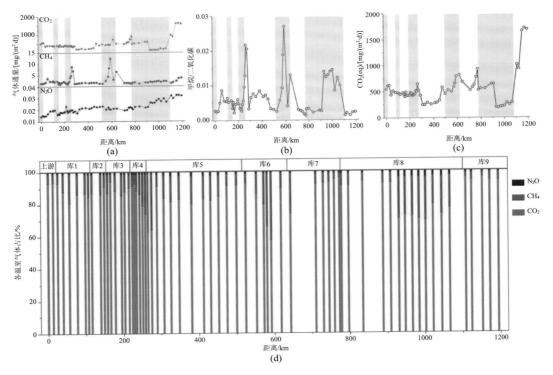

图 3-47　梯级水库温室气体排放通量空间特征

库 1～库 9 分别为黄登水库、大华桥水库、苗尾水库、功果桥水库、小湾水库、漫湾水库、大朝山水库、糯扎渡水库和景洪水库，下同

　　环境因子，如水温、浮游植物、沉积物有机碳和总氮含量以及微生物等，是影响水库总温室气体产生和排放的关键因子（Huttunen et al., 2002；杨凡艳等，2021；Wang et al., 2017）。澜沧江梯级水库海拔从上游至下游逐渐降低，气温和水温则逐渐升高。基于 2018 年的观测结果，发现上游河道水温约为 12.5℃，而下游水库水温为（23.2 ± 1.0）℃［图 3-48（a）］。沉积物有机碳和总氮含量从上游至下游总体上呈现增加趋势，有机碳含量从上游河道的（11.2 ± 2.9）mg/g，增加到下游景洪水库的（20.3 ± 2.5）mg/g；总氮含量从上游河道的（0.20 ± 0.01）mg/g，增加到下游景洪水库的（1.25 ± 0.12）mg/g ［图 3-48（b）］。梯级水库水体浮游植物生物量（Chl-a）在较大水库小湾和糯扎渡最高，浮游植物生物量最大值分别达到 35.2 μg/L 和 82.0 μg/L［图 3-48（c）］。此外，沉积物总温室气体微生物指数从上游至下游总体上呈现逐渐增加的趋势，其值从上游河道的 0.43 ± 0.05 增加至下游景洪水库的 1.26 ± 0.39［图 3-48（d）］。

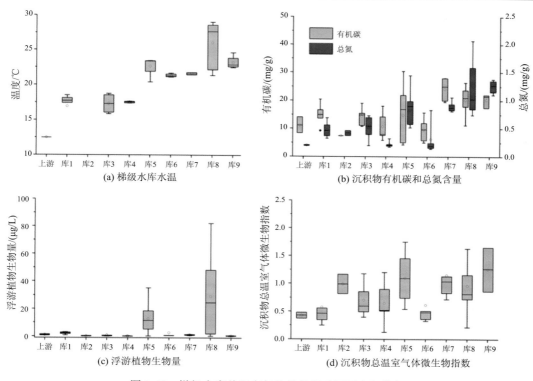

图 3-48　梯级水库总温室气体排放影响因子空间特征

　　澜沧江上游单个水库的水文特征是 CO_2 排放通量的主要控制因子。CH_4 排放通量与库龄呈正相关关系，原因可能是中国水库建设执行严格的清库原则，即清除水库淹没区植物，水库沉积物有机碳并不仅仅是淹没区土壤的有机碳。此外，作为首级水库时间较长的功果桥水库和漫湾水库 CH_4 排放通量也较高。首级水库拦截了来自上游的颗粒态有机碳，将其沉降并积累在沉积物中，形成缺氧甚至厌氧的环境，有利于有机碳分解产生 CH_4。梯级水库 N_2O 排放通量的空间特征主要受沉积物总氮含量及水温的影响。

　　澜沧江梯级水库温室气体的产生除了与淹没的沉积物初始有机碳含量有关，水库初级生产力和外源物质输入也具有重要影响。需要指出的是，澜沧江库龄较大的水库大多位于下游（漫湾水库之后），下游水库的流域面积及人类活动的干扰大于上游，导致沉积物有机碳和总氮含量较高，从而影响水库温室气体的产生。基于梯级水库总温室气体排放通量的时空特征及其影响因素，我们建议先在上游建设水深较大的水库，以减少河流梯级开发的温室气体排放。

3.3　梯级水库对重金属汞迁移转化的影响

　　建坝延长了河流的水力停留时间，造成水库沉积物中有机碳含量升高，可能导致库内重金属汞向具有生物毒性的甲基汞转化。针对该问题，本书分析了不同流域梯级水库重金属汞和甲基汞的分布特征，探究了汞向甲基汞转化的驱动机制，并揭示了不同流域梯级水库对汞和甲基汞分布的影响机制。

3.3.1　梯级水库对汞和甲基汞分布的影响

小湾水库建设后，河流的断面平均流速在沿水流方向上从库尾处的 1.21 m/s 逐渐减弱至坝前的 0.04 m/s[图 3-49（a）]，导致河流对泥沙颗粒的携带能力沿水流方向逐渐减弱。因此，表层沉积物中值粒径（d_{50}）从库尾处开始逐渐减小[图 3-49（b）]。而坝前区域沉积物中值粒径（d_{50}）突然升高，归因于水库坝前区域河流底部的实际流速较高。这是因为水库的泄水口位于坝体下方，而水库泄水增强了河流底部水动力对泥沙的扰动，这将使部分细颗粒泥沙随着水库泄水而下泄。因此，坝前区域沉积物细颗粒的占比减少，粗颗粒泥沙的占比升高，沉积物中值粒径（d_{50}）逐渐升高。同样的变化规律在澜沧江糯扎渡水库和长江三峡水库也得到了证实（Tang et al., 2018; Chen et al., 2021）。

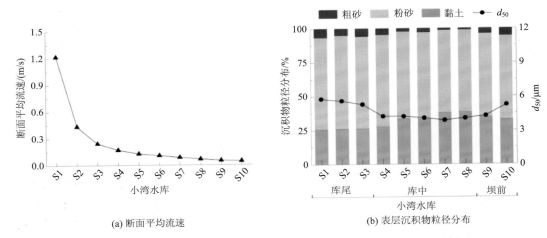

(a) 断面平均流速　　　　　　　　　　(b) 表层沉积物粒径分布

图 3-49　小湾水库断面平均流速及表层沉积物粒径分布的空间变化特征

沉积物粒径小于 4 μm 定义为黏土，粒径 4～64 μm 定义为粉砂，大于 64 μm 定义为粗砂

由于不同粒径泥沙颗粒对 Hg 的吸附能力不同，进而水库沿程沉积物粒径的变化可能影响沉积物中 Hg 含量的空间分布特征。一般地，细颗粒泥沙拥有较大的比表面积，且其表面容易携带负电荷，导致它对 Hg 的吸附能力往往更强。因此，细颗粒泥沙累积区域通常是 Hg 含量较高的区域（Kelly and Rudd, 2018; Baptista-Salazar et al., 2017）。小湾水库表层沉积物中 Hg 含量与沉积物中黏土的占比的空间变化特征呈现相似的趋势（图 3-50）。在库中黏土的占比较高时，沉积物 Hg 含量也相对较高。相关性分析表明，表层沉积物中 Hg 含量与沉积物中黏土的占比呈显著正相关关系（Pearson，$r^2=0.51$，$p<0.05$），但与沉积物中粉砂的占比呈现负相关关系（Pearson，$r^2=0.40$，$p>0.05$），与沉积物中粗砂的占比没有明显相关关系（Pearson，$r^2=0.05$，$p>0.05$）[图 3-50（b）]，这表明表层沉积物中的 Hg 主要吸附在黏性颗粒上。而坝前区域沉积物中 Hg 含量的下降归因于水库下泄造成细颗粒泥沙的占比降低。

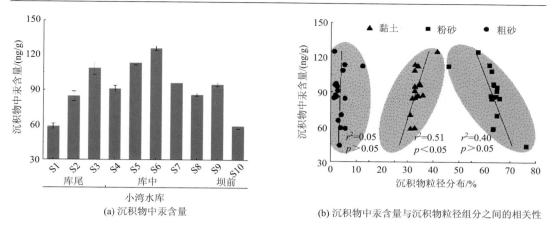

(a) 沉积物中汞含量

(b) 沉积物中汞含量与沉积物粒径组分之间的相关性

图 3-50 小湾水库表层沉积物中汞含量的沿程分布特征及其与沉积物组分之间的相关性

小湾水库沉积物中 MeHg/Hg 比值在库尾区域 S1～S3 逐渐降低,然后在 S4～S10 逐渐升高,并在水库坝前达到最高值[图 3-51(a)]。小湾水库沉积物中 MeHg/Hg 比值与 *hgcAB* 基因丰度的空间变化趋势一致,而与沉积物有机碳含量的变化趋势相反[图 3-51(b)]。这说明,水库沉积物中 MeHg/Hg 比值在沿程的变化与水库沿程溶解氧变化引起的 *hgcAB* 基因丰度变化有关。而有机碳含量不能很好地解释水库沉积物中 MeHg/Hg 比值的空间变化,这是因为碳是一种复杂的混合物,可被 Hg 甲基化微生物利用的一般为容易被微生物吸收的溶解态有机碳。沉积物中 MeHg 含量的变化受 Hg 累积和转化的共同影响。然而,在小湾水库沿程表层沉积物中,MeHg 含量与 Hg 含量呈现相似的空间分布特征,而与沉积物中 MeHg/Hg 比值和 *hgcAB* 基因丰度的空间分布明显不同。这说明水库沿程沉积物中 MeHg 含量的空间变化主要与泥沙输移影响下的 Hg 含量变化有关。

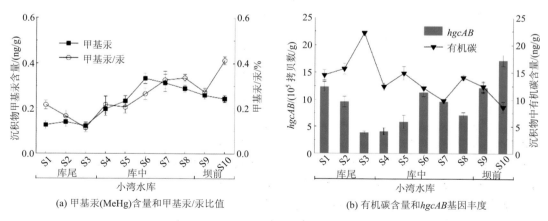

(a) 甲基汞(MeHg)含量和甲基汞/汞比值

(b) 有机碳含量和 *hgcAB* 基因丰度

图 3-51 小湾水库表层沉积物中甲基汞含量和甲基汞/汞比值及有机碳含量和 *hgcAB* 基因丰度的沿程分布特征

拦河建坝活动发生后,水库沿程的理化环境也相应地发生变化。介导 Hg 甲基化的微生物是厌氧的,因此,拦河建坝造成的厌氧环境变化将进一步影响沉积物中 *hgcAB* 基因丰度（Capo et al., 2020）。在小湾水库，沉积物中 *hgcAB* 基因丰度呈现先逐渐降低后逐渐升高的变化趋势。在库尾区域 S1～S3，沉积物中 *hgcAB* 基因丰度的逐渐降低归因于上一级水库细颗粒泥沙下泄的影响；而 S4～S10 区域沉积物中 *hgcAB* 基因丰度的逐渐增加归因于水库水深增加导致的厌氧条件在河流沿程的增强。

　　沉积物剖面记录了泥沙颗粒的历史沉积信息（Monteiro et al., 2016）。因此，柱状沉积物中不同深度处 Hg 和 MeHg 含量的变化反映了泥沙历史沉积过程中 Hg 和 MeHg 含量的变化。通过薄膜扩散梯度技术，监测了沉积物柱状样中不同深度处的 DGT-Hg 含量［图 3-52（a）］和 DGT-MeHg 含量［图 3-52（b）］。从沉积物柱状样中 DGT-Hg 含量的空间分布来看，其并没表现出显著的空间变化特征，库中较为强烈的空间波动来源于库中沉积物中细颗粒泥沙的占比较高，而细颗粒泥沙容易在水动力微弱的变化下发生相对较大的变化。从沉积物柱状样中不同深度处的 DGT-MeHg 含量和 MeHg/Hg 比值变化来看，其表现出比 DGT-Hg 含量更为明显的波动变化。这说明，在历史沉降过程中，泥沙颗粒上 Hg 的甲基化程度发生了较大变化。

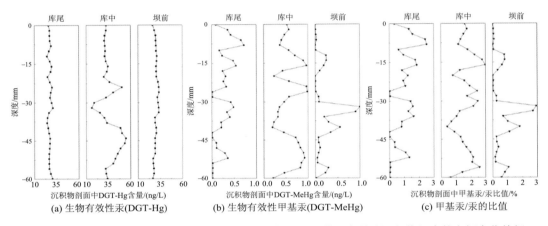

图 3-52　沉积物柱状样中 DGT 监测的生物有效性汞和甲基汞含量随沉积物深度的空间变化特征

深度 0 mm 处表示沉积物-水界面

　　通过计算小湾水库的泥沙沉积速率，可以将不同深度处 DGT-Hg 含量和 DGT-MeHg 含量转化为不同历史时期泥沙颗粒中的 DGT-Hg 含量、DGT-MeHg 含量和 MeHg/Hg 比值的变化特征（图 3-53）。通过小波分析，进一步发现水库中 DGT-Hg 含量、DGT-MeHg 含量和 MeHg/Hg 比值在历史沉积过程中主要受两个时间变化周期的共同影响。其中，第一周期（主要周期）对应小湾水库的水力停留时间，第二周期对应河流的年际水文循环。

　　水力停留时间是指水团在水库内的平均停留时间，代表水库的平均换水周期，也代表物质在水库中的平均滞留时间和微生物作用于物质转化的平均时间（Rueda et al., 2006; Brovelli et al., 2011）。与年际变化信号相比，水力停留时间影响下的 DGT-Hg 含量、DGT-MeHg 含量和 MeHg/Hg 比值的变化信号相对更强，这说明在历史沉积过程中，水力停留时间对 DGT-Hg 含量、DGT-MeHg 含量和 MeHg/Hg 比值的变化起着比年际水文循环更重要的作用。与此同时，DGT-MeHg 含量和 MeHg/Hg 比值在水力停留时间作用

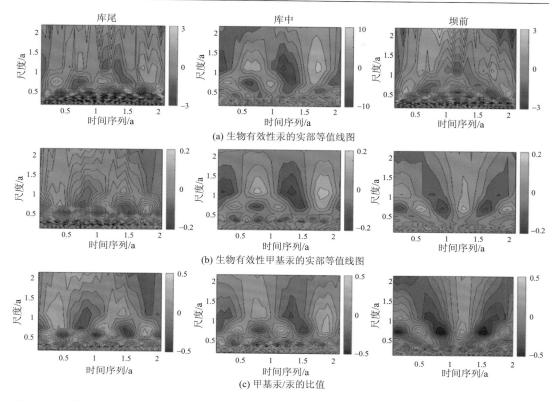

图 3-53 小湾水库沉积物柱状样中 DGT 监测的生物有效性汞、生物有效性甲基汞含量和甲基汞/汞的比值的小波相干性分析

下的信号比 DGT-Hg 含量的信号更加明显,说明水力停留时间也对历史沉积过程中 MeHg 的动态变化造成了影响。一方面,水力停留时间变化影响了 Hg 的滞留;另一方面,水力停留时间延长了微生物作用于 Hg 甲基化的时间,进一步影响了 MeHg 累积变化。因此,在水力停留时间的影响下,沉积物柱状样中不同深度处的 DGT-MeHg 含量的不连续性变化比 DGT-Hg 更加明显。此外,水力停留时间影响下的 DGT-MeHg 含量和 MeHg/Hg 比值的动态变化在库尾和坝前的信号强度要强于库中,这可能是由库尾和坝前水体交换频繁,微生物可利用的营养物质活性相对较高导致的(Kuruti et al., 2017)。流域内的 Hg 在降雨侵蚀下进入水生生态系统,进一步影响了水生生态系统中 Hg 和 MeHg 含量的季节性变化。在小湾水库,降水量呈现较明显的季节性变化特征,沉积物柱状样中 DGT 监测的生物有效性 Hg 和 MeHg 含量的年际变化信号反映了这一过程。与此同时,DGT-Hg 含量在年际信号上的变化强度弱于 DGT-MeHg 含量和 MeHg/Hg 比值的信号变化。这说明在年际水文循环过程中,MeHg 的动态发生了变化。这一现象在先前的研究中已被广泛揭示,如在北半球水生生态系统中,Hg 的甲基化和 MeHg 含量通常存在明显的季节性差异,夏季 Hg 的甲基化强度和 MeHg 含量达到最大值,而在冬季达到最小值(图 3-53)(Schwartz et al., 2019)。

综上所述,水力停留时间是水库的固有特性,在泥沙沉积过程中影响 Hg 的滞留与微生物作用于 Hg 的转化时间。随着水力停留时间增加，微生物作用于 Hg 甲基化的时间越长，Hg 的甲基化程度越高，MeHg 含量越高。因此，在水力停留时间较长的小湾水库和糯扎渡水库，发现了较高的 MeHg 含量和 MeHg/Hg 比值。而对于年际水文循环而言，其反映了水库中物质的年际汇入特征。对于峡谷型河流澜沧江而言，其流域面积较小，且流域底质主要以岩石为主，每年汇入水库中的有机碳和营养物质有限。水库运行过程中，外源汇入的有机碳和营养物质不足以支撑水库对营养物质的消耗，只能以原有沉积的有机碳和营养物质作为补充。随着水库库龄的增长，原有沉积的有机碳和营养物质逐渐枯竭，导致水库中 MeHg 含量和 MeHg/Hg 比值逐渐降低。因此，在澜沧江水库库龄最大的漫湾水库中发现了相对较低的 MeHg 含量和 MeHg/Hg 比值。然而，由于澜沧江物质汇入特征单一，且水库数量有限，不同流域特征河流水库中 MeHg 的动态变化是否仍然符合这一变化规律仍不可知，需要在不同流域特征河流中开展更大规模的调查，以对现有规律进行验证。

3.3.2　不同流域梯级水库对汞和甲基汞分布的影响

河流建坝后，自然河流被改造成流速较低的静水河段，使得河流原有的水动力条件减弱，水力停留时间增加，河流对泥沙的携带能力减弱，并伴随着泥沙淤积的产生。河流建坝物理阻隔了河流原有的泥沙输运通道，导致部分本应输运至下游的细颗粒泥沙在建坝河段沉积下来。因此，澜沧江和金沙江表层沉积物中值粒径（d_{50}）在上游河道中具有较高值，但在下游建坝河段逐渐降低（图 3-54）。细颗粒泥沙对 Hg 和有机碳具有较高的吸附能力，因此，水库对细颗粒泥沙的拦截导致了 Hg 和有机碳在建坝河段的沉积，进而使得澜沧江和金沙江梯级水库沉积物中 Hg 和有机碳的含量比自身上游河道高。

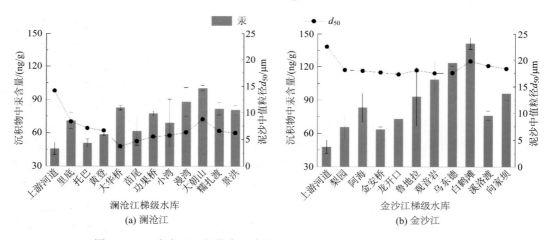

图 3-54　河流表层沉积物中汞含量和泥沙中值粒径 d_{50} 的空间变化特征

河流建坝也使得河流水深增加，导致河流的厌氧条件增强。在澜沧江和金沙江梯级水库中，河流水动力较弱、水深增加，造成河流周边富含有机碳的土壤被淹没和泥沙淤积，使得河流厌氧条件增加。溶解氧含量降低导致厌氧微生物活性增强，澜沧江和金沙江梯级水库沉积物 *hgcAB* 基因丰度相对上游河道高两个数量级（图 3-55）。因此，河流建坝拦截了 Hg 和有机碳，增大了 *hgcAB* 基因丰度，为 Hg 的转化提供了物质基础和环境条件，有利于水库沉积物中 MeHg 的累积。

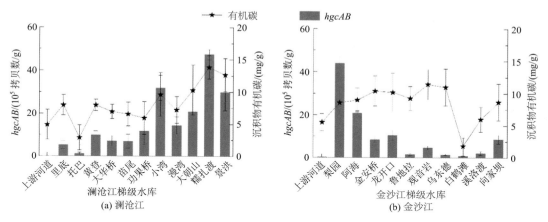

图 3-55　河流沉积物有机碳含量和 *hgcAB* 基因丰度的空间分布特征

　　在梯级水库模式下，下游水库承接上游河流带来的物质，通常表现为线性累积特征，然而在澜沧江和金沙江梯级水库中，并没有发现 MeHg 含量的连续性累积特征，这与先前梯级水库中关于氮、磷等物质的研究有所不同。同时，沉积物中 MeHg 含量和 MeHg/Hg 比值也没有随着梯级水库中温度、溶解氧含量、沉积物中有机碳含量和 *hgcAB* 基因丰度的变化产生相应的变化，说明河流温度、溶解氧含量、有机碳含量的变化和 *hgcAB* 基因丰度并不是造成梯级水库沉积物中 MeHg 含量或 MeHg/Hg 比值空间分布差异的主要驱动因素。澜沧江和金沙江梯级水库沉积物中 MeHg/Hg 比值呈现无规则的空间变化特征，并与 MeHg 含量的空间变化特征高度相似，这表明不同水库中 MeHg 的累积存在差异（图 3-56）。水库的规划和建设没有特定的顺序和大小，水库之间的性质存在很大差异，这可能是造成不同水库沉积物中 MeHg 含量或 MeHg/Hg 比值差异的主要原因。

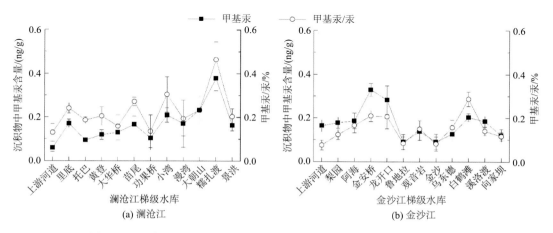

图 3-56　河流表层沉积物中甲基汞含量和甲基汞/汞比值的空间变化特征

　　澜沧江和金沙江是两条汇入特征相差极大的河流。在流域底质相似的情况下，金沙江梯级水库中的泥沙平均拦截量是澜沧江梯级水库平均拦截量的 7.34 倍，有机碳拦截量也比澜沧江梯级水库中的高。在澜沧江和金沙江梯级水库中，发现了水库库龄与沉积物中 MeHg/Hg 比值之间完全相反的规律。在澜沧江梯级水库中，沉积物中 MeHg/Hg 比值随着水库库龄的增长而逐渐减小；而在金沙江梯级水库中，沉积物中 MeHg/Hg 比值随着水库库龄的增长而逐渐增加。峡谷型河流澜沧江的流域特征导致其外源 Hg 和有机碳的汇入量有限。在水库运行过程中，Hg 的转化只能以消耗原始沉积的内源有机碳为主（Parks and Baker, 1997; Bodaly et al., 2007）。随着水库运行时间的增长，水库中的内源有机碳被逐渐消耗枯竭，导致水库沉积物中 MeHg/Hg 比值逐渐降低。漫湾水库是澜沧江干流最早修建的水库，运行 28 年后，水库沉积物中 MeHg/Hg 比值水平已接近澜沧江上水力停留时间较小的水库（里底水库、黄登水库、大华桥水库、苗尾水库和功果桥水库）中沉积物的 MeHg/Hg 比值，也接近自身上游河道沉积物中的 MeHg/Hg 比值。先前研究表明，在北欧和北美水库中，会出现 MeHg 含量随水库库龄增加而逐渐降低的演化过程。在澜沧江梯级水库中，受水力停留时间的影响，不同水库沉积物中 MeHg/Hg 比值随着水库库龄的增长而减小的速率也不同［图 3-57（a）］。在水力停留时间较短的水库中，沉积物中 MeHg/Hg 比值随着水库库龄的增长而减小的速率较低；而在水力停留时间较长的水库（漫湾水库、小湾水库、大朝山水库、糯扎渡水库和景洪水库）中，沉积物中 MeHg/Hg 比值随着水库库龄的增长而减小的速率较大。这是因为水力停留时间长的水库为物质转化提供了更多的反应时间，对有机碳和营养物质的消耗更加充分，可以更快地消耗水库中存量有机碳和营养物质（Krol et al., 2011; Habets et al., 2018）。

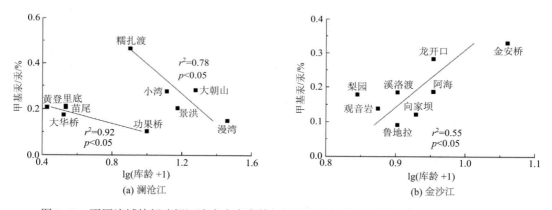

图 3-57　不同流域特征建坝河流中水库库龄与沉积物中甲基汞/汞的比值之间的相关性分析

　　相比之下，金沙江流域汇入的外源物质较多。在水库运行过程中，外源汇入的有机碳和营养物质并不能被水库及时消耗，造成了水库中有机碳和营养物质的累积。随着水库运行时间的增长，水库中累积的外源有机碳和营养物质越来越多，为 Hg 的甲基化微生物提供了更多的营养物质补充，造成沉积物中 MeHg/Hg 比值随着水库库龄增加而逐渐增大。因此，接受有机碳和营养物质补给越多的水库往往具有更高的 MeHg/Hg 比值［图 3-57（b）］（Windham-Myers et al., 2014）。梨园水库是金沙江梯级水库的龙头水库，接受金沙江上游物质的补充，因此具有相对较高的沉积物 MeHg/Hg 比值；而金安桥水库作为金沙江梯级水库中最先修建的水库，其有机碳和营养物质的累积时间最长，因此也具有较高的沉积物 MeHg/Hg 比值。这种随水库库龄增加而增强的 MeHg 动态变化模式与乌江梯级水库中的 MeHg 动态变化模式相似。不同河流有机碳和营养物质的负荷不同，造成了不同特征河流梯级水库沉积物中 MeHg/Hg 比值随水库库龄完全相反的变化规律。对于以内源消耗为主的水库，沉积物中 MeHg/Hg 比值随着水库库龄的增大而逐渐减小；而对于以外源补给为主的水库，沉积物中 MeHg/Hg 比值随着水库库龄的增大而增大。

澜沧江和金沙江的流域特征存在较大差异，尤其是物质汇入的边界条件相差较大，因此只能将两条建坝河流水库沉积物中的 MeHg/Hg 比值分别与水力停留时间变化进行比较（图 3-58）。对比分析发现，两条建坝河流沉积物中 MeHg/Hg 比值均呈现出随水力停留时间增加先逐渐减小后逐渐增大的变化模式，且沉积物中 MeHg/Hg 比值在最低点处所对应水库的水力停留时间相同（HRT= 0.01 a）。因此，水力停留时间对水库沉积物中 MeHg/Hg 比值的影响存在一个阈值。

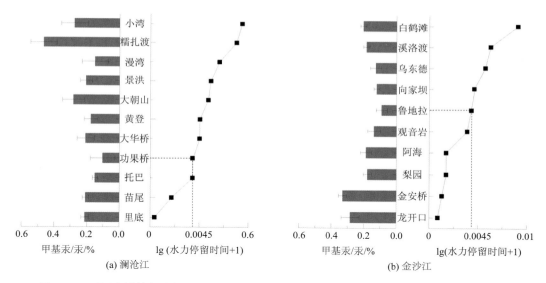

图 3-58　不同流域特征建坝河流中水力停留时间与沉积物中甲基汞/汞比值之间的变化规律

一方面，由于河流建坝导致的水动力条件减弱，水力停留时间延长，有助于水库拦截更多的 Hg 和有机碳，并为 Hg 甲基化提供更加充足的反应时间［图 3-58（a）］。当水力停留时间足够长时，Hg 在水库中滞留的时间较长，微生物作用于 Hg 甲基化的时间较长，导致水库中的 Hg 不断被甲基化。因此，水库沉积物中 MeHg/Hg 比值随着水力停留时间的增长而增大。澜沧江小湾水库、糯扎渡水库和金沙江白鹤滩水库、溪洛渡水库都因有较长的水力停留时间而具有相对较高的沉积物 MeHg/Hg 比值。而在水力停留时间较短的水库中，Hg 无法在水库中停留足够的时间进行甲基化，就被下泄水体带走或者被新的沉积物掩埋，Hg 的甲基化过程不能持续进行。另一方面，随着水力停留时间增加，水库中 Hg 的负载速率不断增加，导致水库沉积物 MeHg/Hg 比值随着水力停留时间的增加而减小。因此，水库沉积物中 MeHg/Hg 比值的最低值出现在物质汇入较高、水力停留时间较短的水库中。

在金沙江，随着水力停留时间的增加，水库沉积物中 MeHg/Hg 比值先逐渐减小后逐渐增加的变化规律表现得较为连续，这是因为金沙江梯级水库修建的时间相对集中，水库中有机碳和营养物质的累积体量相差较小[图 3-58（b）]。而在澜沧江，上游的里底水库、托巴水库和苗尾水库多为水力停留时间较短的水库，且修建时间相对集中，因此水库沉积物中 MeHg/Hg 比值随水力停留时间增加而变化的规律较为连续；而在澜沧江下游的小湾水库、糯扎渡水库、漫湾水库和景洪水库，虽然多为水力停留时间较长的水库，但这些水库修建时间相差较大，导致水库中有机碳和营养物质的累积和消耗差异较大。因此，在澜沧江水力停留时间较大的水库中，随着水力停留时间增加，水库沉积物中的 MeHg/Hg 比值呈现波动上升的变化特征。建坝河流中，水力停留时间对水库沉积物 MeHg/Hg 比值的影响阈值（HRT= 0.01 a）接近于实验室和野外试验中 Hg 在微生物作用下甲基化所需的时间（2.08～5.00 d，约 0.01 a）。

3.4 本 章 小 结

梯级建坝河流的上游河道，沉积物为水体氨氮的"汇"，水库沉积物为氨氮的"源"；氮组分从硝氮转化为氨氮，并通过大坝底部排水而被输送到下游。在底部缺氧条件下，硝化作用被抑制，沉积物中 Al-P 和 Fe-P 的还原溶解可以向水体中释放磷酸盐，导致库底氨氮累积和沉积物磷酸盐释放；释放的生物可利用性氮磷向下游输移，在温度共同作用下促进了浮游植物的生长，改变了浮游植物的群落结构；同时，水力停留时间延长，藻类生消增强，在水体中形成有机质分解的微厌氧层；沉积物-水界面的缺氧环境和有机碳的不均匀分布导致了水库中段形成氮磷"转化"热区，介导的碳氮转化的微生物在此形成了碳氮生物地球化学循环的热点。模型耦合了 Global NEWS2 模型、3W 模型得到流域尺度的产沙量和截沙量，输入 Global NEWS2 计算子流域溶解态/颗粒态氮磷径流通量，进一步验证得到水库对总磷有较强的截留能力，对总氮截留不明显，截留率随库龄递减，深大水库截留-转化效应明显，可增强生物有效磷和氨氮的转化；梯级水库生物有效氮磷的转化率与 HRT 呈正相关关系尤为明显，氮磷梯级累积效应与流域汇入的组成和通量无显著关系。

首级水库由于拦截了上游来水的颗粒态有机质，是 CH_4 和 CO_2 产生的热点区域，表现出了较高的 CH_4/CO_2 比值，具有较高的增温潜势，洲滩岸边带由于较强的潜流交换形成好氧环境，使得产生的 CH_4 被氧化，其排放通量较低。N_2O 排放通量在空间上呈现出从上游到下游逐渐增加的趋势，主要受到水库沉积物有机碳和总氮含量调控；水库运行下水位波动增强了洲滩侧向潜流交换，为反硝化作用提供了充足碳源；周期性淹没-落干加速了有氧-缺氧环境转换，提高了洲滩反硝化速率，洲滩近岸潜流区成为反硝化的热区。水库建设显著影响 CH_4、CO_2 和 N_2O 的排放，但澜沧江梯级水库三种温室气体的排放通量显著低于世界水库温室气体排放通量的平均值；优先在上游建设水深较大的水库可以减少河流梯级开发的温室气体排放,为水库温室气体排放管理提供了科学依据。

　　水库沉积物 MeHg/Hg 与库龄的关系在不同建坝河流存在共性机制:对于外源物质汇入有限的河流,水库运行以消耗初始沉积有机碳为主,沉积物 MeHg/Hg 随着库龄的增长而减小,且在水力停留时间长的水库中 MeHg/Hg 随着库龄增长而减小的速率更快;对于外源物质汇入较多的河流,外源汇入的有机碳不能被水库及时消耗而累积,MeHg/Hg 随着库龄的增长而增大。

参 考 文 献

姜星宇, 张路, 姚晓龙, 等. 2017. 江西省水库温室气体释放及其影响因素分析[J]. 湖泊科学, 29(4): 1000-1008.

李飞鹏, 高雅, 张海平, 等. 2015. 流速对浮游藻类生长和种群变化影响的模拟试验[J]. 湖泊科学, 27(1): 44-49.

李建, 尹炜, 贾海燕, 等. 2020. 汉江中下游硅藻水华研究进展与展望[J]. 水生态学杂志, 41(5): 136-144.

梁伟光, 黄廷林, 张海涵, 等. 2022. 李家河水库春季分层期 nirS 型反硝化菌群特征分析[J]. 环境科学, 43(1): 306-313.

林亚萱, 党晨原, 钟思宁, 等. 2020. 丹江口水库上下游古菌优势菌群落结构特征分析[J]. 北京大学学报(自然科学版), 56(3): 509-517.

刘洋, 陈永娟, 王晓燕, 等. 2018. 水库与河流沉积物中好氧甲烷氧化菌群落差异性研究[J]. 中国环境科学, 38(5): 1844-1854.

任艺洁, 邓正苗, 谢永宏, 等. 2019. 洞庭湖湿地洪水期甲烷扩散和气泡排放通量估算及水环境影响分析[J]. 湖泊科学, 31(4): 1075-1087.

闫兴成, 张重乾, 季铭, 等. 2018. 富营养化湖泊夏季表层水体温室气体浓度及其影响因素[J]. 湖泊科学, 30(5): 1420-1428.

杨凡艳, 张松林, 王少明, 等. 2021. 潘家口水库温室气体溶存、排放特征及影响因素[J]. 中国环境科学, 41(11): 5303-5313.

张景华, 封志明, 姜鲁光, 等. 2015. 澜沧江流域植被 NDVI 与气候因子的相关性分析[J]. 自然资源学报, 30(9): 1425-1435.

张倩, 董靖, 吉芳英, 等. 2018. 新建人工深水湖泊沉积物上覆水和孔隙水中溶解性有机质的光谱特征[J]. 湖泊科学, 30(1): 112-120.

张紫薇, 陈召莹, 张甜娜, 等. 2022. 岗南水库沉积物好氧反硝化菌群落时空分布特征[J]. 环境科学, 43(1): 314-328.

周石磊, 张艺冉, 黄廷林, 等. 2018. 周村水库主库区水体热分层形成过程中沉积间隙水 DOM 的光谱演变特征[J]. 环境科学, 39(12): 5451-5463.

朱广伟, 施坤, 李未, 等. 2020. 太湖蓝藻水华的年度情势预测方法探讨[J]. 湖泊科学, 32(5): 1421-1431.

Amorim C A, Moura A D N. 2021. Ecological impacts of freshwater algal blooms on water quality, plankton biodiversity, structure, and ecosystem functioning[J]. Science of the Total Environment, 758: 143605.

Baptista-Salazar C, Richard J H, Horf M, et al. 2017. Grain-size dependence of mercury speciation in river suspended matter, sediments and soils in a mercury mining area at varying hydrological conditions[J]. Applied Geochemistry, 81: 132-142.

Barros N, Cole J J, Tranvik L J, et al. 2011. Carbon emission from hydroelectric reservoirs linked to reservoir age and latitude[J]. Nature Geoscience, 4: 593-596.

Beaulieu J J, Tank J L, Hamilton S K, et al. 2011. Nitrous oxide emission from denitrification in stream and river networks[J]. Proceedings of the National Academy of Sciences of the United States of America, 108: 214-219.

Bergström A K. 2010. The use of TN : TP and DIN : TP ratios as indicators for phytoplankton nutrient limitation in oligotrophic lakes affected by N deposition[J]. Aquatic Sciences, 72: 277-281.

Bodaly R A, Jansen W A, Majewski A R, et al. 2007. Postimpoundment time course of increased mercury concentrations in fish in hydroelectric reservoirs of northern Manitoba, Canada[J]. Archives of Environmental Contamination and Toxicology, 53: 379-389.

Brovelli A, Carranza-Diaz O, Rossi L, et al. 2011. Design methodology accounting for the effects of porous medium heterogeneity on hydraulic residence time and biodegradation in horizontal subsurface flow constructed wetlands[J]. Ecological Engineering, 37: 758-770.

Capo E, Bravo A G, Soerensen A L, et al. 2020. Deltaproteobacteria and spirochaetes-like bacteria are abundant putative mercury methylators in oxygen-deficient water and marine particles in the Baltic Sea[J]. Frontiers in Microbiology, 11: 574080.

Chen Q W, Chen Y C, Yang J, et al. 2021. Bacterial communities in cascade reservoirs along a large river[J]. Limnology and Oceanography, 66: 4363-4374.

Chen Q W, Shi W Q, Huisman J, et al. 2020. Hydropower reservoirs on the upper Mekong River modify nutrient bioavailability downstream[J]. National Science Review, 7: 1449-1457.

Crump B C, Amaral-Zettler L A, Kling G W. 2012. Microbial diversity in Arctic freshwaters is structured by inoculation of microbes from soils[J]. The ISME Journal, 6(9): 1629-1639.

Delsontro T, McGinnis D F, Sobek S, et al. 2010. Extreme methane emissions from a Swiss hydropower reservoir: Contribution from bubbling sediments[J]. Environmental Science & Technology, 44: 2419-2425.

Dietrich A L, Nilsson C, Jansson R. 2015. Restoration effects on germination and survival of plants in the riparian zone: A phytometer study[J]. Plant Ecology, 216(3): 465-477.

Fearnside P M. 1995. Hydroelectric dams in the Brazilian Amazon as sources of 'greenhouse' gases[J]. Environmental Conservation, 22(1): 7-19.

Habets F, Molénat J, Carluer N, et al. 2018. The cumulative impacts of small reservoirs on hydrology: A review[J]. Science of the Total Environment, 643: 850-867.

Harris G P. 1980. Temporal and spatial scales in phytoplankton ecology. Mechanisms, methods, models, and management[J]. Canadian Journal of Fisheries and Aquatic Sciences, 37(5): 877-900.

Huttunen J T, Väisänen T S, Hellsten S K, et al. 2002. Fluxes of CH_4, CO_2 and N_2O in hydroelectric reservoirs Lokka and Porttipahta in the northern boreal zone in Finland[J]. Global Biogeochemical Cycles, 16(1): 1-17.

Jacinthe P A, Filippelli G M, Tedesco L P, et al. 2012. Carbon storage and greenhouse gases emission from a fluvial reservoir in an agricultural landscape[J]. CATENA, 94: 53-63.

Kelly C A, Rudd J W M. 2018. Transport of mercury on the finest particles results in high sediment concentrations in the absence of significant ongoing sources[J]. Science of the Total Environment, 637:

1471-1479.

Krol M S, de Vries M J, van Oel P R, et al. 2011. Sustainability of small reservoirs and large scale water availability under current conditions and climate change[J]. Water Resources Management, 25: 3017-3026.

Kuruti K, Nakkasunchi S, Begum S, et al. 2017. Rapid generation of volatile fatty acids (VFA) through anaerobic acidification of livestock organic waste at low hydraulic residence time (HRT)[J]. Bioresource Technology, 238: 188-193.

Li J P, Dong S K, Liu S L, et al. 2013. Effects of cascading hydropower dams on the composition, biomass and biological integrity of phytoplankton assemblages in the middle Lancang-Mekong River[J]. Ecological Engineering, 60: 316-324.

Lindström E S, Bergström A K. 2004. Influence of inlet bacteria on bacterioplankton assemblage composition in lakes of different hydraulic retention time[J]. Limnology and Oceanography, 49: 125-136.

Lindström E S, Bergström A K. 2005. Community composition of bacterioplankton and cell transport in lakes in two different drainage areas[J]. Aquatic Sciences, 67: 210-219.

Liu M, Zhang Y L, Shi K, et al. 2019. Thermal stratification dynamics in a large and deep subtropical reservoir revealed by high-frequency buoy data[J]. Science of the Total Environment, 651: 614-624.

Louis V L S, Kelly C A, Duchemin É, et al. 2000. Reservoir surfaces as sources of greenhouse gases to the atmosphere: A global estimate[J]. BioScience, 50(9): 766-775.

Ma H H, Chen Y C, Chen Q W, et al. 2022. Dam cascade unveils sediment methylmercury dynamics in reservoirs[J]. Water Research, 212: 118059.

Maavara T, Lauerwald R, Regnier P, et al. 2017. Global perturbation of organic carbon cycling by river damming[J]. Nature Communications, 8: 15347.

Middelburg J J. 2020. Are nutrients retained by river damming?[J]. National Science Review, 7: 1458.

Monteiro C E, Cesário R, O'Driscoll N J, et al. 2016. Seasonal variation of methylmercury in sediment cores from the Tagus Estuary (Portugal)[J]. Marine Pollution Bulletin, 104: 162-170.

Nogueira M G, Ferrareze M, Moreira M L, et al. 2010. Phytoplankton assemblages in a reservoir cascade of a large tropical-subtropical river (SE, Brazil)[J]. Brazilian Journal of Biology, 70: 781-793.

Nyirabuhoro P, Liu M, Xiao P, et al. 2020. Seasonal variability of conditionally rare taxa in the water column bacterioplankton community of subtropical reservoirs in China[J]. Microbial Ecology, 80: 14-26.

Parks S J, Baker L A. 1997. Sources and transport of organic carbon in an Arizona river-reservoir system[J]. Water Research, 31: 1751-1759.

Rangel L M, Silva L H S, Rosa P, et al. 2012. Phytoplankton biomass is mainly controlled by hydrology and phosphorus concentrations in tropical hydroelectric reservoirs[J]. Hydrobiologia, 693: 13-28.

Rasconi S, Winter K, Kainz M J. 2017. Temperature increase and fluctuation induce phytoplankton biodiversity loss—Evidence from a multi-seasonal mesocosm experiment[J]. Ecology and Evolution, 7(9): 2936-2946.

Read D S, Gweon H S, Bowes M J, et al. 2015. Catchment-scale biogeography of riverine bacterioplankton[J]. The ISME Journal, 9: 516-526.

Rosa L P, Santos M A D, Matvienko B, et al. 2003. Biogenic gas production from major Amazon Reservoirs, Brazil[J]. Hydrological Processes, 17(7): 1443-1450.

Rueda F, Moreno-Ostos E, Armengol J. 2006. The residence time of river water in reservoirs[J]. Ecological Modelling, 191: 260-274.

Ruiz-González C, Proia L, Ferrera I, et al. 2013. Effects of large river dam regulation on bacterioplankton community structure[J]. FEMS Microbiology Ecology, 84: 316-331.

Schindler D W. 2006. Recent advances in the understanding and management of eutrophication[J]. Limnology and Oceanography, 51: 356-363.

Schwartz G E, Olsen T A, Muller K A, et al. 2019. Ecosystem controls on methylmercury production by periphyton biofilms in a contaminated stream: Implications for predictive modeling[J]. Environmental Toxicology and Chemistry, 38: 2426-2435.

Shi W Q, Chen Q W, Yi Q T, et al. 2017. Carbon emission from cascade reservoirs: Spatial heterogeneity and mechanisms[J]. Environmental Science & Technology, 51(21): 12175-12181.

Shi W Q, Chen Q W, Zhang J Y, et al. 2020. Nitrous oxide emissions from cascade hydropower reservoirs in the upper Mekong River[J]. Water Research, 173: 115582.

Shi W Q, Chen Q W, Zhang J Y, et al. 2021. Spatial patterns of diffusive methane emissions across sediment deposited riparian zones in hydropower reservoirs[J]. Journal of Geophysical Research: Biogeosciences, 126(3): e2020JG005945.

Shi W Q, Maavara T, Chen Q W, et al. 2023. Spatial patterns of diffusive greenhouse gas emissions from cascade hydropower reservoirs[J]. Journal of Hydrology, 619: 129343.

Syvitski J P M, Vörösmarty C J, Kettner A J, et al. 2005. Impact of humans on the flux of terrestrial sediment to the global coastal ocean[J]. Science, 308: 376-380.

Tang X Q, Wu M, Li R. 2018. Distribution, sedimentation, and bioavailability of particulate phosphorus in the mainstream of the Three Gorges Reservoir[J]. Water Research, 140: 44-55.

Tremblay A, Varfalvy L, Roehm C, et al. 2005. Greenhouse Gas Emissions-Fluxes and Processes: Hydroelectric Reservoirs and Natural Environments[M]. Berlin: Springer.

Vrede K. 2005. Nutrient and temperature limitation of bacterioplankton growth in temperate lakes[J]. Microbial Ecology, 49: 245-256.

Wang D Q, Chen Z L, Wang J, et al. 2007. Summer-time denitrification and nitrous oxide exchange in the intertidal zone of the Yangtze Estuary[J]. Estuarine, Coastal and Shelf Science, 73: 43-53.

Wang J W, Wu W, Zhou X D, et al. 2021. Nitrous oxide (N_2O) emissions from the high dam reservoir in longitudinal range-gorge regions on the Lancang-Mekong River, southwest China. Journal of Environmental Management, 295: 113027.

Wang X F, He Y X, Yuan X Z, et al. 2017. Greenhouse gases concentrations and fluxes from subtropical small reservoirs in relation with watershed urbanization[J]. Atmospheric Environment, 154: 225-235.

Wetzel R G. 2001. Limnology: River and Lake Ecology[M]. San Diego: Academic Press.

Windham-Myers L, Fleck J A, Ackerman J T, et al. 2014. Mercury cycling in agricultural and managed wetlands: A synthesis of methylmercury production, hydrologic export, and bioaccumulation from an integrated field study[J]. Science of the Total Environment, 484: 221-231.

Xiao S B, Liu D F, Wang Y C, et al. 2013. Temporal variation of methane flux from Xiangxi Bay of the Three Gorges Reservoir[J]. Scientific Reports, 3(1): 1-8.

Xu S J L, Chan S C Y, Wong B Y K, et al. 2022. Relationship between phytoplankton community and water parameters in planted fringing mangrove area in South China[J]. Science of the Total Environment, 817: 152838.

Xue Y Y, Yu Z, Chen H H, et al. 2017. Cyanobacterial bloom significantly boosts hypolimnelic anammox bacterial abundance in a subtropical stratified reservoir[J]. FEMS Microbiology Ecology, 93: 1-11.

Yang S S. 1998. Methane production in river and lake sediments in Taiwan[J]. Environmental Geochemistry and Health, 20: 245-249.

Yang W Z, Yang M D, Wen H Y, et al. 2018. Global warming potential of CH_4 uptake and N_2O emissions in saline–alkaline soils[J]. Atmospheric Environment, 191: 172-180.

Zhang B, Fang F, Guo J S, et al. 2012. Phosphorus fractions and phosphate sorption-release characteristics relevant to the soil composition of water-level-fluctuating zone of Three Gorges Reservoir[J]. Ecological Engineering, 40: 153-159.

Zhang J P, Zhi M M, Zhang Y. 2021. Combined generalized additive model and random forest to evaluate the influence of environmental factors on phytoplankton biomass in a large eutrophic lake[J]. Ecological Indicators, 130: 108082.

Zhang L W, Xia X H, Liu S D, et al. 2020. Significant methane ebullition from alpine permafrost rivers on the East Qinghai–Tibet Plateau[J]. Nature Geoscience, 13: 349-354.

第4章 河流建坝对底栖动物的影响

本章以底栖动物作为指示物种，分析建坝河流不同河段底栖动物群落组成、多样性和优势物种等生态学指标，揭示梯级水库运行对底栖动物的影响，建立生态尺度效应模型，定量分析河流建坝对底栖动物的丰富度和多样性的影响，为水电工程建设与运行下的河流生物多样性保护提供依据。

4.1 建坝河流底栖动物分布特征及影响机制

河流底栖动物是河流生态系统食物链结构中的重要环节，对河流生态系统的物质循环、能量流动有着积极作用（Beauchene et al.，2014）。同时，底栖动物的活动能力弱、活动范围小，对于外来污染具有较小的规避能力，并且对外界胁迫较为敏感，因此能有效地指示河流生态系统的健康，其种类组成及时空分布更能体现生境变化对于生物的影响（Ma et al.，2008；Heino et al.，2004）。建坝改变了河流水文水动力条件、河貌和营养物质循环等因素，显著影响底栖动物的生境和群落组成及分布。

4.1.1 金沙江流域底栖动物分布特征及影响机制

以金沙江下游为例，于2018年12月（枯水期）和2019年6月（丰水期）对乌东德水电站到向家坝水电站河段及该河段内的典型支流开展了底栖动物调查。将整个研究区域划分为水库河段、干流自然河段与支流自然河段（图4-1），依据不同地质条件和生境类型采集底栖动物标本，按不同河段研究底栖动物的分布特征。

1. 底栖动物调查

选取采样点附近生物环境宽阔，流速、水深、底质组成及生物环境均有代表性的100 m河段，采用D形网和Ekman-Birge采泥器采集底栖动物，用40目的筛网筛选（图4-2）后放入100 mL样品瓶中并加入95%的酒精固定，带回实验室镜检。常见底栖物种鉴定到种，摇蚊幼虫鉴定到属，其余水生昆虫至少鉴定到科。

运用Margalef丰富度指数、改进香农-维纳（Shannon-Wiener）多样性指数（王寿兵，2003）、Pielou均匀度指数、优势度指数（宋翔等，2009）、Sorensen群落相似性系数和Jaccard相似性系数（刘向伟等，2009）对底栖动物群落结构进行描述，各指标计算公式如下：

$$M = \frac{S-1}{\ln N} \tag{4-1}$$

$$H' = -\sum_{i=1}^{S} \frac{n_i}{N} \ln\left(\frac{n_i}{N}\right) \tag{4-2}$$

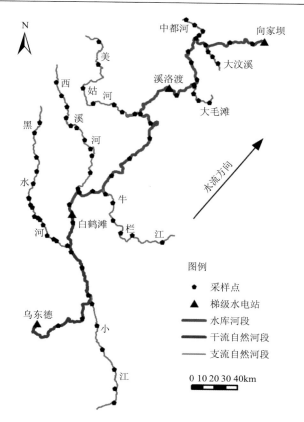

图 4-1　金沙江下游干支流底栖动物研究河段及采样点位置

图 4-2　底栖动物样品采集

$$H'' = H' \ln N \qquad\qquad (4\text{-}3)$$

$$J' = \frac{H'}{\ln S} \qquad\qquad (4\text{-}4)$$

$$Y = \frac{n_i}{N} f_i \qquad\qquad (4\text{-}5)$$

$$S_S = \frac{2c}{a+b} \qquad\qquad (4\text{-}6)$$

$$S_J = \frac{c}{a+b-c} \qquad\qquad (4\text{-}7)$$

式中，S 为样品中所有底栖动物的总分类单元数；N 为所有底栖动物的总个体数；n_i 为样品中第 i 种底栖动物的个体数；a 为河段 A 中底栖动物种类数；b 为河段 B 中底栖动物种类数；c 为河段 A 与河段 B 中共有底栖动物种类数；f_i 为第 i 种底栖动物出现的频率；M 为 Margalef 丰富度指数；H' 为 Shannon-Wiener 多样性指数；H'' 为改进的 Shannon-Wiener 多样性指数；J' 为 Pielou 均匀度指数；Y 为优势度指数；S_S 为 Sorensen 群落相似性系数；S_J 为 Jaccard 相似性系数。

分别采用五种摄食方式和生活栖息地类型反映底栖动物的功能摄食类群和生活栖息类群特征（表 4-1 和表 4-2）。

表 4-1 底栖动物功能摄食类群特征

功能摄食类群	主要食物	进食方式	主要分类阶元
收集者（GC）	沉积型有机物碎屑	收集表面的沉积物，在沉积物上挖穴觅食	蜉蝣目（细蜉科、蜉蝣科、四节蜉科等），鞘翅目（水龟甲科），双翅目（摇蚊科、蠓科、水蝇科）
滤食者（FC）	悬浮藻类和有机物碎屑	使用特殊器官和分泌物收集	蜉蝣目（扁蜉科），毛翅目（等翅石蛾科、短丝石蛾科等），鳞翅目，双翅目（蚋科、摇蚊科、蚊科）
捕食者（PR）	动物细胞和组织或动物全部	吞食、咬、刺穿	蜻蜓目，广翅目，毛翅目（原石蛾科、多距石蛾科），鞘翅目（龙虱科），半翅目（负子蝽科、潜蝽科、仰蝽科）
撕食者（SH）	维管束植物和凋落物	咀嚼、钻食	毛翅目（石蛾科、长角石蛾科、沼石蛾科），鳞翅目，鞘翅目（叶甲科），双翅目（大蚊科），襀翅目（网襀科、黑襀科）
刮食者（SC）	附着于生物或非生物基质上的藻类	刮、搓、擦、啃	蜉蝣目（四节蜉科），毛翅目（细翅石蛾科、齿角石蛾科等），双翅目（虻科），半翅目，鳞翅目

表 4-2 底栖动物生活栖息类群特征

生活栖息类群	栖息空间	主要特点	主要分类阶元
固着型（CN）	附着于河床底质表面	具有腹部吸盘、有力趾爪、固定的巢或背腹扁平	蜉蝣目幼虫，襀翅目幼虫，双壳纲（淡水壳菜）
穴居型（BU）	生活在细颗粒河床底质中	具有细长的体型	双壳纲，寡毛纲，摇蚊幼虫
攀爬型（CB）	生活在缓流区或静水区底质表面、滨河植物活体上	个体较大，有较厚重的贝壳或背甲	腹足纲（环棱螺、圆田螺），甲壳纲（螯虾），蜻蜓目幼虫，毛翅目幼虫，半翅目（负子蝽科、蝎蝽科）
游泳型（SW）	依附于水下岩石或维管束植物表面，且可在水体中游泳	有较强的主动移动能力	蜉蝣目（四节蜉科、短丝蜉科、细裳蜉科）
蔓生型（SP）	生活在沉水植物叶面和细颗粒泥沙底质顶层	具有较高的漂移性	蜉蝣目（细蜉科），蜻蜓目（蜻科）

2. 底栖动物群落结构特征

1）底栖动物多样性

对金沙江下游两次采集的底栖动物多样性指数和均匀度指数进行了统计（表 4-3）。结果表明：枯水期和丰水期干支流自然河段的多样性指数均明显大于水库河段，Pielou

均匀度指数则小于水库河段，主要原因在于金沙江下游梯级水库建设导致流态多样性发生了改变（王昱等，2020），并且拦截了大量泥沙，导致库区底质以淤泥为主，单一的底质类型对库区底栖动物的多样性造成了显著影响，使得底栖动物的群落结构趋于均质化，群落组成更加相似（简东等，2010）。

表 4-3　金沙江下游底栖动物多样性指数和均匀度指数

指数	区域	枯水期				丰水期			
		平均值	最小值	最大值	标准差	平均值	最小值	最大值	标准差
改进 Shannon-Wiener 多样性指数	水库河段	1.16	0.49	2.41	0.64	1.95	0.88	4.08	0.89
	干流自然河段	2.57	1.10	4.45	1.02	3.37	2.66	4.50	0.56
	支流自然河段	3.87	1.49	5.63	1.26	4.55	2.22	8.18	1.46
Pielou 均匀度指数	水库河段	0.80	0.54	1.00	0.16	0.75	0.52	1.00	0.14
	干流自然河段	0.67	0.48	0.89	0.14	0.69	0.64	0.74	0.03
	支流自然河段	0.56	0.17	1.00	0.19	0.62	0.33	0.96	0.15

2）底栖动物优势种

金沙江下游各河段底栖动物优势种统计结果见表 4-4。干支流自然河段与水库河段的优势种呈现明显差异，水库河段以水丝蚓属和无突摇蚊属为最优优势种，而干支流自然河段则分别以短脉纹石蛾属和四节蜉属为最优优势种。表明水库的建设改变了底质类型，且库水滞留时间增加导致了库区水质条件变差，使得毛翅目和蜉蝣目这类对水质要求较高的物种难以在库区生存（Ab Hamid and Rawi, 2017），从而导致优势种在水库河段和干支流自然河段有显著差异。

表 4-4　金沙江下游各河段底栖动物优势种

优势种	优势度值	水库河段	干流自然河段	支流自然河段
水丝蚓属 Limnodrilus	0.181	√		
摇蚊属 Chironomus	0.024	√		
多足摇蚊属 Polypedilum	0.037	√		
无突摇蚊属 Ablabesmyia	0.098	√		
河蚬 Corbicula fluminea	0.022	√		
短脉纹石蛾属 Cheumatopsyche	0.294		√	
真开氏摇蚊属 Eukiefferiella	0.055		√	
四节蜉属 Baetis	0.237		√	√
扁蜉属 Heptagenia	0.079		√	√
纹石蛾属 Hydropsyche	0.130		√	√
花翅蜉属 Baetiella	0.048		√	√
环足摇蚊属 Cricotopus	0.140	√	√	√

3）底栖动物功能摄食类群与生活栖息类群空间分布

对金沙江下游底栖动物功能摄食类群和生活栖息类群的相对丰度进行了统计

（图 4-3）。结果表明：干支流自然河段底栖动物各功能摄食类群相对丰度占比较为均衡，而水库河段则主要以收集者为主，相对丰度达到 71.12%。干支流自然河段底栖动物各生活栖息类群组成也较为均衡，但水库河段穴居型相对丰度占比具有绝对优势，达到 91.85%。由此可见，库区底栖动物的功能摄食类群和生活栖息类群也呈现均质化的趋势。

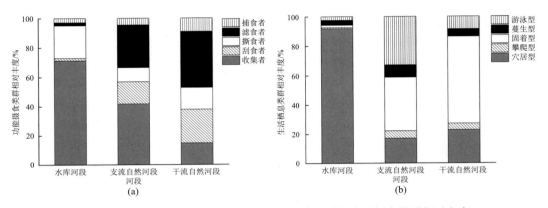

图 4-3　金沙江下游各河段底栖动物功能摄食类群与生活栖息类群相对丰度

4）向家坝库区建坝前后底栖动物群落结构变化

由于在金沙江关于底栖动物的相关研究较少，下游梯级水库建设前的底栖动物调查数据只收集到了在向家坝库区的相关数据，因而选取向家坝库区作为建坝前后底栖动物群落结构变化对比的区域。本研究两次采样调查在向家坝库区建坝后金沙江新市镇到向家坝江段，采集到的底栖动物共计 8 科，其中节肢动物门 5 科、软体动物门 1 科、环节动物门 2 科；刘向伟等（2009）2008 年在向家坝库区建坝前，在该江段采集到的底栖动物共计 12 科，其中节肢动物门 6 科、软体动物门 5 科、环节动物门 1 科；建坝前后三门底栖动物共有科数分别为 2、1 和 1。Sorensen 群落相似性系数和 Jaccard 相似性系数的计算结果表明：建坝前与建坝后的底栖动物群落结构具有较低的相似性（S_S=31.58%、S_J=18.75%），其中 Sorensen 群落结构相似性主要由环节动物门贡献，环节动物门 Sorensen 群落相似性系数和 Jaccard 相似性系数分别为 66.67% 和 50%，表明环节动物门物种在建坝前后变化较小（表 4-5）。在向家坝库区建坝前该江段底栖动物群落中昆虫纲相对丰度占比最大，为 88.06%，而寡毛纲、腹足纲、瓣鳃纲和甲壳纲相对丰度占比相差不大，共占 11.94%；建坝后只采集到 3 纲底栖动物，分别为昆虫纲、寡毛纲、瓣鳃纲，其中寡毛

表 4-5　向家坝库区建坝前后底栖动物种类组成及相似性

指标	节肢动物门	软体动物门	环节动物门	全类群
向家坝库区建坝前	6 科	5 科	1 科	12 科
向家坝库区建坝后	5 科	1 科	2 科	8 科
共有科数	2	1	1	4
Sorensen 群落相似性系数（S_S）/%	36	33.33	66.67	31.58
Jaccard 相似性系数（S_J）/%	22	20	50	18.75

纲相对丰度占比显著增加，达到 37.15%，昆虫纲占比略有下降，为 60.98%，但昆虫纲占比最大的种类由石蛾类变为了摇蚊类（图4-4）。

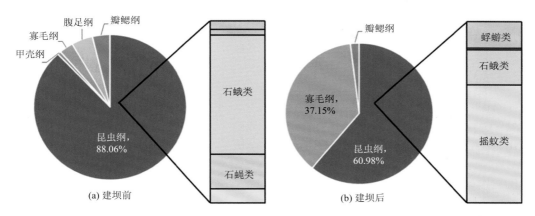

图 4-4 向家坝库区建坝前后底栖动物群落结构组成

3. 建坝对底栖动物分布的影响机制

基于金沙江下游水环境因子监测数据，阐明了关键环境因子的空间分布特征，分析了研究区河流整体水质状况。结合底栖动物群落的空间分布，确定了驱动底栖动物群落结构呈现空间差异性的主要环境因子，揭示了建坝对底栖动物分布的影响机制。

1）底栖动物群落与河流环境因子的关系

采用 YSI 6600 便携式多参数水质监测分析仪测定水温（T）、pH、溶解氧（DO）、电导率（cond）、溶解固体总量（TDS）和盐度（salt）等指标；分别采用旋桨式流速仪（LS 1206B）和标尺测定流速（V）和水深（D），采用手持 GPS 测定海拔（E）；另外，在每个采样点采集 1100 mL 水样，带回实验室参照《地表水环境质量标准》（GB 3838—2002）规定的方法测定 TP、TN、COD_{Mn}、NH_3-N、NO_3-N、NO_2-N 和 PO_4-P。

金沙江下游干支流各水环境因子调查结果见表 4-6。总体来说，干支流整体的营养盐水平（TN、NH_3-N、NO_3-N、NO_2-N、TP 和 PO_4-P）较低，除 TN 浓度稍高外，其余营养盐均小于《地表水环境质量标准》（GB 3838—2002）规定的Ⅱ类水浓度，且枯水期与丰水期之间的营养盐变化很小，表明水环境全年良好且水质稳定。此外，cond 和 TDS 在丰水期的浓度大于枯水期，表明降雨可能导致河流中 cond 与 TDS 增加（王建英等，2019）。

表 4-6 金沙江下游干支流各环境因子的特征值

环境因子	枯水期				丰水期			
	平均值	最小值	最大值	标准差	平均值	最小值	最大值	标准差
$T/℃$	13.21	5.49	22.91	2.98	20.65	12.92	26.56	3.02
pH	9.00	8.62	13.41	0.65	8.83	6.95	9.54	0.32
DO/（mg/L）	9.37	7.25	11.23	0.80	8.06	2.62	13.13	1.28
cond/（μS/cm）	219.52	68.20	422.80	88.28	289.92	73.50	688.00	112.60

续表

环境因子	枯水期				丰水期			
	平均值	最小值	最大值	标准差	平均值	最小值	最大值	标准差
TDS/（mg/L）	180.70	65.00	343.00	65.19	205.49	62.00	441.00	76.17
salt/PSU	0.1345	0.0500	0.2600	0.0489	0.1484	0.0100	0.3300	0.0576
V/（m/s）	0.7490	0.0000	2.4000	0.5081	0.6968	0.0000	2.0570	0.3954
D/m	—	—	—	—	11.24	0.08	128.57	26.68
E/m	—	—	—	—	989.95	269.00	2584.00	596.97
TP/（mg/L）	0.0638	0.0106	0.4526	0.0983	0.0601	0.0068	0.6081	0.0779
TN/（mg/L）	1.3714	0.3672	3.8913	0.6709	1.1240	0.4167	4.7283	0.6075
NH_3-N/（mg/L）	0.2442	0.0957	2.7839	0.3855	0.1449	0.0123	3.2975	0.3737
NO_3-N/（mg/L）	0.9922	0.1928	2.0120	0.4876	0.8049	0.1259	2.0014	0.4353
NO_2-N/（mg/L）	0.0154	0.0037	0.0690	0.0146	0.0085	0.0004	0.0457	0.0073
PO_4-P/（mg/L）	0.0133	0.0031	0.0442	0.0087	0.0079	0.0030	0.1092	0.0119
COD_{Mn}/（mg/L）	1.9608	0.6406	5.0394	1.0217	1.5883	0.7650	6.6856	0.6968

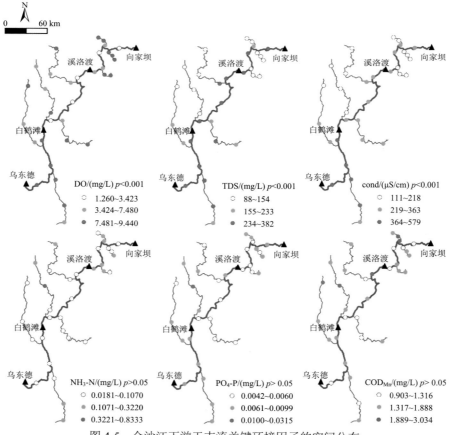

图 4-5　金沙江下游干支流关键环境因子的空间分布

$p < 0.05$ 认为具有统计显著性

　　为了识别影响底栖动物群落结构与分布的关键环境因子，将底栖动物群落与除 D、E 和 V 外的环境因子进行主成分分析。分析结果表明：cond、TDS、COD_{Mn}、DO、NH_3-N 和 PO_4-P 对底栖动物群落结构具有显著影响。对不同河段的关键环境因子进行单因素方差分析，发现 DO、cond 和 TDS 在不同河段间的差异性极为显著，而 NH_3-N、PO_4-P 和 COD_{Mn} 在各河段间的差异性则不具有统计显著性（图 4-5）。这些结果表明，水库建设改变了 DO、cond 和 TDS，从而影响底栖动物群落结构与分布。

　　2）底栖动物优势种与环境因子的关系

　　为了探讨底栖动物优势种与环境因子的关系，将 6 个关键环境因子与物理相关环境因子（D、E 和 V 等）进行冗余分析（redundancy analysis，RDA）（图 4-6）。在进行冗余分析之前，通过方差膨胀因子（variance inflation factor, VIF）分析排除共线性较强（方差膨胀因子>10）的环境因子，并对剩余环境因子进行 999 次蒙特卡罗置换检验（Monte Carlo permutation test）。分析结果表明：支流自然河段受 V、E 和 DO 影响较大，而水库河段则受 D 影响较大；四节蜉属与 V、E 和 DO 的正相关性较强，无突摇蚊属和纹石蛾属与营养盐的相关性较强，水丝蚓属与 D 和 DO 的相关性较强。

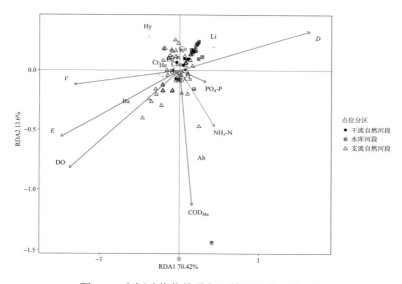

图 4-6　底栖动物优势种与环境因子的冗余分析

Li：水丝蚓属，Ch：摇蚊属，Cr：环足摇蚊属，Eu：真开氏摇蚊属，Ab：无突摇蚊属，Ba：四节蜉属，He：扁蜉属，Che：
短脉纹石蛾属，Hy：纹石蛾属，Co：河蚬。RDA1 和 RDA2 分别为第一轴和第二轴的解释度

　　3）底栖动物功能摄食类群和生活栖息类群与环境因子的关系

　　采用与底栖动物优势种相同的程序分析底栖动物功能摄食类群和生活栖息类群与环境因子的关系（图 4-7）。结果表明：功能摄食类群和生活栖息类群主要受到物理环境因子的影响。对功能摄食类群来说，刮食者和捕食者与 E 的相关性较强，撕食者与 DO 的相关性较强，收集者与 D 的相关性较强，滤食者与 V 的相关性较强；对生活栖息类群来说，穴居型与 D 的相关性最强，其余类型均与 E 的相关性最强。

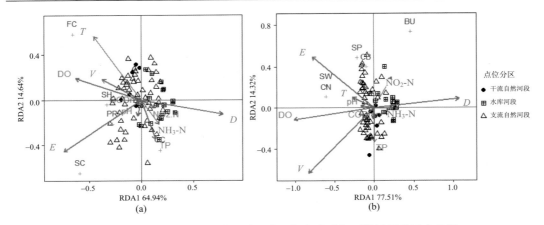

图 4-7　底栖动物功能摄食类群和生活栖息类群与环境因子的冗余分析

SC: 刮食者，FC: 滤食者，GC: 收集者，PR: 捕食者，SH: 撕食者；BU: 穴居型，CB: 攀爬型，CN: 固着型，SP: 蔓生型，SW: 游泳型

总体来说，水丝蚓属等收集者和穴居型底栖动物与 D 呈高度相关关系，主要是由于水深较深的河段流速较缓，底质以淤泥为主，易于有机质富集，适合此类底栖动物生存。此外，刮食者、捕食者等摄食类群与攀爬型、游泳型等多种生活栖息类群都表现出与 E 较强的相关性，可能是由于海拔作为宏观尺度的环境因子，间接反映了多种环境因子的综合影响。

4.1.2　澜沧江流域底栖动物分布特征及影响机制

以澜沧江中上游为例，于 2022 年 5 月（丰水期）对托巴水电站到漫湾水电站河段及该河段内的典型支流开展了底栖动物调查（图 4-8），依据不同地质条件和生境类型采集底栖动物标本，按不同河段研究底栖动物的分布特征。

1. 底栖动物调查

依据每个采样点的不同生境，当水深小于或等于 1 m 时（岸边河漫滩/支流浅滩），在河道中部用直径 30 cm 的 40 目 D 形网采集底栖动物样品，每个采样点采集 6 个样方，采集面积 1.8 m²，混合为一个点位样本。当水深大于 1 m 时（深潭/湖相江段），在无船时，在河岸用直径 30 cm 的 40 目 D 形网采集底栖动物样品，每个采样点采集 6 个样方，采集面积 1.8 m²，混合为一个点位样本；在有船时，在河道中部用德国 HYDRO-BIOS 公司的 Ekman-Birge 采泥器（0.04 m²）进行底栖动物样品采集，为减少误差，每个采样点采集 5 次，总采样面积为 0.2 m²。在现场用 40 目分样筛初步筛选样品，挑出较明显的大型底栖无脊椎动物后，再挑出部分基质，放入 100 mL 标本瓶中，并倒入 4% 浓度的福尔马林溶液或 75% 浓度的酒精进行保存，带回实验室镜检。常见底栖物种鉴定到种，摇蚊幼虫鉴定到属，其余水生昆虫至少鉴定到科。各类多样性指数计算方法详见 4.1.1 节。

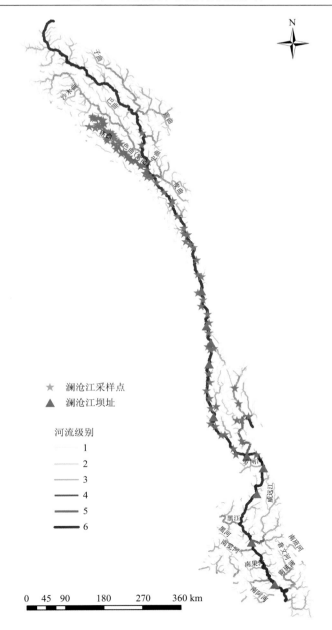

图 4-8　澜沧江流域底栖动物研究河段及采样点位置

2. 底栖动物群落结构特征

对澜沧江流域采集的底栖动物多样性指数和均匀度指数进行了统计（表 4-7）。结果表明：干支流自然河段的多样性指数均明显大于水库河段，Pielou 均匀度指数则小于水库河段。和金沙江下游情况类似，澜沧江梯级水库建设导致流态多样性发生了改变，并且改变了河床原本多样性的底质类型，库区单一的底质类型使得底栖动物的多样性大大降低并且群落结构趋于均质化。

表 4-7　澜沧江流域底栖动物多样性指数和均匀度指数

指数	区域	丰水期			
		平均值	最小值	最大值	标准差
改进 Shannon-Wiener 多样性指数	水库河段	1.73	0.68	2.13	0.74
	干流自然河段	3.18	2.15	4.46	0.63
	支流自然河段	3.96	2.33	7.72	1.31
Pielou 均匀度指数	水库河段	0.71	0.57	0.92	0.11
	干流自然河段	0.67	0.45	0.71	0.05
	支流自然河段	0.52	0.33	0.75	0.13

　　澜沧江流域各河段底栖动物优势种计算结果见表 4-8。干支流自然河段与水库河段的优势种呈现明显差异，水库河段以水丝蚓属和直突摇蚊属为最优优势种，而干支流自然河段则以四节蜉属为最优优势种。水库建设对于底质类型及水质条件的改变减少了水生昆虫这类物种的生存空间，使得优势种在水库河段和干支流自然河段存在显著差异。

表 4-8　澜沧江流域各河段底栖动物优势种

优势种	优势度值	水库河段	干流自然河段	支流自然河段
水丝蚓属 *Limnodrilus*	0.214	√		
摇蚊属 *Chironomus*	0.051	√		
多足摇蚊属 *Polypedilum*	0.043	√		
直突摇蚊属 *Orthocladius*	0.110	√		
纹石蛾属 *Hydropsyche*	0.253		√	
四节蜉属 *Baetis*	0.314		√	√
扁蜉属 *Heptagenia*	0.163		√	√
原石蛾属 *Rhyacophila* sp.	0.188		√	√
花翅蜉属 *Baetiella*	0.041		√	√
环足摇蚊属 *Cricotopus*	0.109	√		√

3. 底栖动物群落与河流环境因子的关系

　　为了识别影响底栖动物群落结构与分布的关键环境因子，对环境因子进行主成分分析。分析结果表明：水温（temperature）、流速（velocity）、河宽（width）、海拔（altitude）、TDS、COD_{Mn}、DO、TP、TN、pH、As 和 Pb 对底栖动物群落结构具有显著影响。对不同河段的关键环境因子进行主成分分析，发现云南段位于高 temperature、高 TP、高 TN、高 DO、高 As 和高 Pb 的区域，西藏段位于高 altitude、高 pH、高 TDS 的区域，velocity 和 width 呈正相关关系，且分区差异不明显（图 4-9）。上游位于高 altitude、高 TDS、高 pH 的区域；中游位于高 velocity、高 width 的区域；下游位于高 temperature、高 DO 和高污染（高 TN、高 TP、高 As 和高 Pb）的区域（图 4-10）。澜沧江流域云南段的水电开发程度显著大于西藏段，中下游的水电开发程度也明显大于上游，这些结果表明，水库建设改变河流的环境因子对底栖动物群落结构与分布具有重要影响。

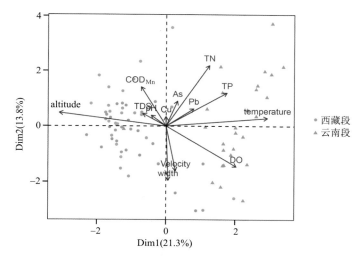

图 4-9   澜沧江云南段和西藏段底栖动物群落与环境因子的主成分分析

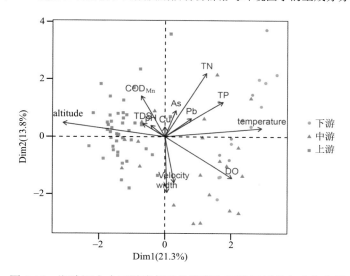

图 4-10   澜沧江上中下游底栖动物群落与环境因子的主成分分析

4.2   建坝河流和自然河流底栖动物分布特征的差异

4.2.1   自然河流怒江底栖动物群落分布特征

以怒江上游为例，该区域支流众多，水系发达，包含了 1～6 级河流级别的不同层级河流，其中，1～2 级河流为来自雪山融水的源头河流，3～4 级河流为由源头河流汇流交汇后组成的中型支流，5～6 级河流为由中型支流汇流交汇后组成的干流。考虑到区域内不同层级河流多样的生境条件，结合现场监测条件与采样点分布的空间均匀性，于 2021 年 4 月～5 月春季和 9 月～10 月秋季在 1～6 级河流上共开展了 29 个采样点的监测工作（图 4-11），各采样点信息见表 4-9。

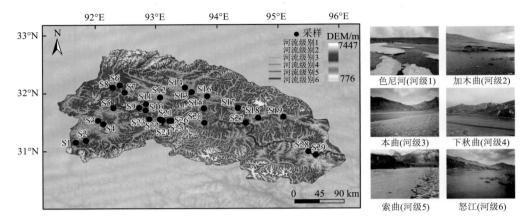

图 4-11　怒江上游底栖动物研究河段及采样点位置

表 4-9　怒江上游底栖动物采样点信息

名称	河流级别	序号	经度（E）/（°）	纬度（N）/（°）	底质	备注
母各曲	3	S1	91.6690	31.1549	黏土	平滑，附近有一座小平桥
加木曲	2	S2	91.8414	31.1839	漂砾	平滑
称曲	3	S3	92.0392	31.5283	漂砾	平滑，附近有一座小平桥
色尼河	1	S4	92.1242	31.4697	砾石，苔藓	平滑，附近有一座公路桥
因门曲	2	S5	92.2925	31.7473	漂砾	涟漪，简易公路旁
乔仁曲	2	S6	92.3961	32.1411	漂砾	驻波，附近有涵洞
下秋曲	4	S7	92.4772	32.0167	细砂	平滑
聂荣曲	2	S8	92.2819	32.1031	卵石，苔藓	破损驻波
藏曲	1	S9	92.7142	31.7500	砾石	驻波，附近有一座小木桥
下秋曲	5	S10	92.8200	31.7042	砾石	驻波，附近支流汇入
下秋曲	5	S11	92.8278	31.8139	砾石	急流
马佛曲	2	S12	93.0596	31.9271	漂砾	涟漪，缓流，附近有一座小公路桥
索曲	4	S13	93.5787	32.0193	卵石	自由跌落，急流
本曲	3	S14	93.4687	32.0982	砾石	平滑，附近有一座小公路桥
索曲	5	S15	93.7802	31.7376	砾石	平滑
枪曲	2	S16	93.8317	31.9467	砾石	平滑，附近有一座小公路桥
热玛曲	3	S17	94.3353	31.7425	基岩，苔藓	破损驻波，附近有一座小公路桥
则荣曲	2	S18	94.6683	31.5703	砾石	平滑
也熊曲	4	S19	95.0839	31.5881	黏土	平滑
怒江	5	S20	93.7842	31.4889	卵石	平滑
怒江	5	S21	93.0711	31.5392	砾石	平滑
怒江	5	S22	93.0600	31.5500	砾石	平滑

续表

名称	河流级别	序号	经度（E）/（°）	纬度（N）/（°）	底质	备注
那曲	4	S23	92.8817	31.5519	砾石	平滑
怒江	5	S24	93.1028	31.5283	砾石	平滑，附近有排污口
怒江	5	S25	93.2100	31.5228	砾石	平滑，简易公路旁
怒江	5	S26	93.2442	31.5242	砾石	平滑
怒江	6	S27	94.4663	31.4864	细砂	平滑，采砂
怒江	6	S28	95.4934	30.9880	基岩	平滑，附近有一座小公路桥
怒江	6	S29	95.6125	30.9276	砾石	平滑，采砂

1. 底栖动物调查

1）底栖动物采集及鉴定

在源头河流及部分中型河流等浅水区域，选取采样点附近生物环境宽阔，流速、水深、底质组成及生物环境均有代表性的 100 m 河段，使用直径 30 cm 的 D 形网进行底栖动物样品采集，采集 6 个面积为 0.3 m^2 的子样方，混合为一个总采样面积为 1.8 m^2 的样方。在部分中型支流及干流等深水区域，依据现场条件使用 D 形网在河道两岸可到达区域捞取或翻捡水中石块采集样品，采样面积为 1.8 m^2。现场用 40 目分样筛筛选样品，挑出大型底栖无脊椎动物后放入 100 mL 标本瓶中，然后用 10%的甲醛溶液保存并带回实验室进行种类鉴定、个体计数、称重。在鉴定时，所有样品尽量鉴定到最小分类单元。

2）环境因子采集与测定

使用便携式多参数水质监测分析仪（YSI 6600）测定水温、电导率、溶解固体总量（TDS）、盐度、溶解氧（DO）、pH；使用便携式流速仪测定水流流速；使用手持激光测距仪，结合卫星地图测距工具测量河流宽度；使用全球定位系统（GPS）记录各采样点经纬度坐标及海拔；使用手机专业小程序（app）（GPS 实时海拔）记录空气含氧量。同时在每个采样点采集 1 L 水样，低温保存运回实验室进行理化分析。参照生态环境部发布的标准，采用硫酸钾消解-钼酸铵分光光度法、碱性过硫酸钾消解-紫外分光光度法和高锰酸盐法测定总磷（TP）、总氮（TN）和化学需氧量（COD），采用电感耦合等离子体质谱仪（Agilent 7900 ICP-MS）测定元素铬（Cr）、铜（Cu）、锌（Zn）、砷（As）、镉（Cd）和铅（Pb）。

各类指数计算同 4.1.1 节，运用 Excel 与 SPSS 22.0 软件进行数据统计与分析，$p < 0.05$ 被认为有统计学意义。底栖动物群落与环境因子之间的关系采用典范对应分析（canonical correspondence analysis, CCA）。分析前首先进行除趋势对应分析（detrended correspondence analysis, DCA），若 DCA 结果排序前 4 个轴中最大值大于 3，则选择单峰模型（CCA）排序；若 DCA 排序前 4 个轴中最大值小于 3，则选择线性模型（冗余分析）排序。用 CCA 排序图将物种、采样点和环境因子绘出，直观呈现种类组成及群落分布与环境因子之间的关系。CCA 排序图中，采样点与环境因子箭头连线垂直投影距离越近代表受该环境因子影响越大，箭头连线越长代表该环境因子对研究对象的分布影响越大。

CCA 排序图绘制采用 R 软件（版本 3.6.1）中的 vegan 和 ggplot2 软件包完成。

2. 底栖动物群落结构特征

1）种类组成及优势种

两次调查共计监测到底栖动物 59 个分类单元（属或种），分属 3 门 4 纲 8 目 26 科，其中寡毛纲 4 种、腹足纲 1 种、软甲纲 1 种、昆虫纲 53 种。不同层级河流上底栖动物的物种数量和组成存在差异（表 4-10）。源头河流的物种数最多，达到了 48 种，其次是中型支流和干流，分别为 44 种和 29 种，总物种数量从源头河流到干流明显减少。各层级河流中，昆虫纲种类最多，源头河流 43 种，中型支流 41 种，干流 26 种，其中双翅目种类占昆虫纲种类的优势（源头河流 45.8%，中型支流 47.7%，干流 44.8%）。源头河流采样点发现的 EPT 类昆虫[指蜉蝣、石蝇和石蛾 3 类水生昆虫的统称，取自三者所属目级的拉丁学名：蜉蝣目（Ephemeroptera）、襀翅目（Plecoptera）和毛翅目（Trichoptera）]数量和中型支流一样多，为 20 种，多于干流的 12 种。每个采样点监测到的平均物种数由多到少依次为源头河流、中型支流和干流。

表 4-10 怒江上游河流底栖动物物种组成空间特征

门	纲	目	源头河流（1～2 级）	中型支流（3～4 级）	干流（5～6 级）
环节动物门	寡毛纲	近孔寡毛目	4	2	3
软体动物门	腹足纲	中腹足目	0	1	0
节肢动物门	软甲纲	端足目	1	0	1
	昆虫纲	蜉蝣目	6	7	3
		襀翅目	7	7	5
		毛翅目	7	6	4
		鞘翅目	1	0	0
		双翅目	22	21	13
总物种数			48	44	29
每个采样点平均物种数			7.5	7.125	3.542

不同层级河流上底栖动物的优势种也存在差异，共有 9 种优势种（表 4-11）。源头河流的优势种有 4 种，分别为蜉蝣目的微动蜉属（*Cinygmula*）、襀翅目的倍叉襀属（*Amphinemura*）、同襀属（*Isoperla*）和双翅目的帕摇蚊属（*Pagastia*），出现频率分别为 0.444、0.389、0.278 和 0.500；中型支流的优势种有 4 种，分别为襀翅目的襟襀属（*Togoperla*）、双翅目的帕摇蚊属（*Pagastia*）、真开氏摇蚊属（*Eukiefferiella*）和直突摇蚊属（*Orthocladius*），出现频率分别为 0.438、0.438、0.438 和 0.625；干流的优势种有 3 种，分别为襀翅目的拟黑襀属（*Paracapnia*）、双翅目的多足摇蚊属（*Polypedilum*）和直突摇蚊属（*Orthocladius*），出现频率分别为 0.458、0.292 和 0.292。

表 4-11　怒江上游河流底栖动物优势种名称及出现频率

物种名称	拉丁名	出现频率		
		源头河流（1~2 级）	中型支流（3~4 级）	干流（5~6 级）
昆虫纲	Insecta			
蜉蝣目	Ephemeroptera			
扁蜉科	Heptageniidae			
微动蜉属	*Cinygmula*	0.444		
襀翅目	Plecoptera			
叉襀科	Nemouridae			
倍叉襀属	*Amphinemura*	0.389		
网襀科	Perlodidae			
同襀属	*Isoperla*	0.278		
襀科	Perlidae			
襟襀属	*Togoperla*		0.438	
黑襀科	Capniidae			
拟黑襀属	*Paracapnia*			0.458
双翅目	Diptera			
摇蚊科	Chironomidae			
摇蚊亚科	Chironominae			
多足摇蚊属	*Polypedilum*			0.292
寡角摇蚊亚科	Diamesinae			
帕摇蚊属	*Pagastia*	0.500	0.438	
直突摇蚊亚科	Orthocladiinae			
真开氏摇蚊属	*Eukiefferiella*		0.438	
直突摇蚊属	*Orthocladius*		0.625	0.292

2）密度分布特征

不同层级河流底栖动物类群密度组成存在空间差异（图 4-12）。所有采样点的平均密度为 25.98 个/m²，标准差为 26.21 个/m²，其中密度最高的为 S9 藏曲（源头河流，1级），最低的为 S29 怒江（干流，6 级），分别为 116.67 个/m² 和 2.22 个/m²。寡毛纲、蜉蝣目和双翅目的最大相对密度分别出现在干流的 S22、S10 和 S21 点位，分别为 27%、78%和 92%；腹足纲、襀翅目和其他昆虫的最大相对密度分别出现在源头河流的 S2、S8和 S12 点位，分别为 28%、68%和 40%。源头河流和干流的寡毛纲和腹足纲的所占比重高于中型支流，寡毛纲在源头河流、中型支流和干流的平均相对密度分别为 5.43%、5.13%和 5.46%，腹足纲在源头河流、中型支流和干流的平均相对密度分别为 4.77%、0.10%和2.54%。双翅目在源头河流中的占比低于中型支流和干流，平均相对密度分别为 31.46%、58.61%和 51.58%。蜉蝣目、襀翅目和其他昆虫（多为清洁指示种）在源头河流中的占比高于中型支流和干流，蜉蝣目在源头河流、中型支流和干流的平均相对密度分别为11.50%、8.31%和 8.56%，襀翅目在源头河流、中型支流和干流的平均相对密度分别为

31.20%、23.27%和27.69%,其他昆虫在源头河流、中型支流和干流的平均相对密度分别为15.63%、4.59%和4.17%。

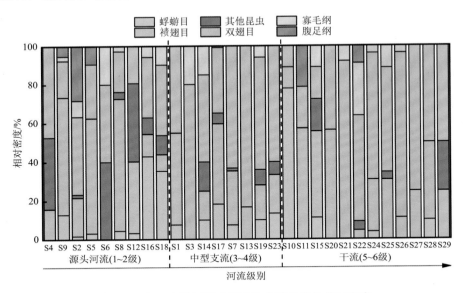

图 4-12　怒江上游河流底栖动物主要类群的相对密度

3)生物多样性

所有采样点的 Margalef 丰富度指数、Shannon-Wiener 多样性指数和 Pielou 均匀度指数计算结果如图 4-13 所示,分别为 0.47~3.04、0.58~2.26、0.42~0.99,总体平均值分别为 1.71、1.34 和 0.84,标准差分别为 0.62、0.41 和 0.13。Margalef 丰富度指数:源头河流、中型支流和干流平均值分别为 2.03、2.05 和 1.25,标准差分别为 0.53、0.56 和 0.41,源头河流和中型支流的平均丰富度高于总体平均丰富度,而干流的平均丰富度低于总体平均丰富度。Shannon-Wiener 多样性指数:源头河流、中型支流和干流平均值分别为 1.51、1.62 和 1.03,标准差分别为 0.32、0.36 和 0.30,源头河流和中型支流的平均多样性高于总体平均多样性,而干流的平均多样性低于总体平均多样性。Pielou 均匀度指数:源头河流、中型支流和干流平均值分别为 0.85、0.88 和 0.80,标准差分别为 0.11、0.05 和 0.17,源头河流、中型支流、干流和总体的平均均匀度之间差异不大。

3. 底栖动物群落结构与环境因子之间的关系

DCA 计算结果中第一轴的梯度长度春季为 3.36,秋季为 3.47,均大于 3,选用 CCA 模型排序。使用方差膨胀因子度量变量间的共线性程度,排除共线性较强的环境因子(VIF > 10),并对剩余环境因子进行置换检验,最终结果如图 4-14 和图 4-15 所示。春季筛选出流速(V)、河宽(D)、As、pH、DO 和 TDS 等与底栖动物群落关系显著的环境因子,轴 1 和轴 2 的累计解释度为 65.83%;秋季筛选出 V、D、As、pH、DO 和 TN 等与底栖动物群落关系显著的环境因子,轴 1 和轴 2 的累计解释度为 54.26%。

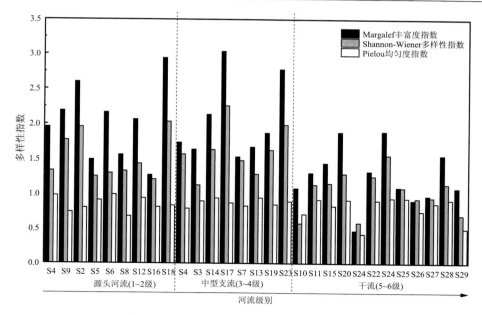

图 4-13　怒江上游河流底栖动物多样性指数

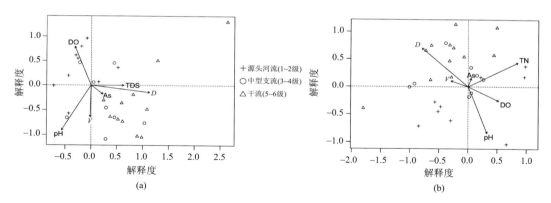

图 4-14　怒江上游春季（a）和秋季（b）不同层级河流采样点与环境因子的典范对应分析排序

V 为流速，D 为河宽，As 为砷，pH 为酸碱度，DO 为溶解氧，TDS 为溶解固体总量，TN 为总氮

　　图 4-14 显示了不同层级河流采样点与环境因子之间的关系。源头河流采样点对环境因子 DO 的响应最为显著；中型支流采样点无明显分组迹象，各个环境因子对其均有影响；干流监测点主要受 V、D、As 和 TDS 影响，大多位于流速高、河宽较大、As 和 TDS 含量较高的区域。不同层级河流采样点的主导环境因子不同，河流环境特征存在一定差异。

　　图 4-15 显示了底栖动物群落结构与环境因子之间的关系。由箭头连线长度可知，春季 V、D、pH、DO 和 TDS 对底栖动物群落结构的影响更大，秋季 D、pH、DO 和 TN 对底栖动物群落结构的影响更大。春季排序结果表明：纹石蛾科（Hydropsychidae, Hyd）、黑襀科（Capniidae, Cap）、舌石蛾科（Glossosomatidae, Glo）、钩虾科（Gammaridae, Gam）

和绿襀科（Chloroperlidae, Chl）距离各环境因子箭头连线较远，对各环境因子响应不显著，其中 Hyd 与 DO 呈负相关关系，Cap 与 D 呈正相关关系，Glo、Gam 和 Chl 与 pH 呈负相关关系；沼石蛾科（Limnephilidae, Lim）、扁蜉科（Heptageniidae, Hep）、长足摇蚊亚科（Tanypodinae, Tan）、襀科（Perlidae, Per1）和原石蛾科（Rhyacophilidae, Rhy）对 pH 响应显著；直突摇蚊亚科（Orthocladiinae, Ort）和大蚊科（Tipulidae, Tip）对 As 响应显著；颤蚓科（Tubificidae, Tub）和摇蚊亚科（Chironominae, Chi）对 D 响应显著；叉襀科（Nemouridae, Nem）对 TDS 响应显著，呈负相关关系；网襀科（Perlodidae, Per2）对 V 响应显著，呈负相关关系；四节蜉科（Baetidae, Bae）和寡角摇蚊亚科（Diamesinae, Dia）在排序图中位于原点周边，距离各环境因子箭头连线距离相对较近，对环境因子均有一定响应。秋季排序结果表明：Hyd、Glo、Rhy、Chi、Per1、Nem、Hep、Lim、短石蛾科（Brachycentridae, Bra）和仙女虫科（Naididae, Nai）距离各环境因子箭头连线较远，对各环境因子响应不显著，其中 Nem 与 V 呈负相关关系，Rhy、Chi、Per1、Hyd、Glo 和 Bra 与 TN 呈负相关关系，Hep、Lim 和 Nai 与 TN 呈正相关关系；Tan 对 pH 响应显著；Dia、Per2 和 Ort 对 D 响应显著；Tub 对 V 响应显著；Gam 和 Tip 对 TN 响应显著；Bae 对 As 响应显著；Cap 位于原点附近，对环境因子均有一定响应。

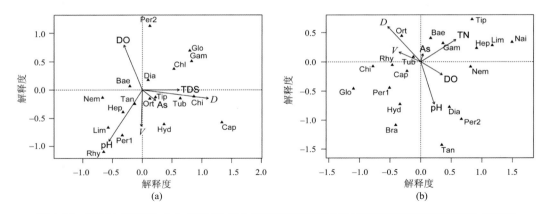

图4-15　怒江上游春季（a）和秋季（b）底栖动物群落结构与环境因子的典范对应分析排序
V 为流速，D 为河宽，As 为砷，pH 为酸碱度，DO 为溶解氧，TDS 为溶解固体总量，TN 为总氮。物种代码——Nai: 仙女虫科，Naididae; Tub: 颤蚓科，Tubificidae; Gam: 钩虾科，Gammaridae; Bae: 四节蜉科，Baetidae; Hep: 扁蜉科，Heptageniidae; Cap: 黑襀科，Capniidae; Chl: 绿襀科，Chloroperlidae; Nem: 叉襀科，Nemouridae; Per1: 襀科，Perlidae; Per2: 网襀科，Perlodidae; Bra: 短石蛾科，Brachycentridae; Glo: 舌石蛾科，Glossosomatidae; Hyd: 纹石蛾科，Hydropsychidae; Lim: 沼石蛾科，Limnephilidae; Rhy: 原石蛾科，Rhyacophilidae; Tip: 大蚊科，Tipulidae; Chi: 摇蚊亚科，Chironominae; Ort: 直突摇蚊亚科，Orthocladiinae; Tan: 长足摇蚊亚科，Tanypodinae; Dia: 寡角摇蚊亚科，Diamesinae

对 CCA 结果中筛选出的环境因子分析可知，春季四节蜉科、寡角摇蚊亚科和网襀科等物种与溶解氧响应关系显著，其中寡角摇蚊亚科和网襀科为本书中源头河流的优势种，四节蜉科和网襀科为典型的清洁物种，需要充足的溶解氧水平才能维持其生存，这可能是由于该类昆虫纲物种的呼气器官多为气管，相较于腹足纲、双壳纲和寡毛纲等依靠鳃等体内器官呼吸的物种，对于氧气的需求更强。春季网襀科和秋季颤蚓科与流速响应关系显著，网襀科为固着型底栖动物，适合流速较快的河流生境，而颤蚓科则更偏爱在流速小的河流生境。怒江源区不同层级河流水体均偏碱性，适宜多数水生昆虫的生长、代谢和发育，水体 pH 较低时，水生物种生物多样性会降低，并且在酸性河流中，落叶枯木等有机质的分解速率要小于碱性河流，因此怒江源区底栖动物的生物多样性较高。总氮和砷为水体污染物，同样对底栖动物的群落结构有着影响，春季直突摇蚊亚科和大蚊科对砷响应显著，秋季大蚊科和钩虾科对总氮响应显著，直突摇蚊亚科、大蚊科和钩虾科均为中等耐污种，耐污值为 3～7，耐污范围较宽，对水体污染具有一定的耐受度。河宽主要反映了河流层级大小，春季颤蚓科和摇蚊亚科对河宽响应显著，秋季寡角摇蚊亚科、直突摇蚊亚科和网襀科对河宽响应显著，河宽较大的干流水体常见有颤蚓和摇蚊等物种，鲜有网襀科等昆虫，河宽较小的支流水体则常见有网襀科等 EPT 类清洁物种。

4.2.2　自然河流与建坝河流底栖动物群落分布的差异

对比建坝河流和自然河流可知，金沙江总计采集到 4 门 7 纲 17 目 48 科 83 种（属）的底栖动物，平均丰富度为 1.536，平均多样性为 1.136，平均均匀度为 0.550；澜沧江总计采集到 5 门 7 纲 18 目 54 科 110 种（属）的底栖动物，平均丰富度为 2.077，平均多样性为 1.759，平均均匀度为 0.812；怒江总计采集到 4 门 7 纲 16 目 57 科 116 种（属）的底栖动物，平均丰富度为 2.225，平均多样性为 1.639，平均均匀度为 0.855。自然河流怒江水系的物种数、丰富度和均匀度均高于建坝河流澜沧江和金沙江。此外，在河流级别的关系上，自然河流水系也比建坝河流水系有着更显著的变化关系（图 4-16）。梯级开发导致河流水生生物的丰富度和多样性显著下降，尤其对多样性影响更为突出，整体而言，对于大库的影响更为突出（表 4-12）。

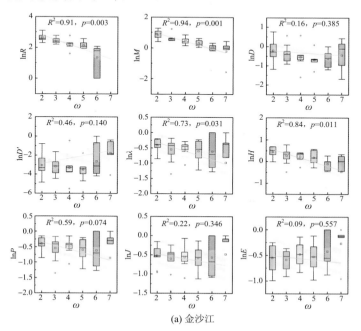

(a) 金沙江

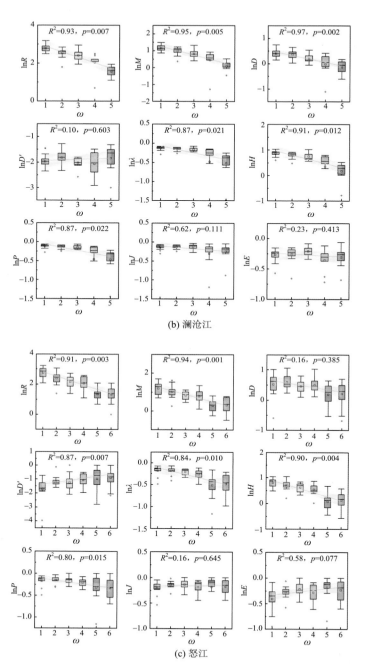

图 4-16　建坝河流与自然河流的底栖动物生物多样性统计

ω 代表河流级别，R、M、D 和 D' 代表了四种丰富度指数，λ、H 和 P 代表了三种多样性指数，J 和 E 代表了两种均匀度指数

表 4-12　水库特征与底栖动物多样性之间的关系

水库名称	库龄/a	库容/$10^8 m^3$	水力停留时间/a	丰富度影响/%	多样性影响/%
托巴	2	10.39	0.01	3.7	14.5
乌弄龙	4	2.84	0.01	−43.6	−52.9
黄登	5	14.18	0.05	−100	−100
大华桥	5	2.93	0.01	−43.9	−61.3
苗尾	6	6.6	0.52	26.5	29.3
功果桥	12	3.5	0.01	−19.3	−52.4
小湾	14	149.1	2.36	−48.4	−59
漫湾	30	5	0.78	52.3	23.4
白鹤滩	2	190.06	0.3	−33.8	−49.7
溪洛渡	10	115.7	0.1	−48.3	−59.8
向家坝	11	49.77	0.04	27.6	−7.2

4.3　河流建坝对底栖动物生物多样性的影响

　　参考水文地貌指标与河流级别之间的尺度效应，通过探索怒江自然水域中各种水生物种生物多样性与河流级别的关系，确定了具有生态尺度效应的目标物种和生物多样性指标，在此基础上提出生态尺度效应模型，定量评价金沙江和澜沧江梯级水电开发对底栖动物生物多样性的影响（图 4-17）。

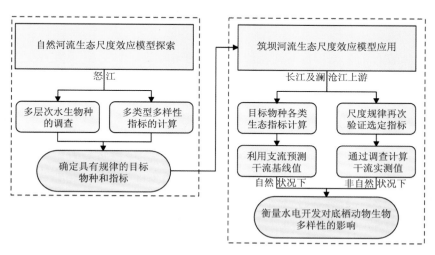

图 4-17　生态尺度效应模型的探索与应用流程

4.3.1 自然河流水系底栖动物生物多样性的生态尺度效应

在三江流域内总计调查了超过 150 条河流的 218 个河段（图 4-18），计算并验证自然水系不同层级河流多物种多类型的生态指标，多层次的水生物种包括了微生物、着生藻类、底栖动物和鱼类，多类型的生物多样性指标包括了 4 种丰富度、3 种多样性和 2 种均匀度指标。

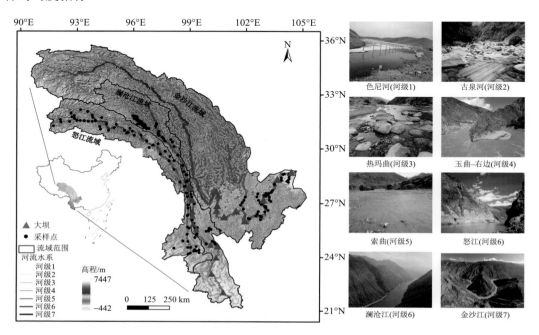

图 4-18　三江流域底栖动物研究河段及采样点位置

各种水生物种的生态指标与河流级别之间的半对数回归关系（尺度关系）（图 4-19）表明，底栖动物的生物多样性具有最好的生态尺度效应，其次是微生物、鱼类和着生藻类。鱼类物种的丰富度、多样性和均匀度在半对数回归分析中均不显著，R^2 值表现为均匀度>多样性>丰富度[图 4-19（a）]。底栖物种丰富度和多样性在半对数回归分析中均有显著性，其 R^2 值均高于均匀度[图 4-19（c）]。与鱼类一样，着生藻类的三类指标在半对数回归分析中均不显著，R^2 值依次为均匀度>多样性>丰富度[图 4-19（b）]。微生物丰富度具有显著性，其 R^2 值高于多样性和均匀度[图 4-19（d）]。回归关系显著的指标的斜率大于不显著的指标，斜率小表示生态指标随河流级别变化不大，斜率大则相反。半对数回归关系可通过简单的数学变换转换为指数形式。因此，显著且斜率大的指标可随河流级别呈指数变化，表明水生生物多样性的空间尺度效应，即具有生态尺度效应。

鱼类多样性随河流等级呈驼峰形变化，在 4 级河流中最高；底栖动物的丰富度和多样性随河流级别的增大而降低，在 1 级河流中达到最高值，而底栖动物的均匀度在不同级别的河流中变化不大；着生藻类的多样性随河流等级呈"S"形变化，在 2 级或 3 级

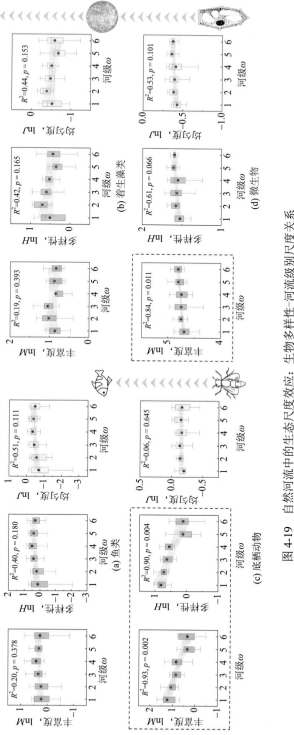

图 4-19　自然河流中的生态尺度效应：生物多样性-河流级别尺度关系

河流中达到最高值；微生物的多样性随河流等级的增加而增加，在 5 级或 6 级河流中达到最高值。微生物的丰富度高于底栖动物，而底栖动物的丰富度又高于着生藻类和鱼类。丰富度代表物种的数量，物种数量较多的生物类群（如底栖动物和微生物）具有更显著的比例效应，这表明生态尺度在一定程度上也受物种数量的影响。

4.3.2 河流建坝对底栖动物生物多样性影响的定量评估

根据生物多样性-河流级别尺度关系结果（图 4-19），选择了水生物种群落中生态尺度关系最好的底栖动物作为目标物种，建立了生态尺度效应模型，定量衡量大坝建设对生态的影响（图 4-20）。重新计算并验证了金沙江和澜沧江中底栖动物的生态尺度效应，应用具有显著性和代表性的 Margalef 丰富度指数（M）和 Shannon-Winner 多样性指标（H）评价河流水电开发对底栖动物生物多样性的影响。首先，使用自然流动支流数据建立的模型方程，外推预测了干流的物种丰富度和多样性对数；然后，通过反对数变换将其转换为干流的生态估计值，由于是在自然状况下的预测值，将其作为干流自然流动状态的生态基线值；最后，通过将非自然状况下水库的实测值与基线值进行比较，估算河流筑坝对物种生物多样性的影响。

在金沙江水系，基于生态尺度效应模型的丰富度预测值为–0.134，相应的基线值为0.874。12 个实测值中，有 5 个低于基线值（41.7%），7 个高于基线值（58.3%）。白鹤滩水库和溪洛渡水库的丰富度实测值普遍低于基线值，而向家坝水库的丰富度实测值则高于基线值[图 4-20（a）]；预测的多样性值为–0.191，相应的基线值为 0.826，其中 10 个和 2 个实测值分别比基线值低（83.3%）和高（16.7%）[图 4-20（b）]。在澜沧江水系，基于生态尺度效应模型的丰富度预测值为–0.005，相应的基线值为 0.995，其中 8 个和 4 个实测值分别比基线值低（66.7%）和高（33.3%）[图 4-20（c）]；多样性的预测值为0.153，相应的基线值为 1.165，其中 9 个和 3 个实测值分别比基线值低（75.0%）和高（25.0%）[图 4-20（d）]。

计算结果表明，金沙江水系底栖动物丰富度总体下降了约 20.6%，澜沧江水系底栖动物丰富度总体下降了约 25.4%；金沙江水系底栖动物多样性总体下降了约 40.6%，澜沧江水系底栖动物多样性总体下降了约 38.9%。总体而言，水电开发使得两江底栖动物丰富度和多样性分别降低了 23.0%和 39.8%，对多样性的影响大于对丰富度的影响。

生态尺度效应在河流水系生物多样性上的新探索，揭示了不同级别河流间生态层面上的尺度关系，基于河流水系中的生态尺度效应，可以建立一种新的用于定量衡量水电开发对河流生物多样性影响的方法。生态尺度效应利用整体思想，结合水系各层次支流推测干流生态基线值的方式，也为合理确定水电开发生态阈值及恢复基线提供了一种科学可行的模式。

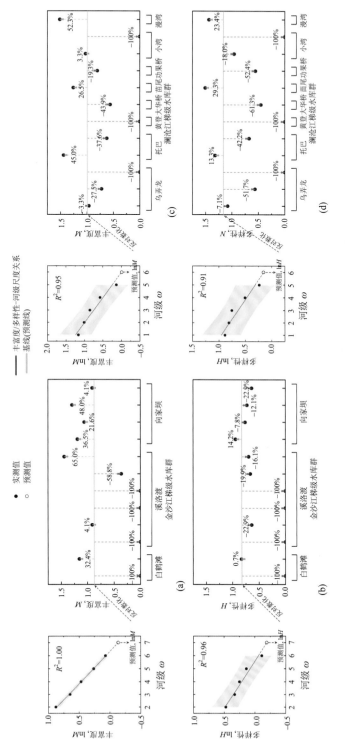

图 4-20 基于生态尺度效应关系评估大坝建设对河流底栖动物生物多样性的影响

4.4　本　章　小　结

河流建坝改变了河流水文水动力条件、河貌和营养物质循环等因素，显著影响底栖动物的生境和群落组成及分布。在建坝河流金沙江流域和澜沧江流域的研究结果显示，梯级水库建设导致流态多样性发生了改变，改变了河床原本多样的底质类型，库区单一的底质类型使得底栖动物的多样性大大降低并且群落结构趋于均质化；水库建设对于底质类型及水质条件的改变减少了水生昆虫这类物种的生存空间，使得优势种在水库河段和干支流自然河段的差异显著。

对比建坝河流金沙江、澜沧江和自然河流怒江的底栖物种调查结果可以发现，自然河流怒江水系的物种数、丰富度、多样性和均匀度均高于建坝河流澜沧江和金沙江；梯级开发导致河流水生生物的丰富度和多样性显著下降，尤其对多样性影响更为突出，整体而言，对于大库的影响也更为突出。

河流水系中生态尺度效应是一种新的概念和方法，通过将水文学中的河流尺度效应应用于河流物种的生物多样性，从而可以定量衡量大坝建设对河流的生态影响。底栖动物是最适用的目标物种，生态尺度效应模型结果显示，河流建坝使得金沙江和澜沧江底栖动物的丰富度和多样性分别减少了约 20.6%、40.6% 和约 25.4%、38.9%，河流建坝对底栖动物多样性的影响大于对丰富度的影响。

参 考 文 献

简东, 黄道明, 常秀岭, 等. 2010. 红水河干流梯级运行后底栖动物的演替[J]. 水生态学杂志, 31(6): 12-18.

刘向伟, 杜浩, 张辉, 等. 2009. 长江上游新市至江津段大型底栖动物漂流调查[J]. 中国水产科学, 16(2): 266-273.

宋翔, 朱四喜, 杨红丽, 等. 2009. 浙江岱山岛潮间带大型底栖动物的群落结构[J]. 浙江海洋学院学报(自然科学版), 28(2): 214-218.

王建英, 王宣, 刘赞, 等. 2019. 浅谈地表水质量监测中主要指标间的相互关系[J]. 污染防治技术, 32(1): 50-51, 71.

王寿兵. 2003. 对传统生物多样性指数的质疑[J]. 复旦学报(自然科学版), (6): 867-868, 874.

王昱, 李宝龙, 冯起, 等. 2020. 筑坝截流对黑河上中游大型底栖动物群落结构及物种多样性的影响[J]. 生态与农村环境学报, 36(10): 1309-1317.

Ab Hamid S, Rawi C S M. 2017. Application of aquatic insects (Ephemeroptera, Plecoptera and Trichoptera) in water quality assessment of Malaysian headwater[J]. Tropical Life Sciences Research, 28(2): 143-162.

Beauchene M, Becker M, Bellucci C J, et al. 2014. Summer thermal thresholds of fish community transitions in connecticut streams[J]. North American Journal of Fisheries Management, 34(1): 119-131.

Heino J, Louhi P, Muotka T. 2004. Identifying the scales of variability in stream macroinvertebrate abundance, functional composition and assemblage structure[J]. Freshwater Biology, 49(9): 1230-1239.

Ma T W, Huang Q H, Wang H, et al. 2008. Selection of benthic macroinvertebrate-based multimetrics and preliminary establishment of biocriteria for the bioassessment of the water quality of Taihu Lake, China[J]. Acta Ecologica Sinica, 28(3): 1192-1200.

第 5 章　河流建坝对鱼类关键生境因子的影响

本章围绕梯级建坝形成的河湖相分区，系统分析了建坝河流水文情势、水温情势、溶解气体等变化对鱼类生境的影响；结合长序列野外观测数据及室内实验结果分析，揭示了水文情势、水温情势等对鱼类繁殖的作用机理，确定了三峡坝下河段四大家鱼产卵和鱼卵孵化的流速阈值区间、金沙江铜鱼繁殖性腺发育积温和产卵临界水温的阈值区间；结合目标鱼类总溶解气体饱和度耐受阈值，量化了梯级水库泄水气体过饱和对鱼类生境的影响；对建坝河流敏感鱼类保护具有重要的理论价值和实际意义。

5.1　河湖相分区对鱼类群落的影响

梯级建坝使得自然流淌的河流，形成坝下流速段（河相段）和库区静水段（湖相段）。以金沙江下游为例，按水流流速差异将乌东德至向家坝河段进行河湖相分区。河相段以满足产卵流速需求（断面平均流速＞0.5 m/s）为标准，湖相段以鱼卵无法漂流的最低流速（断面平均流速＜0.2 m/s）为限制，过渡段位于河相段和湖相段之间（0.5 m/s＞断面平均流速＞0.2 m/s）。2018～2019 年生态调查期间，乌东德和白鹤滩两座水库仍处于施工状态。因此，划分乌东德至白鹤滩区间为天然河相段状态，而白鹤滩和溪洛渡区间由于天然来流的变化及溪洛渡调度的影响，仅河相段和湖相段位置比较稳定，过渡段仍处于波动状态；溪洛渡至向家坝区间可以显著地区分河相段、湖相段和过渡段，如图 5-1 所示。

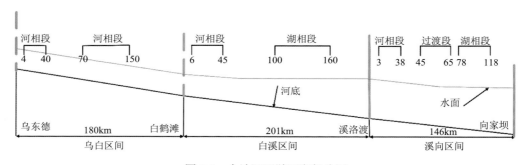

图 5-1　金沙江下游河湖相分区

用大坝命名简称来对调查区间进行命名，调查区域以距上游大坝的沿程距离进行标识，图中数值单位为 km

基于 2018～2019 年鱼类资源野外调查，分析梯级水库运行下河相段、过渡段及湖相段的鱼类组成、鱼类种群特征以及鱼类生态类型差异，探明梯级建坝导致的河湖相分区对鱼类群落结构及其空间分布的影响。采用 Shannon-Wiener 多样性指数、Pielou 均匀度指数、Margalef 丰富度指数、鱼个体生态学指数和相对重要性指数量化分析鱼类群落结构特征。

5.1.1　河湖相分区对鱼类群落组成的影响

金沙江下游各分区共调查到 77 种鱼类，隶属于 6 目 16 科。其中乌东德—白鹤滩区间共 49 种，白鹤滩—溪洛渡区间共 49 种，溪洛渡—向家坝区间共 42 种；鲤形目种类数和生物量占比最高，分别达到 55.57%和 77.65%；特有鱼类 20 种，外来鱼类 4 种，各区间特有和外来鱼类如表 5-1 所示。

表 5-1　各分区特有鱼类和外来鱼类情况统计

鱼类名目	拉丁名	采样区间					
		①	②	③	④	⑤	⑥
达氏鲟*	*Acipenser dabryanus*	0	0	0	1	0	0
半䱗*	*Hemiculterella sauvagei*	1	0	0	1	1	0
圆口铜鱼*	*Coreius guichenoti*	1	1	1	1	1	1
长鳍吻鮈*	*Rhinogobio ventralis*	1	0	0	0	0	0
钝吻棒花鱼*	*Abbottina obtusirostris*	0	1	1	0	0	0
鲈鲤*	*Percocypris pingi pingi*	1	0	0	0	0	0
异鳔鳅鮀*	*Xenophysogobio boulengeri*	1	0	0	1	0	0
裸体异鳔鳅鮀*	*Xenophysogobio nudicorpa*	1	0	0	0	0	0
短须裂腹鱼*	*Schizothorax wangchiachii*	1	0	0	0	0	0
齐口裂腹鱼*	*Schizothorax prenanti*	1	0	0	0	0	0
岩原鲤*	*Procypris rabaudi*	1	0	0	0	0	1
短体副鳅*	*Paracobitis potanini*	1	0	0	0	0	0
西昌华吸鳅*	*Sinogastromyzon sichangensis*	1	0	0	0	0	0
前鳍高原鳅*	*Triplophysa anterodorsalis*	1	0	0	0	0	0
宽体沙鳅*	*Botia reevesae*	0	1	0	0	0	0
长薄鳅*	*Leptobotia elongata*	0	1	0	0	0	0
短身金沙鳅*	*Jinshaia abbreviata*	1	0	0	0	0	0
中华金沙鳅*	*Jinshaia sinensis*	1	1	0	0	0	0
黄石爬鮡*	*Euchiloglanis kishinouyei*	1	0	0	0	0	0
虎嘉鱼*	*Hucho bleekeri*	0	0	0	0	0	1
池沼公鱼//	*Hypomesus olidus*	1	1	0	0	0	0
镜鲤//	*Cyprinus carpio* var. *specularis*	0	0	1	0	0	0
罗非鱼//	*Oreochromis mossambicus*	1	0	1	0	0	1
间下鱵//	*Hyporhamphus intermedius*	0	0	0	1	1	0

注：在该区间捕获为 1，未捕获为 0；*代表长江特有鱼类，//代表外来鱼类。调查区间①代表乌白河相段，②代表白溪河相段，③代表白溪湖相段，④代表溪向河相段，⑤代表溪向过渡段，⑥代表溪向湖相段。

对各区间调查的鱼类种类数、个体数及生物量进行统计（图 5-2）。从种类数上分析，河相段种类数基本高于其他分区，溪向河段鱼类种类数表现为河相段＞过渡段＞湖相段。从个体数上分析，除自然河段，其他河段鱼类个体数量总体表现为河相段＞过渡段＞湖

相段；从鱼类生物量上来看，总体表现为湖相段＞河相段＞过渡段。总体来说，河相段
鱼类种类数和个体数高于湖相段，但生物量低于湖相段，表明河相段以小型鱼类为主，
而湖相段则以大型鱼类为主。此外，过渡段也以小型鱼类为主，由生物量与数量比可知，
其小型鱼类的组成小于河相段小型鱼类组成。

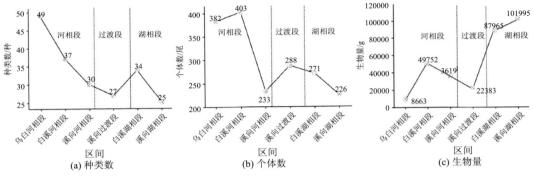

图 5-2　各区间渔获物情况

水库运行对本地鱼类有一定影响，且生境变化容易导致外来鱼类增加。例如，三峡
水库运行后，其鱼类种类数较水库运行前减少了 21 种，多以本地物种为主，包括泉水鱼
（*Pseudogyrinocheilus procheilus*）、鳗鲡（*Anguilla japonica*）和黄石爬鳅（*Euchiloglanis
kishinouyei*）（杨志等，2015）。Capivara 大坝运行 20 年后土著鱼类由 57 种减少至 30 种，
减少了 27 种，同时外来鱼类增加了 11 种（Orsi and Britton，2014）。汉江喜河水库运行
期间，外来鱼类增加 22 种（王晓臣等，2013）。增殖放流和人工养殖被认为是外来鱼类
增加的主要原因，而山区河流由流动状态变为静水状态是导致本地物种减少和外来物种
增加的原因之一（易伯鲁等，1988）。2018～2019 年金沙江下游调查到 6 目 16 科 77 种
鱼类，与 20 世纪 80 年代未开发状态的金沙江下游调查到的 141 种鱼类（高少波，2014）
相比，减少了近一半；而与 2008～2011 年下游梯级水电开发后调查到的 78 种（周湖海
等，2019）较为接近。此外，本书中外来鱼类有 4 种，从各区间优势物种分析结果可知，
外来鱼类暂时未表现出代替本地物种成为优势物种的趋势，对本地物种构成的威胁较小。

5.1.2　河湖相分区对鱼类群落分布的影响

各区间鱼类群落生物多样性分析结果（表 5-2）表明，湖相段鱼类的 Margalef 丰富
度指数高于河相段和过渡段；Pielou 均匀度指数在河相段呈沿水流方向（乌东德至向家
坝方向）递减趋势；Shannon-Wiener 多样性指数在各区间差异不大。总体而言，各区间
鱼类物种丰富度、均匀度以及多样性差异不大。以上结果表明，金沙江下游梯级水库运
行后，鱼类群落空间分布出现差异。考虑到水库运行时间，乌东德—白鹤滩区间仍保持
原始的河相段，白鹤滩—溪洛渡区间由于溪洛渡水库的运行已经初步形成了河湖分相，
溪洛渡—向家坝区间水库运行时间相对较长，河湖分相形成的时间也更长，表明河湖分
相在一定程度上会影响鱼类的体重和大小，并最终导致鱼类的均匀度降低（Kouamélan
et al.，2003）。

表 5-2　各区间鱼类群落多样性

捕捞区间	Margalef 丰富度指数	Pielou 均匀度指数	Shannon-Wiener 多样性指数
乌白河相段	0.76	2.96	0.91
白溪河相段	0.80	2.89	0.92
溪向河相段	0.69	2.33	0.81
溪向过渡段	0.76	2.5	0.88
白溪湖相段	0.85	3.00	0.94
溪向湖相段	0.84	2.69	0.92

　　为了研究各区间鱼类群落组成的相似性，基于相对重要性指标进行相似度聚类（图 5-3）。由图 5-3 可知，溪向河相段和白溪河相段鱼类组成的相似度最高达到 69.74%；溪向湖相段和白溪湖相段相似度达到 66.58%；溪向过渡段与河相段的相似度为 59.84%。基于聚类分析结果，可将各区间划分为三个类型：溪向河相段和过渡段与白溪河相段为一类，溪向湖相段和白溪湖相段为一类，乌白河相段单独为一类。以上结果表明，水库运行后，河湖分相对鱼类空间分布产生了影响，河相段、过渡段的鱼类聚类程度更高，而在湖相段鱼类的聚类程度较低，说明梯级水库修建后，水库的河湖分相对鱼类种群分布有重要影响（吴江，1989）。

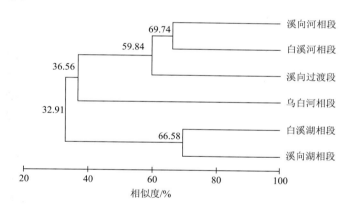

图 5-3　基于相对重要性指标的相似度聚类结果

5.1.3　河湖相分区对鱼类群落优势种的影响

　　基于相对重要性指标分析各区间主要差异性物种的贡献度。主要差异性物种一方面反映了各区间的差异性鱼类种类，另一方面也表征了各区间的优势性物种。对区间相似度差异起主要作用的有 22 种鱼类，如图 5-4 所示。结果表明：乌东德—白鹤滩区间较其他区间的物种差异性大，该区间以齐口裂腹鱼（Schizothorax prenanti）、短须裂腹鱼（Schizothorax wangchiachii）、红尾副鳅（Paracobitis variegatus）、短体副鳅（Paracobitis potanini）和前鳍高原鳅（Triplophysa anterodorsalis）等鱼类为主，这些鱼类在白鹤滩—溪洛渡区间和溪洛渡—向家坝区间相对重要性几乎为零。白鹤滩—溪洛渡区间和溪洛渡—

向家坝区间，主要优势物种较为一致，如铜鱼（*Coreius heterodon*）、圆口铜鱼（*Coreius guichenoti*）、鲢（*Hypophthalmichthys molitrix*）、长吻鮠（*Leiocassis longirostris*）和黄颡鱼属（*Pelteobagrus*）等是河相段的主要渔获物。河相段和湖相段一些优势鱼类的相对重要性指数存在较大差异，如白鹤滩—溪洛渡区间和溪洛渡—向家坝区间的河相段和过渡段中圆口铜鱼（*Coreius guichenoti*）和铜鱼（*Coreius heterodon*）都具有较高的相对重要性，而在湖相段重要性几乎为零。同时，鲢（*Hypophthalmichthys molitrix*）、鳙（*Aristichthys nobilis*）在白鹤滩—溪洛渡区间和溪洛渡—向家坝区间的湖相段具有较高的相对重要性，而在河相段和过渡段则相对重要性较低。在六个区间均具有较高相对重要性的鱼类为鲇属（*Silurus*）和黄颡鱼属。

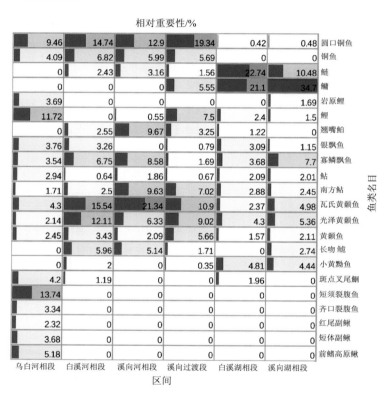

图 5-4　基于相对重要性指标分析各区间主要差异性物种
主要差异性物种筛选标准为相似度和差异性累计贡献大于70%的物种

从河相段、过渡段、湖相段鱼类的优势物种分析可知，河相段和过渡段仍是土著鱼类的重要栖息地。白鹤滩—溪洛渡区间和溪洛渡—向家坝区间河相段、过渡段为土著鱼类铜鱼属、裂腹鱼属、副鳅属提供了栖息地，同时，圆口铜鱼（*Coreius guichenoti*）和铜鱼（*Coreius heterodon*）亲鱼多分布在溪洛渡坝下10 km处的佛滩段，而幼鱼则多分布于过渡段。造成乌东德—白鹤滩区间河相段与其他区间河相段鱼类优势物种差异的主要原因包括历史原因和地理原因，历史上乌东德—白鹤滩区间仍以裂腹鱼亚科和鳅科为主要鱼类，较白鹤滩—溪洛渡和溪洛渡—向家坝区间优势物种有差异（高少波，2014）；从地理分布原因上分析，金沙江是一条山区陡坡河流，上游位于高原区，中间段是过渡段，下游位于平原区，不同区域鱼类本身对环境的适应性存在差异。此外，鲢（*Hypophthalmichthys molitrix*）、鳙（*Aristichthys nobilis*）在白鹤滩—溪洛渡区间和溪洛渡—向家坝区间的湖相段也成了优势物种，主要原因与筑坝引起的河流生境湖泊化促进了梯级水库间鱼类组成的同质化有关。

5.1.4　河湖相分区对鱼类群落生态类型的影响

生活习性和繁殖习性反映了鱼类生命周期内的生态需求。基于鱼类个体生态学矩阵，采用相对重要性指数来计算各区间的生活习性和繁殖习性生态类型，分析各分区的各类型占比、沿程差异、河湖分相差异。生活习性生态类型主要考虑流速偏好、水深偏好、底质偏好和食性偏好；繁殖习性生态类型主要考虑洄游特性、初始产卵水温、产卵类型。

生活习性生态类型的分布及占比如图 5-5 所示。从流速偏好上分析，喜急流型鱼类沿程减少，河相段和过渡段喜急流型的鱼类占比高于湖相段。从水深偏好情况分析，底层型鱼类沿程减少，但过渡段喜底层型鱼类占比高于河相段，而湖相段以喜中上层型鱼类

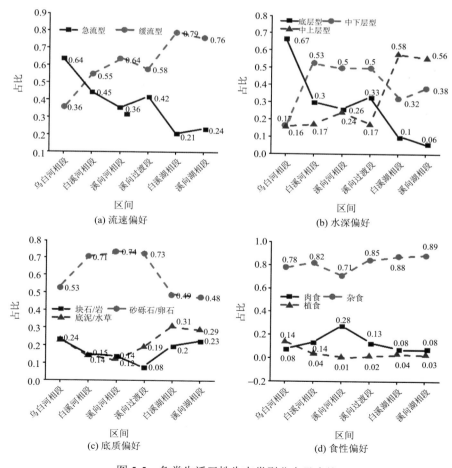

图 5-5　鱼类生活习性生态类型分布及占比

为主。从底质偏好上分析，喜砂砾石/卵石的鱼类占比高于其他类型，喜底泥/水草的鱼类主要分布在湖相段。从食性偏好上分析，金沙江以杂食性鱼类为主，其占比基本大于70%，而肉食性鱼类在河相段占比高于湖湘段，同时三个河相段区间中肉食性鱼类占比呈沿程增加趋势。综上结果表明，整体上占优势的生态类型底质偏好以砂砾石/卵石为主，食性偏好以杂食性为主。水库运行下鱼类在河相段的分布呈现出一定的沿程变化趋势，表现为喜急流型、底层型、块石/岩石等的鱼类沿程减少。

生活习性上，喜急流的鱼类沿程减少，表明随着水库的运行，河相段受到压缩，同时湖相段区间的增加为一些喜缓流的大体型鱼类，如草鱼（*Ctenopharyngodon idella*）、鲤（*Cyprinus carpio*）、鲢、鳙等创造了适宜的生境。水深偏好上，底层型鱼类占比遵循河相段向湖相段减少的规律。从底质偏好角度分析，喜砂砾石/卵石的鱼类占比高于其他类型，喜底泥/水草的鱼类主要在湖相段。梯级水库运行后，对泥沙有显著的拦截效应，水库河相段和湖相段的泥沙粒径也存在较大差异，河相段多以水流冲刷为主，造成底质粗化，以大块石为主，相对较大颗粒的泥沙在过渡段沉积，湖相段水流基本处于静止状态，底质以粉细砂和淤泥沉积为主（Dudgeon，2000）。综上分析表明，水库蓄水引起的水深增加和湖相段增长，对鱼类生态需求转变产生了较大的影响，现存的河相段对于喜急流、肉食性的本地鱼类具有重要的意义，而湖相段为大体型、喜缓流的鲢和鳙等鱼类提供了广阔的生存空间；此外，一些广适性鱼类在河相段和湖相段均能生存，如飘鱼属、鲌属、黄颡鱼属、鲇属等，建坝引起的外在环境变化对其影响较小。

繁殖习性生态类型分布及占比如图 5-6 所示。洄游特性上，河相段定居性鱼类占比高于湖相段，且在各河相段间呈沿程减少趋势。从鱼类初始产卵对水温的需求上分析，金沙江下游鱼类以初始产卵水温高于 18℃鱼类为主，除乌东德—白鹤滩区间初始产卵水温低于 18℃的鱼类占比为 0.28 以外，其他区间初始产卵水温高于 18℃鱼类占比均高于0.9。从产卵类型分析，湖相段产漂流卵鱼类占比高于河相段，而河相段以产黏性卵鱼类为主。综上结果表明，水库运行下产卵习性发生了变化，最突出的变化表现为一些产漂流卵的鱼类在湖相段聚集，同时在产卵期未向河相段洄游，使得湖相段以产漂流卵的鱼类为主。

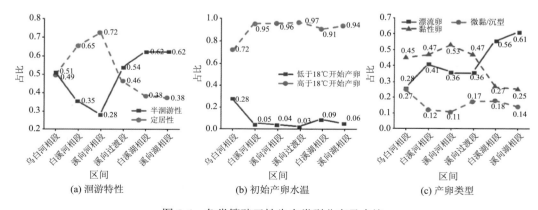

图 5-6　鱼类繁殖习性生态类型分布及占比

繁殖习性上的生态类型转变。洄游特性上,定居性鱼类占比在河相段高于湖相段,且三个区间河相段呈沿程增大,说明河湖分相的形成导致鱼类洄游特性发生改变。过去洄游性的鱼类会在繁殖期产生洄游行为,其中代表性的鱼类是鲢、鳙,调查期间 5 月～6 月,在鲢、鳙洄游产卵期间,在河相段基本上没有调查到鲢、鳙的分布。产生该现象可能有以下两方面的原因:湖相段的鲢、鳙可能来自人工增殖放流,产卵期对流速的需求发生了变化,在非流速环境下仍能完成繁殖;本次调查显示湖相段鲢、鳙体积都相对较大,而且湖相段与河相段之间不存在流速的指引,相当于存在流速盲区,鱼类长期在非流速环境下无法找到正确的洄游路径,无法完成河相段洄游产卵,最终导致了草鱼(*Ctenopharyngodon idella*)、鲤(*Cyprinus carpio*)、鲢(*Hypophthalmichthys molitrix*)、鳙(*Aristichthys nobilis*)等在湖相段较为丰富(王晓臣等,2013;刘瑾,2018)。从初始产卵水温需求角度,除乌东德—白鹤滩区间初始产卵水温低于 18℃的占比略高外,其他区间以初始产卵水温高于 18℃产卵鱼类为主,表明乌东德—白鹤滩区间的鱼类组成与其他区间仍存在由地理、历史条件差异导致的空间渔获物差异。

5.2　水文情势变化对鱼类繁殖的影响

本节梳理了河流建坝前后水文情势变化特征,选择我国重要经济鱼类——四大家鱼作为目标鱼类,建立了水文要素与鱼类产卵量之间的定量响应关系;在此基础上,为进一步验证水文水动力对鱼类繁殖生境的影响,开展了四大家鱼产卵行为水动力学室内控制实验,量化了亲鱼产卵对流速的响应阈值,明确了亲鱼产卵的触发流速、适宜流速及流速涨率的范围。

5.2.1　河流建坝前后水文情势变化特征

收集了 1960～2020 年宜昌站的径流资料,如图 5-7 所示,对比了三峡工程建设前后坝下流量,结果发现,三峡建库后,坝下河流水文情势发生变化,总体表现为丰水期(6 月～9 月)流量降低,枯水期(12 月～次年 3 月)流量增大。建库后宜昌站 10 月的月平均流量降低了 5144.82 m³/s。

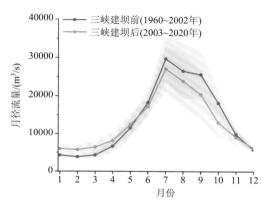

图 5-7　建坝前后水文情势对比

基于河流水文变异指标（indicators of hydrologic alteration, IHA），进一步分析建坝前（1960～2002 年）和建坝后（2003～2020 年）水文情势变化情况。结果表明，三峡水库正常蓄水后，坝下水文情势发生较大变化。变幅最大的指标包括：枯水期 2 月、3 月平均流量，年 1 日、3 日、7 日、30 日、90 日平均最小流量，以及每年涨落水次数。此外，变化幅度中等的指标有 1 月、10 月平均流量，年 1 日、3 日平均最大流量，年最小流量出现的日期，年低流量平均持续时间和涨水率（表 5-3）。

表 5-3　建坝前后宜昌站水文情势变化情况及水文变异指标　　　　（单位：m³/s）

IHA 指标	水文指标	建坝前	建坝后	水文变异指标
月平均流量	1 月平均流量	4275	5972	0.46
	2 月平均流量	3854	5740	0.76
	3 月平均流量	4316	6485	0.72
	4 月平均流量	6657	8198	0.27
	5 月平均流量	11563	12468	0.08
	6 月平均流量	18276	17217	0.13
	7 月平均流量	29690	27111	0.20
	8 月平均流量	26523	22940	0.00
	9 月平均流量	25608	20420	0.11
	10 月平均流量	18159	13014	0.61
	11 月平均流量	9923	9132	0.17
	12 月平均流量	5805	6238	0.16
年极值流量的大小	年 1 日平均最小流量	3331	4753	0.73
	年 3 日平均最小流量	3419	5079	0.83
	年 7 日平均最小流量	3473	5228	0.84
	年 30 日平均最小流量	3667	5493	0.92
	年 90 日平均最小流量	4121	6046	0.72
	年 1 日平均最大流量	48970	40970	0.38
	年 3 日平均最大流量	47340	40000	0.38
	年 7 日平均最大流量	42990	37570	0.14
	年 30 日平均最大流量	34270	30660	0.25
	年 90 日平均最大流量	28060	24670	0.18
	零流量天数	0	0	0.00
	年均 7 日最小流量	11807	11333	0.04
年极值流量出现的时间	年最小流量出现的日期	58.71	21.56	0.64
	年最大流量出现的日期	214.7	214.6	0.08
高低流量的频率与持续时间	每年低流量的天数	0.26	0.22	0.10
	年低流量平均持续时间	5.396	1.75	0.42
	每年高流量的天数	5.238	4.667	0.08
	年高流量平均持续时间	13.14	10.85	0.20
水流条件变化率与频率	涨水率	1192	925.6	0.48
	落水率	−782.7	−836.2	0.17
	每年涨落水次数	94.93	157.8	1.00

建坝显著改变了河流的水文情势，尤其是年极值流量（年 1 日、3 日平均最大/最小流量）以及涨落水过程（每年涨落水次数、涨/落水率）。有研究表明，这些水文指标是影响鱼类繁殖的重要生境因子，因建坝后的河流水文情势变异将不可避免地对坝下鱼类繁殖造成影响。

5.2.2　水文情势变化对鱼类繁殖的影响特征

长江中游干流宜昌至监利三洲江段现存四大家鱼产卵场 8~11 处，产卵规模约占长江总产量的 42.7%；宜都、宜昌产卵量相对较大，其中宜昌产卵规模占长江干流的 7%。20 世纪 60 年代，宜昌江段四大家鱼的年平均产卵量可达到 119.48 亿粒。20 世纪 70 年代，宜昌江段四大家鱼的年平均产卵量约为 80 亿粒。20 世纪 80 年代，在葛洲坝修建之后，宜昌江段四大家鱼的年平均产卵量约为 10.8 亿粒。如图 5-8 所示，三峡大坝蓄水之前（1997~2002 年），宜昌江段四大家鱼的年平均产卵量约为 25.22 亿粒。三峡大坝蓄水之后（2003~2020 年），四大家鱼的年平均产卵量约为 4.61 亿粒，与三峡蓄水前相比，产卵规模缩小至原来的 18.28%。

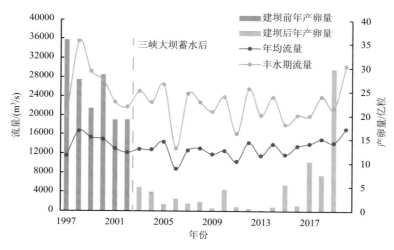

图 5-8　三峡大坝蓄水前后长江宜昌江段流量变化及坝下四大家鱼产卵量变化（1997~2020 年）

三峡工程建设运行直接影响大坝下游江段水文情势，使四大家鱼产卵场位置、繁殖规模发生变化，导致四大家鱼资源量锐减。为了保护四大家鱼种质资源，三峡工程自 2011 年开始了促进四大家鱼自然繁殖的生态调度试验，调度期间宜都江段均出现较大规模的四大家鱼产卵现象，繁殖规模从 2013 年逐年稳步回升。在生态调度过程中发现，调度时期、起始水位流量、流量增长过程、洪峰持续时间、生态调度次数等调度因子与四大家鱼自然繁殖响应过程、繁殖规模等呈现复杂的非线性相关关系。

虽然已有大量文献针对四大家鱼的产卵适宜条件进行了研究，但大多还是基于对水文资料的分析总结，本节以长江中游宜昌到杨家咀江段为研究区域。胭脂坝至红花套是宜昌产卵场的主要产卵江段，通过收集 2014~2016 年的三峡生态调度试验数据，构建宜昌到杨家咀江段生态水力学模型，提取亲鱼产卵行为发生断面的流场，反演生态调度试验期间四大家鱼产卵场流场变化；探究生态调度期间坝下流场变化对四大家鱼自然繁殖促进效果，揭示水文情势对鱼类繁殖的影响。

1. 四大家鱼产卵江段流场模拟

构建研究江段二维水动力模型，模拟了宜昌到杨家咀江段流场情况（图 5-9）；采用断面流量及水位实测数据，进行二维水动力模型的率定和验证。二维水动力模型的校准和验证结果如图 5-10 所示，流速和水位的相对均方根误差分别为 0.7%~4.1%和 0.15%~0.23%，表明模型结果可靠，可用于计算产卵河段的流场。

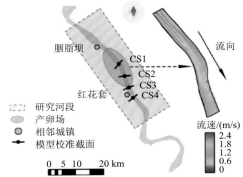

图 5-9　长江中游四大家鱼产卵位置及水动力条件

CS1~CS4 代表取样断面

从二维水动力模型结果中提取亲鱼产卵活动发生时产卵地点的平均流速，2014 年、2015 年、2016 年部分产卵断面的流速分布分别如图 5-11~图 5-13 所示。

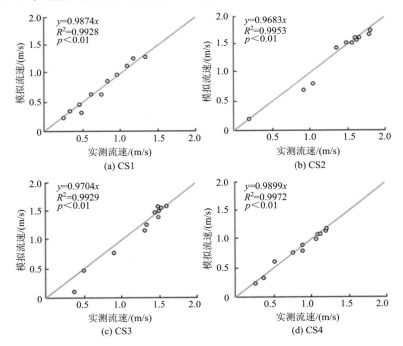

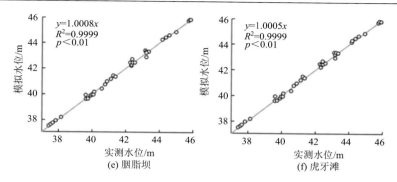

图 5-10　所研究河段取样断面的二维水动力模型验证

（a）～（d）为流速验证图；（e）和（f）为水位验证图

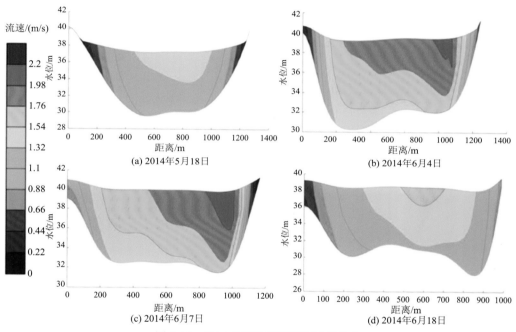

图 5-11　2014 年部分产卵断面速度分布

2014 年 5 月 18 日为 2014 年首次产卵所对应的产卵断面时间，最大流速范围为 1.32～1.54 m/s，其余大部分位置的流速在 1.1～1.32 m/s，岸边流速均小于 1.1m/s；6 月 4～7 日进行了生态调度，6 月 4 日的流速较 5 月 18 有较大增长，最大流速可达到 1.98 m/s 以上，上层水体的流速在 1.76～1.98 m/s，中层水体流速多在 1.54～1.76 m/s，下层水体流速约为 1.4 m/s，接近于 5 月 18 日的最大流速；6 月 7 日流速分布与 6 月 4 日流速分布大致相同；6 月 18 日是生态调度后第一次产卵，流速较生态调度期间有所下降，最大流速在 1.65 m/s 附近，且只有河道中心部位较大，河道两侧流速均匀减小，流速处于 1.1～1.32 m/s 的区域和 1.32～1.54 m/s 的区域大致相等，水体下层流速基本都小于 1.32 m/s。整体来看，2014 年产卵断面均为 U 形断面，首次产卵的流速较小，中期流速逐渐增大，最大流速均发生在河道右岸，河道右岸流速普遍高于左岸流速，生态调度后流速又逐渐减小。

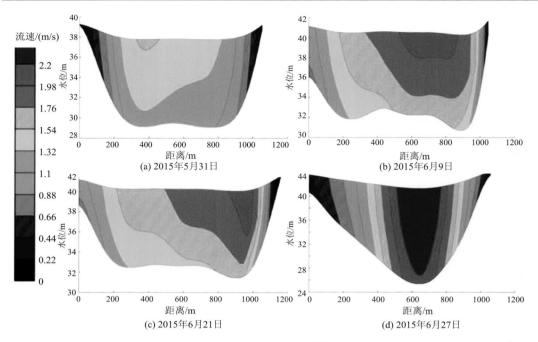

图 5-12　2015 年部分产卵断面速度分布

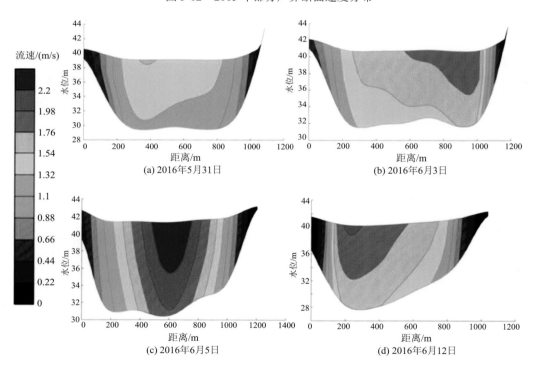

图 5-13　2016 年部分产卵断面速度分布

2015 年 5 月 31 日为 2015 年首次产卵对应断面时间，流速较 2014 年首次产卵略大一些，但中上层水体大部分区域流速均在 1.32～1.54 m/s，下层水体流速范围为 1.1～1.32 m/s；2015 年 6 月 9 日在第一次生态调度期间，流速较 5 月 31 日有较大增长，最大流速在 1.98～2.2 m/s，流速从大到小分布较为均匀，底层流速大都在 1.32 m/s 以上，整个断面平均流速约为 1.50 m/s；6 月 21 日最大流速逐渐向右岸偏移，可能是河道出现弯道所致，平均流速大小跟 6 月 9 日大致相同；6 月 27 日在第二次生态调度期间，可以看到流速较之前有较大的增长，最大流速超过了 2.2 m/s，且有超过 1/4 的水体流速都超过了 2.2 m/s，河道中央偏右岸处水体从上到下流速都较大，由流速分布推断可能产生了漩涡，只有岸边极小部分区域流速低于 1.1 m/s，此时断面平均流速约为 2 m/s。整体来看，2015 年首次产卵速度类似于 2014 年首次产卵速度，第一次生态调度期间流速大小及分布也跟 2014 年生态调度期间流速大致相等，但第二次生态调度期间流速发生了较大的增长，大部分区域的流速都超过了 1.7 m/s。

2016 年 5 月 31 日为 2016 年首次产卵对应时间，断面大部分区域流速均处于 1.32～1.54 m/s，下层水体流速大小约为 1.2 m/s，岸边流速较小，均小于 0.88 m/s；6 月 3 日流速较 5 月 31 日增加了 0.2m/s 左右，右岸流速大于左岸流速，底层流速较小，大都处于 1.32～1.54 m/s，断面平均流速约为 1.4 m/s；6 月 5 日河道中央流速较大，其中中上层最大流速均大于 2.2 m/s，下层流速也都处于 1.76～2.2 m/s，左右岸的流速较河道中央小很多，大都小于 1.5 m/s，且随着距岸边距离的减小逐渐均匀减小，上中下层水体流速减小趋势相同；6 月 12 日为 2016 年生态调度最后一天，产卵断面河道呈 V 字形，且偏向左岸，所以左岸流速明显大于右岸，上层流速也明显高于下层流速，左岸上层流速范围为 1.76～2.2 m/s，下层流速范围为 1.54～1.76 m/s，右岸流速均较小，范围为 0～1.3 m/s。整体来看，2016 年首次产卵流速及流速分布与前两次相似，生态调度前流速逐渐增加，6 月 5 日流速较大，平均流速约为 1.53 m/s。

采用断面平均流速来表征产卵流速，由结果可知，2014～2016 年每年首次产卵的断面平均流速均较小，约为 1.1 m/s，产卵断面最大流速约为 1.5 m/s，产卵中期的流速均较首次产卵有所增长，涨幅约为 0.2 m/s，少数时间流速很大，最大值超过 2.2 m/s，可能是夏季暴雨或连续降雨导致河道流量增加所致。由此可得，产卵断面的流速范围大都在 1.1～2.2 m/s。

2. 基于野外监测数据的四大家鱼产卵适宜流速分析

基于 2014～2016 年艾家镇至红花套河段的四大家鱼产卵繁育期原位观测数据做进一步分析，将连续 2d 以上发生产卵行为的一个连续时间段划分为一个产卵事件，其中产卵量发生明显变化的事件称为卵汛事件，图 5-14 中每个虚线框表示一次产卵事件，较高的矩形表示卵汛事件。将野外监测到的各产卵事件与相应的流速进行对应，选取对鱼类产卵行为影响较大的流速及流速涨率作为关键驱动因子。将每个产卵事件发生时对应产

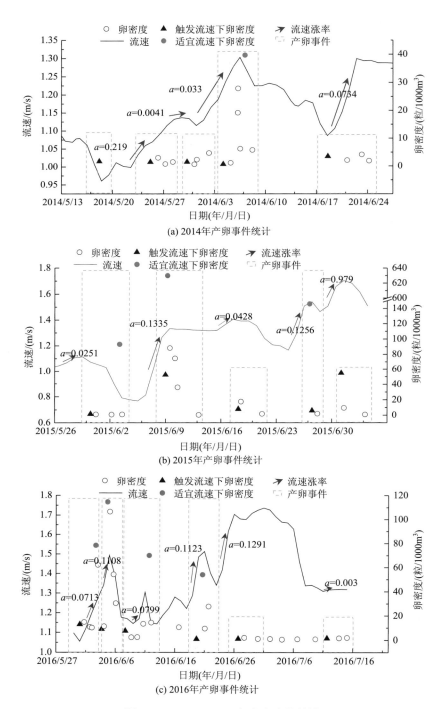

(a) 2014年产卵事件统计

(b) 2015年产卵事件统计

(c) 2016年产卵事件统计

图 5-14　2014～2016 年产卵事件统计

a 为流速涨率，单位为 m/（s·d）

卵断面的流速，定义为产卵事件的触发流速；将每个卵汛事件中卵密度最大时刻对应的产卵断面的流速，称为产卵行为适宜流速；将产卵事件发生之前流速涨到峰值时的增长率，称为流速涨率（a）。

从图 5-14 中可以看出，2014～2016 年各产卵事件的发生均伴随着流速上涨的过程，每次产卵事件平均持续时间约为 4.5d。例如，2014 年第二次产卵事件发生时，流速涨率为 0.0219 m/（s·d），第三次产卵事件发生时，流速涨率为 0.0041 m/（s·d），第四次产卵事件发生时，流速涨率为 0.033 m/（s·d），第五次产卵事件发生时，流速涨率为 0.0734 m/（s·d）；2015 年第一次产卵事件发生时，流速涨率为 0.0251 m/（s·d），第二次产卵事件发生时，流速涨率为 0.1335 m/（s·d），第三次产卵事件发生时，流速涨率为 0.0428 m/（s·d），第四次产卵事件发生时，流速涨率为 0.1256 m/（s·d），第五次产卵事件发生时，流速涨率为 0.979 m/（s·d）；2016 年第一次产卵事件发生时，流速涨率为 0.0713 m/（s·d），第二次产卵事件发生时，流速涨率为 0.1108 m/（s·d），第三次产卵事件发生时，流速涨率为 0.0799 m/（s·d），第四次产卵事件发生时，流速涨率为 0.1123 m/（s·d），第五次产卵事件发生时，流速涨率为 0.1291 m/（s·d），第六次产卵事件发生时，流速涨率为 0.003 m/（s·d）。

统计各个产卵事件发生时的水动力情况，可以分别得到产卵行为与触发流速、适宜流速、流速涨率的响应关系（图 5-15）。

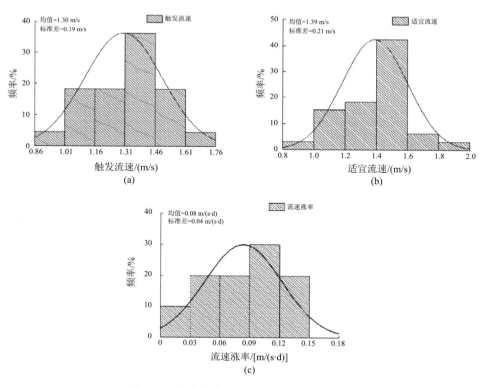

图 5-15　各产卵事件发生时水动力情况统计

　　统计亲鱼产卵事件发生时刻的触发流速[图 5-15（a）]，发现当流速在 1.31～1.46 m/s 时产卵事件发生概率最大，接近 35%；在 1.01～1.16 m/s、1.16～1.31 m/s 和 1.46～1.61 m/s 流速条件下，产卵事件发生频率大致相等；产卵事件在 0.86～1.01 m/s 和 1.61～1.76 m/s 的流速范围内发生概率较小。由统计结果可得，产卵触发流速均值为 1.30 m/s，标准差为 0.19 m/s，因此，产卵触发流速范围为 1.11～1.49m/s。

　　统计亲鱼产卵事件及其发生时刻的适宜流速[图 5-15（b）]，发现当流速在 1.4～1.6 m/s 时，产卵事件发生频率最大，高达 42%；1.0～1.2 m/s 流速条件下产卵事件发生频率略小于 1.2～1.4 m/s 流速条件下发生频率；1.6～1.8 m/s 流速范围产卵事件发生频率较小，仅为 7%；0.8～1.0 m/s 和 1.8～2.0 m/s 流速范围内产卵事件发生频率极小，因此亲鱼产卵适宜流速范围为 1.4～1.6 m/s。

　　统计亲鱼产卵事件及其发生时刻的流速涨率[图 5-15（c）]，发现流速涨率在 0.09～0.12 m/（s·d）范围时，产卵事件发生频率最大，接近 30%；在流速涨率为 0.03～0.09 m/（s·d）、0.12～0.15 m/（s·d）时产卵事件发生频率相对较大，而流速涨率在 0～0.03 m/（s·d）时产卵事件发生概率较小。由统计结果得知，产卵事件发生时流速涨率均值为 0.08 m/（s·d），产卵适宜流速涨率范围为 0.04～0.12 m/（s·d）。

　　综上所述，产卵事件发生的触发流速范围为 1.11～1.49 m/s，产卵适宜流速范围为 1.4～1.6 m/s，产卵适宜流速涨率范围为 0.04～0.12 m/（s·d）。

　　产卵亲鱼对流速大小较为敏感，不同的流速会对产卵行为产生不同的影响。流速小于 0.86 m/s 时，几乎没有产卵行为发生，而在 0.86～1.11 m/s 流速时逐渐发生了产卵行为，表明 0.86～1.11 m/s 是产卵的感应流速范围，大部分亲鱼到达此流速范围后会选择继续洄游，寻找最适环境，也不排除有小部分性腺发育良好，但体内脂肪含量难以支持其继续洄游并进行产卵行为的亲鱼，所以流速在 0.86～1.11 m/s 时，可能会发生产卵活动，只是出现概率极小；1.11～1.49 m/s 是产卵的触发流速范围，此流速范围内亲鱼会逐渐发生产卵活动。1.4～1.6 m/s 是产卵亲鱼喜好的流速范围，即适宜亲鱼产卵的流速范围。在这个流速范围发生产卵行为的概率较大，次数较多，原因可能是：在遗传因素和环境因子的共同作用下，亲鱼在繁殖季节会洄游到此流速的江段等待性腺发育成熟，遇到适宜的流速及其涨率便开始大量产卵，直到体内鱼卵排完才会离开；在收集到的数据中，当流速大于 2.0 m/s 后，四大家鱼几乎没有产卵行为，分析认为此时的流速可能已经超过鱼类的最大有氧运动速度，对鱼类产生生理胁迫作用（Lee et al.，2003），鱼类自身的游泳行为也难以进行，这一流速是亲鱼发生产卵行为的极限流速，超过极限流速后，亲鱼将不可能再进行产卵活动，并会绕开这一区域或者退回到较为适宜产卵的区域进行产卵活动。其他学者通过统计产卵江段的水文情况计算出四大家鱼产卵的流速范围为 0.20～1.50 m/s（易雨君，2008；易伯鲁等，1988；刘建康，1992），与本书结果略有偏差，是因为这些结果是通过统计较长周期内某个江段的平均流速或测点流速得来的，或者是只考虑了鱼卵的漂流，未考虑亲鱼的产卵行为，整体结果会比本书结果偏小，且范围宽，难以确定最适流速，而本书结果较前人更加精确，更具工程应用的价值。

　　此外，适宜亲鱼产卵的流速涨率范围为 0.04～0.12 m/（s·d），均小于产卵触发流速和适宜流速的变幅（触发流速变幅 0.38 m/s，适宜流速变幅 0.20 m/s），说明四大家鱼产卵期间流速的变化不大,原因可能是从 2011 年开始,三峡开展了生态调度措施,四大家鱼产卵期间因三峡大坝的调控作用,流量变化小,因此流速较为稳定,会对家鱼的产卵行为起到有效的刺激作用;除此之外,当流速涨率较大时,可能会超过喜好流速范围,此时亲鱼可能不产卵而去寻找更为适宜的流速。有调查发现,四大家鱼产卵时流速一般增大 0.2~1.0 m/s 较适宜(易伯鲁等,1988),这是产卵期间流速总的增长量,未能明确指出增长率,本节所提出的流速涨率对生态调度的指导意义更强。

5.2.3 水文情势变化对鱼类繁殖的影响机制

为进一步验证水文水动力对鱼类繁殖的影响,开展了鱼类产卵行为的水动力学实验,旨在揭示鱼类产卵行为水动力学驱动机制,探明亲鱼产卵对流速的响应阈值。

1. 四大家鱼亲鱼产卵行为水动力学驱动机制实验物理模型

根据四大家鱼亲鱼体型较大、产卵行为对流速要求较高的特点,设计大型环形水槽开展生态水力学实验[图 5-16(a)]。大型环形水槽由直道与弯道组成,水槽弯道部分外径为 18 m,直道部分长 15 m,水槽外周长 87.49 m,内周长 81.90 m,宽度 0.74 m,高度 1.80 m。直道中点附近进行了加宽加深处理,便于推流器的放置及使用,并于两侧安装渔网,防止受试鱼进入被设备刮伤。安装了两个潜水叶轮和四个潜水泵来加速水流。在水槽周围布置了 22 个监测点,用测速仪测量了 0.5 m 深处的流速。水槽周围有六台水下摄像头,用来观察受试鱼的产卵行为。实验期间,水深设定为 0.9 m,水质与驯化池一致。采用美国 YSI 650MDS 多参数水质分析仪测定水质参数。

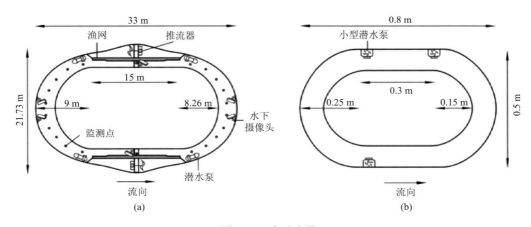

图 5-16 实验水槽

(a)大型环形水槽,深度为 1.8 m,用于产卵实验;(b)小型环形水槽,深度为 0.2 m,用于胚胎实验

物理模型实验设计了六种最大速度的工况(表 5-4)。通过控制柜调节推流设备的开关、频率以及组合方式来控制水槽流速变化,以构造适宜流速和多样性流态环境:①当 1 台潜水泵开启,水槽内设计最大流速达 0.8 m/s;②当 2 台潜水泵开启,水槽内设计最大流速达 1.0 m/s;③当 1 台潜水泵及 2 台推流器同时开启,水槽内设计最大流速达 1.2

m/s；④当 2 台潜水泵及 2 台推流器同时开启，水槽内设计最大流速达 1.4 m/s；⑤当 3 台潜水泵及 2 台推流器同时开启，水槽内设计最大流速达 1.6 m/s；⑥当 4 台潜水泵及 2 台推流器同时开启，水槽内设计最大流速达 1.8 m/s。采用计算流体力学（CFD）模型对环形水槽流场进行数值模拟，优化物理模型的结构；同时与实验流速监测结果相验证，探明不同工况下水槽各个位置的流速分布（图 5-17）。可见弯道水流的流速相对较大（流速高值区），基本能满足各工况设计的最大流速，适合刺激亲鱼产卵；直道（缓流区）及其加宽区域（回流区）流速较小，在实验中适宜作为鱼类休息区。根据环形水槽的流场分布，在水下布设高清摄影头，通过水下高清摄影头，对不同工况下流速高值区、缓流区及回流区的水下情况进行实时监控，观察记录亲鱼在多样性流态环境下的行为活动。

表 5-4　不同速度设置和各实验工况的处理时间

	组别	设备组合	流速/（m/s）	运行时长/h	间隔时长/h
大型环形水槽	1	潜水泵×1	0.8	7	1
	2	潜水泵×2	1.0	7	1
	3	潜水泵×1+ 推流器 ×2	1.2	7	1
	4	潜水泵×2+ 推流器 ×2	1.4	7	1
	5	潜水泵×3+ 推流器 ×2	1.6	7	1
	6	潜水泵×4+ 推流器 ×2	1.8	7	1
小型环形水槽	1	小型潜水泵×1	0.4	24	0
	2	小型潜水泵×2	0.8	24	0
	3	小型潜水泵×3	1.2	24	0

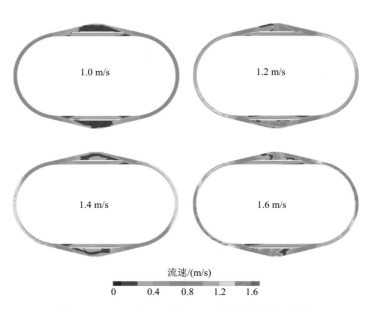

图 5-17　不同水泵开启工况下水槽流场模拟分布

四大家鱼产出的漂流卵需要水流的携带，携带过程中鱼卵孵化发育，不同的水流流速对鱼卵孵化及胚胎发育也会产生一定的影响。针对胚胎发育对流速的响应，设计小型环形水槽进行室内实验[图 5-16（b）]，同样由直道与弯道组成，水槽弯道部分外径为0.5 m，直道部分长 0.3 m，宽度 0.1 m，高度 0.2 m。直道两侧安装小型潜水泵。该模型设计了三种不同理论最大速度的场景（表 5-4）。通过调节小型潜水泵的开关，以构造适宜流速和多样性流态环境：①当 1 台小型潜水泵开启，水槽内设计最大流速达 0.4 m/s；②当 2 台小型潜水泵开启，水槽内设计最大流速达 0.8 m/s；③当 3 台小型潜水泵开启，水槽内设计最大流速达 1.2 m/s，水质与驯化池一致。采用美国 YSI 650MDS 多参数水质分析仪测定水质参数。

2. 基于物理模型实验的鱼类产卵行为水力学作用机制及阈值

依托大型环形水槽实验，以典型四大家鱼中草鱼及鲢的亲鱼为例，在控制的流速下进行鱼类产卵行为物理模型实验。实验后对产卵的亲鱼进行解剖[图 5-18（b）]，以根据卵巢饱和度确定产卵雌性的数量。用提取的流速绘制产卵雌性与总测试雌性的比率图[图 5-19（a）]。结果发现，随着流速的增加，产卵率显著增加，直到 1.4 m/s，然后在1.6 m/s 时急剧下降。在流速为 1.4 m/s 时，产卵率最高，达到 70% 以上。然而，卵的最大受精率出现在流速为 1.2 m/s 时，明显高于流速为 1.0 m/s 和 1.6 m/s 时的受精率。1.2 m/s和 1.4 m/s 之间的受精率没有显著差异[图 5-19（b）]。

图 5-18　（a）采获的鱼卵及（b）已产卵亲鱼解剖

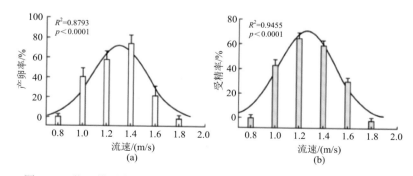

图 5-19　物理模型实验中不同流速工况下受试鱼的产卵和胚胎受精情况

依托小型环形水槽实验平台，以典型四大家鱼的鱼卵为例，在控制的流速下进行鱼卵的物理模型实验。实验后在显微镜下记录鱼卵存活和孵化情况［图 5-18（a）］，以确定胚胎发育适宜流速。用提取的流速绘制存活和孵化的胚胎与总测试胚胎的比率图（图 5-20）。结果发现，随着流速的增加，胚胎的存活率和孵化率逐渐下降。在 0 m/s 的流速下，孵化率为 26.56%，而在 1.2 m/s 的速度下，孵化率低至 15%。24 h 仔鱼存活率与孵化率的变化趋势相似。在静态水中存活率约为 12%，在 1.2 m/s 流速下，存活率降至 4%。

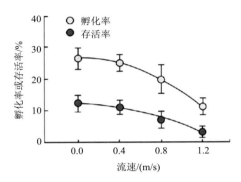

图 5-20　物理模型实验中不同流速工况下受试鱼的胚胎孵化和存活情况

3. 产卵行为原观结果与实验结果比较

物理模型实验结果表明，当水流流速为 1.4 m/s 时卵密度最高，流速为 1.6 m/s 时卵密度最低［图 5-21（a）］。野外产卵数据分析结果表明，自然水体中四大家鱼适宜在 1.05～1.60 m/s 的水流流速范围内产卵。将实验和野外调查的卵密度数据进行标准化处理，采用高斯回归对产卵数据（S）和流速（v）进行拟合，得出水槽实验结果 $S = e^{-\frac{(v-1.8062)^2}{0.0707}}$（$R^2=0.9289$，$p<0.0001$）和野外调查结果 $S = e^{-\frac{(v-1.8148)^2}{0.0968}}$（$R^2=0.9828$，$p<0.0001$）。实验结果与观察结果高度一致，可换算成 $S = e^{-\frac{(v-1.81)^2}{0.097}}$。因此，综合考虑产卵、孵化和幼体发育的需要，确定了河流四大家鱼产卵的最适流速为 1.31m/s［图 5-21（b）］。

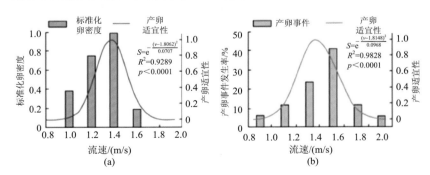

图 5-21　卵密度和产卵事件发生频率在不同流速下的适应度情况

本节通过野外测量和室内实验，定量研究了流速对产漂流卵的四大家鱼产卵和胚胎发育的影响，证实了适宜流速是四大家鱼产卵的先决条件。在水槽实验中，随着流速的增加，成功产卵的雌鱼的占比增加，在流速为 1.4 m/s 时达到最大值。但当流速高达 1.6 m/s 时，产卵活动受到严重抑制，这是由过度的体力消耗导致的。在长江自然产卵地，鱼卵的流速范围较宽，为 1.05～1.60 m/s。除适宜流速外，触发流速是另一个重要因素。在流速为 0.8 m/s 的水槽中未观察到产卵活动，确定的触发流速约为 1.0 m/s。在天然河段，观察到产卵速度范围为 0.9～1.90 m/s。产卵所需流速在不同鱼种间有很大差异。其他相关研究发现，雌性大西洋鲑鱼在平均流速为 0.53 m/s 的区域构建产卵场；青鳞的产卵在流水下减少，并在水流停止时恢复。本节的研究表明，尽管四大家鱼广泛生活和生长在相对静水的栖息地，但一定的水流速度是其繁殖所必需的。

流速不仅触发了四大家鱼的产卵活动，而且影响了卵的受精率。在 1.2 m/s 时观察到最高的受精率，但在 1.2 m/s 和 1.4 m/s 时的受精率之间没有显著差异。由于四大家鱼的体外受精特性，通过水流的混合作用，在水中发生精卵融合。由于精子的游动能力在时间和空间上都受到限制，流速高于 1.6 m/s 会导致精子与卵子相遇失败，从而导致受精率迅速下降。受精后，鲢鱼卵需要在一定的流速下孵化，因为鲢鱼卵是半浮性的，在生命早期的发育过程中必须保持悬浮状态。Garcia 等（2015）研究了不同流速下鲢鱼卵的沉积，发现 0.2 m/s 可以支持鱼卵悬浮。然而，在本书中，随着流速的增加，鲢鱼新孵仔鱼的孵化率和存活率均显著下降。静水似乎更有利于生命早期的发育。根据 Murphy 和 Jackson（2013）的研究，低至 0.15～0.25 m/s 的流速足以使五大湖四条支流的鲢鱼卵悬浮。鱼类的早期生命阶段，特别是在快速生长的胚胎和仔鱼阶段，最适合评估环境压力，因为仔鱼和幼鱼比成鱼更容易受到环境压力的影响（Amado and Monserrat，2010）。环境因素的微小变化可能导致表型的显著变化，从而对个体后期的生存和发育产生重大影响（Johnston et al.，2001）。流速过快会对卵造成机械损伤，这可能是抑制卵孵化和仔鱼存活的主要原因（Garcia et al.，2015）。受精后，卵向下游漂浮，胚胎发育在相对缓慢的水流中进行。否则，即使更高的流速可以刺激鱼类产卵，也不会增加后代数量，因为在快速水流下，仔鱼卵的存活率较低（Haworth and Bestgen，2016）。除水流维持卵悬浮的主要作用外，水流速度越大，水体交换速率和溶解氧含量也越高，有利于孵化。在我们的水槽试验中，水深没有天然水体大，卵密度低，因此氧气条件不是生命早期发育的限制因素。在天然水体中，四大家鱼鱼卵孵化的最佳流速有待进一步确定。

众所周知，硬骨鱼的繁殖性能受到垂体激素的调节，尤其是促性腺激素（GTH），它受到促性腺激素释放激素（GnRH）的调节（Peter，1983）。环境条件，如自然放电、光周期和温度，被认为是控制硬骨鱼繁殖周期的重要因素。在刺激性腺活动的环境因素下，GnRH 的活性上调（Rodríguez et al.，2004）。据报道，水位上涨过程是包括鲢鱼在内的许多硬骨鱼产卵的关键要素。不同于普通鲤鱼，四大家鱼不能在静水中自然产卵，因为静水会导致成熟的雌鱼卵巢发育停滞。已经有研究证明，人工注射促性腺激素释放激素类似物（LHRH-A2）可有效诱导鲢鱼产卵（El-Hawarry et al.，2012）。本节应用 LHRH-A2 研究了流速对四大家鱼产卵诱导的必要性。即使在注入 LHRH-A2 后，在 0.8 m/s 的流速下也不能触发鲢鱼的产卵活动，当流速达到 1.0 m/s 时才发生产卵。

在中国，长江是四大家鱼的主要栖息地。众所周知，在河流上中游的几个水坝造成了下游四大家鱼产卵场的损失（Yi et al.，2010）。新产卵场的建立将极大地影响种群的维持。本节提供了四大家鱼产卵所需流速的明确范围，为促进四大家鱼自然繁殖的生态调度提供了科学依据。与长江流域的种群衰退形成鲜明对比的是，一些四大家鱼作为一种入侵物种，在许多国家造成了严重的生态灾难。例如，鲢鱼已被引入至少 88 个国家或地区用于水产养殖或控制藻华或作为入侵物种，其中超过 1/3 的引入已经建立了自我维持的种群（Kolar et al.，2007）。由于鲢鱼相对于本地物种的竞争优势以及长期对浮游生物群落的深刻影响，这些引进已经造成了严重的后果（Irons et al.，2007）。据报道，2008年，在伊利诺伊河 La Grange 河段，鲢鱼的生物量占鱼类总收集量的 51%（Sass et al.，2010）。育种性状的高表型可塑性是其成功建立新群体的原因（Coulter et al.，2013）。同时，一系列物理和非物理屏障，如大坝阻断、电扩散屏障、声刺激屏障或生物方法，包括锦鲤疱疹病毒以及引入雌性特异性不育性和雌性特异性致死性个体，已用于抑制鲢鱼种群的扩散（Zielinski et al.，2018；Parker et al.，2015；Murchy et al.，2017；Lighten and van Oosterhout，2017；Thresher et al.，2014）。然而，这些措施并未成功解决问题，其中一些措施还可能会引发意想不到的生态风险（Kopf et al.，2017；Marshall et al.，2018）。产卵和生命早期发育在入侵物种的建立中起主要作用，因此阻止产卵过程对控制入侵至关重要。在鲢鱼产卵过程中，流速要求是严格的，但在其他生命阶段，对流速的要求要灵活得多（Islam and Akhter，2012）。因此，通过水坝来管理流速是抑制鲢鱼入侵的一种经济、有效的方法。考虑到世界上大多数大河都被严重筑坝，这一发现为在繁殖季节控制流速以增加（1.2 m/s≤v≤1.4 m/s）或控制（v<0.8 m/s 或 v>1.8 m/s）鲢鱼种群提供了基本依据。

本节结合物理模型和野外调研，揭示了鱼类产卵行为的水动力学驱动机制，建立了亲鱼产卵行为与流速之间的关系，量化了亲鱼产卵的触发流速、适宜流速及流速涨率的范围。产卵事件发生的触发流速范围为 1.11~1.49 m/s，产卵适宜流速范围为 1.4~1.6 m/s，产卵适宜流速涨率范围为 0.04~0.12 m/（s·d），野外调研数据统计结果与产卵行为水力学实验结果基本一致。综合考虑产卵、孵化和幼体发育的需要，确定了河流中鲢鱼产卵的最适流速为 1.31 m/s。

5.3　水温情势变化对鱼类繁殖的影响

水温是影响鱼类生长发育最重要的生态因子之一。水库运行改变了河流的自然水温节律，导致水温过程坦化、水温极值变小，致使鱼类产卵临界水温达到时间延迟或提前，对鱼类自然繁殖造成影响。鱼类性腺发育成熟是鱼类发生产卵行为的必要条件，鱼类性腺发育过程中受有效水温累积的影响。因此，明确鱼类性腺发育积温和产卵临界水温对鱼类繁殖的联合作用机制是水温调控的难题。

本节选择对水温敏感的铜鱼和圆口铜鱼作为目标鱼类，基于水温影响下鱼类繁殖分子生物学实验，揭示了水温对卵母细胞增殖的影响；结合长序列野外观测数据，确定了铜鱼性腺发育的生物学零度；分析了铜鱼性腺发育积温阈值、产卵临界水温阈值及两者达到时间，揭示了河流建坝水温情势变化对鱼类繁殖的影响机制。

5.3.1　河流建坝水温情势变化

以溪洛渡至向家坝江段作为研究区域，溪洛渡水库运行前圆口铜鱼的产卵场主要分布在佛滩、新市以及屏山区间三处，水库运行后 2013 年和 2018 年溪洛渡—向家坝区间均未捕获圆口铜鱼卵。溪洛渡水库运行前后，水温情势发生了显著变化，表现为冬季变暖和春夏季变冷的趋势（图 5-22）。水库运行前后铜鱼栖息地月平均最大温差出现在 12 月，月平均温度水库运行后较水库运行前升高 2.7℃，分别为 14.8℃和 12.1℃；而春夏季最大月平均温差出现在 5 月，月平均温度水库运行后较水库运行前降低 1.1℃，分别为 20.7℃和 21.8℃。水库运行前后圆口铜鱼栖息地最大温差出现在 4 月，月平均温度水库运行后较水库运行前降低 3.1℃，分别为 16.1℃和 19.2℃；冬季最大温差出现在 12 月，月平均温度水库运行后较水库运行前提高 2.5℃，分别为 17.2℃和 14.7℃。此外，铜鱼和圆口铜鱼栖息范围内的最大水温分别是 23.9℃和 23.6℃。

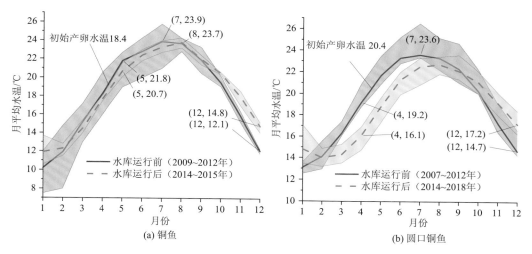

图 5-22　水库运行前后月水温情势变化情况

图中阴影代表水温变化的最大和最小范围，中间红色虚线和紫色实线表示水温均值

5.3.2　水温情势变化对鱼类繁殖的影响特征

水温变化对鱼类产卵的影响已得到广泛研究，如何全面量化水温对鱼类产卵的影响对于水库生态调度具有重要意义。将水温的长期影响转化为积温来量化，关键时刻诱发鱼类产卵的水温以临界水温阈值来表征。本小节将基于临界水温阈值和积温阈值达到时间来反映水库蓄水前后鱼类全寿命周期的水温变化，既能体现传统临界水温对鱼类产卵的触发作用，又能兼顾鱼类性腺发育受水温影响的长期过程。

1. 临界水温阈值

历史上铜鱼主要的产卵场位于向家坝下游，具体来说，铜鱼的产卵场和主要栖息地集中在向家坝址下游 380～450 km（Gao et al.，2019）。通过对铜鱼产卵事件和水温情势进行调研，得到表 5-5 的铜鱼产卵数据。

表 5-5　铜鱼产卵主要参数

年份	产卵开始期（月/日）	产卵结束期（月/日）	初始产卵水温/℃	卵苗产出量/（10⁷粒）
2009	5/14	6/28	22.1	26.44
2010	5/19	7/3	21.2	11.13
2011	5/11	7/2	21.6	33.31
2012	5/5	7/1	20.5	38.74
2013	5/12	7/7	20.8	4.83
2014	5/6	7/5	18.4	12.92
2015	5/10	7/5	22.2	6.24

对于大多数水温敏感的鱼类来说，临界水温阈值是触发鱼类产卵的关键水温，并且在很多水库生态调度过程中以该值达到时间的早晚作为衡量生态效益的重要指标。调查年内铜鱼开始产卵时最低水温为 18.4℃，因此将铜鱼产卵的临界水温阈值确定为 18.4℃。该值与长江上观测的其他鲤科鱼类产卵临界水温阈值较为接近。此外，长江其他支流上观测到铜鱼属圆口铜鱼的产卵临界水温阈值为 16.0～19.0℃。

2. 积温阈值

积温阈值反映的是性腺发育过程中对热量的需求，对于非恒温生物体来说，该温度十分重要。排除个体差异情况下，生物的积温阈值通常是一个固定值（Galán et al.，2001）。一定范围内的温度升高通常有利于生物体的发育。因此，已有研究定义了不同的个体发育温度值（$T0$）来确定生物开始发育的最低温度（Galán et al.，2001；Gillet and QuéTin，2006；Gillooly et al.，2002）。在实际应用中，积温阈值通常假设多个 $T0$ 来最大限度地减少各调查年内积温的差异程度（Neuheime and Taggart，2007）。鱼类生长的 $T0$ 的变化范围多依据鱼类发育期开始的温度，通常假定在 0～15.0℃（Chezik et al.，2014）。

经调查表明，铜鱼的产卵一般于 7 月下旬完成。因此，铜鱼积温计算时段，从上一年的 8 月 1 日开始，至次年的初次产卵日。假定生物学零度 $T0$ 变化范围为 7.0～12.0℃，其中，7.0℃的下限代表研究区域多年来的最低温度，而 12.0℃的上限代表 2 月的平均水温，2 月份也正是铜鱼的性腺从初期开始迅速发育的时期（周灿，2010）。根据调查年份中不同 $T0$ 值计算积温的最小标准偏差来确定积温阈值。将从上一年的产卵期结束到积温超过积温阈值的日期，作为达到积温阈值的时间。表 5-6 列出了不同假设的 $T0$ 值的积温阈值。在 $T0=12.0$℃时，标准差为 80.1℃·d。所有调查年中均观察到铜鱼的产卵活动，这意味着在铜鱼开始产卵之前，所有调查年基本满足性腺发育的温度要求。因此，当 $T0$ 等于 12.0℃时，最小积温 1324.9℃·d 被确定为研究区域铜鱼性腺成熟的积温阈值。

表 5-6　不同生物学零度下各年铜鱼产卵积温阈值　　　（单位：℃·d）

年份	T0					
	7.0℃	8.0℃	9.0℃	10.0℃	11.0℃	12.0℃
2009	2836.6	2549.6	2262.9	1985.4	1735.5	1495.4
2010	2865.5	2573.5	2281.5	1990.7	1716.2	1468.4
2011	2630.0	2349.3	2083.8	1834.6	1599.9	1382.9
2012	2595.2	2316.2	2037.9	1770.9	1547.7	1353.4
2013	2669.4	2384.4	2099.4	1822.8	1566.0	1324.9
2014	2866.0	2587.0	2308.0	2029.0	1750.3	1482.8
2015	2978.1	2695.1	2412.1	2129.1	1846.1	1563.1
标准差	134.2	132.6	128.8	120.5	102.7	80.1
最小积温值	2595.2	2316.2	2037.9	1770.9	1547.7	1324.9

3. 积温阈值和临界水温阈值达到时间对鱼产卵的影响

已有研究表明，向家坝下游的水温主要受 200 m 级高坝溪洛渡的影响，2013 年水温恰好处于溪洛渡蓄水前和蓄水后的中间时段，因此在计算建坝前的水温参考 2009～2012年的水温，而建库后则以 2014～2015 年作为代表。经计算，水库运行前后各月积温相差较大，其中 11 月份相差最大，最大积温差达到 69.0℃·d［图 5-23（a）］。水库运行前后，达到临界水温阈值的平均时间分别是 4 月 21 日和 4 月 18 日［图 5-23（b）］，出现略微的提前，而达到积温阈值的平均时间分别是 5 月 1 日和 4 月 8 日［图 5-23（c）］，积温阈值达到的时间显著提前，平均提前 23 d。此外，水库运行前达到临界水温阈值的时间均早于达到积温阈值的时间，水库运行后达到临界水温阈值的时间晚于达到积温阈值的时间，平均晚了 10 d。

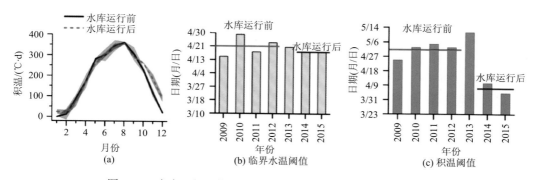

图 5-23　水库运行对临界水温阈值及积温阈值达到时间的影响

水库运行后产卵量锐减，产卵量从 2009～2012 年的 2.83 亿粒/a 减少到 2014～2015年的 0.96 亿粒/a，建库后平均产卵量下降了 66.1%。产卵量最高年份 2011 年和 2012 年，其积温阈值达到时间较为相似，达到时间分别为 5 月 5 日和 5 月 3 日［图 5-24（a）］。2011 年、2009 年、2012 年、2014 年和 2015 年，产卵量随积温阈值达到时间的增加而增加[图 5-24（b）]。此外，水库运行前，2010 年观测到最晚的临界水温阈值达到时间和较少的年产卵量。综上说明，产卵量受积温阈值达到时间和临界水温阈值达到时间的共同影响[图 5-24（c）]。

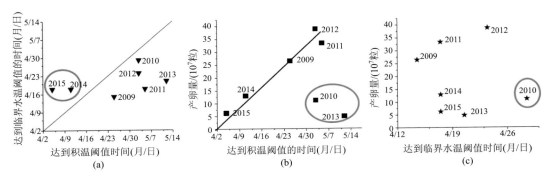

图 5-24　铜鱼产卵量与临界水温阈值达到时间、积温阈值达到时间的关系

临界水温阈值达到时间与鱼类产卵密切相关，临界水温阈值达到时间越早，观测到的产卵周期越长，同时越有可能具有较高的产卵量。本研究区域，调查显示 2010 年在未蓄水条件下具有最低的产卵量，同时具有最迟的临界水温阈值达到时间。

通过量化水库蓄水前后达到积温阈值的时间，结果表明水库运行后达到积温阈值的时间较水库运行前平均提前 23 d，水库运行导致的该积温阈值达到时间的提前，对铜鱼性腺发育存在潜在的影响。冬季的水温偏高不仅会影响鱼类的繁殖时间，还会影响鱼类的产卵数量，因为对于春夏季产卵的鱼类来说，冬季是鱼类性腺发育的关键时期，同时也是卵巢卵母细胞形成的关键时期。有研究表明，卵母细胞数量在鱼类早期发育过程中已经确定，且低繁殖力与性腺的早期发育密切相关，而水温也被证实与卵巢发育密切相关。达到积温阈值的时间越早，性腺发育成熟越早，但未必会发生产卵行为。从完整繁殖周期来看，鱼类性腺发育是一项长期生理调整的过程，该过程中鱼类会有一个利用自身获取能力和存储能量的长期战略，并在必要生理活动耗能和性腺发育物质储备上进行转换。因此，水库运行导致的冬季偏暖，可能会促进鱼卵发育过程中卵黄原蛋白的表达，同时过早激发鱼类产卵洄游活动以及代谢相关酶的活性，从而导致鱼类过度消耗能量以维持自身代谢，并最终导致春夏季产卵的鱼类的繁殖力和卵苗品质的下降。

总体而言，可以通过达到临界水温阈值和积温阈值的时间反映物候变化对鱼类繁殖力的影响。根据热带和亚热带地区水库运行方式，达到临界水温阈值和达到积温阈值的时间不匹配关系通常分为两种：一是达到临界水温阈值的时间早于达到积温阈值的时间，二是达到临界水温阈值的时间晚于达到积温阈值的时间。

在热带和亚热带地区水库运行方式下，大型水库的水温分层往往导致秋季和冬季变暖，春季和夏季变冷。在这种情况下，对于春夏季产卵的鱼类来说达到临界水温阈值和积温阈值时间的不匹配关系多表现为积温阈值提前达到，而临界水温阈值推迟达到，此时临界水温阈值达到时间对鱼类产卵的影响至关重要。推迟达到临界水温阈值，会导致鱼类性腺发育过成熟，怀卵却无法顺利排出，从而导致产卵总量的降低。此外，一些对于温度敏感的鱼类，因为过早达到产卵的积温阈值可能跳过产卵期，并将存储于卵黄中的能量用于维持自身新陈代谢，从而导致无法产卵或产卵亲鱼数量减少。水库蓄水后，本研究区域达到积温阈值的时间要早于达到临界水温阈值的时间，这与水库修建前完全相反，而这一达到时间的不匹配关系，可能是水库运行下铜鱼产卵减少 66.1%的重要原因之一。

一些小型水库通过释放表层水来运行，此时容易导致冬季降温和夏季变暖。这种情况下水库下游河段达到临界水温阈值的时间往往较早，而达到积温阈值的时间较晚，此时达到积温阈值的时间是影响鱼类产卵的关键因素。尽管一定程度下热量累积不足不会阻止卵子的发生，但已有研究表明这会对卵黄发生、卵母细胞增长速率以及鱼卵存活率存在不利的影响。然而，冬季的低温有助于春季或夏季的产卵，因为鱼类储存的能量足以支持卵巢的发育。因此，积温阈值达到时间和产卵临界水温阈值达到时间的匹配是水库运行下水温影响鱼类繁殖的关键（图 5-25）。区分该情况下的水温变化对鱼类的影响需要具体量化积温阈值达到时间的变化范围，而不是使用冬季变暖这样不确定性的描述来概化水温对鱼类产卵的影响，量化鱼类对不同程度温度变化范围内的反应极限，将有助于更有效和可持续地对鱼类进行保护。

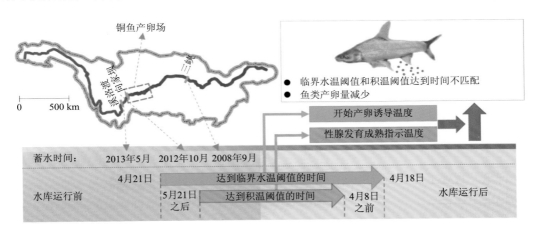

图 5-25　临界水温阈值和积温阈值达到时间匹配关系对鱼类繁殖的影响

5.3.3　水温情势变化对鱼类繁殖生理的影响机制

为了进一步揭示水温影响鱼类繁殖的分子生物学机制，选取金沙江上游受水温影响最大的圆口铜鱼为研究对象，通过水温室内控制实验，深入探究长期水温变化对鱼类性腺发育的影响。本节采用三代与二代相结合的方式进行测序，揭示水温变化在影响鱼类性腺发育的关键过程即母细胞发育（分化）和卵母细胞物质累积（卵黄生成）中的重要作用，为支撑第 3 章的结论提供理论依据。

1. 水温对鱼类繁殖生理影响的室内实验

为了模拟近似天然的水流环境，实验在 3 个水泥环形水槽（图 5-26）内开展，流速设置为圆口铜鱼的适宜流速（0.5 m/s），探究鱼类生理温度范围内 3℃温差变化对鱼类性腺发育的影响；进行了高温[H：（23±0.5）℃]、正常温[N：（20±0.5）℃]、低温[L：（17±0.5）℃]共 3 组工况实验。

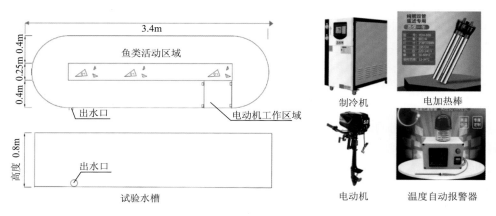

图 5-26　实验主要设备

为保证每组实验有 3 条雌鱼类样本，每组实验放置 15 条鱼。实验进行前，先对其进行适应性培养，选取体重在 116～121 g、健康的圆口铜鱼（鱼龄为 2～3 龄且具有肉眼可见的性腺）作为实验用鱼。该物理模型实验持续时间为 30d。实验结束后对其进行解剖和卵巢组织分离，用于后续的核酸核糖（RNA）提取、测序和转录组学分析。

不同水温的工况下，圆口铜鱼的卵巢表观没有显著性的差异。卵巢微观特征分析发现，卵巢发育处于性腺发育Ⅱ期，该时期卵母细胞生长大小不一，生发泡继续扩大，部分卵母细胞核仁增殖多，表明圆口铜鱼卵母细胞发育并非同步进行而是异步进行。本研究中观察到卵母细胞最大直径仅为 128 μm，基本表明实验前后卵巢组织处于发育阶段。

差异转录本功能富集分析显示，相对于正常温，低温条件导致的差异转录本数量多于高温条件，表明鱼类性腺对不同范围内的温度升高热应激表现存在差异，其中从低温至正常温的温度升高引发的热应激影响强于从正常温至高温的温度升高所引发的影响。相对于正常温，低温条件和高温条件下差异转录本功能富集于卵母细胞发生过程中的染色体组织、信使核糖核酸（mRNA）加工以及各种调节和驱动卵巢发育生物过程相关的表达基因，这与其他关于鱼类卵巢组织的功能富集结果较为相似。差异转录本功能富集分析表明，水温对鱼类性腺发育的影响主要集中在卵母细胞分裂和卵巢发育的关键信息调控上。

2. 水温影响卵母细胞的分化和物质累积

卵母细胞发育成熟包括三个阶段，第一个阶段就是卵母细胞增殖期，此时初级卵原细胞通过有丝分裂不断增殖而产生许多次级卵原细胞。对差异表达基因的分析发现，相对于正常温工况，微管蛋白相关差异转录本（*tuba4l*、*tubb2b*、*mapta*）在高温工况中下调，而 *tuba1b* 在低温工况中上调，微管形成速度除了与温度呈正相关关系外，还与微管蛋白浓度有关，微管蛋白相关转录本随温度下降呈上调趋势，可以弥补温度降低带来的聚合物损失。此外，驱动蛋白 *kif15* 和 *kif20b*、动力蛋白 *dync1i2a* 等已经被证明是减数分裂过程中附着于纺锤体和微管上的重要蛋白，在细胞质和染色体分离中发挥动力驱动作用。相对于正常温工况，驱动蛋白（*kifs*）和动力蛋白（*dynein*）在高温工况中上调。综合考虑不同温度下微管蛋白和动力蛋白差异转录本上下调关系分析，纺锤体形成是减数分裂 I 期的重要过程，卵母细胞发育过程中微管的聚散会受到温度的影响，同时高温有利于卵母细胞减数分裂过程中微管聚合形成纺锤体，而高温有利于驱动蛋白和动力蛋白的表达，有利于纺锤体的运动。综上表明，温度越高越有利于鱼类性腺发育过程中有丝分裂的进行。

随着性腺的发育，初级卵母细胞发育成次级卵母细胞，并在卵浆中积聚中性脂滴。在卵黄发生过程中，随着卵母细胞积累卵黄蛋白，脂质继续沉积，这些蛋白以卵黄颗粒的形式储存在卵浆中。如图 5-27 所示，相对于正常温组，高温工况下与卵黄原蛋白受体相关的低密度脂蛋白受体衔接蛋白 1a（*ldrap1a*）和极低密度脂蛋白受体样蛋白（loc100536757）的表达下调，低温工况下低密度脂蛋白受体相关蛋白 13（*lrp13*）差异转录本表达下调。该结果表明，低温组相对于正常温组卵黄原蛋白受体随着温度的升高而表达量增加，但在高温组中相对于正常温组也呈下调表达，可能与温度超过适宜温度范围时卵黄原蛋白在肝脏的生成受到限制有关。此外，介导内吞作用的磷脂酰肌醇结合

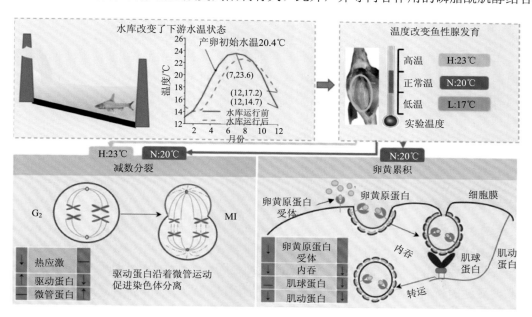

图 5-27　鱼类繁殖对水温条件响应的机制

↓、↑、— 为上调、下调或者不变的转录表达；绿色和红色为 LvH 和 HvM 组；G_2 和 MI 为减数分裂期

网格蛋白组装蛋白 *picalm* 和肌动蛋白 *arpc5lb* 在正常温中的表达量高于低温和高温。同时，除了参与运输作用的肌球蛋白如肌球蛋白结合蛋白（*mybph*）及肌球蛋白轻链激酶 5（*mylk5*）在低温组中相对正常温组表达量高外，其他参与物质运输的肌球蛋白在低温组和高温组中都基本呈下调表达，表明正常温情况相较于低温和高温情况对细胞内物质的运输较为有利。

正常温与低温和高温相比较，更有利于卵黄原蛋白在卵巢的累积，这也为冬季温度升高促进鱼类卵巢早熟提供了生理机制方面的解释。尽管鱼类卵巢发育的调节机制十分复杂且具有物种特异性，但本节关注温度敏感性差异转录本（热应激、微管、马达蛋白、卵黄原蛋白受体蛋白）在性腺发育两个关键事件（细胞分裂和物质累积）中受水温变化的影响。热带和亚热带鱼类性腺发育需要经历冬天低温和春季升温的过程才能在春夏季产卵，本书表明，低温时期的温度升高比高温时期的温度降低对鱼类性腺发育的影响更大，并呼吁关注低温时期的温度变化对鱼类繁殖能力的影响。

5.4　高坝泄水气体过饱和对鱼类生境的影响

高坝大库是河流水能资源开发利用的重要模式，但是高坝具有泄量大、水头高的特点，泄水容易引起下游水体总溶解气体（TDG）过饱和。同时梯级水库的建设使得上一梯级的下游河道成为下一梯级的库区，由于库区水深增加、流速降低，延缓了 TDG 的释放（Ma et al.，2016），间接促进了上一梯级 TDG 过饱和水体的生成，导致 TDG 过饱和在梯级电站的河道中产生沿程累积效应（Feng et al.，2018）。当水体 TDG 饱和度超过大气压和静水压力之和时，鱼类组织和体液中溶解状态的气体将析出并积累形成气泡，罹患气泡病，严重时会导致鱼类死亡（谭德彩，2006；Bouck，1980）。

本节针对高坝引发的 TDG 过饱和对鱼的影响，选择溪洛渡坝下河段及向家坝库区为研究区域，通过分析 2017 年 6 月 23 日～7 月 6 日 TDG 饱和度、水温、泄水流量、发电流量、下游水位、气温及风速等监测数据，阐明高坝泄水 TDG 过饱和的生成特征，定量预测高坝运行导致的 TDG 过饱和生成及其在下游分布情况，结合目标鱼类 TDG 饱和度耐受阈值，量化泄水 TDG 对鱼类生境的影响。

5.4.1　高坝泄水总溶解气体过饱和生成特征

1. 坝下沿程分布特征

溪洛渡水电站下游向家坝库区的 TDG 饱和度沿程分布监测结果见图 5-28，结果表明监测期间整个库区水体的 TDG 饱和度均超过了 100.00%，处于过饱和状态，其中距溪洛渡水电站 60 km 的大岩洞断面处的 TDG 饱和度为整个江段最高，达到 118.90%，TDG 饱和度最低的断面为距溪洛渡水电站 94 km 的绥江断面，为 104.34%。库区 DO 饱和度均小于 100.00%，其中饱和度最大值也发生在大岩洞断面，达到 99.13%，饱和度最小值出现在绥江断面，为 83.95%。

库区沿程的水温监测结果（图 5-28）表明，沿水流运动方向，水温整体呈现逐渐升

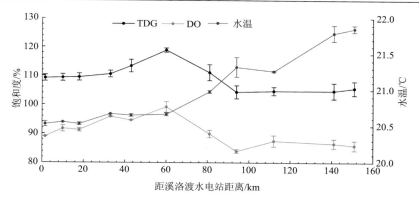

图 5-28 溪洛渡水电站下游 TDG 饱和度、DO 饱和度、水温沿程分布

高的趋势，由溪洛渡水电站坝下 3 km 断面处的 20.5℃逐渐升高至向家坝坝前断面（溪洛渡水电站坝下 151 km）处的 21.9℃，温度升高 1.4℃。

2. 坝下垂向分布特征

库首（溪洛渡水电站坝下 10 km 佛滩）、库中（溪洛渡水电站坝下 81 km 新市）和库尾（溪洛渡水电站坝下 151 km 向家坝坝前）三个典型断面的垂向 TDG 饱和度监测结果[图 5-29（a）]表明，佛滩断面表层 TDG 饱和度垂向最大差异为 0.68%，差异较小。TDG 饱和度垂向差异沿程先增大后减小，其中新市断面垂向差异最大为 2.92%，向家坝坝前断面垂向差异最大为 4.00%。表层水体 TDG 饱和度相对较小，沿水深 TDG 饱和度先逐渐增大，在 20 m 水深附近达到最大后逐渐下降。

典型断面的垂向水温监测结果[图 5-29（b）]表明，佛滩断面和新市断面水温沿垂向基本一致，而向家坝坝前断面表层 40 m 的水温随深度增加先降低，后趋于稳定。

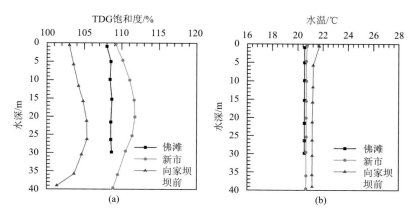

图 5-29 向家坝库区典型断面 TDG 饱和度（a）及水温（b）垂向分布监测结果

5.4.2　高坝泄水总溶解气体过饱和生成主要影响因子

选取流量、水深、水温、气温和风速等指标，分析各影响因素与消力池内 TDG 过饱和生成之间的关系，识别高坝泄水 TDG 过饱和生成主要影响因子。

1. 流量及水深

监测期间溪洛渡水电站的出库流量、泄水流量、发电流量见图 5-30。监测期间最大泄水流量为 6297 m³/s，最小泄水流量为 1091 m³/s，平均泄水流量为 3012 m³/s。溪洛渡水电站上、下游水位以及消力池水深见图 5-31，溪洛渡水电站上游最高水位为 568.40 m，最低水位为 545.42 m，平均水位为 559.08 m；溪洛渡水电站下游最高水位为 388.25 m，最低水位为 374.33 m，平均水位为 380.06 m。由于消力池底板高程为 335.00 m，消力池水深随时间的变化与下游水位变化幅度一致，最大水深为 53.25 m，最小水深为 39.33 m，平均水深为 47.06 m。

图 5-30　监测期间溪洛渡水电站出库流量、泄水流量及发电流量

图 5-31　监测期间溪洛渡水电站上、下游水位以及消力池水深

此外，对比溪洛渡水电站下游水位与出库流量的关系（图 5-32）可以发现，下游水

位与出库流量存在显著正相关关系（$p<0.01$），出库流量越大，下游水位越高。通过回归分析得到下游水位与出库流量的关系式为

$$Z_{\mathrm{d}} = 372.84 + 0.0011Q \quad (R^2 = 0.92)$$

式中，Z_{d} 为下游水位，m；Q 为出库流量，m^3/s。

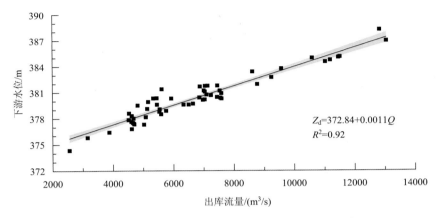

图 5-32　溪洛渡水电站下游水位与出库流量的关系

2. 气象

监测期间，屏山气象站的气温和露点温度、风速和风向分别见图 5-33 和图 5-34。监测期间屏山气象站的最高气温为 34.4℃，最低气温为 18.7℃，平均气温为 24.4℃。气温日内波动明显，早晚温差较大，其中 7 月 1 日波动最大，日内最大温差达到 10.0℃。同时，监测期间的露点温度最高为 26.0℃，最低为 16.7℃，平均为 21.6℃。与气温波动相比，露点温度的波动较缓，早晚差异也相对较低。监测期间的风玫瑰图显示主导风向为西北风和东南风，分别占监测期间风向频率的 12.4% 和 10.3%；风速结果显示，监测期间风速范围为 0.0~8.9 m/s，其中 0.0~2.0 m/s 的风速占比最大，为 61.8%，平均风速为 1.9 m/s。

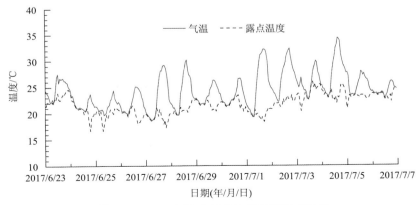

图 5-33　2017 年屏山气象站气温及露点温度

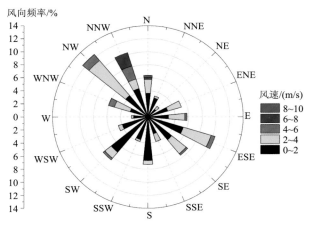

图 5-34　2017 年屏山气象站风速和风向

3. 水温

将监测期间溪洛渡水电站坝下水温连续监测结果绘于图 5-35，整体上看，水温随时间呈逐渐升高的趋势。其中，最高水温达到 21.2℃，最低水温为 20.4℃，平均水温为 20.9℃。对单日水温波动幅度进行分析可以发现，7 月 1 日水温的单日波动幅度最大，达到 0.4℃。

图 5-35　溪洛渡水电站坝下水温连续监测结果

4. TDG 过饱和生成关键影响因子识别

选取发电流量、泄水流量、消力池水深、水温、气温和风速 6 种指标，分析各影响因素与消力池内 TDG 过饱和生成之间的相关性。相关系数矩阵结果（图 5-36）表明，TDG 过饱和生成与消力池水深、水温、泄水流量、发电流量和气温相关性均显著（$p<0.01$），相关系数分别为 0.94、0.74、0.70、0.67 和 0.63。此外，TDG 过饱和生成与风速没有显著的相关性。

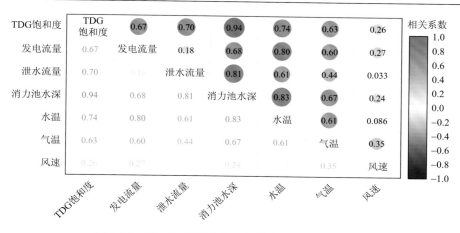

图 5-36　TDG 过饱和生成与各影响因子的相关程度

　　由此可见，消力池水深是影响 TDG 过饱和生成的关键影响因子。溪洛渡水电站下游消力池水深越大，TDG 过饱和生成的饱和度越高，主要是因为消力池水深的增加，导致消力池内的静水压力增大，气泡在消力池内受到的水压作用增强，从而促进了气体在消力池内的溶解。该结论得到了众多研究的证实：Ice Harbor 坝下关于 TDG 饱和度的监测结果也表明，TDG 饱和度与消力池水深呈正相关关系，且相关性较好（Steven and Schneider，1997）。Qu 等（2011）通过开展机理实验也发现压力（水深）是气体溶解的重要影响因素，压力增加促进了气体在水中的溶解过程。

　　水温也是 TDG 过饱和生成的重要影响因子之一，主要是因为水温越高，气体在水中的溶解能力越低，即理论饱和溶解浓度越低。TDG 过饱和生成监测期间，溪洛渡水电站坝下水温变化范围为 20.4～21.2℃，各气体在水体中的理论饱和溶解浓度发生了相应变化。已有研究成果表明，标准大气压下，水温 20.4℃对应的 O_2 的理论饱和溶解浓度为 9.02 mg/L，N_2 的理论饱和溶解浓度为 14.92 mg/L；水温 21.2℃对应的 O_2 的理论饱和溶解浓度为 8.88 mg/L，N_2 的理论饱和溶解浓度为 14.72 mg/L（Colt，2012），各气体在水体中的理论饱和溶解浓度的差异分别达到 1.6%和 1.3%。因此，在后续过饱和生成计算中，需要根据水温确定气体在水体中的理论饱和溶解浓度，以得到更准确的 TDG 饱和度。

　　另外，泄水流量的增加，增强了消力池内的紊动强度，同时增大了水舌的入水深度，使水舌携带的气泡到达的消力池深度增加，促进了 TDG 过饱和生成。三峡水电站、瀑布沟水电站和龚嘴水电站（Feng et al.，2018；曲璐等，2011）下游的 TDG 过饱和监测结果均表明，泄水期间当发电量保持稳定（即发电流量稳定）时，泄水流量增大促进了气泡的传质过程，导致水体 TDG 饱和度增大。因此，消力池水深和泄水流量共同促进了 TDG 过饱和的生成，是影响 TDG 过饱和生成的主要因素。

　　发电流量和气温也影响了 TDG 过饱和生成。尽管发电尾水的 TDG 饱和度与上游电站进水口水体的 TDG 饱和度基本一致，低于消力池内部水体的 TDG 饱和度，但是发电尾水的出口在消力池下游，并不能影响消力池内水体的 TDG 饱和度。发电流量对消力池内 TDG 过饱和生成的影响主要是因为下游水位与出库流量呈线性正相关关系，发电流量的增加，提高了下游水位，从而增加了消力池水深，促进了 TDG 过饱和的生成。同样，气温变化导致了水体水温变化，从而影响了气体在水体中的理论饱和溶解浓度。因此，消力池水深和水温已经包含了发电流量和气温对 TDG 过饱和生成的影响。综合以上分析，消力池水深、泄水流量和水温是 TDG 过饱和生成最主要的影响因子。

5.4.3 坝下总溶解气体饱和度时空变化特征

基于水气两相流模型理论，考虑库区水动力、温度以及水面风速的影响，建立了二维 TDG 输移扩散模型，模拟坝下 TDG 饱和度沿程与沿水深方向的分布情况。

采用溪洛渡水电站泄水期间向家坝库区沿程过饱和 TDG 原型观测结果，对二维 TDG 输移扩散模型进行率定和验证。模型入流边界和出流边界采用中国长江三峡集团有限公司网站公布的溪洛渡水电站出库流量和向家坝水电站出库流量（图 5-37）。气象参数采用计算时段内中国气象数据网公布的向家坝库区屏山气象站逐小时气象数据。模型入流 TDG 饱和度边界根据美国陆军工程兵团（USACE）建立的过饱和 TDG 生成预测模型计算得到，入流水温采用溪洛渡水电站坝下 1 km 处水温监测数据。

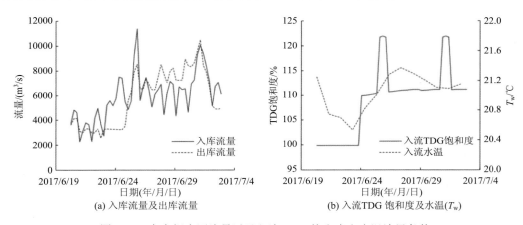

图 5-37　向家坝库区流量以及入流 TDG 饱和度和水温边界条件

以 2017 年 6 月 20 日～7 月 2 日为模型的验证期，并以此期间的实测数据对模型进行验证。向家坝坝前断面水位验证及向家坝库区沿程 TDG 饱和度验证结果见图 5-38，断面水位和 TDG 饱和度检验精度评定显示 R^2 分别为 0.991 和 0.915，说明模型采用的参数合理，结果可靠。

TDG 饱和度沿程分布实测值与计算值对比（图 5-39）显示，最大相对误差为 3.2%，计算值与实测值吻合度较高。建立的二维 TDG 输移扩散模型可较好地模拟库区 TDG 饱和度时空分布特征，可以用于库区 TDG 时空分布模拟计算。

典型泄水事件中 TDG 饱和度模拟结果（图 5-40）显示，向家坝水电站库区 TDG 饱和度分布随入流 TDG 饱和度的变化而变化，在水流扩散和过饱和 TDG 沿程释放共同影响下，TDG 饱和度在纵向上的分布沿程降低。

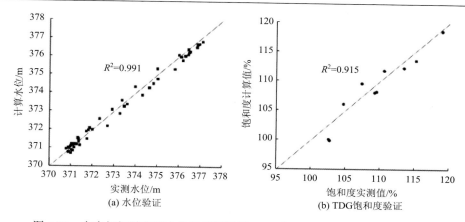

图 5-38　向家坝坝前断面水位及库区沿程 TDG 饱和度的实测值与计算值对比

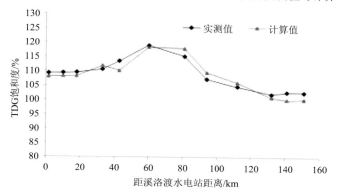

图 5-39　TDG 饱和度沿程分布实测值与计算值对比

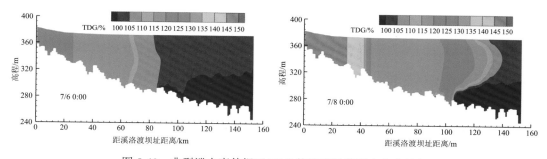

图 5-40　典型泄水事件坝下 TDG 饱和度沿程垂向分布特征

5.4.4　总溶解气体过饱和对鱼类生境的影响

本小节以 2014 年 7 月溪洛渡水电站泄水导致向家坝水库比较严重的鱼类死亡事件为研究案例。根据《溪洛渡坝下相关水域死鱼事件调查报告》，桧溪断面附近水域水产养殖比较密集，而且是溪洛渡泄水坝下死鱼水域的最上游水域，故选取溪洛渡水电站坝下 33 km 处的桧溪断面作为关键控制断面进行分析。2014 年 7 月溪洛渡水电站坝下死亡鱼类中鲤鱼占比最大，选择岩原鲤作为典型鱼类，分析向家坝库区总溶解气体过饱和对典型鱼类生境的影响。

1. 情景模拟

为分析坝下近区 TDG 饱和度对库区 TDG 饱和度分布的影响，设定坝下近区 TDG 饱和度工况为 115%、120%、125%、130%、135%、140%、145% 和 150%，并根据 USACE 建立的过饱和 TDG 生成预测模型，计算各 TDG 饱和度工况对应的流量值，模拟工况见表 5-7。

表 5-7　坝下近区 TDG 饱和度模拟工况

工况	坝下近区 TDG 饱和度/%	溪洛渡水电站出库流量/(m³/s)
1	115	3590
2	120	4845
3	125	6096
4	130	7343
5	135	8586
6	140	9825
7	145	11060
8	150	12291

利用二维 TDG 输移扩散模型，分别计算在坝下近区各 TDG 饱和度工况下，向家坝库区 TDG 饱和度分布以及关键断面 TDG 饱和度沿水深（高程）的分布情况（图 5-41）。结果显示：整体上看，控制断面 TDG 饱和度沿水深方向变化不大。水流在从坝下近区运动至控制断面的过程中，TDG 不断发生传质释放，鉴于控制断面距坝下近区较近（仅33 km），且 TDG 传质过程较慢，断面饱和度均值稍低于相应坝下近区的 TDG 饱和度。TDG 传质发生在水气交界面，因此控制断面表层的 TDG 饱和度最低。

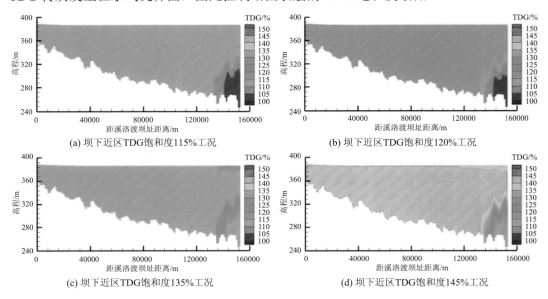

图 5-41　各工况下库区 TDG 饱和度分布情况

坝下近区饱和度越高，典型断面表层饱和度越高。其中，当坝下近区 TDG 饱和度为 115%～130% 时，水面附近 TDG 饱和度在整个江段上的释放幅度小于 5%；当坝下近区 TDG 饱和度为 135%～150% 时，库区尾部水面附近 TDG 饱和度释放幅度大于 5%，主要原因是 TDG 饱和度越高，释放速率越快，因此，当坝下近区 TDG 饱和度为 135%～150% 时，整个库区的 TDG 饱和度释放幅度要大于坝下近区 TDG 饱和度为 115%～130% 的工况。

2. 泄水气体过饱和对鱼类生境的影响

水深增加提高了 TDG 在水体中的饱和溶解度，降低了 TDG 相对饱和度，提高了鱼类对 TDG 过饱和的耐受性，通常把水深增加引起的鱼类对 TDG 过饱和耐受性提升称为深度补偿效应。其中鱼类游泳深度对应的静水压力对 TDG 过饱和有补偿效应。当以 TDG 饱和度 100% 代表饱和状态水体时，水深每增加 1 m，可以补偿约 10% 的 TDG 饱和度，故深度的增加有助于减缓 TDG 过饱和对鱼类的胁迫。因此，在评估 TDG 过饱和水体对鱼类的影响时，还需要考虑水深对 TDG 过饱和的补偿作用。

TDG 过饱和对各生长阶段鱼类均存在不同程度的影响，且不同鱼类对 TDG 过饱和的耐受性也存在差异。美国国家环境保护局 1986 年发布的天然河道水质管理标准指出，自然水体 TDG 饱和度应小于 110%；岩原鲤鱼苗的 TDG 饱和度耐受阈值为 115%，齐口裂腹鱼在 TDG 饱和度 120% 的水体中 2 h 便开始出现死亡现象（Huang et al.，2010；王远铭等，2015；冀前锋等，2019）。本书针对最不利情况，以饱和度 110% 作为鱼类的耐受阈值。考虑深度补偿效应后的水体 TDG 饱和度计算方法（Colt，2012）为

$$G_{\text{comp}} = \left(\frac{G}{G_s + \rho g h / \text{BP}} \right)$$

式中，G_{comp} 为深度补偿后的 TDG 饱和度，%；BP 为当地大气压，mmHg；G 为相对于当地大气压的绝对 TDG 饱和度，%；G_s 为当地大气压对应的饱和状态下的 TDG 饱和度，%，通常取 100%；ρ 为密度，kg/m³；g 为重力加速度，m/s²；h 为水头，m。

为便于判断鱼类活动深度是否受 TDG 过饱和胁迫，提出安全水深阈值，即考虑水深补偿效应下，鱼类免于受 TDG 过饱和胁迫时的最小安全水深，采用的是 G_{comp} 为 110% 时对应的水深。

表层水体是 TDG 过饱和对鱼类产生胁迫的主要区域，因此选取各研究工况下控制断面表层 6 m 水深内的 TDG 饱和度进行分析。考虑深度补偿效应下控制断面附近沿水深方向 TDG 饱和度分布见图 5-42。

从图 5-42 可以看出，随着水深的增加，深度补偿效应后的 TDG 饱和度迅速降低。对比各工况控制断面 TDG 饱和度低于 110% 的鱼类安全生境区域可以发现，随着坝下近区 TDG 饱和度的升高，鱼类安全生境区域减少。对各工况满足鱼类生境需求（TDG≤110%）的安全水深阈值进行统计，列于表 5-8，发现随着坝下近区 TDG 饱和度的升高，鱼类需要的安全水深阈值越大，其中安全水深阈值最小（0.48 m）的工况为坝下近区 TDG 饱和度 115%，安全水深阈值最大（3.98 m）的工况为坝下近区 TDG 饱和度 150%。

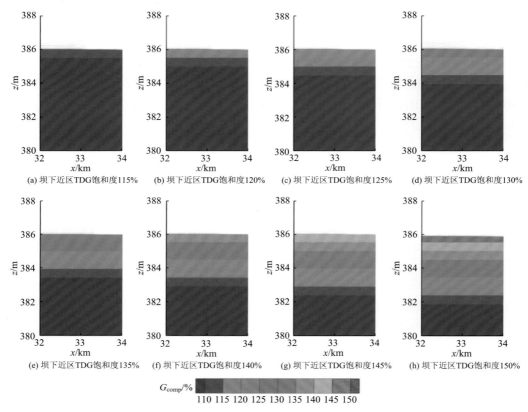

图 5-42　工况控制断面附近考虑深度补偿效应后的 TDG 饱和度垂向分布

z 表示高程；x 表示距离溪洛渡坝的距离

表 5-8　各工况下控制断面安全水深阈值

工况	坝下近区 TDG 饱和度/%	安全水深阈值/m
1	115	0.48
2	120	0.95
3	125	1.47
4	130	1.99
5	135	2.51
6	140	3.03
7	145	3.55
8	150	3.98

　　水体中 TDG 过饱和在水面与空气发生传质并沿程释放，传质速度与水深成反比，与流速成正比（冯镜洁等，2010），由于向家坝库区水深大、流速小，因此，向家坝库区 TDG 过饱和的释放速率比天然河道中的释放速率更慢，库区内各断面的 TDG 饱和度超过安全阈值的时间相比天然河道更长。

　　2014 年 7 月泄水期间，库区水面患气泡病死亡的鱼类主要为草鱼、鲤鱼、长吻鮠和太湖新银鱼（谭平才等，2014）。2018 年向家坝库区鱼类资源调查表明，溪洛渡水电站坝下 33 km 的桧溪镇附近，以瓦氏黄颡鱼、寡鳞飘鱼、光泽黄颡鱼、圆口铜鱼等为该江段主要的渔获物，其中圆口铜鱼生物量占比最大（李婷等，2020）。对比鱼类资源调查结果和鱼类死亡调研结果，生物量最大的圆口铜鱼却并不是主要的死亡鱼类，这主要和圆口铜鱼的生活习性有关。圆口铜鱼为下层鱼类，杨志等（2017）在金沙江下游进行的圆口铜鱼生境调查结果显示，其游泳深度的平均值为 6.22 m。但是泄水期间，溪洛渡水电站坝下近区 TDG 饱和度最大值为 144%（Ma et al.，2018），对应的桧溪断面鱼类安全水深阈值为 3.55 m，小于圆口铜鱼的平均游泳深度。因此，圆口铜鱼的平均游泳深度足以保证其免受 TDG 过饱和的胁迫。死亡鱼类中，草鱼是死亡生物量最大的鱼类，主要是因为草鱼为桧溪下游绥江断面附近主要的渔获物，生物量占比达到 53.1%（王俊等，2017），同时草鱼主要生活在水域的中层，有时也在表层和近岸多水草区域，游泳深度较圆口铜鱼浅，因此，草鱼受 TDG 过饱和的胁迫严重。斯内克河下游成年大鳞大马哈鱼游泳轨迹监测结果（Gray and Haynes，1977）以及岩原鲤（Huang et al.，2010）、胭脂鱼（王远铭等，2015）、齐口裂腹鱼（冀前锋等，2019）、长薄鳅（Johnson et al.，2005）等鱼类的室内胁迫实验结果均表明，鱼类具有利用压力补偿，探测并躲避 TDG 过饱和胁迫的能力，但是部分鱼类需要 TDG 饱和度达到一定的阈值才会有相应的躲避行为，且躲避行为还受其他环境因素或物种特定属性的影响。目前草鱼的躲避能力还未见相关报道，当水体 TDG 饱和度达到 144% 时，草鱼是否具有利用深度补偿效应进行躲避的能力（Gray et al.，1983），还有待进一步开展野外游泳轨迹监测以及室内胁迫实验确定。鱼类的生活习性各不相同，对流速和水深的喜好也有较大的差别，因此野生鱼类生活习性对应的游泳深度是否大于安全水深阈值及其利用深度补偿效应的能力，决定了其受 TDG 过饱和水体危害的程度。

除了野生鱼类，2014 年 7 月泄水期间库区网箱养殖的经济鱼类也受到 TDG 过饱和水体的胁迫。尽管在溪洛渡水电站泄水的调控影响下，库区水位上涨，可用于深度补偿效应的水深增加，但是受网箱深度的影响，养殖的经济鱼类垂向活动范围受限，其最大游泳深度与网箱深度尺寸一致，导致深度补偿效应的效果有限。当网箱深度尺寸不足以达到安全水深阈值的要求时，将对鱼类产生致命影响。Cao 等（2019）在向家坝下游网箱中开展的 TDG 过饱和对胭脂鱼幼鱼的胁迫实验结果表明，下游在平均 TDG 饱和度123% 下，80% 放置在 0～1 m 网箱深度的胭脂鱼幼鱼死亡，而放置在 2～3 m 网箱深度的胭脂鱼幼鱼死亡率仅为 6.25%。对其安全水深阈值进行计算可以发现，平均 TDG 饱和度123% 对应的安全水深阈值为 1.3 m。通过现场走访及对当地渔民的调研发现，2014 年 7 月溪洛渡水电站泄水期间，库区的经济鱼类主要采用垂向尺寸为 3 m 的网箱进行养殖，小于 3.55 m 的安全水深阈值要求。同时考虑网箱养殖的密度，鱼群在网箱各个深度均有分布，所以网箱的深度不足以为养殖鱼类提供足够的补偿水深来躲避 TDG 过饱和水体的胁迫。尽管部分鱼类具有探测并垂向移动以躲避 TDG 过饱和水体的能力，但受网箱的限制，鱼类依然会受到 TDG 过饱和的严重影响，导致其大量死亡。另外，长吻鮠和圆口铜鱼一样，属于喜底层的鱼类。在深度补偿效应下，野生长吻鮠受 TDG 过饱和水体的胁迫程度应该和圆口铜鱼一样较轻，同时桧溪镇和绥江县的鱼类资源调查均表明，鲤鱼和长吻鮠并不是库区的主要物种（王俊等，2017；李婷等，2020），因此库区水面出现的大量死亡长吻鮠，并不是野生长吻鮠。养殖鱼类死亡情况统计结果表明大量养殖长吻鮠死亡。通过对当地渔民走访调查发现，泄水期间养殖鱼类死亡后，渔民为了方便，将死亡鱼类直接捞出后丢弃在库区。同时，该江段还存在部分养殖网箱在水流的冲击下损毁，导致死亡的养殖长吻鮠进入库区，因此，可以认为库区江面上大量死亡的长吻鮠主要来自网箱养殖。

为降低 TDG 过饱和水体对养殖鱼类的胁迫效应，需要增加养殖网箱深度尺寸至安全水深阈值以下。同时，在网箱中加设盖板，确保泄水期鱼类活动的最小水深满足鱼类水深补偿的需求，以降低网箱养殖鱼类患气泡病的概率。当水体 TDG 饱和度恢复正常时，不应立即解除对网箱养殖鱼类的水深约束。谭德彩（2006）将受到 TDG 过饱和胁迫的长江鱼转移到活水舱时，均出现存活困难的现象，主要是因为鱼体长时间处在 TDG 过饱和水体中，突然解除深度补偿效应，会促使体内组织和体液中的过饱和气体以气泡形式析出，罹患气泡病。因此，当水体 TDG 恢复正常饱和度后，须待鱼体内适应正常 TDG 饱和度水体以后，再解除水深约束，恢复其在深度方向上的自由。

由于 TDG 过饱和对野生鱼类的胁迫程度与其本身的生活习性以及躲避能力等因素有关，为降低 TDG 过饱和的胁迫程度，需要提供足够的水深供其进行深度补偿。梯级电站之间，由于库区水深较大，为野生鱼类进行深度补偿提供了必要条件。但是对于最后一级电站的下游，由于主河槽泄水期流速较大，喜静水的鱼类往往栖息于流速较低的滩地或近岸浅水区，不利于鱼类进行深度补偿，因此对于具有利用深度补偿能力的鱼类，梯级电站的库区相比河道更安全。同时由于距离大坝越近，鱼类受 TDG 过饱和影响越大（郑守仁，2007），有必要对最后一级电站坝下近区的 TDG 饱和度提出比中间梯级电站更严格的限制标准。为降低最后一级电站坝下近区的 TDG 饱和度，可以通过梯级电站联合调度等方法，减少最后一个梯级电站的泄水流量，最大限度降低电站坝下近区的 TDG 饱和度，改善下游鱼类生境。

5.5　本 章 小 结

本章结合长序列野外观测数据及室内实验结果，分析了河流建坝后鱼类群落在河相段、湖相段的分布特征；揭示了水文情势、水温情势、性腺发育积温等对鱼类繁殖的联合作用机理，确定了三峡坝下河段四大家鱼产卵和鱼卵孵化的流速阈值区间、金沙江铜鱼繁殖性腺发育积温和产卵临界水温的阈值区间、溪洛渡坝下近区鱼类安全水深阈值。

河流建坝导致鱼类群落结构发生演替，形成了河相段、湖相段差异性的鱼类群落分布特征。以鱼类生态需求为导向，河相段以土著鱼类，如铜鱼属、裂腹鱼属、副鳅属等为优势物种，而湖相段以鲢、鳙等大体积的鱼类为优势物种，同时广适性的飘鱼属、鲌属、黄颡鱼属、鲇属等在各个区间均有分布。

综合考虑四大家鱼亲鱼产卵过程和鱼卵孵化及胚胎发育的流速需求，三峡坝下河段四大家鱼繁殖的综合适宜流速阈值区间为 1.4～1.6 m/s，适宜流速为 1.31 m/s。通过高流速促进产卵与低流速提升孵化交替调控，有助于增强鱼类繁殖效率。铜鱼产卵适宜水温为 20～22℃，临界水温≥18.4℃，铜鱼性腺发育产卵积温为 1324.9℃·d。水库运行会导致亲鱼产卵的积温阈值达到时间提前，而初始产卵的临界水温阈值达到时间变化不大，性腺发育积温阈值与产卵临界水温阈值达到时间错位影响了鱼类产卵行为，两者达到时间匹配有助提升鱼类繁殖效率。

水深是影响 TDG 过饱和生成的关键影响因子，向家坝水电站库区 TDG 饱和度分布随入流 TDG 饱和度的变化而变化，在水流扩散和过饱和 TDG 沿程释放共同影响下，TDG 饱和度在纵向上沿程降低。随着水深的增加，深度补偿后的 TDG 饱和度可迅速降低。

参 考 文 献

冯镜洁, 李然, 李克锋, 等. 2010. 高坝下游过饱和 TDG 释放过程研究[J]. 水力发电学报, 29(1): 7-12.

高少波. 2014. 金沙江下游支流大汶溪鱼类资源现状与保护对策[J]. 水生态学杂志, 35(6): 16-23.

冀前锋, 王远铭, 梁瑞峰, 等. 2019. 总溶解气体渐变饱和度下齐口裂腹鱼的耐受特征[J]. 工程科学与技术, 51(3): 130-137.

李婷, 唐磊, 王丽, 等. 2020. 溪洛渡至向家坝河段水电开发下鱼类种群分布及生态类型变化[J]. 生态学报, 40(4): 1473-1485.

刘建康. 1992. 中国淡水鱼类养殖学[M]. 3 版. 北京: 科学出版社.

刘瑾. 2018. 浅谈黄河流域水生态系统的保护与修复[M]//董力. 建设生态水利推进绿色发展论文集. 北京: 中国水利水电出版社: 325-330.

曲璐, 李然, 李嘉, 等. 2011. 高坝工程总溶解气体过饱和影响的原型观测[J]. 中国科学: 技术科学, 41(2): 177-183.

谭德彩. 2006. 三峡工程致气体过饱和对鱼类致死效应的研究[D]. 重庆: 西南大学.

谭平才, 徐勇, 王艳龙. 2014-8-28. 金沙江向家坝库区现大量死鱼 系溪洛渡水电站泄水所致[EB/OL]. https://www.chinanews.com.cn/sh/2014/08-28/6540122.shtml.

王俊, 苏巍, 杨少荣, 等. 2017. 金沙江一期工程蓄水前后绥江段鱼类群落多样性特征[J]. 长江流域资源与环境, 26(3): 394-401.

王晓臣, 杨兴中, 邢娟娟, 等. 2013. 汉江喜河库区形成对鱼类群落结构的影响[J]. 生态学杂志, 32(4): 932-937.

王远铭, 张陵蕾, 曾超, 等. 2015. 总溶解气体过饱和胁迫下齐口裂腹鱼的耐受和回避特征[J]. 水利学报, 46(4): 480-488.

吴江. 1989. 金沙江鱼类及发展渔业雏议[J]. 淡水渔业, (5): 3-9.

杨志, 唐会元, 朱迪, 等. 2015. 三峡水库 175m 试验性蓄水期库区及其上游江段鱼类群落结构时空分布格局[J]. 生态学报, 35(15): 5064-5075.

杨志, 张鹏, 唐会元, 等. 2017. 金沙江下游圆口铜鱼生境适宜度曲线的构建[J]. 生态科学, 36(5): 129-137.

易伯鲁, 余志堂, 梁秩燊. 1988. 葛洲坝水利枢纽与长江四大家鱼[M]. 武汉: 湖北科学技术出版社.

易雨君. 2008. 长江水沙环境变化对鱼类的影响及栖息地数值模拟[D]. 北京: 清华大学.

郑守仁. 2007. 我国水能资源开发利用的机遇与挑战[J]. 水利学报, (S1): 1-6.

周灿. 2010. 长江上游圆口铜鱼生长及种群特征[D]. 济南: 山东大学.

周湖海, 田辉伍, 何春, 等. 2019. 金沙江下游巧家江段产漂流性卵鱼类早期资源研究[J]. 长江流域资源与环境, 28(12): 2910-2920.

Amado L L, Monserrat J M. 2010. Oxidative stress generation by microcystins in aquatic animals: Why and how[J]. Environment International, 36(2): 226-235.

Bouck G R. 1980. Etiology of gas bubble disease[J]. Transactions of the American Fisheries Society, 109(6): 703-707.

Cao L, Li Y, An R D, et al. 2019. Effects of water depth on GBD associated with total dissolved gas supersaturation in Chinese sucker (*Myxocyprinus asiaticus*) in Upper Yangtze River[J]. Scientific Reports, 9(1): 6828.

Chezik K A, Lester N P, Venturelli P A. 2014. Fish growth and degree-days Ⅰ: Selecting a base temperature for a within-population study[J]. Canadian Journal of Fisheries and Aquatic Sciences, 71(1): 47-55.

Colt J. 2012. Dissolved Gas Concentration in Water Computation as Functions of Temperature, Salinity and Pressure[M]. Seattle: Northwest Fisheries Science Center.

Coulter A A, Keller D, Amberg J J, et al. 2013. Phenotypic plasticity in the spawning traits of bigheaded carp (*Hypophthalmichthys* spp.) in novel ecosystems[J]. Freshwater Biology, 58(5): 1029-1037.

Dudgeon D. 2000. The ecology of tropical Asian rivers and streams in relation to biodiversity conservation[J]. Annual Review of Ecology and Systematics, 31: 239-263.

El-Hawarry W N, Nemaatallah B R, Shinaway A M. 2012. Induced spawning of silver carp, *Hypophthalmichthys molitrix* using hormones/hormonal analogue with dopamine antagonists[J]. Online Journal of Animal and Feed Research, 2: 58-63.

Feng J J, Wang L, Li R, et al. 2018. Operational regulation of a hydropower cascade based on the mitigation of the total dissolved gas supersaturation[J]. Ecological Indicators, 92(3): 124-132.

Galán C, García-Mozo H, Cariñanos P, et al. 2001. The role of temperature in the onset of the *Olea europaea* L. pollen season in southwestern Spain[J]. International Journal of Biometeorology, 45(1): 8-12.

Gao X, Fujiwara M, Winemiller K O, et al. 2019. Regime shift in fish assemblage structure in the Yangtze River following construction of the Three Gorges Dam[J]. Scientific Reports, 9(1): 4212.

Garcia T, Murphy E A, Jackson P R, et al. 2015. Application of the FluEgg model to predict transport of Asian carp eggs in the Saint Joseph River (Great Lakes tributary)[J]. Journal of Great Lakes Research, 41(2): 374-386.

Gillet C, QuéTin P. 2006. Effect of temperature changes on the reproductive cycle of roach in Lake Geneva from 1983 to 2001[J]. Journal of Fish Biology, 69(2): 518-534.

Gillooly J F, Charnov E L, West G B, et al. 2002. Effects of size and temperature on developmental time[J]. Nature, 417(6884): 70-73.

Gray R H, Haynes J M. 1977. Depth distribution of adult Chinook salmon (*Oncorhynchus tshawytscha*) in relation to season and gas-supersaturated water[J]. Transactions of the American Fisheries Society, 106: 617-620.

Gray R H, Page T L, Saroglia M G. 1983. Behavioral response of carp, *Cyprinus carpio*, and black bullhead, *Ictalurus melas*, from Italy to gas supersaturated water[J]. Environmental Biology of Fishes, 8(2): 163-167.

Haworth M R, Bestgen K R. 2016. Flow and water temperature affect reproduction and recruitment of a Great Plains cyprinid[J]. Canadian Journal of Fisheries and Aquatic Sciences, 74(6): 853-863.

Huang X, Li K F, Du J, et al. 2010. Effects of gas supersaturation on lethality and avoidance responses in juvenile rock carp (*Procypris rabaudi* Tchang)[J]. Journal of Zhejiang University: Science B, 11(10): 806-811.

Irons K S, Sass G G, McClelland M A, et al. 2007. Reduced condition factor of two native fish species coincident with invasion of non-native Asian carps in the Illinois River, U. S. A. Is this evidence for competition and reduced fitness?[J]. Journal of Fish Biology, 71: 258-273.

Islam M S, Akhter T. 2012. Tale of fish sperm and factors affecting sperm motility: A review[J]. Advances in Life Sciences, 1(1): 11-19.

Johnson E L, Clabough T S, Bennett D H, et al. 2005. Migration depths of adult spring and summer Chinook salmon in the lower Columbia and Snake rivers in relation to dissolved gas supersaturation[J]. Transactions of the American Fisheries Society, 134(5): 1213-1227.

Johnston I A, Vieira V, Temple G K. 2001. Functional consequences and population differences in the developmental plasticity of muscle to temperature in Atlantic herring *Clupea harengus*[J]. Marine Ecology Progress Series, 213: 285-300.

Kolar C S, Chapman D C, Courtenay W R Jr, et al. 2007. Bigheaded Carps: A Biological Synopsis and Environmental Risk Assessment[M]. Bethesda: American Fisheries Society.

Kopf R K, Nimmo D G, Humphries P, et al. 2017. Confronting the risks of large-scale invasive species control[J]. Nature Ecology and Evolution, 1(6): 1-4.

Kouamélan E P, Teugels G G, N'Douba V, et al. 2003. Fish diversity and its relationships with environmental variables in a West African basin[J]. Hydrobiologia, 505(1): 139-146.

Lee C G, Farrell A P, Lotto A, et al. 2003. Excess post-exercise oxygen consumption in adult sockeye (*Oncorhynchus nerka*) and coho (O. kisutch) salmon following critical speed swimming[J]. The Journal of Experimental Biology, 206: 3253-3260.

Lighten J, van Oosterhout C. 2017. Biocontrol of common carp in Australia poses risks to biosecurity[J]. Nature Ecology and Evolution, 1: 87.

Ma Q, Li R, Feng J J, et al. 2018. Cumulative effects of cascade hydropower stations on total dissolved gas supersaturation[J]. Environmental Science and Pollution Research International, 25(14): 13536-13547.

Ma Q, Li R, Zhang Q, et al. 2016. Two-phase flow simulation of supersaturated total dissolved gas in the plunge pool of a high dam[J]. Environmental Progress & Sustainable Energy, 35(4): 1139-1148.

Marshall J, Davison A J, Kopf R K, et al. 2018. Biocontrol of invasive carp: Risks abound[J]. Science, 359(6378): 877.

Murchy K A, Cupp A R, Amberg J J, et al. 2017. Potential implications of acoustic stimuli as a non-physical barrier to silver carp and bighead carp[J]. Fisheries Management and Ecology, 24(3): 208-216.

Murphy E A, Jackson P R. 2013. Hydraulic and water-quality data collection for the investigation of great lakes tributaries for Asian carp spawning and egg-transport suitability[R]. Dennis: US Geological Survey.

Neuheimer A B, Taggart C T. 2007. The growing degree-day and fish size-at-age: The overlooked metric[J]. Canadian Journal of Fisheries and Aquatic Sciences, 64(2): 375-385.

Orsi M L, Britton J R. 2014. Long-term changes in the fish assemblage of a neotropical hydroelectric reservoir[J]. Journal of Fish Biology, 84(6): 1964-1970.

Parker A D, Glover D C, Finney S T, et al. 2015. Direct observations of fish incapacitation rates at a large electrical fish barrier in the Chicago Sanitary and Ship Canal[J]. Journal of Great Lakes Research, 41(2): 396-404.

Peter R E. 1983. The Brain and Neurohormones in Teleost Reproduction[M]//Fish Physiology. Amsterdam: Elsevier: 97-135.

Qu L, Li R, Li J, et al. 2011. Experimental study on total dissolved gas supersaturation in water[J]. Water Science and Engineering, 4(4): 396-404.

Rodríguez L, Carrillo M, Sorbera L A, et al. 2004. Effects of photoperiod on pituitary levels of three forms of GnRH and reproductive hormones in the male European sea bass (*Dicentrarchus labrax* L.) during testicular differentiation and first testicular recrudescence[J]. General and Comparative Endocrinology, 136(1): 37-48.

Sass G G, Cook T R, Irons K S, et al. 2010. A mark-recapture population estimate for invasive silver carp (*Hypophthalmichthys molitrix*) in the La Grange Reach, Illinois River[J]. Biological Invasions, 12(3): 433-436.

Steven C W, Schneider M L. 1997. Total dissolved gas in the near-field tailwater of Ice Harbor Dam[J]. International Association for Hydraulics Research, 123(5): 513-517.

Thresher R, van de Kamp J, Campbell G, et al. 2014. Sex-ratio-biasing constructs for the control of invasive lower vertebrates[J]. Nature Biotechnology, 32(5): 424-427.

Yi Y J, Yang Z F, Zhang S H. 2010. Ecological influence of dam construction and river-lake connectivity on migration fish habitat in the Yangtze River basin, China[J]. Procedia Environmental Sciences, 2: 1942-1954.

Zielinski D P, Voller V, Sorensen P W. 2018. A physiologically inspired agent-based approach to model upstream passage of invasive fish at a lock-and-dam[J]. Ecological Modelling, 382: 18-32.

第6章 河流建坝对鱼类生境影响的调控措施

本章从非工程和工程措施角度，分别评估了水库生态调度和支流生境替代对筑坝河流鱼类保护的效果。针对坝下鱼类产卵，开发了水文-水温耦合的多目标生态调度，提高了鱼类产卵效率，改善了积温阈值和临界水温阈值达到时间匹配性；针对坝上鱼类生境保护，阐明了梯级开发下鱼类支流生境替代效果以及干流工程建设对其的影响。

6.1 梯级水库多目标生态调度

6.1.1 满足鱼类产卵流速需求的生态调度

目前针对促进四大家鱼繁殖的生态调度还是依据对历史水文资料的分析总结，无法通过四大家鱼的生物行为学需求，构建满足其产卵期的适宜生态流量。本小节以三峡水库为研究案例，结合水动力数值模拟与鱼类产卵行为观测，量化四大家鱼产卵行为与关键水动力因子的关系，提出四大家鱼产卵触发流速和适宜流速。本小节根据长江中游宜昌产卵场四大家鱼产卵盛期5月下旬至7月下旬历史水文资料的统计，构建产卵场二维水动力学模型，对流量 Q 为 10000 m³/s、15000 m³/s、20000 m³/s、25000 m³/s、30000 m³/s、35000 m³/s、40000 m³/s 情况下四大家鱼产卵场水动力条件进行精细化模拟，分别计算得到 Q 为 10000 m³/s、15000 m³/s、20000 m³/s、25000 m³/s、30000 m³/s、35000 m³/s、40000 m³/s 情况下胭脂坝至红花套段四大家鱼产卵场流速分布情况（图6-1）。

图6-1 分别是流量为 10000 m³/s、15000 m³/s、20000 m³/s、25000 m³/s、30000 m³/s、35000 m³/s、40000 m³/s 时胭脂坝至红花套段四大家鱼产卵场流速大小。从模拟结果看，当流量为 10000 m³/s 时，沿主河槽方向流速变化不大，产卵场平均流速为 0.97 m/s；当流量增加至 15000 m³/s 时，产卵场江段上游主流区流速显著提高，局部流速可以达到 1.80 m/s，流速整体较为均匀，江段平均流速为 1.18 m/s；当流量为 20000 m³/s 时，流速进一步增大，平均流速达到 1.35 m/s，流场分布出现明显的空间不均匀性，其中流速最大的河段位于上游胭脂坝附近，流速可达到 1.75 m/s 以上，下游河段左岸部分地形处于深潭过后的低洼处，流速也相对较高，局部超过 2.00 m/s；流量为 25000 m³/s 时产卵场平均流速为 1.52 m/s，高流速区域出现在上游胭脂坝段中心线附近以及下游弯道处左岸；当流量达到 30000 m³/s 时，产卵场平均流速接近 1.66 m/s，中游与上游江段流速较大；当流量在 35000 m³/s 时，产卵场江段平均流速大于 1.80 m/s，主河槽方向流速均接近 2.00 m/s，流速分布较均匀。

根据三峡水库生态调度期间四大家鱼早期资源监测结果，2012～2016 年生态调度期间共计发生 15 次卵汛事件，统计如表6-1所示。

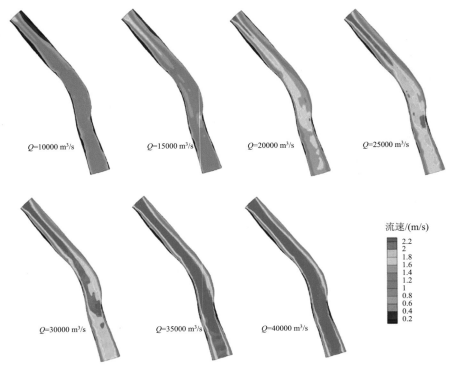

图 6-1   不同流量下胭脂坝至红花套段产卵场流速大小分布

表 6-1   卵汛事件统计

卵汛事件	发生时间（年/月/日）	卵密度/（粒/10^6m^3）	流速/（m/s）
1	2012/6/6	12.68	1.54
2	2012/7/5	24.15	1.91
3	2013/5/27	9.23	1.31
4	2013/6/7	12.09	1.32
5	2013/6/25	49.45	1.44
6	2014/6/7	54.63	1.33
7	2015/6/3	128.33	0.81
8	2015/6/9	869.51	1.35
9	2015/6/18	24.21	1.42
10	2015/6/27	201.41	1.59
11	2015/7/1	75.67	1.75
12	2016/6/3	108.26	1.28
13	2016/6/5	158.29	1.52
14	2016/6/12	96.65	1.18
15	2016/6/21	74.50	1.58

根据第 5 章统计的每次卵汛事件对应的产卵场平均流速，得到的四大家鱼产卵行为

对应的适宜流速频率分布曲线[图 5-15（b）]，可知卵汛事件发生时对应的流速范围为 1.00～2.05 m/s；当流速在 1.40～1.60 m/s 时，卵汛事件出现的频率最高，达到 42%；当流速在 1.20～1.40 m/s 时，卵汛事件的出现频率达到了 20%。根据统计结果，所有卵汛事件发生时的流速平均值为 1.39 m/s，标准差为 0.21 m/s。将卵汛事件对应的流速频率分布归一化处理，以流速频率分布曲线最高点对应适宜度 1，表示该点对应的流速下产卵条件最佳，以流速频率分布曲线两端最低点对应适宜度 0，表示完全不适合四大家鱼产卵，即可得到四大家鱼产卵的流速适宜度（Sv）分布曲线（图 6-2）。

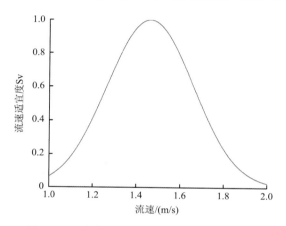

图 6-2　四大家鱼产卵的流速适宜度分布曲线

如图 6-2 所示，四大家鱼产卵最适宜（0.8<Sv≤1）的流速区间为 1.33～1.59 m/s；适宜（0.6<Sv≤0.8）的流速区间为 1.26～1.33 m/s、1.59～1.66 m/s；较适宜（0<Sv≤0.6）的流速区间为 1.00～1.26 m/s、1.66～2.00 m/s。

将二维水动力学模型与四大家鱼产卵流速适宜度方程相结合，对长江中游胭脂坝至红花套段四大家鱼产卵场的流速适宜度进行了模拟，得到了在流量 Q 为 10000 m³/s、15000 m³/s、20000 m³/s、25000 m³/s、30000 m³/s、35000 m³/s、40000 m³/s 情况下四大家鱼产卵的流速适宜度及其对应流速分布，如图 6-3 所示。

由图 6-3 可知，当流量为 10000 m³/s 时，由于受到流速制约，仅在产卵场上游河道中心线以及中游弯曲河道附近零星区域流速适宜度较高；当流量达到 15000 m³/s 时，产卵场的流速适宜度显著提高，水流条件整体比较适宜产卵，流速适宜度较高的区域主要集中在中上游河道中心线、下游河道左岸，亦有个别区域流速适宜度较高；当流量为 20000 m³/s 时，总体情况还是比较理想，中游河道左岸与下游右岸水流条件较好，流速适宜度较高，但产卵场上游河道流速过快，不适宜四大家鱼产卵；当流量增加至 25000 m³/s 时，不适宜产卵区域扩大，产卵空间进一步压缩，产卵场中游江段丧失产卵条件，仅在靠近左岸部分区域流速适宜度较高，总体流速适宜度明显降低；当流量达到 30000 m³/s 时，除上游左岸及下游右岸极少区域满足产卵流速要求，其他区域基本不适宜产卵；当流量超过 30000 m³/s 以后，由于产卵场流速过大，已不能满足四大家鱼产卵的流速需求。因此，从模拟结果看，流量为 15000～20000 m³/s 时，四大家鱼产卵的流速条件较为适宜，过大或者过小的流量条件均会降低产卵的流速适宜度。

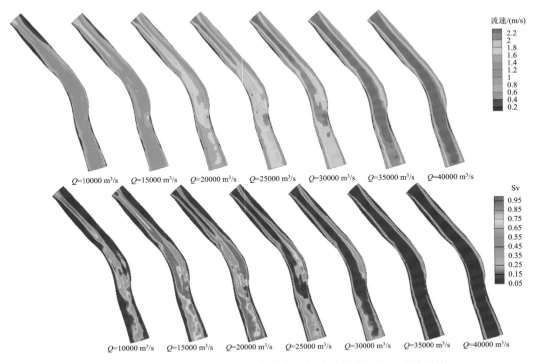

图 6-3　不同流量下四大家鱼产卵的产卵场流速及其流速适宜度分布

为进一步量化不同流量条件下，四大家鱼产卵场的流速适宜度，根据前述建立的四大家鱼产卵的流速适宜度分布曲线，结合水动力模拟结果，得到每一个计算单元的流速适宜度（Sv），将 Sv 在 0.8~1 的计算单元划分为最适宜产卵区域，将 Sv 在 0.6~0.8 的单元划分为适宜产卵区域，将 Sv 在 0~0.6 的单元划分为较适宜产卵区域，将 Sv≤0 的单元划分为不适宜产卵区域，统计产卵场的适宜产卵面积占比（图 6-4）。

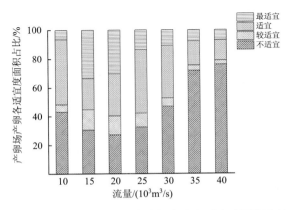

图 6-4　不同流量条件下产卵场产卵各适宜度面积占比

由图 6-4 可知，流量在 10000～15000 m³/s 时，随着流量的增加，产卵的适宜度增加，适合产卵的面积增加，当流量在 15000 m³/s 时，最适宜产卵面积达到最大，不适宜产卵的面积仅为 30%，70%的产卵场江段均能够满足四大家鱼产卵的流速需求，其中，最适宜产卵的面积占比为 33%，适宜与较适宜产卵的面积分别占到全部产卵场面积的 23%和 14%；当流量达到 20000 m³/s 时，最适宜产卵的面积占比下降至 30%，但适宜产卵的面积占比升高至 29%，不适宜产卵的面积占比降至 27%，产卵场的整体产卵适宜度仍然较高；当流量达到 25000 m³/s 时，适宜产卵的面积占比达到最大，为 44%，但是最适宜产卵的面积占比下降接近一半，降至 13%，此外不适宜产卵的面积占比显著上升，接近 33%，产卵场产卵适合度整体下降；流量超过 30000 m³/s 以后，由于产卵场流速过高，从图 6-4 可以看出，最适宜产卵面积、适宜产卵面积以及较适宜产卵的面积占比均出现不同程度下降，而且不适宜产卵的面积显著上升，适合产卵的区域受到严重制约，不再适合四大家鱼产卵行为。

进一步地，为明确量化在不同流量条件下四大家鱼产卵场流速的总体适宜度，推求能够最大满足四大家鱼产卵需求的生态流量区间。根据已建立的四大家鱼流速适宜度分布曲线，结合水动力模型计算结果，计算每个计算单元的面积与该网格所对应的流速适宜度的乘积，得到了四大家鱼宜昌产卵场栖息地面积（WUA）与流量的响应关系曲线（图 6-5）。

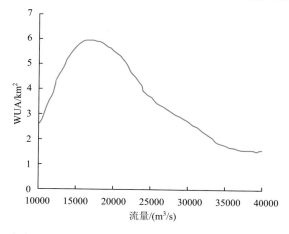

图 6-5　四大家鱼宜昌产卵场栖息地面积（WUA）与流量的响应关系曲线

从图 6-5 可以看出，当流量在 10000～15000 m³/s 时，随流量的增加，WUA 迅速上升；当流量达到 17500 m³/s 时，产卵场可利用面积达到最大，WUA 为 5.8 km²；之后随着流量进一步升高，WUA 保持相对平稳；流量为 20000 m³/s 时，WUA 维持在 5.51 km²；WUA 在流量高于 25000 m³/s 以后出现显著下降，表明产卵场总体适宜度降低。所以综合前述分析结果可以得出，促进四大家鱼产卵的最适宜生态流量范围为 15000～20000 m³/s，该流量可为保护长江中游四大家鱼自然繁殖的生态调度提供技术依据。

四大家鱼的产卵行为与流速及流速涨率密切相关，推求促进四大家鱼产卵的流速增长过程，并反推相应的生态流量过程线是提升四大家鱼自然繁殖效率的可行途径。前述分析结果已表明适宜四大家鱼产卵的流量范围为 15000～20000 m³/s，因此将 15000 m³/s

作为初始起涨流量，根据产卵适宜流速涨率统计结果，取流速涨率为 0.08 m/（s·d），结合 2012～2016 年生态调度期间四大家鱼产卵时的水动力条件，反推适宜四大家鱼繁殖产卵的最优生态流量过程。

根据计算结果，当初始起涨流量为 15000 m³/s 时，产卵场平均流速为 1.13 m/s，处于产卵触发流速范围，此后产卵场平均流速按 0.08 m/（s·d）递增，3.5 d 后流速上涨至 1.41 m/s，该流速下对应的流量为 20000 m³/s，涨水期间对应的流量增长过程如图 6-6 和图 6-7 所示。

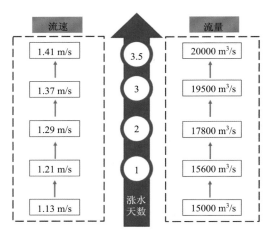

图 6-6　促进四大家鱼繁殖的生态流量过程

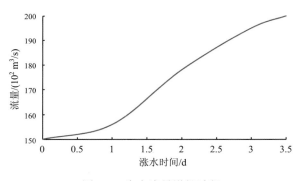

图 6-7　生态流量增长过程

由图 6-6 和图 6-7 可知，当初始起涨流量为 15000 m³/s 时，经过 3.5 d 的持续增长，流量可以增长至 20000 m³/s。流量与涨水时间并非简单的线性关系，持续涨水过程的第 1 天，由于流速较低，流量增加 600 m³/s 即可满足流速增长需求，从第 2 天起，流量日均涨幅需显著提高，从第 2 天至第 3.5 天，流量先后增加至 17800 m³/s、19500 m³/s 与 20000 m³/s 才可满足四大家鱼产卵行为对流速涨率的需求。

综上所述：建议三峡调度连续涨水 3.5 d，初始起涨流量 15000 m³/s，涨水第 1 天、第 2 天、第 3 天及第 3.5 天的流量大小分别为 15600 m³/s、17800 m³/s、19500 m³/s 和 20000 m³/s，该生态流量增长过程可为三峡水库生态调度提供技术参考。

6.1.2　满足鱼类产卵水温需求的生态调度

鱼类成功繁殖需要适宜的水温环境。以溪洛渡水库为研究案例，通过分析溪洛渡库区水温分布规律，明确溪洛渡水库出流水温的可调节范围及其对下游圆口铜鱼产卵的影响，制定了降低冬季水温、提升春夏季水温的水库调度运行方案。考虑圆口铜鱼产卵温度需求，同时以积温阈值和临界水温阈值达到时间等为判断指标，提出改善圆口铜鱼繁殖水温情势的运行方案，评估不同方案对水温情势的影响效应，为水库水温管理提供调度决策信息。

1. 溪洛渡库区水温分布规律

1）断面水温分布

2017 年 7 月～2018 年 6 月水温分层规律模拟结果，如图 6-8 所示。水温分层起始于 2018 年 3 月，并随着春夏季气温和入流水温的升高进一步发展，于 2018 年 5 月～6 月水温分层达到最明显，如 6 月高程在 550 m 以上的水温高达 21℃，而高程低于 450 m 的水温仅为 13℃；2017 年 7 月～12 月水温分层逐步减弱，2018 年 1 月～2 月水温基本不产生垂向水温分层。从水温分层形成的情况上分析，2018 年 1 月～2 月入流低温水在库区存储，并在库区中上层形成漩涡，2 月水温较均匀，基本为 13～14℃，2018 年 4 月～6 月库区低温水仍然以 13℃为主，而 2017 年 7 月～9 月观察到流线下切库底，高温水与库区低温水发生热交换，使库底低温水开始逐步减少，仅在坝前存储少量 14℃的水体。

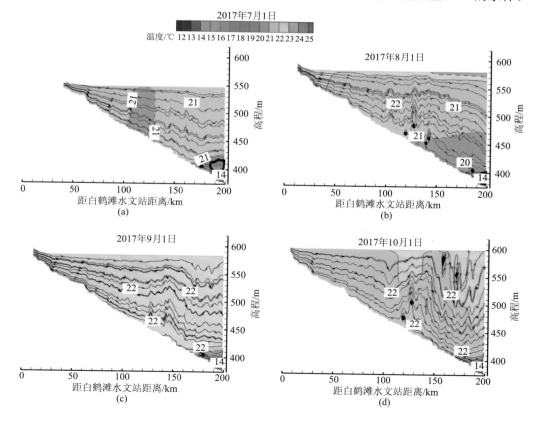

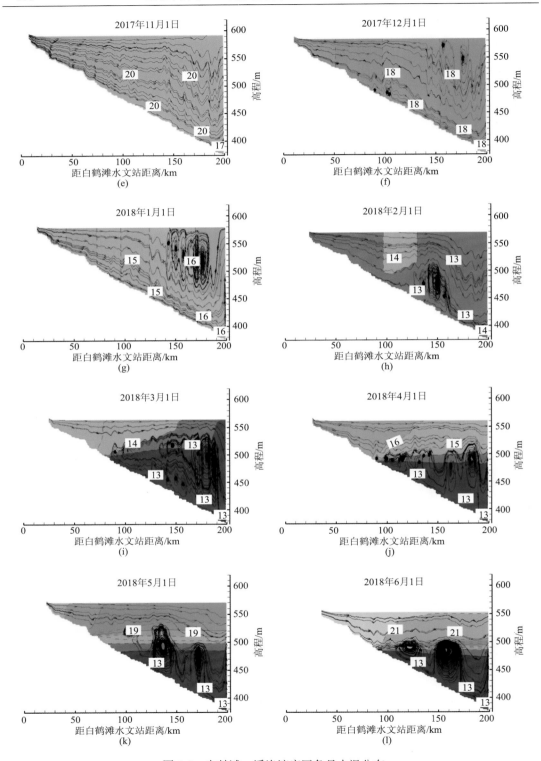

图 6-8　白鹤滩—溪洛渡库区各月水温分布

图中数字表示温度，单位为℃

2）水温的可调控范围

各月不同水温对应的水量情况，如表 6-2 所示。从水量存储情况分析，总蓄水量在 45.65 亿～98.06 亿 m³，2017 年 7 月 1 日～2018 年 6 月 30 日日均下泄水量为 3.7 亿 m³，不考虑入流情况下，仅使用蓄水量下泄，可调节的天数范围在 12～25.4 d。不同温度层存储量存在差异，且表层高温度对应的水量高于其他温度层。从鱼类繁殖对水温的需求角度分析，冬季低温水出流配合春夏季高温水出流是有利于春夏季鱼类产卵的水温情势。从水温可调度情况分析，冬季 2017 年 12 月初水温 16～18℃、14～16℃ 的水量占比分为 59.88%、39.95%，2018 年 1 月初水温在 16～18℃、14～16℃ 的水量占比分别为 50.88%、48.97%；2018 年 2 月初至 2018 年 3 月初温度基本低于 14℃；春夏季水温在 2018 年 4 月初之前均低于 16℃，2018 年 5 月初后水温在 16～18℃ 的水量占比达到 42.8%，6 月初水温高于 18℃ 水量占比达到 64.51%。因此，受水温分层作用影响，对不同季节水温的可调节时间进行初步划分，冬季可针对 12 月初开始调节，春夏季以满足鱼类产卵水温临界阈值 18.4℃ 和 20.4℃ 达到时间为需求，可分别在 5 月初和 6 月初进行调节。

表 6-2　2017 年 7 月～2018 年 6 月不同水温对应的水量

| 日期 | 水量/（10⁷m³）及水量占比/% | | | | |
| | 水温 | | | | |
	20～22℃	18～20℃	16～18℃	14～16℃	<14℃
2017 年 7 月 1 日	0	497.1（91.83）	28.1（5.19）	13.0（2.4）	3.1（0.58）
2017 年 8 月 1 日	124.4（16.79）	603.5（81.45）	6（0.91）	4.5（0.55）	2.5（0.35）
2017 年 9 月 1 日	725.5（95.73）	18.9（2.49）	6.9（0.91）	4.2（0.55）	2.4（0.32）
2017 年 10 月 1 日	333.8（35.22）	602.2（63.54）	5.5（0.58）	4.1（0.43）	2.2（0.23）
2017 年 11 月 1 日	0	970.3（98.59）	6.7（0.68）	1.6（0.16）	2（3.57）
2017 年 12 月 1 日	0	0	534.5（59.88）	356.6（39.95）	1.5（0.17）
2018 年 1 月 1 日	0	0	457.8（50.88）	440.6（48.97）	1.3（0.15）
2018 年 2 月 1 日	0	0	0	0	763.6（100）
2018 年 3 月 1 日	0	0	0	0	691.5（100）
2018 年 4 月 1 日	0	0	0	108.4（16.17）	562（83.83）
2018 年 5 月 1 日	0	0	287.9（42.8）	186.7（27.75）	198.1（29.45）
2018 年 6 月 1 日	0	294.5（64.51）	28.4（6.22）	15.8（3.46）	117.8（25.81）

注：颜色代表数据大小，红色代表数值较大，蓝色代表 0。表格中数字代表水量，括号里面数字代表水量占总水量的比例。

基于鱼类繁殖特性考虑水温-水位的调控分析。考虑水温分层及关键水温的高程变化，分析影响鱼类繁殖水温的可调节时间及出流口高程。鱼类产卵临界水温阈值 18.4℃，其达到时间在 5 月 1 日左右；鱼类产卵的另一个临界水温阈值 20.4℃，在水体表层其达到时间在 6 月 1 日前后，如图 6-9 所示。因此，春夏季临界水温的可调节时间为 5 月 1 日，考虑其他时间段的调度对表层临界水温形成的影响，可将调度时间提前至 3 月 1 日。产卵结束期至性腺恢复期（7 月～11 月）不是影响鱼类繁殖的关键时间段，故不考虑在该时间段进行调度。12月至来年2月为冬季鱼类性腺发育的关键时间段，考虑针对该时间段进行冬季低温水的出流调节。1月1日~2月28日水温基本不分层，该时间段水温基本不可调节。11月1日~1月1日前后，高于18℃水温的水位在407~598 m之间，而水温低于18℃的水位在387~440 m之间。12月~1月低温水位于水库底部376~387 m的高程处。因此，最低温层基本低于水位387 m，变温层变化范围较宽，在390~440 m的高程处波动，高温层位于高程500 m以上，当处于高水位期时高温层水位高于550 m。

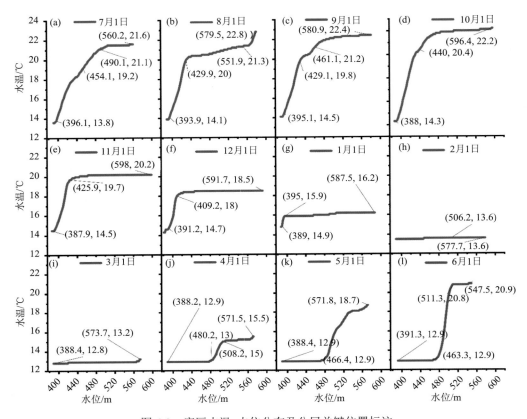

图6-9 库区水温–水位分布及分层关键位置标注

2. 水温调控方案

1）调度方案及评价标准

通过冬季（降温期）调控下泄低温水出流，春夏季（升温期）调控高温水出流的方式来满足鱼类产卵水温需求。制定了三种类型的水温调控方案，如表6-3所示。改变出流量方案，通过增大部分时间的出流量来分析对水温的改变情况；改变出水口高程方案，通过不同时间段开启不同高程的出口达到改变水温的目的；综合方案，通过同时改变下泄流量和出口高程来达到改变水温的目的。冬季的水温调控时间段拟定在11月~12月，春夏季的水温调控时间段拟定在3月~5月。

表 6-3　拟定模拟工况

方案分类	序号	具体边界条件变化
对比工况	工况零	率定验证结果
改变出流量方案	工况一	11 月 1 日～11 月 30 日出流量增加 0.3 倍
	工况二	12 月 1 日～12 月 31 日出流量增加 0.5 倍
	工况三	4 月 1 日～4 月 30 日出流量增加 0.5 倍
	工况四	5 月 1 日～5 月 31 日出流量增加 0.5 倍
	工况五	11 月 1 日～11 月 30 日出流量增加 0.3 倍；且等比例放缩至 4 月 1 日～4 月 30 日减少
	工况六	11 月 1 日～11 月 30 日出流量增加 0.3 倍；且等比例放缩至 2 月 1 日～2 月 28 日减少
改变出水口高程方案	工况七	11 月 1 日～1 月 30 日仅使用底层出口出流
	工况八	3 月 1 日～5 月 31 日仅使用表层出口出流
	工况九	11 月 1 日～1 月 30 日仅使用底层出口出流；3 月 1 日～5 月 31 日仅使用表层出口出流
综合方案	工况十	11 月 1 日～11 月 30 日出流量增加 0.3 倍；11 月 1 日～1 月 30 日仅使用底层出口出流
	工况十一	11 月 1 日～11 月 30 日出流量增加 0.3 倍；11 月 1 日～1 月 30 日仅使用底层出口出流；3 月 1 日～5 月 31 日仅使用表层出口出流
	工况十二	11 月 1 日～11 月 30 日出流量增加 0.3 倍且等比例放缩至 2 月 1 日～2 月 28 日减少；11 月 1 日～1 月 30 日仅使用底层出口出流；3 月 1 日～5 月 31 日仅使用表层出口出流

　　考虑水温–水位变化范围，同时满足各个时间段对表面高温、中部变温以及底部低温进行水量调控和分配的出口高程要求，在原有 2 个出口的基础上增加 2 个较有代表性的出水口，分别为表层出口（高程 550 m）和底层出口（387 m），以及原始方案的出口高程发电出水口（523 m）和深水孔泄洪出口（503.6 m）。综合考虑出流口基本需求，模型出口水高程设置如表 6-4 所示。

表 6-4　各工况出水口高程设置

出水口高程/m	顶部至底部范围（模型活动层）/层	备注
523	2～120	对比工况及改变出流量方案
503.6	2～120	
550	2～37	改变出口高程及综合方案
523	2～120	
503.6	2～120	
387	113～119	

　　以鱼类繁殖对水温的需求为参考，调度方案优劣的判断标准如下：①冬季（11 月～2 月）积温最低；②临界水温阈值（18.4℃、20.4℃）达到时间尽量早；③积温阈值推后达到。

　　2）各调度工况对水温的改变

　　（1）改变出流量方案。改善冬季水温总体原则是增大冬季出流量，降低冬季运行水位，减少水库对冷水的蓄滞，使上游冷水尽量优先出流（工况一和二）；改善春夏季水温的原则是使高温水优先出流（工况三和四）；此外，考虑年内流量的平衡，将冬季多出的出流量在其他月份减少，以达到年内流量的平衡。在增大出流量或者减少出流量的同时，保证不低于水库的死水位 540 m，如工况一、二、三、四，当水位接近死水位时，采用出流等于入流来满足以死水位运行的要求，如图 6-10 所示。各工况水位分布，如图 6-11 所示。从各工况的水位变化情况分析，与工况零相比较，冬季增大出流量会导致运行水位偏低的时间较长，增大春夏季出流量（工况三和四）和年内流量平衡的工况（工况五和六），水位偏低的运行时间短于其他工况。

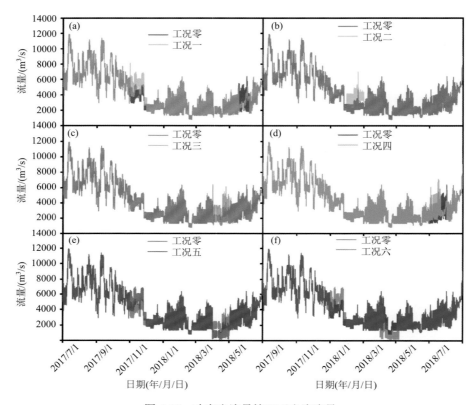

图 6-10　改变出流量情况下出流流量

改变出流量情况下的总体水温变化，见图 6-12。11 月或 12 月冬季出流量增加（工况一和二）能一定程度使得降温期（2017 年 11 月～2018 年 2 月）水温降低，而且这种影响会持续到 2 月。仅增大春夏季出流量（工况三和四）能在春夏季提升出流水温。年内流量平衡方案（工况五和六）能一定程度上降低冬季的水温，但减少出流量后会使春夏季出现不同程度的水温降低。总体上，降温期水温调控方案（工况一、二）的调控效果优于其他方案，水温从 11 月或 12 月开始降低，1 月底至 2 月底降低趋势减缓，同时，升温期（2018 年 3 月～2018 年 6 月）水温从 3 月开始升高，6 月底温度达到最高，7 月初温度开始逐步降低。

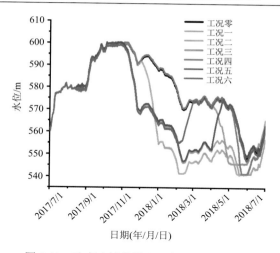

图 6-11 改变出流量情况下各工况水位变化

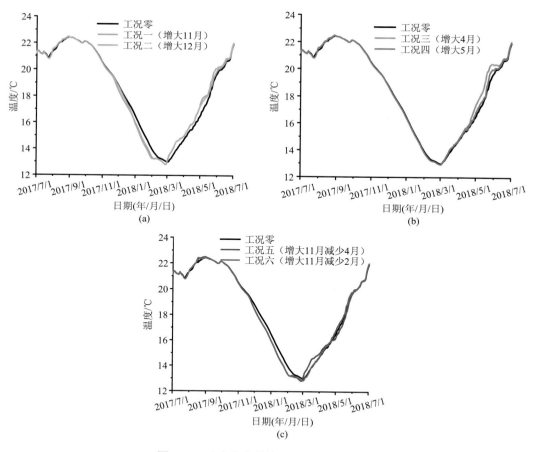

图 6-12 改变出流量情况下总体水温变化

降温期水温改变情况，降温期各工况与工况零的温度差值，如图 6-13 所示。增大

11 月、12 月出流量（工况一、二、五、六）对降温期水温的降低较明显，其中 1 月温降最大，工况一、工况二、工况五和工况六多日平均温降分别为 0.6℃、0.7℃、0.6℃和 0.6℃。综合考虑影响时间段和水位变化，11 月开始增大出流量在降温期内对温度的降低效果劣于 12 月增大出流量的工况。升温期水温改变情况，如图 6-13（b）所示。增大 11 月、12 月以及 3 月出流量（即工况一、二、三）温度升高效应明显，最大温升为 5 月，工况一、二、三日平均温升分别为 0.6℃、0.6℃和 1.0℃。综合考虑升温期和降温期对水温情势的改变，工况一、二相对较优，表明降温期的出流量增加导致水库低水位运行，不仅对降温期起到降低水温的作用，同时也有利于升温期的水温升高。

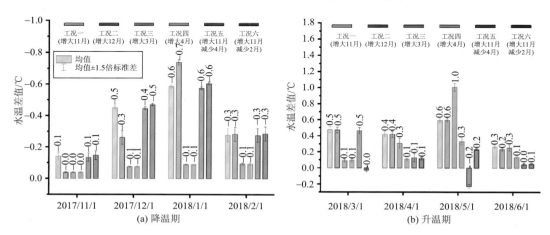

图 6-13　改变出流量情况下水温改变程度

水温差值由各计算工况日水温减去工况零各日的水温值得到。图中括号中的增大或减少是指增大出流量或减少出流量

（2）改变出口高程方案。各出口出流情况及总体水温变化分别如图 6-14 和图 6-15 所示。降温期使用底层出口出流（简称底口出流）对水温改变总体上较小，升温期使用表层出口出流（简称表口出流）可以观察到明显的水温上升趋势，3 月～5 月使用表口出流（工况八、九）率先在 3 月开始温度升高。工况八和工况九相比较，对水温的改变程度较为相似，表明冬季降低出水口高程（底层出口出流）和春夏季提高出水口高程的联合运用，仅对春夏季水温有明显提高效果。综上表明，改变出水口高程方案仅能在春夏季起到提高出流水温的作用，对冬季降低出流水温的影响较小。因此，改变出水口高程方案中，工况八 3 月～5 月使用表层出口出流，调控时间最短但升温期水温升高明显，因此工况八是改变出水口高程方案中最优的调控方案。

降温期改变出水口高程方案水温的具体变化情况，如图 6-16（a）所示。改变出水口高程方案，冬季开底口（工况七、九）和冬季不开底口（工况八）对水温的改变较为一致，日平均温度降低不超过 0.2℃，基本表明改变出水口高程对降温期的水温影响较小。升温期改变出水口高程方案水温的具体变化情况见图 6-16（b），工况八、九使用表口出流对水温的改变较大，其中最大温度改变在 4 月，日均水温升高 0.6℃。工况八、九在 3 月、4 月以及 5 月对水温升高的影响程度较为接近。以上结果表明，使用表层出口出流可以在升温期提高出流水温，但使用底层出口出流对降温期水温的降低作用较小。

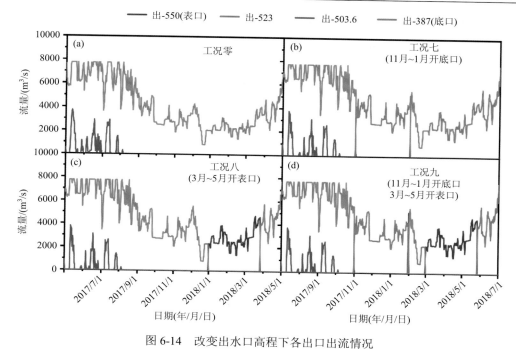

图 6-14　改变出水口高程下各出口出流情况

"出-"表示出水口高程，如"出-550（表口）"代表出水口高程为 550 m 且以表口进行的简称

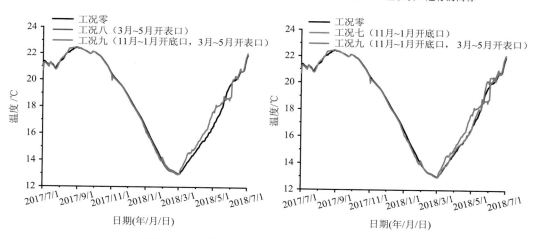

图 6-15　改变出水口高程情况下总体水温变化

（3）综合方案。综合方案以 11 月冬季增大出流量和春夏季使用表口出流相结合为调控手段，综合方案总体水温变化如图 6-17 所示，11 月增大出流（工况十、十一、十二）较大程度改变了降温期的水温，而升温期使用表层出口（工况十一）可以较大程度地增加升温期的水温。在增大出流量效果的影响下，工况十、十一、十二降温期水温的变化较为接近，表明冬季底口出流和增大出流量并未产生水温降低的叠加影响效果。工况十一在升温期的水温提高最明显，且工况十在升温期的水温高于工况十二，表明升温期的出流量变化和春夏季表层出流对春夏季水温的升高具有叠加的影响效果。

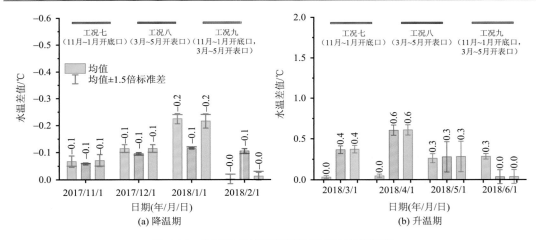

图 6-16　改变出水口高程情况下水温改变程度

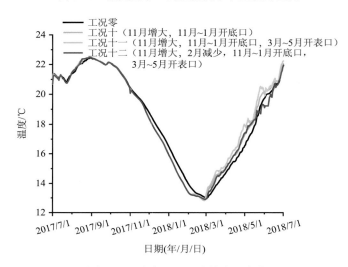

图 6-17　综合工况下总体水温变化

综合方案水温的具体变化情况，如图 6-17 所示。工况十、十一、十二水温在 11 月、12 月、1 月和 2 月均出现不同程度的温度降低，三个工况在降温期的温度降低范围较为一致，1 月温度降低幅度达到最大，为 0.6℃，表明降温期的水温降低主要与该时期出流量增大有关，如图 6-18（a）所示。升温期综合方案水温的具体变化情况，如图 6-18（b）所示，工况十二由于 2 月的出流量减少，其温度升高程度最小，且 6 月出现水温低于工况零的情况，表明在升温期水位的增加会导致出流水温偏低。工况十一通过降温期增加出流量，同时在升温期使用表层出流，对升温期水温的提升具叠加影响，其中 3 月、4 月和 5 月日平均水温升高分别达到 0.7℃、0.9℃和 1.0℃，均高于其他仅依靠降温期增大出流量（如工况三在 3 月、4 月和 5 月日平均水温升高分别为 0.1℃、0.3℃和 1.0℃）和升温期使用表层出流（如工况八在 3 月、4 月和 5 月日平均水温升高分别为 0.4℃、0.6℃和 0.3℃）的调节工况。综上，降温期增大出流量和升温期使用表层出流的综合工况十一是最优工况。

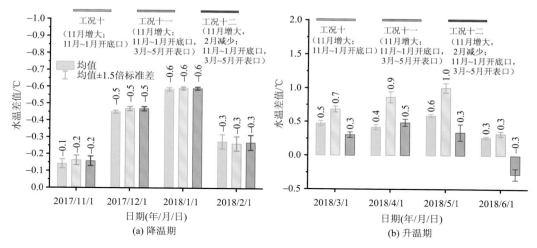

图 6-18　综合方案下水温改变程度

以上的结果表明，溪洛渡水库叠梁门的水温调控能力有限。我国高坝大库众多，不同区域叠梁门运行具有不同的水温调控能力。对 261.5 m 坝高的糯扎渡水电站叠梁门水温调节研究表明，叠梁门取水方案最大可以实现水温升高 3℃（李坤等，2017）。针对 305 m 坝高的锦屏一级水库 3 月～5 月水温偏低的情况进行调控，叠梁门取水可以使水温上升 0.9～2.4℃（柳海涛等，2012）。195.5 m 坝高的光照水电站水温监测显示，叠梁门取水可以在不同时间提升出流水温达 0.6～3.4℃（陈栋为等，2016）。目前，多数研究以恢复春夏季暖水水温为指导思想，针对用不同水位运行不同高程的叠梁门，来达到提高出水温的效果。然而，叠梁门运行对水温的改变程度，除了受叠梁门参数影响外，也受水库运行前后水温改变程度、水温可调度范围等因素的影响。例如，163 m 坝高的滩坑水电站建库前后水库实际运行，7 月和 8 月出流水温分别降低了 8℃和 6℃，使用叠梁门取水后下游水温平均升高了 5.7℃，由于水库运行前后水温改变程度较大，该调控结果明显高于其他水库的水温调控效果。梯级水库间水温的累积影响也不可忽视，对金沙江下游四座水库的水温调控进行模拟，同时考虑乌东德水库、白鹤滩水库和溪洛渡水库均使用叠梁门取水时，分别在 4 月和 5 月可使得向家坝水库下游提高下泄水温 0.8℃和 1.0℃（匡亮等，2019）。此外，不同代表年对水温的改变也略有差异，对坝高 116 m 的亭子口水库研究表明，与建库前天然水温情势相比，丰、平、枯水年 18℃达到时间分别推后 31 d、38 d 和 29 d，使用叠梁门取水可改善该时间约 10 d，另外，目标水温的达到时间也常用来指示水库的调度效果（邵年等，2014）。

从水温的改变程度进行分析，冬季增大出流量降低水位，1 月最大日平均降温可达 0.7℃，同时冬季出流量增大也可促使春夏季水温升高，其中 5 月最大平均温升可达 1.0℃；改变出水口高程，对冬季水温的降低效果不明显，但对春夏季升温的影响较明显，其中 4 月最大温升可达 0.6℃；综合方案可使 1 月平均降温 0.6℃，且在 3 月、4 月、5 月平均水温分别升高 0.7℃、0.9℃和 1.0℃。本小节的水温调控结果与其他人研究存在差异，如对溪洛渡水库叠梁门分层取水研究表明，最大可以提高出流水温 0.4℃（李雨等，2021）。产生差异的主要原因是调控过程是基于保证死水位和尽量选择表层出流等极限水温调控方案进行的探讨，因此水温调控结果优于其他研究；此外，李雨等（2021）研究结果中水温改变 0.4℃不是实际出流的水温改善情况，而是以 3 月叠梁门顶部和出水口底板水温间的温差来代表的，因此与实际出流的水温改变还存在差距。

综上分析表明，通过增大冬季出流量可对冬季温降起到较好的调控作用，而改变出水口高程，对冬季水温的改变效果并不理想。主要原因是低温水的存储量相对于较大的出流量仅能维持出流水温发生十几天的改变，因此降低出水口高程对降温期温度的降低影响较小；而加大出流量则能降低运行水位，使过水断面相应变窄，水库对水温的滞蓄能力被削弱，在一定程度上恢复了建库前的河流状态，因此，能出现相对较好的水温改变情况。对水位波动、降温期的水温变化以及升温期的水温变化进行综合分析，降温期的水位下降有利于降温期降低水温，也有利于升温期提高水温，即降低运行水位能在一定程度上恢复自然河道水温情势。

（4）各调度工况下的指标变化。以达到关键阈值的时间作为判断指标，积温阈值参考圆口铜鱼产卵所需的 1728.1℃·d，临界水温阈值参考铜鱼和圆口铜鱼的繁殖水温需求，分别为 18.4℃和 20.4℃。工况零达到临界水温阈值 18.4℃、20.4℃和积温阈值的时间分别是 5 月 18 日、6 月 5 日和 5 月 21 日。由第 3 章和第 4 章研究成果可知，水温节律变化导致铜鱼产卵减少和圆口铜鱼错过适宜产卵时间，可以概括为两个方面，其一，达到临界水温阈值时间平均推后 37 d，积温阈值达到时间提前了 7 d；其二，冬季水温显著提升，导致冬季积温升高。因此，水温调控的目的是恢复或减轻这些水温指标在时间或累积上的差异。

如图 6-19 所示，达到临界水温阈值时间提前较明显的工况有工况十一、工况九、工况八和工况三，18.4℃临界水温阈值的提前时间分别为 18 d、12 d、12 d 和 10 d，20.4℃临界水温阈值的提前时间分别为 8 d、1 d、4 d 和 13 d。积温阈值达到时间推后的工况有

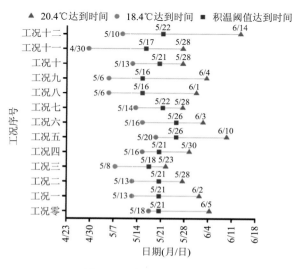

图 6-19　各阈值达到时间

工况五和工况六，推后时间均为 5 d，但其临界水温阈值达到时间没有显著提前。综上所述，临界水温阈值的可调节时间范围较大，而积温阈值的可调节范围较小。

　　冬季（降温期）积温降低的情况，如图 6-20 所示。结合图 6-12，除工况三、四对冬季积温的降低影响较小外，其他工况如一、二、五、六、七、十、十一和十二对冬季积温有一定程度的降低，冬季积温改变工况与工况零相比降低范围为 13～46℃·d，其中冬季积温在 12 月和 1 月改变高于 11 月和 2 月的改变。改变出水口高程方案通过 11 月使用底层出流（工况七、九）对冬季积温的改变较小，仅为 13～15℃·d。综合方案在 11 月或者 12 月增大出流量且使用底层出口出流方案（工况十、十一和十二），对冬季积温降低可达 45～46℃·d，与改变流量工况（工况一和二）对积温的改变较为接近，表明冬季（11 月或 12 月）增大出流量对冬季积温的降低的影响效果最明显。

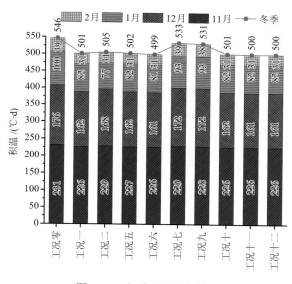

图 6-20　冬季积温降低情况

　　综上分析表明，对于圆口铜鱼产卵而言，临界水温阈值达到时间提前和冬季水温偏低有利于圆口铜鱼产卵。从提前产卵临界水温阈值达到时间的调度方案来看，工况三（4 月 1 日～4 月 30 日增加出流量 0.5 倍）对临界水温阈值 20.4℃达到时间提前最明显，最大可提前 13 d 达到。从降低冬季积温和临界水温阈值提前达到来看，推荐调度工况十一（11 月增加出流量且仅使用底层出口出流，并在 3 月～5 月使用表层出口出流），可以使冬季积温降低 46℃·d，且临界水温阈值 20.4℃提前 8 d 达到。

6.1.3　多目标多要素耦合生态调度

　　河流的水文与水温情势影响鱼类的产卵强度。在鱼类产卵阶段，需要持续的流量上升过程，还需要河流水温达到临界水温阈值才能触发产卵行为。在鱼类生活史不同生长阶段，尤其是产卵与性腺发育等关键阶段，对流量与水温等水文水力条件的需求也有差异。此外，鱼类产卵不仅与临界水温有关，还与积温有关。积温反映了鱼类在性腺发育阶段对河流水温的热需求。一般而言，鱼类完成性腺发育阶段是进入产卵阶段的先决条件。本小节构建一个多目标多要素耦合生态调度模型，考虑的要素为流量和水温，优化了水库运行，改善了与鱼类产卵相关的临界水温阈值和积温阈值之间的不匹配关系，平衡了经济效益和生态效益。本小节以中国金沙江流域的溪洛渡—向家坝梯级水库为研究案例。

1. 流量与水温过程

鱼类成功产卵，需要流量和水温环境条件同时满足。本小节将对溪洛渡水库坝下生态控制断面的流量与水温环境进行评估（图 6-21）。在常规调度方案下的平水年，流量过程在 11 月底之前一小段时间低于生态流量，而在全年其余时间则超过生态流量[图 6-21（a）]。经过优化调度后，仅流量优化情景和流量水温联合优化情景的流量过程相似，1 月～5 月和 9 月底～12 月的流量过程高于生态流量，而 6 月～9 月初则低于生态流量[图 6-21（a）]。我们研究的目标鱼类——圆口铜鱼的产卵期为 3 月～6 月。在此期间，流量水温联合优化情景的溪洛渡水库水位低于仅流量优化情景[图 6-21（b）]。相反，在流量水温联合优化情景下，溪洛渡水库水位在 10 月～次年 1 月期间高于仅流量优化情景，这是圆口铜鱼性腺发育的关键时期。

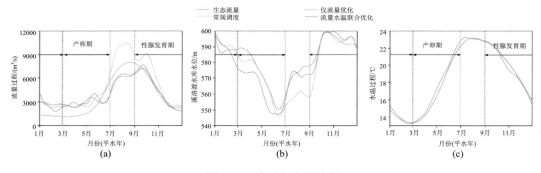

图 6-21　流量与水温过程

常规调度和仅流量优化情景的全年水温过程几乎相同[图 6-21（c）]。然而，在目标鱼类的敏感产卵期（3 月～6 月），流量水温联合优化情景下的水温过程高于仅流量优化情景下的水温过程。最大升温幅度约为 1.6℃，出现在 5 月 3 日。在目标鱼类性腺发育的关键时期（主要是在降温期），流量水温联合优化情景下的水温过程低于仅流量优化情景，最大降幅约为 0.75℃，发生在 12 月 14 日[图 6-21（c）]。

在流量水温联合优化情景下，升温期溪洛渡水库水位降低，进而抬高出水口高程。先前的研究表明，水库低水位运行会增加出流水温（He et al.，2020）。模拟和观测也表明，水库低水位运行会加强垂直水交换，从而减少水库温度分层（Carpentier et al.，2017）。而在分层水库中，表层水温高于底部水温，提高出水口高程将提高出水流水温。通过提高出水口高程并从分层水库的表层汲取温度较高的表层水，库区的垂直温差也会减小。因此，这种情况可能会提高出水温度，缓解库区热分层。在冷却期的情况则恰恰相反。

尽管世界范围内有许多水库生态调度实践的报道，但流量与水温的共同调节尚未得到广泛考虑。据报道,美国科罗拉多河的格伦峡坝曾为保护鱼类而进行人造洪峰调度试验(该大坝曾提议建设分层取水设施以提高出水温度,但从未实施)(Melis et al.,2015),澳大利亚墨累河的休姆大坝也曾进行人造洪峰调度试验(King et al.,2010)。如果这些实践同时考虑到流量和水温要求,可以为鱼类提供更好的保护。

2. 库区热分层

在流量水温联合优化情景下,与仅流量优化情景相比,在升温期,溪洛渡水库的出水口高程被抬高,水位降低。这导致表温层厚度减小,滞温层厚度增大,温跃层向上移动[图 6-22(a)和图 6-22(b)]。水库的热分层可用施密特指数定量表示。3 月~6 月,除 3 月上旬和 6 月下旬外,流量水温联合优化情景下的施密特指数均低于仅流量优化情景下的施密特指数,表明库区热分层明显减弱[图 6-22(c)]。

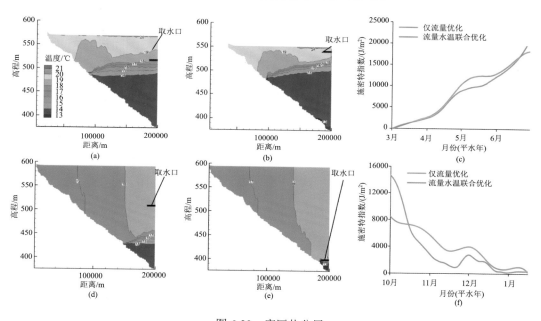

图 6-22 库区热分层

在流量水温联合优化情景下,与仅流量优化情景相比,降温期出水口高程下降,水位升高[图 6-22(d)和图 6-22(e)]。在仅流量优化情景下,水库底部存在少量低温水(<14℃)[图 6-22(d)]。然而,在流量水温联合优化情景下,随着水库分层变得垂直等温,低温水量进一步减少[图 6-22(e)]。10 月~次年 1 月,除 10 月上半月外,流量水温联合优化情景下的施密特指数均低于仅流量优化情景下的施密特指数[图 6-22(f)]。

水库中强烈的温度分层阻碍了垂直水体交换,加剧了缺氧,增加了氮磷营养富集(He et al.,2022)。在流量水温联合优化情景中,缓解大坝上游的热分层现象可以改善库区的水生环境和生态。

3. 临界水温阈值与积温阈值

在水库建坝前，鱼类产卵的临界水温阈值在 4 月 22 日达到，而性腺发育的积温阈值在 5 月 18 日达到（图 6-23），临界水温阈值达到时间早于积温阈值达到时间。水库建设后，在现行水库调度规程的常规调度情景下，临界水温阈值在枯、平和丰水年分别在 6 月 10 日、5 月 30 日和 6 月 16 日达到。而积温阈值在枯、平和丰水年分别在 5 月 27 日、5 月 19 日和 6 月 11 日达到。因此，大坝运行改变了两个阈值的达到顺序，使临界水温阈值达到时间晚于积温阈值达到时间，从而影响鱼类产卵。

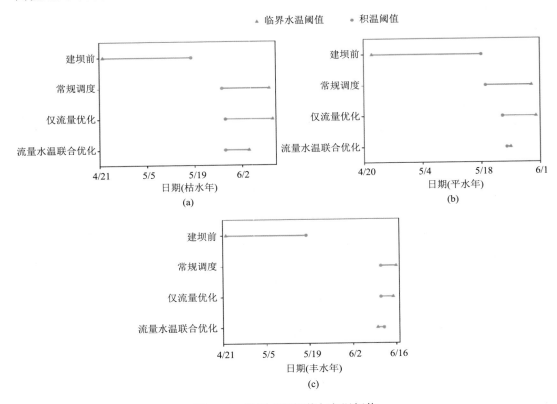

图 6-23　临界水温阈值与积温阈值

在仅流量优化情景下，与常规调度情景相比，枯水年和平水年的临界水温阈值达到时间延迟了 1 d（图 6-23）。在丰水年，仅流量优化情景下的积温阈值达到时间与常规调度情景一致，仍然晚于建坝前。值得注意的是，在单一流量优化情景下，没有对出流水温进行优化，临界水温阈值达到时间依旧晚于积温阈值达到时间，临界水温阈值和积温阈值达到时间之间的不匹配现象仍然存在。

相反，在流量水温联合优化情景下，升温期提高出流水温，与常规调度情景相比，在枯水年、平水年和丰水年，临界水温阈值分别提前了 5 d、6 d 和 6 d（图 6-23）。同时，在降温期降低出流水温，在枯水年、平水年和丰水年，积温阈值分别推迟了 1 d、5 d 和

1 d。虽然在流量水温联合优化情景下，无法完全把这两个阈值的达到时间恢复到建坝前，但提前了临界水温阈值，推迟了积温阈值，从而尽可能地重新调整了它们间的匹配关系，这有利于鱼类产卵。

在筑坝河流中，大型水库的温度分层，会导致水库下游的河流水温在秋冬季变暖，而在春夏季变冷。这种差异表现为鱼类产卵期间达到临界水温阈值的延迟，以及春季和夏季积温阈值的提前达到。临界水温阈值的延迟，使鱼类无法按时产卵，导致性腺过度成熟，进而降低了产卵量。有研究表明，长江流域梯级水库的运行延迟了中华鲟（Wang et al.，2023）和四大家鱼（Zhang et al.，2019）的产卵。在较温暖的环境中，对温度敏感的鱼类可能会跳过产卵期，依靠卵黄中储存的能量来维持新陈代谢（McQueen and Marshall，2017）。出现这种情况是因为它们过早达到积温阈值，导致卵子质量较差。研究表明，与生活在自然河流中的鱼类相比，韩国安东大坝下游的鱼类的性腺发育出现退化（Kang et al.，2017）。

通过优化调度，在升温期提高出流水温可促进鱼类产卵，而在降温期降低出流水温则有利于鱼类性腺发育。在鱼类的整个生命周期中，鱼类产卵的临界水温阈值提前达到，性腺发育的积温阈值推迟达到；因此，临界水温阈值和积温阈值之间的不匹配关系得到改善。

这一结果与 Ji 等（2022）的研究结果不同。在升温期降低出流水温可推迟铜鱼产卵临界水温阈值和积温阈值的达到时间。在理想条件下，积温阈值和临界水温阈值的延迟达到时间分别为 20.3 d 和 7 d，临界水温阈值和积温阈值之间的不匹配也会得到改善。然而，在我们的研究中，通过在升温期和降温期分别提高和降低出水温度，可以将河流水温情势尽可能地恢复到接近自然河流的状态。与自然河流的水文情势一样，自然河流的水温情势长期以来一直被认为对生态系统有益，除了有益于目标鱼类，它还有益于非目标鱼类及其栖息地（Kim and Choi，2021）。

4. 经济与生态效益

枯水年、平水年和丰水年的经济和生态效益趋势相似。以典型的平水年为例，在流量水温联合优化情景下，溪洛渡水库在升温期的发电量比常规调度情景减少 9.66%。然而，在降温期，溪洛渡水库的发电量高于常规调度情景和仅流量优化情景。尽管流量水温联合优化情景下的总发电量低于仅流量优化情景，但仍比常规调度情景下高 1.78%。在流量水温联合优化情景下，生态流量偏离度比仅流量优化情景大（越小越好），但仍比常规调度情景小 0.80%（表 6-5）。

在常规调度情景下，3 月～6 月（升温期），溪洛渡水库的下泄温度略低于天然河水温度，而 10 月～1 月（降温期），溪洛渡水库的下泄温度较高。相反，在流量水温联合优化情景下，在升温期，枯水年、平水年和丰水年的平均出流水温分别升高了 0.47℃、0.49℃和 0.48℃（表 6-5）。而在降温期，枯水年、平水年和丰水年的出流水温分别降低了 0.53℃、0.42℃和 0.35℃。因此，溪洛渡水库下游的水温情势尽可能地恢复到了建坝前自然河流的水温情势。

表 6-5　经济与生态效益

典型年	调度模式	溪洛渡水库发电量（升温期）/（10⁹kW·h）	溪洛渡水库发电量（降温期）/（10⁹kW·h）	总发电量/（10⁹kW·h）	生态流量偏离度/%	平均温差（升温期）/℃	平均温差（降温期）/℃
枯水年（2015年）	常规	12.49	13.05	78.11	48.27	—	—
	仅流量	11.75（−5.92%）	13.24（1.46%）	80.42（2.96%）	44.06（−4.21%）	—	—
	流量水温	11.36（−9.05%）	13.29（1.84%）	79.71（2.05%）	42.31（−5.96%）	0.47	−0.53
平水年（2019年）	常规	13.66	15.16	86.39	59.97	—	—
	仅流量	13.70（0.29%）	15.27（0.73%）	88.35（2.27%）	56.22（−3.75%）	—	—
	流量水温	12.34（−9.66%）	15.29（0.86%）	87.93（1.78%）	59.17（−0.80%）	0.49	−0.42
丰水年（2018年）	常规	12.77	16.47	93.38	53.73	—	—
	仅流量	13.64（6.81%）	15.89（−3.52%）	94.54（1.24%）	42.44（−11.29%）	—	—
	流量水温	12.71（−0.47%）	15.82（−3.95%）	93.88（0.54%）	44.71（−9.02%）	0.48	−0.35

在流量水温联合优化情景和仅流量优化情景下，水库出水量全年都小于水轮机总发电量（7740 m³/s），从而减少了弃水。因此，总发电量大于常规调度情景。在流量水温联合优化情景下，模拟了叠梁门，并在升温期提高了出水口高程，这导致了水头损失。因此，与仅流量优化和常规调度情景相比，流量水温联合优化情景下，溪洛渡水库在升温期产生更多的发电量损失，这主要是由水头损失造成的。然而，在枯水年和平水年的降温期，发电量增加了（表 6-5）。因此，在这些年份的降温期，可以通过优化水库运行来补偿升温期的发电量损失。

6.2　高坝大库支流生境替代

水库建设完成后，原本连续的自然江段将会变成首尾相连的河道型水库，导致部分土著鱼类失去赖以生存的急流生境，种群资源量下降。为了缓解梯级水电开发对重要鱼类的不利影响，我国在水电开发与生态保护的实践中逐步形成了"干流开发、支流保护"的新思路，以支流生境替代干流生境，补偿性保护干流中受到水电开发影响的鱼类，从而达到流域水电开发效益与生态环境保护均衡发挥。本节分别选择金沙江下游、澜沧江下游为研究对象，采用环境脱氧核糖核酸（DNA）技术，结合鱼类调查，评估梯级开发下鱼类支流生境替代效果。

6.2.1　金沙江支流生境替代

选择金沙江下游乌东德—白鹤滩段干流及主要支流为研究区域，采用形态学与分子生物学相结合的方法，筛选目标鱼类与替代支流，对比替代支流拆坝前后目标鱼类环境 DNA 生物量数据，验证拆坝对替代支流生境的实际改善效果。

　　1. 形态学与分子生物学相结合的目标鱼类确定方法

　　选择金沙江下游乌东德—白鹤滩段干流及主要支流为研究对象（图 6-24），采用形态学与分子生物学相结合的方法，筛选目标鱼类与替代支流。

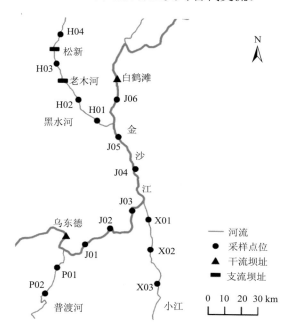

图 6-24　金沙江下游乌东德—白鹤滩段干支流

　　1）干支流鱼类物种组成分析

　　通过二代高通量测序技术进行 eDNA 宏条形码检测，共获得高质量 12S 引物序列 233933 条，长度集中在 230 bp 附近，原始 FASTQ 文件 100 MB，OTU 序列质量平均值在 20 以上。经聚类分析共得到 OTU 分类单元 1195 个，其中有 778 个分类单元能够被"EcoView"数据库注释，被注释的分类单元共包含基因序列 18629 条。

　　被注释的 778 个分类单元中能够鉴定到种的鱼类共有 50 种，隶属于 3 目 12 科 36 属。其中鲤形目为主要的生物类群，共包含 3 科 26 属 37 种,物种数量占总种类数的 74%，测序丰度占总序列数的 84%，鲤形目中以鲤科为优势类群，共 21 属 27 种，占鲤形目鱼类总数的 73%，鳅科次之，共 3 属 7 种，占鲤形目总数的 19%，其余各科的种类数量以及测序丰度都相对较少；鲈形目共包含 4 科 4 属 7 种，其物种数量以及测序丰度分别占到总数的 14% 和 7%，鲈形目中以鰕虎鱼科为主要优势类群，其测序丰度占到鲈形目总数的 71%；鲇形目共包含 5 科 6 属 6 种，以鮡科纹胸鮡属为主要优势类群，其测序丰度占鲇形目总序列数的 36%（图 6-25）。

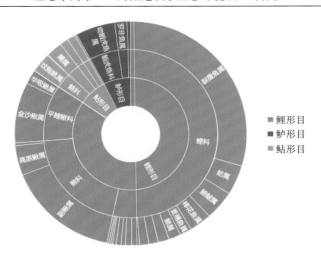

图 6-25　eDNA 宏条形码表征金沙江下游乌东德—白鹤滩段干支流鱼类物种组成及其对应的序列数占比

在 eDNA 宏条形码检出的鱼类样本中，包括长江上游珍稀特有鱼类 12 种，分别是钝吻棒花鱼（*Abbottina obtusirostris*）、昆明裂腹鱼（*Schizothorax grahami*）、短须裂腹鱼（*Schizothorax wangchiachii*）、齐口裂腹鱼（*Schizothorax prenanti*）、软刺裸裂尻鱼（*Schizopygopsis malacanthus malacanthus*）、四川华吸鳅（*Sinogastromyzon szechuanensis*）、西昌华吸鳅（*Sinogastromyzon sichangensis*）、中华金沙鳅（*Jinshaia sinensis*）、短体副鳅（*Paracobitis potanini*）、红尾副鳅（*Paracobitis variegatus*）、前鳍高原鳅（*Triplophysa anterodorsalis*）、白缘𫚉（*Liobagrus marginatus*）。

图 6-26 详细显示了 eDNA 宏条形码鉴定得到的每个物种的检出频率以及序列数信息，由图 6-26 可知鲤科裂腹鱼属中的齐口裂腹鱼（*Schizothorax prenanti*）与昆明裂腹鱼（*Schizothorax grahami*）、鳅科副鳅属中的红尾副鳅（*Paracobitis variegatus*）与短体副鳅（*Paracobitis potanini*）以及平鳍鳅科中的中华金沙鳅（*Jinshaia sinensis*）为 eDNA 宏条形码检测到的主要生物类群，这些物种不仅拥有大量的检出序列而且检出频率也较高。从整体上看，在流域范围内检出频率较高的物种其 eDNA 宏条形码测序得到的序列数也较多，但不排除个别鱼类，如草鱼（*Ctenopharyngodon idella*）、鲫鱼（*Carassius auratus*）、鳙（*Aristichthys nobilis*）、棒花鱼（*Abbottina rivularis*）虽然只有数十条测序序列，但是在绝大多数点位都能被检出，这表明 eDNA 宏条形码技术在检测种群密度相对较低的环境样本时具有很高的灵敏度。

在金沙江下游乌东德—白鹤滩段干流及主要支流共调查采集到鱼类 1381 尾，统计渔获物总重 18.67 kg，隶属于 3 目 11 科 35 属 44 种，渔获物形态学鉴定结果见表 6-6。其中，金沙江干流鱼类组成包括 3 目 9 科 30 属 38 种；黑水河包括 3 目 9 科 20 属 23 种；小江包括 3 目 6 科 10 属 11 种；普渡河包括 3 目 7 科 8 属 9 种。

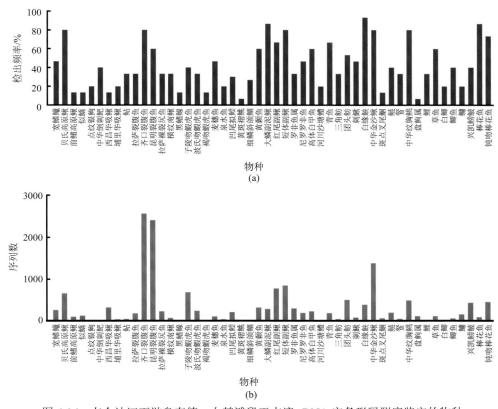

图 6-26　在金沙江下游乌东德—白鹤滩段干支流 eDNA 宏条形码测序鉴定的物种

（a）检出频率，（b）每个物种对应的序列数

表 6-6　金沙江下游乌东德—白鹤滩段干支流渔获物物种鉴定及分布

目	科	属	种	金沙江	黑水河	小江	普渡河
鲤形目 Cypriniformes	鲤科 Cyprinidae	白甲鱼属 *Onychostonua*	白甲鱼 *Onychostonua asima*	+			
		棒花鱼属 *Abbottina*	棒花鱼 *Abbottina rivularis*	+		+	+
			钝吻棒花鱼* *Abbottina obtusirostris*	+	+		
		鳌属 *Hemiculter*	鳌 *Hemiculter leucisculus*	+	+		
		草鱼属 *Ctenopharyngodon*	草鱼 *Ctenopharyngodon idella*	+	+		
		倒刺鲃属 *Spinibarbus*	中华倒刺鲃 *Spinibarbus sinensis*	+			
		鲂属 *Megalobrama*	三角鲂 *Megalobrama terminalis*	+			

续表

目	科	属	种	金沙江	黑水河	小江	普渡河
鲤形目 Cypriniformes	鲤科 Cyprinidae	鲂属 Megalobrama	团头鲂 Megalobrama amblycephala	+	+		
		华鳊属 Sinibrama	四川华鳊 Sinibrama taeniatus	+			
		鲫属 Carassius	白鲫 Carassius cuvieri	+			
			鲫鱼 Carassius auratus	+			
		鲤属 Cyprinus	鲤 Cyprinus carpio	+			
		鲢属 Hypophthalmichthys	鲢 Hypophthalmichthys molitrix	+			
		鳙属 Aristichthys	鳙 Aristichthys nobilis	+			
		裂腹鱼属 Schizothorax	短须裂腹鱼* Schizothorax wangchiachii	+			+
			昆明裂腹鱼* Schizothorax grahami	+	+		+
			齐口裂腹鱼* Schizothorax prenanti	+	+		
		鱲属 Zacco	宽鳍鱲 Zacco platypus	+	+		
		裸裂尻鱼属 Schizopygopsis	软刺裸裂尻鱼* Schizopygopsis malacanthus malacanthus	+			
		麦穗鱼属 Pseudorasbora	麦穗鱼 Pseudorasbora parva		+		
		墨头鱼属 Garra	墨头鱼 Garrs pingi pingi		+		
		鳑鲏属 Rhodeus	中华鳑鲏 Rhodeus sinensis	+		+	
		青鱼属 Mylopharyngodon	青鱼 Mylopharyngodon piceus	+			
		泉水鱼属 Pseudogyrinocheilus	泉水鱼 Pseudogyrinocheilus prochelus	+			

目	科	属	种	金沙江	黑水河	小江	普渡河
鲤形目 Cypriniformes	平鳍鳅科 Homalopteridae	华吸鳅属 *Sinogastromyzon*	四川华吸鳅* *Sinogastromyzon szechuanensis*	+			
			西昌华吸鳅* *Sinogastromyzon sichangensis*	+			
		金沙鳅属 *Jinshaia*	中华金沙鳅* *Jinshaia sinensis*	+	+	+	
		犁头鳅属 *Lepturichthys*	犁头鳅 *Lepturichthys fimbriata*			+	
	鳅科 Cobitidae	副泥鳅属 *Paramisgurnus*	大鳞副泥鳅 *Paramisgurnus dabryanus*	+		+	+
		副鳅属 *Paracobitis*	短体副鳅* *Paracobitis potanini*	+	+	+	
			红尾副鳅* *Paracobitis variegatus*	+	+	+	
		高原鳅属 *Triplophysa*	贝氏高原鳅 *Triplophysa bleekeri*	+	+	+	
			前鳍高原鳅* *Triplophysa anterodorsalis*	+	+		
		南鳅属 *Schistura*	横纹南鳅 *Schistura fasciolata*			+	
	条鳅科 Nemacheilidae	山鳅属 *Claea*	戴氏山鳅 *Claea dabryi*			+	
鲈形目 Perciformes	刺鳅科 Mastacembelidae	刺鳅属 *Mastacembelus*	刺鳅 *Mastacembelus aculeatus*			+	+
	丽鱼科 Cichlidae	罗非鱼属 *Oreochromis*	罗非鱼 *Oreochromis mossambicus*	+			
			尼罗罗非鱼 *Oreochromis niloticus*	+	+		
	鰕虎鱼科 Gobiidae	吻鰕虎鱼属 *Rhinogobius*	子陵吻鰕虎鱼 *Rhinogobius giurinus*	+	+		+
鲇形目 Siluriformes	鲿科 Bagridae	黄颡鱼属 *Pelteobagrus*	黄颡鱼 *Pelteobagrus fulvidraco*	+	+	+	
		拟鲿属 *Pseudobagrus*	凹尾拟鲿 *Pseudobagrus emarginatus*	+			
	钝头鮠科 Amblycipitidae	鉠属 *Liobagrus*	白缘鉠* *Liobagrus marginatus*	+	+	+	+

续表

目	科	属	种	金沙江	黑水河	小江	普渡河
鲇形目 Siluriformes	鲇科 Siluridae	鲇属 *Silurus*	鲇 *Silurus asotus*	+	+		+
	鮡科 Sisoridae	纹胸鮡属 *Glyptothorax*	中华纹胸鮡 *Glyptothorax sinense*	+	+	+	+

注：表中*表示长江上游珍稀特有鱼类；+表示该鱼类出现。

调查到的渔获物以鲤形目为主要优势类群，共采集到 35 种，占鱼类总种类数的 79.55%，鲈形目 4 种与鲇形目 5 种。鲤形目中鲤科鱼类最多，共 24 种，占鲤形目鱼类总数的 68.6%。采集到的渔获物样本共包含 12 种长江上游珍稀特有鱼类，分别是钝吻棒花鱼、短须裂腹鱼、昆明裂腹鱼、齐口裂腹鱼、软刺裸裂尻鱼、四川华吸鳅、西昌华吸鳅、中华金沙鳅、短体副鳅、红尾副鳅、前鳍高原鳅、白缘䱀。采用渔获物调查方法监测到的珍稀特有鱼类的种类与 eDNA 宏条形码检出结果一致。

2）环境 eDNA 宏条形码与形态学检测结果对比

基于渔获物调查的形态学检测共发现了 44 种鱼类，其中有 40 种能被 eDNA 宏条形码技术检出。对于两种手段均能检出的物种，其样本检出频率存在很高的一致性，eDNA 宏条形码样本检出频率较高的物种在当次调查的渔获物中也有较高的出现频率，反之亦然（图 6-27）。在属分类水平上，形态学共检测发现 30 属，其中有 28 属能够被 eDNA 宏条形码检出，在科分类水平上，形态学检出的 10 个科均能被 eDNA 宏条形码检出。而 eDNA 宏条形码无法检出的 4 种物种为墨头鱼、犁头鳅（*Lepturichthys fimbriata*）、四川华鳊以及戴氏山鳅，这四种鱼类均属于金沙江流域的稀有物种，数据库中缺少相应的参考数据可能是其未被检出的主要原因。同时通过 eDNA 宏条形码技术监测到了传统渔获物调查无法捕获到的 10 种鱼类，如斑点叉尾鮰（*Ictalurus punctatus*）、波氏吻鰕虎鱼（*Rhinogobius cliffordpopei*）等。

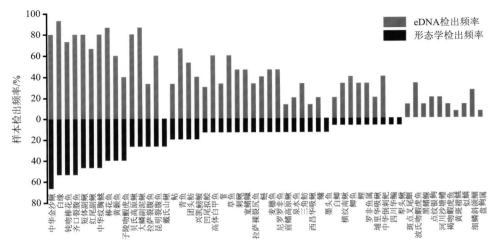

图 6-27　每个被检出的鱼类物种在 eDNA 宏条形码和形态学方法中的检出频率对比

　　通过对比 eDNA 宏条形码与形态学两种方法对鱼类的检出数据，可以发现两种方法在金沙江下游每个采样点位检出的物种数呈显著的正相关关系（一般线性模型，$R^2=0.7844$，$p<0.0001$）[图 6-28（a）]；而且每个物种的检出频率在两种方法的结果中也呈现显著的线性正相关关系（一般线性模型，$R^2=0.3462$，$p<0.0001$）[图 6-28（b）]。通过进一步比较检出的鱼类物种在金沙江下游流域的分布情况，可以发现通过 eDNA 宏条形码与形态学鉴定得到的鱼类物种具有超过 70%的一致性（图 6-29）。

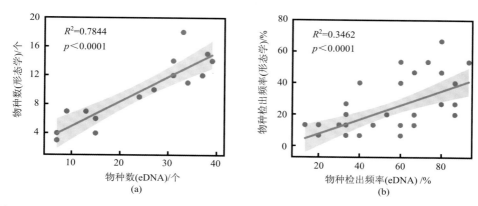

图 6-28　鱼类物种的检出数量和检出频率的 eDNA 宏条形码检测和渔获物形态学检测结果对比

（a）两种方法在每个点位检出的物种数对比；（b）物种检出频率在两种方法中的对比；图中阴影表示 95%的置信区间

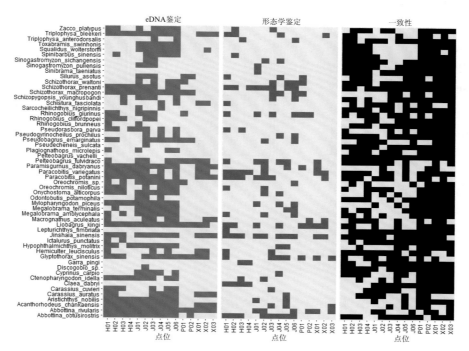

图 6-29　eDNA 宏条形码与形态学检出的鱼类物种在金沙江下游干支流的分布比较

绿色代表被 eDNA 宏条形码检出的物种在干支流的分布；红色代表被形态学检出的物种在干支流的分布；黑色代表两种方法检出结果的一致性，即同时被两种方法鉴定出，或者同时没有被两种方法鉴定出

选取本次鱼类多样性检测结果中三个主要生物类群：裂腹鱼属（齐口裂腹鱼、短须裂腹鱼、昆明裂腹鱼）、副鳅属（短体副鳅、红尾副鳅）与金沙鳅属（中华金沙鳅）为对象，通过将不同物种的捕捞丰度和生物量加和，研究 eDNA 宏条形码测序丰度和鱼类生物量之间的相关关系。

基于渔获物形态学检测发现，金沙江下游干支流中副鳅属的物种丰度要远远高于裂腹鱼属以及金沙鳅属，然而转化为累积生物量后，个体相对较大的裂腹鱼属的累积生物量最高，其次是副鳅属，金沙鳅属累积生物量最低。累积生物量的检测结果与 eDNA 宏条形码检出的序列数一致（图 6-30）。此外，相关性分析的结果也表明，裂腹鱼属、副鳅属以及金沙鳅属物种生物量与 eDNA 宏条形码测序丰度之间存在显著的正相关关系（$p=0.0300$，$p=0.0135$，$p=0.0350$）（图 6-31）。研究结果表明，尽管 eDNA 宏条形码定量结果不能直观地反映出具体的生物个体数，但是基于 eDNA 宏条形码检测的 OTU 测序丰度能够在一定程度上表征鱼类物种生物量的变化趋势，实现对鱼类群落的"半定量"监测。

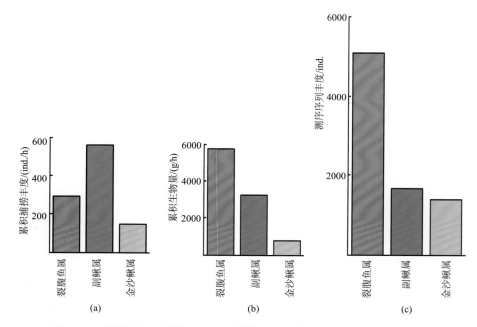

图 6-30 裂腹鱼属、副鳅属与金沙鳅属鱼类生物量与 OTU 测序丰度对比

（a）渔获物形态学检测出的不同类群的累积捕捞丰度；（b）渔获物形态学检测出的不同类群的累积生物量；（c）eDNA 宏条形码检出的不同类群的 OTU 测序丰度

3）基于环境 eDNA 宏条形码的鱼类群落结构差异

基于 eDNA 宏条形码的测序结果显示，金沙江干流段共分布有鱼类 48 种，隶属于 3 目 10 科 35 属，鲤形目为该区的主要类群，共包括 3 科 27 属 38 种；在黑水河共调查到鱼类 29 种，隶属于 3 目 8 科 24 属，其中鲤科和鳅科鱼类比例最高，共有 19 属 24 种，占该地区鱼类总数的 82.76%；小江调查到鱼类 13 种，隶属于 3 目 7 科 11 属，以鳅科类

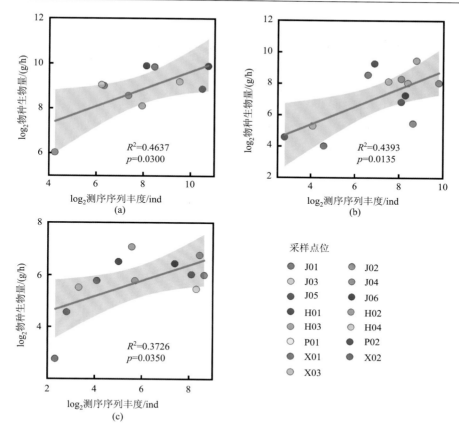

图 6-31　不同点位（a）裂腹鱼属、（b）副鳅属与（c）金沙鳅属鱼类物种形态学检测生物量与 OTU 测
序丰度之间的相关关系

图中阴影表示 95%置信区间

为优势种；普渡河共调查到鱼类 10 种，分类结构较为简单，以偏冷水性的鲤科裂腹鱼亚
科以及高原鳅为主，反映了高海拔流域物种分布特点。

　　与金沙江干流相比，各主要支流无论在全部种类还是特有物种种类组成上均有一定
的差异。其中，黑水河与金沙江干流鱼类组成的共有比例最高，两条河流的共有鱼类比
例为 61.70%，小江最低，为 20.83%；长江上游珍稀特有鱼类的共有性也以黑水河最高，
为 61.54%，其他两条支流未达到 40%，不同群落之间物种组成的差异性可以在一定程度
上反映生境的差异性和变化（图 6-32）。

　　基于 Bray-Curtis 相似矩阵的 NMDS 压力系数为 0.12，表明二维排列图对多维空间
中的距离具有一定的解释意义（图 6-33）。位于小江的三处采样点 X01~X03 聚在了排
序轴坐标系的右下角；位于普渡河的两处采样点位 P01、P02 以及金沙江干流 J05 采样点
位聚在坐标系上侧；而金沙江其余采样点位与黑水河采样点位 H01~H04 交织在一起，
聚在排序轴坐标系的左下角，说明金沙江和黑水河群落组成结构较为相似。相似性分析
（ANOSIM）的结果也表明，金沙江与黑水河鱼类群落结构不存在显著性的组间差异性
（$p>0.05$），而与另外两条支流的群落结构存在显著性差异（$p<0.05$）（表 6-7）。

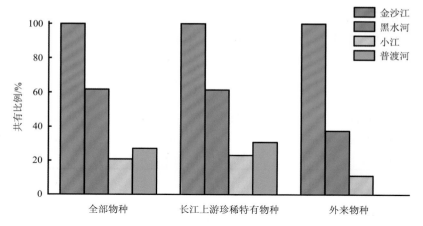

图 6-32　金沙江下游乌东德—白鹤滩段主要支流与干流鱼类组成对比

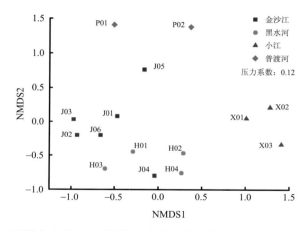

图 6-33　金沙江下游乌东德—白鹤滩段干支流鱼类群落结构非度量多维排列（NMDS）

表 6-7　金沙江下游乌东德—白鹤滩段干支流鱼类群落结构相似性分析（ANOSIM）

	金沙江	黑水河	小江
黑水河	0.425（0.063）		
小江	0.99（0.018）	0.981（0.029）	
普渡河	0.745（0.048）	1.0（0.067）	1.0（0.098）

注：表中括号前数字为 R 统计值，括号中数值为显著性 p，$p < 0.05$ 表示存在显著差异。

4）干支流鱼类资源现状分析

本次通过 eDNA 宏条形码与形态学方法共鉴定出鱼类 54 种，得到的鱼类与历史资料所记载的鱼类物种十分接近，有 44 种鱼均为有记载分布的种类，占到了总数的 81.48%。而未记载于历史资料中的 10 种鱼类均为外来物种，分别是尼罗罗非鱼、河川沙塘鳢（*Odontobutis potamophila*）、褐吻鰕虎鱼（*Rhinogobius brunneus*）、波氏吻鰕虎鱼（*Rhinogobius cliffordpopei*）、斑点叉尾鮰（*Ictalurus punctatus*）、白鲫（*Carassius cuvieri*）、似鳊（*Toxabramis swinhonis*）、点纹银鮈（*Squalidus wolterstorffi*）、团头鲂（*Megalobrama amblycephala*）以及三角鲂（*Megalobrama terminalis*）。尼罗罗非鱼和斑点叉尾鮰是从国外引进的物种，其余 8 种鱼类为我国本土物种。尼罗罗非鱼在黑水河河口与附近的金沙江干流有一定的资源量，实地调查中曾多次捕捉到性成熟的亲鱼个体，推测附近江段已形成了稳定的数量群体，并且可能会危及土著种的生存空间；河川沙塘鳢、团头鲂和三角鲂三种鱼类为长江中下游地区重要经济鱼类，近年来在长江上游地区也有养殖；波氏吻鰕虎鱼与褐吻鰕虎鱼极有可能是因为鰕虎鱼科鱼类物种的形态较为接近，在形态学鉴定中全部被划分为子陵吻鰕虎鱼；白鲦、似鳊和点纹银鮈虽然在长江上游无记录，但是这三种鱼都属于广布性鱼类，在中国各大水系均有分布，本次调查只在个别采样点位监测到，并且数量稀少。

根据历史文献统计分析，在金沙江下游巧家附近江段分布有长江上游珍稀特有鱼类 20 种。此次发现的特有鱼类仅有 12 种，且一直未发现鳅科的长薄鳅（*Leptobotia elongata*）、鲤科的长鳍吻鮈（*Rhinogobio ventralis*）、圆口铜鱼（*Coreius guichenoti*）。这些珍稀特有鱼类资源量的变化一方面是受采样的随机性以及鱼类自身种群数量变动的影响，如季节性洄游与产卵繁殖等；另一方面是存在过度捕捞现象，导致种群资源丰度减少，并且呈现小型化、低龄化趋势，在一定程度上增加了物种监测的难度。以圆口铜鱼为例，该物种曾是金沙江下游干流的主要渔获物捕捞对象，在渔获物中重量占优。2008～2013 年的调查结果显示渔获物个体以 1～3 龄鱼为主，3 龄以上个体相对较少，而且渔获物个体平均体重仅为 92.8 g，较 20 世纪 90 年代以前已经显著下降（高少波等，2013）。

5）干支流鱼类群落结构特征及替代支流确定

黑水河鱼类群落多样性组成与金沙江干流最为相似，在一定程度上表明黑水河支流水生态环境特征与干流较为接近。在金沙江下游乌东德—白鹤滩段各主要支流中，黑水河海拔相对较低，也是最靠近白鹤滩坝址的支流，气候温热，光照充足，植被资源变化多样，饵料生物组成也更多样化，河流具有较高的初级生产力和较多的生态位，为鱼类的生存和繁殖提供了较为广阔的物质基础。因此，黑水河分布的鱼类物种相对较多，很多在干流分布的鱼类在支流黑水河也有分布。白鹤滩水库建成蓄水后，原来丰富多样的自然河流环境会逐渐过渡到单一的水库环境，急流产卵的土著鱼类将会失去赖以生存的产卵场生境。因此，需要在金沙江干流水电开发的同时选择一条流量规模足够大的支流作为补偿生境。黑水河属于典型的峡谷河流，河道呈"V"字形，曲折蜿蜒，并且常年水量充沛、深潭浅滩错落相间，形成了鱼类生境的多样性，能够为鱼类生存提供可选择的适宜场所。从鱼类群落结构特征及生境异质性来看，黑水河最适合作为金沙江下游乌东德—白鹤滩段的替代生境支流，为面临生境丧失的干流敏感性鱼类提供替代补偿生境。

6）支流生境替代的目标鱼类确定

研究支流是否能提供替代生境的前提是要确定目标物种及其关键性生境指标。从对渔业资源的贡献和物种本身的生态价值方面考虑，应优先选取长江上游珍稀特有鱼类作为支流生境替代保护的目标物种。根据鱼类群落多样性调查分析结果，金沙江干流主要以适应高海拔的大型裂腹鱼属与适宜急流生境的副鳅属、金沙鳅属为主要优势类群，共包含长江上游珍稀特有鱼类 12 种，分别是钝吻棒花鱼、昆明裂腹鱼、短须裂腹鱼、齐口裂腹鱼、软刺裸裂尻鱼、四川华吸鳅、西昌华吸鳅、中华金沙鳅、短体副鳅、红尾副鳅、前鳍高原鳅、白缘䱀。

黑水河作为土著鱼类生境及洄游通道主要是针对喜流水、摄食着生藻类或底栖动物的小型鱼类。本次调查在黑水河共监测到长江上游珍稀特有鱼类 8 种，产卵类型以产漂流卵为主，包括以短体副鳅、红尾副鳅、中华金沙鳅为代表的产漂流卵鱼类 5 种。相比于产沉黏性卵鱼类，产漂流卵鱼类的繁殖活动与生态水文因子的联系更为密切，其性腺需要在一定的流水环境中才能发育成熟，产卵行为亦需要合适的涨水过程刺激，而且产出的鱼卵需要在水面上漂浮一段时间才能孵化成幼鱼，如果水流流速过慢，则会导致鱼卵沉入水底，面临缺氧死亡。可以预测，当这一江段的梯级水库建设完成后，栖息于此的产漂流卵鱼类将失去赖以生存的繁殖和孵化环境，自然种群资源的稳定性将会面临严重的威胁。因此，应优先选择产漂流卵鱼类作为支流生境替代保护的目标生物。其次，受保护物种需要在支流有一定的种群丰度才能确保实际的生境补偿效果。在此次监测到的产漂流卵鱼类当中，中华金沙鳅在黑水河各个采样点位均有检出，得到的测序序列数较多，而且在现场渔获物调查中也发现了大量的产卵亲鱼样本。

中华金沙鳅是长江上游珍稀特有鱼类国家级自然保护区的重点保护对象，西南大学渔业资源环境研究中心与美国大自然保护协会合作的长江上游珍稀特有鱼类国家级自然保护区行动规划调查研究中也曾选定中华金沙鳅为主要的保护对象（Zhu and Yang，2016）。中华金沙鳅属于底栖杂食型、河流洄游鱼类，在长江上游鱼类中具有很强的代表性（图 6-34），其分布地均为水流较快、底质为砾石或者卵石的河段，因常以宽大平展的偶鳍吸附在水底砾石上，故俗名"石爬子"。该物种在金沙江干流渔获物中有一定的产量，是金沙江下游最主要的鱼类生物类群之一（刘淑伟等，2013）。中华金沙鳅属于河流洄游鱼类，其产卵场广泛分布于金沙江下游巧家县至攀枝花江段，在每年的产卵期会洄游至干流上游以及部分支流的急流江段产卵繁殖。中华金沙鳅繁殖量较低，其繁殖过程中对水温变化和水流涨落比较敏感。因此，结合黑水河栖息地的实际情况以及鱼类自身的生理生态需求，本书选择中华金沙鳅作为黑水河支流生境替代的目标物种。

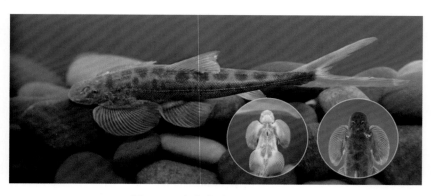

图 6-34　中华金沙鳅形态特征图

　　利用 eDNA 宏条形码技术研究了金沙江下游乌东德—白鹤滩段干流及三条主要支流（黑水河、小江、普渡河）的鱼类群落多样性组成现状，并将 eDNA 宏条形码鉴定结果与当次的渔获物形态学鉴定结果做了详细的对比分析。结果表明，eDNA 宏条形码技术与形态学鉴定结果具有较强的一致性，70%的 eDNA 宏条形码检出物种能够通过渔获物调查捕获到，但 eDNA 宏条形码技术可以更加清晰地识别水环境中隐匿的低丰度物种，比形态学方法更加准确和敏感，显著提高了鱼类多样性的监测效率。此外，eDNA 宏条形码的测序丰度与对应鱼类的生物量之间存在显著线性相关关系。鱼类群落结构相似性分析结果表明，在各支流当中，黑水河鱼类群落结构特征与金沙江干流最为相似，适合作为白鹤滩库区的生境替代支流。从黑水河鱼类现状组成以及栖息地实际情况考虑，选择中华金沙鳅作为支流生境替代保护的目标物种，以期代表同资源类群的长江上游珍稀特有鱼类的生境需求。

2. 拆坝后鱼类栖息地适宜度变化分析

　　选取金沙江下游支流黑水河为研究区域，作为金沙江下游梯级水电开发生态保护的重要举措，黑水河最下游的老木河水坝目前已经完成报废拆除。通过耦合一维水沙模型与鱼类栖息地模型，构建一维生态河貌模型，根据原坝址上下游河道内关键性生态水力因子（流速、水深、底质等）在不同时期的变化情况，对拆坝前后鱼类繁殖的生态环境进行栖息地适宜度评价。

　　根据中华金沙鳅产卵习性的已有研究成果，中华金沙鳅产卵行为主要受水温、流速、水深和底质的影响。其繁殖最适温为 21～25℃，考虑到金沙江下游地处西部高原，不会出现因为水温过高或过低而影响鱼类产卵的情况（吕浩等，2019）。因此，选取流速、水深和底质类型（床沙中值粒径）作为决定栖息地适宜度的关键生境因子。采用一维水沙模型的模拟结果作为鱼类栖息地模型的输入条件，分别计算不同水沙情景下目标鱼类栖息地适宜度。鱼类栖息地模型采用了适宜度曲线法：

$$HSI = (I_w I_v I_s)^{\frac{1}{3}}$$

式中，HSI 为中华金沙鳅产卵场的栖息地适宜度指数；I_w、I_v 和 I_s 分别为中华金沙鳅产卵行为对水深、流速和底质的适宜度，栖息地因子的适宜度指数在 0～1 之间，0 表示对应条件完全不适合产卵，1 表示最适的产卵条件。栖息地因子适宜度指数的取值由已有相关研究成果中的栖息地适宜度曲线确定（图 6-35）（Zhang et al., 2018）。

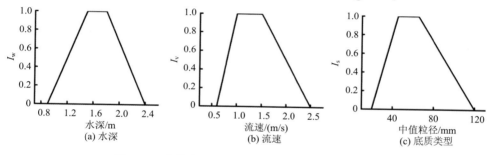

图 6-35　中华金沙鳅产卵场栖息地因子适宜度曲线

1）情景设计

将一维生态河貌模型应用于黑水河老木河水坝拆除后的河床变化计算，预测原坝址上下游河道在未来 10 年内的累积冲淤过程以及鱼类栖息地适宜度变化情况。第一年模拟的边界条件选用 2018 年 12 月～2019 年 12 月的实测水沙序列，其余 9 年的边界条件选用 2010 年 12 月～2018 年 12 月水文系列年的流量和沙量序列（图 6-36）。一维生态河貌模型的研究区域位于水库变动回水区上游，在白鹤滩水库蓄水后，该河段仍然能够维持自然河流形态，水流和泥沙运动规律不会受到库水位的影响，因此采用历史水沙数据作为模型边界条件进行情景分析是合理的。

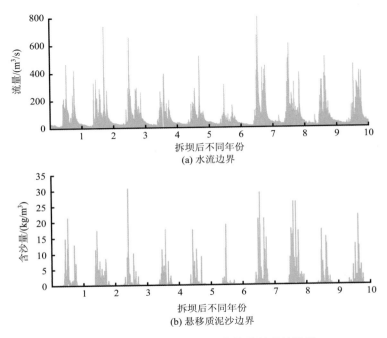

图 6-36　拆坝后河床冲淤计算的边界条件设置

选取黑水河下游宁南水文站近 20 年中华金沙鳅产卵期内的实测月平均流量序列作为分析依据，采用"皮尔逊Ⅲ（P-Ⅲ）"型经验频率曲线推求出不同设计频率下的流量值，选取设计频率为 50%的月平均流量作为研究支流替代生境适宜度变化的特征流量（图 6-37），该流量被认为是保护河道内鱼类产卵场生境质量的最适生态流量（Caissie et al.，2015）。在金沙江下游干支流，中华金沙鳅产卵期为每年的 5 月底～7 月中旬，6 月～7 月为其繁殖期（周湖海等，2019）。在每一年冲淤计算更新后的地形基础上，采用中华金沙鳅繁殖期 50%的月平均流量作为边界条件来计算河道水动力特征及对应的栖息地适宜度。

2）拆坝后河床冲淤变化

由老木河水坝拆除后河道演变的模拟结果（图 6-38）可知，拆坝后河床冲淤变化分布具有显著的差异。在拆坝后第 1 年（Year 1），由于库区淤沙的无控释放，上游河床迅

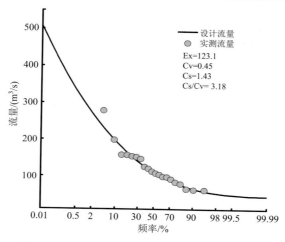

图 6-37　中华金沙鳅繁殖期月平均流量频率曲线

Ex 为样本均值；Cv 为样本变差系数；Cs 为样本偏态系数

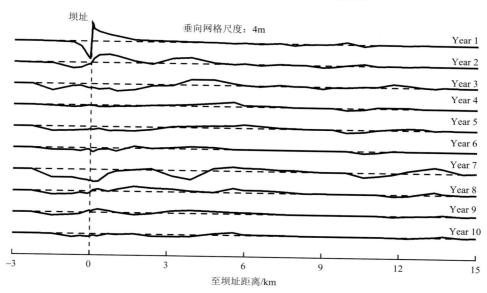

图 6-38　老木河水坝拆除后原坝址上下游河道年际冲淤分布预测

图中虚线表示每一年河床冲淤的参考面；虚线上方的实线表示河床淤积；虚线下方的实线表示冲刷。Year 1～Year 10 分别
表示拆坝后 1～10 年不同年份

速侵蚀下切，最大冲刷深度出现在坝体附近，并且随着时间推移，侵蚀裂点由坝体逐渐
向上游发展；坝址下游河床受冲刷下泄泥沙的影响而出现显著抬高，淤积现象主要集中
在坝址下游 1.0 km 以内的河道，而且淤积深度沿水流方向降低。随着库区淤沙的持续冲
刷，地形动力结构处于不断调整之中，上游河段出现了溯源侵蚀现象，并且出现侵蚀裂
点向更上游发展的趋势，由此冲刷的沉积物在下游河床以沙垄和沙浪的形式向前推进，
并不断拉伸加长。拆坝后第 5 年（Year 5），河床形态调整幅度减小，河道地形基本达到
稳定。但拆坝后第 7 年（Year 7），床面再一次出现了显著的起伏变化，原坝址上游库区

河段发生强烈冲刷侵蚀，最大下切深度达到了 2.26 m，淤积现象主要出现在坝址下游 12～13 km 处。

水坝拆除以后，库区非黏性泥沙颗粒的侵蚀过程可总结为两个阶段：①过程驱动阶段（process-driven phase），这一阶段沉积物颗粒的启动和输移主要是由拆坝后短期内水面坡降变化引起的水流能量梯度增加所致，具体表现为上游侵蚀下切、下游淤积抬高；②事件驱动阶段（event-driven phase），当河床坡降接近建坝前的原始坡度时，河势大致达到稳定，直至出现极端洪水事件，库区河床会进入新一轮的冲刷下切，沉积物中的较粗的颗粒组分会随着洪水向下游推移，这一过程反映了河床演变受极端洪水事件影响后的自适应调整过程。根据模拟结果，水坝拆除前 5 年内，坝址上游河床受到了持续的侵蚀下切，主要为调整河道坡降，形成与来水来沙相适应的河床形态，因此这一阶段的河床演变属于过程驱动阶段。在拆坝 5 年以后，库区河床侵蚀进入了事件驱动阶段，河床形态变化与否是由洪水事件的强度决定的，拆坝后第 7 年（Year 7）出现了 30 年一遇的洪水事件，最大洪峰流量达到了 799 m³/s，提高了水流挟沙能力，导致河床形态再次发生显著调整。

从老木河水坝拆除 10 年后的河床累积变化（图 6-39）来看，坝址上游河床变化主要以侵蚀下切为主，侵蚀现象主要集中在原库区段，库区上游河床未受到较大扰动。从长远来看，拆坝后库区河床比降由拆坝前 2.2‰增加至 3.8‰，坝址上下游河床恢复自然连通，河流形态回归建坝前的原始状态，这在一定程度上增加了洄游型鱼类和溯河产卵型鱼类到达上游栖息地的可能性，提高了洄游型鱼类和溯河产卵型鱼类种群的物种数量；其次，大坝的修建使原有连续的河流生态系统被分割成不连续的片段，坝址上下游鱼类群体之间的遗传交流受到影响，导致群体之间出现遗传分化。拆坝后各个分散小群体之间的基因交流得以恢复，对于维持种群遗传多样性具有重要的意义。此外，上游冲刷的沉积物主要淤积在下游 3.0～8.0 km 的河道内，主要是由河道断面拓宽、水流能量梯度降低导致输沙能力减弱。

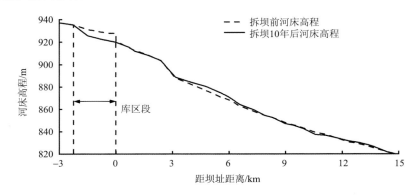

图 6-39　老木河水坝拆除 10 年以后的河床累积变化预测

深潭和浅滩是山地河流河段尺度上常见的地貌结构，在自然河道中经常交错出现深潭-浅滩序列，可明显增加水流多样性、消耗水流能量、稳定河床、改善鱼类和底栖生物的栖息条件，对维持河道生物多样性具有重要意义（王强等，2012）。深潭浅滩地貌可以通过特定水流条件下的水力因子来识别，如水面坡降、弗劳德数等，本书采用弗劳德数（Fr）判别方法来识别河床地形的深潭浅滩单元，若 $Fr<0.18$，该断面判定为深潭；若 $Fr>0.41$，认为该断面属于浅滩；Fr 介于二者之间则认为是平滩河槽。

老木河水坝拆除后不同年份的河床地貌模拟结果（图 6-40）表明，拆坝工程显著提高了研究河段的地貌格局多样性，部分河段出现了浅滩地貌。可以看出，在拆坝之前，河床仅有平滩河槽和深潭两种形态结构；拆坝后，由于河流输沙率恢复至建坝前的原始水平，下游河床出现了淤积抬高，在拆坝 1 年后（Year 1），深潭河段长度由建坝前的 43% 下降至 22%，降低了约 50%，而上游库区由于拆坝后水力坡度增加，库底泥沙大量侵蚀造成库水位急剧下降，河床地貌形态由建坝前的深潭转化为浅滩，随着库区淤沙逐渐向下游运动，卵石之间的空隙都被细颗粒组分填充，浅滩河段的范围得到了扩展，至拆坝 10 年后（Year 10），浅滩河段已经发展到坝址下游 8.0 km 处，其总长度占到了全部河长的 35%，地形地貌的显著变化将会提高水生生物栖息地多样性。

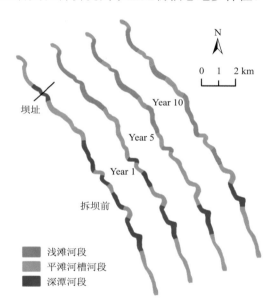

图 6-40　老木河水坝拆除后不同年份河床地貌格局（深潭、浅滩、平滩河槽河段）分布预测
Year 1、Year 5 和 Year 10 分别表示拆坝 1 年后、5 年后和 10 年后

为了分析老木河水坝拆除后床沙粒径的变化情况，选取坝址上下游典型断面（CS4、CS14 和 CS24）进行床沙级配对比（图 6-41）。由模拟结果可知，在水坝拆除 5 年以内，由于坝址上游断面受到较为强烈的冲刷，床沙级配表现出一定程度的粗化，同时冲刷下泄的淤沙在下游河道覆盖堆积，造成下游断面床沙级配不断细化，床沙级配的变化规律与河床高程的变化规律相符；拆坝 5 年以后（Year 5），床沙粒径的变幅减小，而且与年最大洪峰流量的大小呈正相关关系，洪峰流量较大的年份，床沙级配粗化明显，洪峰流量相对较小的年份，相应的床沙级配会出现一定程度的细化，主要原因是老木河水坝拆

除 5 年以后，上游库区河床比降基本上与来水来沙条件相适应，达到了动力平衡状态，河床的侵蚀过程进入事件驱动阶段，决定河床冲淤变化的关键因素是水流的强度。因此，在遇到较大洪水时，作用于河床表面的水流剪切应力超过了泥沙颗粒的启动应力，粗颗粒泥沙被水流冲起并以推移质的形式向下游运动，导致河槽冲刷、床沙粗化。

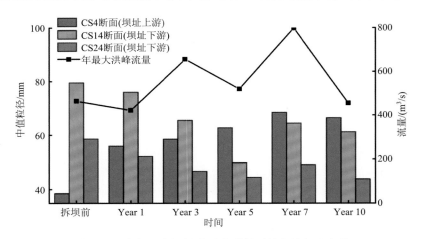

图 6-41　老木河水坝拆除后典型断面的床沙级配变化

CS4 断面位于坝址上游 1.0 km；CS14 断面位于坝址下游 5.0 km；CS24 断面位于坝址下游 10.0 km。Year 1、Year 5、Year 7 和 Year 10 分别表示拆坝 1 年后、5 年后、7 年后和 10 年后

3）拆坝后河道水动力条件变化

河床地形以及床沙级配的变化会改变河流的水动力特性。根据拆坝后的水动力模拟结果（图 6-42），水坝拆除后，由于上游库区河段恢复流水环境，库区水深出现明显的下降，拆坝 1 年后坝前平均水深下降了 1.0 m 左右，随着时间推移，上游河道冲刷变缓，河道水深下降速率也有所降低，至拆坝 10 年后（Year 10），由于河床下切导致坝址上游水深出现了轻微的增加；下游河道水深在拆坝以后出现了持续的降低。随着拆坝后河床形态的持续调整，拆坝 1 年后，坝址上游水流流速出现了显著提高，平均流速由拆坝前的 0.60 m/s 提高至 1.76 m/s，提高了将近 2 倍。同时，由于河床比降变陡，坝址下游毗邻河段也出现了急流区，最大流速接近 1.60 m/s。拆坝 5 年以后，随着冲淤变化趋缓，上游水流流速出现下降，而下游水流流速整体上表现出增加的趋势。拆坝 10 年以后，上游河段不再发生明显变化，下游河段仅在局部出现了流速调整，水动力变化整体趋于稳定。

基于建立的中华金沙鳅产卵场栖息地适宜度曲线，将拆坝后的河道水动力条件转化为对应的栖息地因子适宜度。如图 6-43 所示，虽然大部分河段的栖息地因子适宜度已得到明显改善，但是最下游 5 km 河段水深和流速均低于适宜产卵的范围。

3. 拆坝后鱼类生境替代效果评价

在中华金沙鳅产卵期 50%的月平均流量下，基于拆坝后的地形条件对该物种产卵场的栖息地适宜度进行了模拟，模拟结果见图 6-44。由图 6-44 可以看出，在老木河水坝拆除以前，只有 16%的河段（3.0 km）产卵条件较为适宜（HSI>0.8），同时有接近 42%的

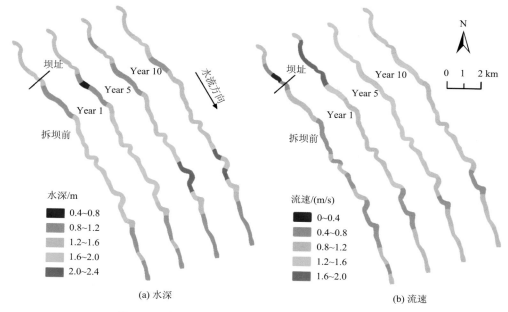

(a) 水深　　　　　　　　　　　　　　　　　　　(b) 流速

图 6-42　老木河水坝拆除后河道水动力状况年际变化

Year 1、Year 5 和 Year 10 分别表示拆坝 1 年后、5 年后和 10 年后

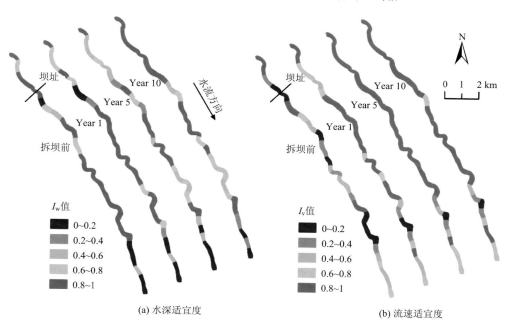

(a) 水深适宜度　　　　　　　　　　　　　　　　(b) 流速适宜度

图 6-43　老木河水坝拆除后中华金沙鳅产卵场栖息地因子适宜度分布

Year 1、Year 5 和 Year 10 分别表示拆坝 1 年后、5 年后和 10 年后

河段（7.5 km）产卵场适宜度较差（HSI<0.4）；拆坝 1 年后，有 45%的河段（8.1 km）适合作为产卵场（HSI>0.8），不适合产卵（HSI<0.4）的河段降至 26%（4.7 km），产卵

场质量得到了显著提升；拆坝后第 5 年至第 10 年，适合产卵（HSI>0.8）的河段由 40%（7.2 km）增加至 68%（12.2 km），同时不适合产卵（HSI<0.4）的河段由 13%（2.4 km）降至 9%（1.7 km）。总体而言，拆除小水坝导致的河流地貌改变会促进河道水流多样性，进而提高鱼类产卵场的栖息地适宜度指数。

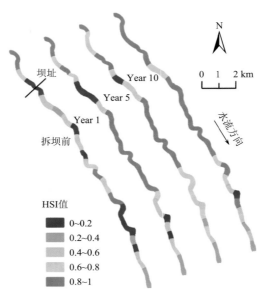

图 6-44　老木河水坝拆除后中华金沙鳅产卵场栖息地适宜度分布

Year 1、Year 5 和 Year 10 分别表示拆坝 1 年后、5 年后和 10 年后

通过对比金沙江支流黑水河拆坝前后目标鱼类环境 DNA 生物量数据，结果表明，老木河水坝拆除后鱼类单位捕捞努力量明显增高（图 6-45），验证了拆坝对替代支流生境的实际改善效果，明确了支流拆坝可有效补偿坝上干流丧失的鱼类生境。

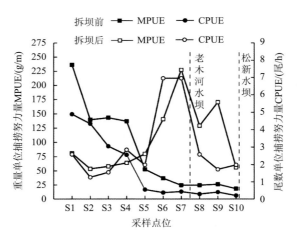

图 6-45　老木河水坝拆除前后鱼类单位捕捞努力量变化对比

6.2.2　澜沧江支流生境替代

选取澜沧江及其一级支流罗梭江、基独河为研究区域（图 6-46），以各自邻近的南阿河、丰甸河作为对照，在收集整理历史资料的基础上，结合现场调查结果，对澜沧江及其四条一级支流鱼类种类组成、群落结构、生态类型进行对比研究，分析鱼类支流生境替代保护的效果，并试图阐明梯级开发下鱼类支流生境替代效果以及干流工程建设对其的影响，以期为水电开发河流鱼类保护提供重要支撑。

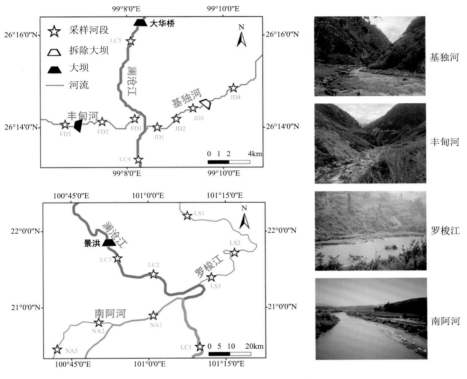

图 6-46　澜沧江及其一级支流

1. 种类组成及优势种

罗梭江、南阿河及下游关联干流共统计渔获物 510.58 kg，7899 尾，鉴定出种类 80 种，隶属于 5 目 21 科 61 属。其中下游关联干流种类数最多，有 5 目 15 科 48 属 55 种，占物种总数的 68.8%；罗梭江次之，有 3 目 16 科 39 属 51 种，占 63.8%；南阿河相对较低，有 3 目 14 科 34 属 41 种，占 51.3%。总体而言，罗梭江各河段物种丰富度与下游关联干流接近，却高于南阿河。

基独河、丰甸河及上游关联干流共统计渔获物 61.74 kg，1522 尾，鉴定出种类 19 种，隶属于 3 目 9 科 18 属。种类数同样以干流最多，保护支流（基独河）次之，对照支流（丰甸河）相对较低，但三者数量差距不大，分别为 15 种、13 种和 11 种。支流各河段仅邻近河口段（JD1、FD1）物种数与干流接近，其余均低于干流。

　　鱼类种类组成在各调查河段大致相同，以鲤形目、鲇形目、鲈形目为主，其余鲟形目、脂鲤目仅在 LC1 江段各有 1 种（图 6-47）。而河流优势种则在保护支流、对照支流、关联干流之间差异显著（表 6-8）。

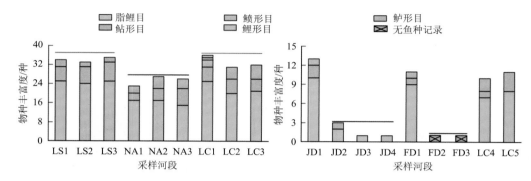

图 6-47　采样河段鱼类种类组成

表 6-8　河流主要鱼类及相对重要性指数

河流	鱼类（相对重要性指数 IRI）
罗梭江	云南吻孔鲃（4527.2）、长臀鲃（2294.5）、细尾长臀鲃（1656.4）、花鲥（886.2）、高体鳑鲏（261.3）
南阿河	下口鲇（3537.3）、大头南鳅（2173.1）、湄南南鳅（847.3）、丽色低线鱲（620.6）、长臀鲃（536.9）
下游关联干流	中华鲱鲇（1926.9）、野结鱼（1225.3）、云南吻孔鲃（719.1）、高体鳑鲏（532.1）、尼罗罗非鱼（486.7）
基独河	拟鳗荷马条鳅（13450.8）、长须纹胸鮡（2126.2）、短尾高原鳅（185.0）、麦穗鱼（79.0）、长腹华沙鳅（40.7）
丰甸河	长须纹胸鮡（1413.8）、短尾高原鳅（1364.7）、麦穗鱼（1338.6）、泥鳅（760.3）、拟鳗荷马条鳅（480.4）
上游关联干流	光唇裂腹鱼（8128.2）、澜沧裂腹鱼（5644.1）、张氏间吸鳅（1738.5）、鲤（456.1）、麦穗鱼（182.5）

　　例如，罗梭江以云南吻孔鲃、长臀鲃属等土著鱼类为主，而南阿河以入侵鱼类下口鲇和小型鱼类南鳅属为主；基独河、丰甸河鱼类以条鳅科、鮡科为主，而其上游关联干流鱼类则以裂腹鱼属为主。

　　2. 濒危、特有及洄游型鱼类

　　本次调查到濒危鱼类 4 种，分别为双孔鱼、短须粒鲇、线足鲈、湄南细丝鲇。调查到的澜沧江特有鱼类共 28 种，采集到特有鱼类种类数最多的是罗梭江，为 16 种；其次为南阿河与下游关联干流，均为 12 种；基独河、丰甸河及上游关联干流相对较少，分别为 3 种、2 种、5 种。具有洄游习性的鱼类共采集到 26 种，采集到洄游型鱼类种类数最多的是下游关联干流，为 23 种；其次为罗梭江与南阿河，分别为 15 种、10 种；而基独河、丰甸河和上游关联干流采集到的鱼类均为定居习性。

　　3. 保护鱼类种类数变化

　　2007 年西双版纳罗梭江鱼类州级自然保护区建立后，罗梭江保护鱼类种类数呈现上升趋势。其中土著鱼类由 30 种增长为 42 种,特有鱼类由 9 种增长为 16 种,洄游型鱼类由 10 种增长为 15 种[图 6-48 (a)],濒危鱼类保持 1 种不变,但 2006 年 3 月~6 月为鲀、2010 年 4 月和 8 月的为裂峡鲃,而 2019 年 3 月~4 月的为双孔鱼。较保护区建立前,本次新增的土著鱼类有:大斑纹胸鲱、滨河缺鳍鲶、异斑小鲃、长体间吸鳅、缺须墨头鱼、伯氏似鳞头鳅、斑尾墨头鱼、大头南鳅、异颌南鳅、斑鳍连穗沙鳅、大鳞半䱗、鲮、澜沧江爬鳅、彭氏间吸鳅、克氏南鳅、双孔鱼、鲤;减少的有:鲀、柬埔寨墨头鱼、长嘴鳡、黑线安巴沙鳅、南方翅条鳅。

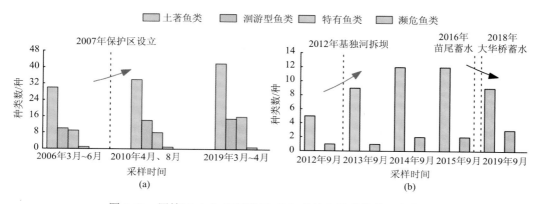

图 6-48　罗梭江 (a) 和基独河 (b) 保护鱼类种类数历史变化

基独河在拆坝后的第一年,土著鱼类种类数就迅速增加,2012 年 9 月监测为 5 种,而后增长为 9 种,2014 年 9 月与 2015 年 9 月均为 12 种,至 2019 年 9 月,监测的物种数出现减少现象,为 9 种,但特有鱼类数量一直保持上升趋势,由 1 种增长为 3 种[图 6-48 (b)]。相较于拆坝前,至 2015 年 9 月增加的土著鱼类种类有:后背鲈鲤、鲤、奇额墨头鱼、长腹华沙鳅、穗缘异齿鰟、长胸异鲱、长须纹胸鲱,而 2019 年 9 月较 2015年 9 月减少的种类有:后背鲈鲤、鲤、奇额墨头鱼、穗缘异齿鰟、长胸异鲱,新增的有无斑褶鲱、澜沧裂腹鱼。

水电梯级开发改变了河流水文情势,将河流形态由“河相”转变为“河相-湖相交替”形式,对其鱼类造成了潜在影响。研究表明,澜沧江梯级开发以来,土著鱼类、洄游型鱼类、特有鱼类种群规模不断减少、种类数大量丧失,一些濒危鱼类由于所需生境的特殊性,更是逐渐走向灭绝(洪迎新等,2021)。然而,与之相对的是罗梭江河流生境修复后,土著鱼类、特有鱼类不断增加,分别由 30 种增加至 42 种,9 种增长为 16 种[图 6-48 (a)],甚至栖息于此的不乏中国结鱼、中华鲱鲶、双孔鱼、大鳞半䱗、滨河缺鳍鲶、大斑纹胸鲱、澜沧江爬鳅、彭氏间吸鳅、斑尾墨头鱼、斑鳍连穗沙鳅等这些在干流开始变得稀少的物种(刘明典等,2011)。同样在基独河生境修复后的第一年内,其鱼类物种丰度、密度、多样性也迅速增加,2013 年 9 月监测到栖息于基独河的干流土著鱼类 9 种,2015 年 9 月上升到 12 种[图 6-48 (b)](Ding et al.,2019)。另外,通过鱼类资源现状对比发现,生境修复的支流鱼类物种丰度和群落数量均明显高于对照支流,如罗梭江物种数甚至与干流接近(图 6-48),这意味着生境修复后的支流变得更适宜鱼类栖息,支流生境替代建设对鱼类具有显著保护效果。

值得注意的是，罗梭江新增种类除大鳞半鳌、异斑小鲃等少数中上层鱼类外，其余均为急流底栖鱼类，且以肉食性为主，如双孔鱼、斑鳍连穗沙鳅、异颌南鳅、长体间吸鳅、彭氏间吸鳅、澜沧江爬鳅、大斑纹胸鮡等。这主要是因为肉食性底栖鱼类以昆虫幼虫、软体动物或其他大型、微型无脊椎底栖动物为食，而这些底栖生物通常受到沉积物粒度、栖息地组成和时空异质性变化的影响。罗梭江汇入口上游于 2009 年修建大坝，干流水体透明度和水文节律显著变化，致使底栖动物种类及生物量下降。在此背景下，底栖肉食性鱼类出现食物资源衰减、栖息地质量下降的情况（Granzotti et al., 2018），它们更倾向于进行避难迁徙，以寻求合适的替代生境。

4. *群落结构*

罗梭江、南阿河及下游关联干流采样河段鱼类群落可以分为两大类，其中 LC1、LC2、LC3、LS1、LS2、LS3 为一个相似类群，而 NA1、NA2、NA3 为另一个相似类群，两大类群 Bray-Curtis 相似性为 21.76%［图 6-49（a）］，One-way ANOSIM 检验显示这两个类群的群落结构在统计学上差异显著（$r = 1.00, p = 0.001 < 0.05$）。NMDS 图则表示罗梭江鱼类群落与干流下游 LC1 河段差异程度较小，而与景洪坝下的 LC2、LC3 河段差异程度较大，其中罗梭江与关联干流的 Bray-Curtis 相似性达到 22%（Stress = 0.08 < 0.1）［图 6-49（b）］。

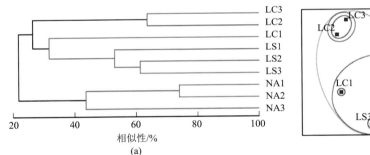

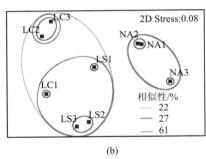

图 6-49　罗梭江、南阿河及下游关联干流各河段鱼类群落（a）平均聚类（CA）及（b）非度量多维排列（NMDS）图

剔除丰甸河无鱼河段 FD2、FD3，基独河、丰甸河、上游关联干流各采样河段鱼类群落也可划分为两个相似类群：类群Ⅰ包括 LC4、LC5、FD1、JD1；类群Ⅱ包括 JD2、JD3、JD4（图 6-50）。两大类群 Bray-Curtis 相似性仅为 10.73%，One-way ANOSIM 检验显示这两个类群的群落结构在统计学上差异显著（$r = 0.99, p = 0.001 < 0.05$）。NMDS 图则表示了干流鱼类群落与各支流靠近河口段（JD1、FD1）差异程度较小，而与支流上游河段差异程度较大，其中基独河与关联干流的 Bray-Curtis 相似性仅为 10%（Stress = 0.01 < 0.05）。

与罗梭江土著鱼种类逐渐增多截然相反，本次调查基独河土著鱼类较 2015 年 9 月监测减少了 5 种，分别为后背鲈鲤、鲤、奇额墨头鱼、穗缘异齿鰋、长胸异鮡这些急流型鱼类。研究表明，对较小支流而言，鱼类群落结构的稳定依赖于干流鱼类向支流的资源

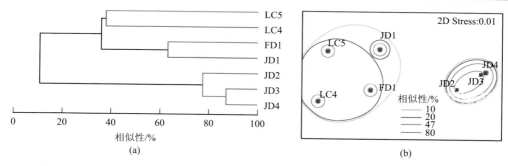

图 6-50　基独河、丰甸河及上游关联干流各河段鱼类群落（a）CA 及（b）NMDS 图

补充效应（Granzotti et al., 2018）。而本次调查期间，干流苗尾电站已于 2016 年蓄水运行，基独河汇入干流的河口区成为 "湖相" 状态；加之鱼类对于生存区域的高度选择性，可以主动规避不利的空间和栖息环境（Ding et al., 2019），即急流型鱼类往往本能地避开静水环境而自主选择流水栖息（马巍等，2016）。由此，"湖相" 状态致使干流中原急流型鱼类被大量 "驱离" 至库尾，如本次在库尾河段（LC5）就采集到大量张氏间吸鳅、奇额墨头鱼、裂腹鱼属等急流型鱼类。这种现象也发生在金沙江下游河段，向家坝电站的修建使得鱼类群落出现河湖分区，流水性鱼类大量聚集在库尾（李婷等，2020）。基独河在失去干流对这些鱼类的资源补充后，其鱼类多样性也随之下降。另外，通过与丰甸河的对比分析发现，虽然目前栖息于基独河各河段的鱼类物种数均相对较多，但就种群规模而言，基独河可能仅对拟鳗荷马条鳅、长须纹胸鳅有着保护效果，因为调查期间采集到的鱼类数量，除二者较多（分别为 779 尾和 263 尾）以外，其余种类采集量均低于 10 尾，而在干流占据群落绝对优势的裂腹鱼属采集量更是只有 5 尾幼稚鱼。NMDS 图也显示干流鱼类群落与支流相似度低于 10%，且与基独河下游河段的相似度显著高于其上游河段（图 6-50），这表明基独河上游河段并不适合干流鱼类栖息。可以预见，干流 "湖相" 下的基独河正处于一个封闭狭小的替代生境状态，加之与干流低相似性的鱼类群落，其未来对干流鱼类的保护效果日趋减小。

5. 生态类型

　　罗梭江、南阿河及下游关联干流的鱼类群落均是以杂食性（$0.75 < R < 0.90$）、缓流型（$0.54 < R < 0.78$）、产黏性及黏沉性卵（$0.69 < R < 0.76$）、喜砂砾/卵石底质（$0.41 < R < 0.44$）的鱼类为主。具有差异的是，罗梭江与下游关联干流的鱼类以中下层栖息（$0.67 < R < 0.74$）为主，而南阿河以底层栖息（$R = 0.78$）为主；支流鱼类以定居性（$0.69 < R < 0.82$）为主，而干流以半洄游性（$R = 0.73$）为主。

　　基独河、丰甸河及上游关联干流的鱼类物种均是以产黏沉性卵（$0.56 < R < 0.95$）、底层栖息（$0.55 < R < 0.97$）、喜砂砾/卵石底质（$0.48 < R < 0.54$）、生活在急流型水体（$0.56 < R < 0.96$）、具有定居习性（$R = 1.00$）的鱼类为主（图 6-51）。具有差异的是，丰甸河及上游关联干流的鱼类以杂食性（$0.53 < R < 0.97$）为主，而基独河以肉食性（$R = 0.92$）为主。

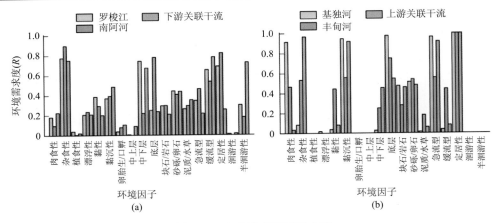

图 6-51　鱼类群落环境需求度

通过对比澜沧江生境修复支流（罗梭江和基独河）与未修复支流（南阿河和丰甸河）的鱼类生物量与群落结构的差异，发现支流生境替代后鱼类多样性明显提高，验证了支流生境替代对干流鱼类的保护效果。同时发现罗梭江生境替代效果日趋显著、基独河生境替代效果有所下降，指出支流生境替代效果受干流新增梯级开发的影响，支流河口段的干流保持"河相"是支流生境替代保护效果可持续的关键。

6.3　本　章　小　结

本章分别阐述了生态调度与支流生境替代对筑坝河流鱼类的保护效果。针对鱼类繁殖流量需求，本章提出了促进四大家鱼产卵的适宜流量范围为 15000~20000 m³/s，推求了提高四大家鱼产卵效率的生态流量过程。针对鱼类繁殖水温需求，提出了增加出流量同时改变出水口高程的调度方案，可以缓解冬季偏暖、夏季偏冷的水温情势。针对鱼类产卵的流量和水温需求，构建了多目标多要素耦合调度模型，表明耦合调度后的水文与水温情势更能满足鱼类产卵需求，有效缓解了鱼类临界水温与积温间的不匹配关系，同时平衡了经济与生态效益。

本章结合环境 DNA（eDNA）技术和渔获物法，确定了筑坝河流金沙江和澜沧江的生境替代支流。支流生境替代对干流鱼类具有明显的保护作用，支流小型水坝拆除后鱼类物种丰富度明显提高，能为土著鱼类甚至一些濒危、特有及洄游型鱼类提供完成生活史的关键栖息地。支流河口段的干流保持"河相"是支流生境替代保护效果可持续性的关键，支流生境修复后鱼类多样性明显提高。

参 考 文 献

陈栋为, 陈国柱, 赵再兴, 等. 2016. 贵州光照水电站叠梁门分层取水效果监测[J]. 环境影响评价, 38(3): 45-48, 52.

高少波, 唐会元, 乔晔, 等. 2013. 金沙江下游干流鱼类资源现状研究[J]. 水生态学杂志, 34(1): 44-49.

洪迎新, 施文卿, 陈宇琛, 等. 2021. 水电梯级开发进程中澜沧江干流鱼类群落演变特征[J]. 生态学报,

41(1): 235-253.

匡亮, 张鹏, 杨洪雨, 等. 2019. 梯级水库叠梁门分层取水水温改善效果的衰减[J]. 长江流域资源与环境, 28(5): 1244-1251.

李坤, 曹晓红, 温静雅, 等. 2017. 糯扎渡水电站叠梁门试运行期实测水温与数值模拟水温对比分析[J]. 水利水电技术, 48(11): 156-162, 186.

李婷, 唐磊, 王丽, 等. 2020. 水电开发对鱼类种群分布及生态类型变化的影响: 以溪洛渡至向家坝河段为例[J]. 生态学报, 40(4): 1473-1485.

李雨, 邹珊, 张国学, 等. 2021. 溪洛渡水库分层取水调度对下游河段水温结构的影响分析[J]. 水文, 41(3): 101-108.

刘明典, 陈大庆, 段辛斌, 等. 2011. 澜沧江云南段鱼类区系组成与分布[J]. 中国水产科学, 18(1): 156-170.

刘淑伟, 杨君兴, 陈小勇. 2013. 金沙江中上游中华金沙鳅(*Jinshaia sinensis*)产卵场的发现及意义[J]. 动物学研究, 34(6): 626-630.

柳海涛, 孙双科, 王晓松, 等. 2012. 大型深水库分层取水水温模型试验研究[J]. 水力发电学报, 31(1): 129-134.

吕浩, 田辉伍, 申绍祎, 等. 2019. 岷江下游产漂流性卵鱼类早期资源现状[J]. 长江流域资源与环境, 28(3): 586-593.

马巍, 彭静, 彭文启, 等. 2016. 河流栖息地适合度曲线与分级评价标准研究[J]. 中国水利水电科学研究院学报, 14(1): 23-28.

邵年, 廖远志, 林学锋. 2014. 嘉陵江亭子口水电站进水口分层取水设计[J]. 人民长江, 45(4): 32-35, 40.

王强, 袁兴中, 刘红. 2012. 山地河流浅滩深潭生境大型底栖动物群落比较研究: 以重庆开县东河为例[J]. 生态学报, 32(21): 6726-6736.

周湖海, 田辉伍, 何春, 等. 2019. 金沙江下游巧家江段产漂流性卵鱼类早期资源研究[J]. 长江流域资源与环境, 28(12): 2910-2920.

Caissie J, Caissie D, El-Jabi N. 2015. Hydrologically based environmental flow methods applied to rivers in the maritime provinces (Canada)[J]. River Research and Applications, 31(6): 651-662.

Carpentier D, Haas J, Olivares M, et al. 2017. Modeling the multi-seasonal link between the hydrodynamics of a reservoir and its hydropower plant operation[J]. Water, 9(6): 367.

Ding C Z, Jiang X M, Wang L E, et al. 2019. Fish assemblage responses to a low-head dam removal in the Lancang River[J]. Chinese Geographical Science, 29(1): 26-36.

Granzotti R V, Miranda L E, Agostinho A A, et al. 2018. Downstream impacts of dams: Shifts in benthic invertivorous fish assemblages[J]. Aquatic Sciences, 80(3): 28-41.

He W, Jiang A L, Zhang J, et al. 2022. Reservoir optimization operation considering regulating temperature stratification for a deep reservoir in early flood season[J]. Journal of Hydrology, 604: 127253.

He W, Ma C, Zhang J, et al. 2020. Multi-objective optimal operation of a large deep reservoir during storage period considering the outflow-temperature demand based on NSGA-II[J]. Journal of Hydrology, 586: 124919.

Ji Q F, Li K F, Wang Y M, et al. 2022. Effect of floating photovoltaic system on water temperature of deep reservoir and assessment of its potential benefits, a case on Xiangjiaba Reservoir with hydropower station[J]. Renewable Energy, 195: 946-956.

Kang H, Hur J W, Park D. 2017. The effects of cold water released from dams on *Zacco platypus* gonad maturation in the Nakdong River, ROK[J]. KSCE Journal of Civil Engineering, 21(4): 1473-1483.

Kim S K, Choi S U. 2021. Assessment of the impact of selective withdrawal on downstream fish habitats using a coupled hydrodynamic and habitat modeling[J]. Journal of Hydrology, 593: 125665.

King A J, Ward K A, O'Connor P, et al. 2010.Adaptive management of an environmental watering event to enhance native fish spawning and recruitment[J]. Freshwater Biology, 55(1): 17-31.

McQueen K, Marshall C T. 2017. Shifts in spawning phenology of cod linked to rising sea temperatures[J]. ICES Journal of Marine Science, 74(6): 1561-1573.

Melis T S, Walters C J, Korman J. 2015. Surprise and opportunity for learning in grand canyon: The Glen Canyon Dam adaptive management program[J]. Ecology and Society, 20(3): 22.

Wang Y K, Qiu R J, Tao Y W, et al. 2023. Influence of the impoundment of the Three Gorges Reservoir on hydrothermal conditions for fish habitat in the Yangtze River[J]. Environmental Science and Pollution Research International, 30(4): 10995-11011.

Zhang H, Kang M, Wu J M, et al. 2019. Increasing river temperature shifts impact the Yangtze ecosystem: Evidence from the endangered Chinese sturgeon[J]. Animals, 9(8): 583.

Zhang P, Cai L, Yang Z, et al. 2018. Evaluation of fish habitat suitability using a coupled ecohydraulic model: Habitat model selection and prediction[J]. River Research and Applications, 34(8): 937-947.

Zhu T B, Yang D G. 2016. Length-weight relationships of two fish species from the middle reaches of the Jinsha River, China[J]. Journal of Applied Ichthyology, 32(4): 747-748.

第 7 章 河流建坝对鱼类生境的其他影响及保护措施

除了前述的建坝对鱼类的影响和相关保护措施，本章重点介绍建坝对鱼类的其他影响和相关保护措施，并总结分析各类保护措施的保护效果和效益。

7.1 河流建坝对鱼类生境的其他影响

建坝导致的河流连通性下降、泥沙情势与河貌变化也影响了鱼类生境，从而影响了鱼类多样性和群落结构。

7.1.1 建坝对河流连通性及鱼类的影响

河流的纵向和横向连通性对维持河流生态系统的结构与功能起着至关重要的作用（Díaz et al.，2020）。河流系统是分级树状网络，其功能高度依赖于河流的物理连通性（Fuller et al.，2016；Grant et al.，2007）。随着水坝数量的增加，全球河流的纵向连通性受到严重威胁。目前，全球约有一半的河流纵向连通性下降，连通性状态指数（connectivity state index, CSI）低于 100%；全球近 10% 的河流河段的 CSI 低于 95%（Grill et al.，2019）。具有完全自然连通性（CSI = 100%）的大型河网仅存在于北极、亚马孙和刚果盆地的偏远地区（Grill et al.，2019）。在 20 世纪下半叶，河流连通性的损害变得更加严重，现在已遍及整个欧洲的国家和地区。36 个欧洲国家至少有 120 万个河流闸坝（平均密度为 0.74 个/km）（Belletti et al.，2020），河流超过 50% 的长度受到影响（Duarte et al.，2021）。闸坝密度最高的是欧洲中部地区的河流，该地区河流的连通性已严重受损，而闸坝密度最低的河流在最偏远和人口稀少的高山地区。相对未受干扰的河流只存在于巴尔干半岛、波罗的海国家和欧洲斯堪的纳维亚半岛的部分地区（Belletti et al.，2020）。就大型河流（集水区面积＞1 万 km²）而言，地中海和西大西洋地区在流域数量上受破碎化影响最大，而黑海和里海地区在河流长度上受破碎化影响最大（Duarte et al.，2021）。在美国，与没有建坝的自由流动的河流相比，大坝使河流破碎度增加了 801%，79% 的河流长度与海洋或五大湖的出口断开（Cooper et al.，2017）。在南美洲，100 多座水电站已经把亚马孙流域的河流分割开来。在亚马孙上游安第斯地区的 8 个主要的河流系统中，142 个现有或在建的水坝已经导致 6 个主要河流系统的支流破碎化，而 160 座规划建设的水坝可能进一步导致 5 个主要河流系统干流的连通性受损（Anderson et al.，2018；Flecker et al.，2022；Latrubesse et al.，2017，2020；Lees et al.，2016）。整体来看，欧洲各国、美国、南非、印度和中国的河流连通性状态指数最低，目前正在建设或规划建设的大坝的建成将进一步降低河流连通性，尤其是在如印度和中国等一些正处于建坝热潮的国家。然而，在这些发展中国家，对河流连通性的相关研究较为缺乏（Barbarossa et al.，2020）。

建坝还降低了河流的横向连通性，减少了河流与洪泛平原或湿地之间的相互作用

（Latrubesse et al., 2017；Stoffels et al., 2022），从而影响洪泛区和湿地生态系统的生产力（Palmer and Ruhi, 2019）。在印度的 Atreyee 河流域，由于 Mohanpur 大坝导致横向连通性下降，活跃的洪泛平原面积减少了 66.2%，48.9%的湿地在建坝后完全消失（Saha et al., 2022）。在澳大利亚干湿交替的热带地区，在 Flinders 和 Gilbert 流域，建坝使洪泛平原湿地与其主要河道之间横向连通性的平均持续时间分别减少了 1%和 2%（Karim et al., 2015）。在南美洲巴拉圭河上游流域，Manso 大坝降低了 Cuiaba 河与 Pantanal 湿地（世界上最大的湿地系统之一）之间的横向连通性，削弱了沉积物和营养物质的交换（Jardim et al., 2020）。大坝运行还会影响地表水和地下水之间的垂向连通性，从而改变地表水和沉积物间隙水之间溶质、热量和营养物质的交换（Sawyer et al., 2009）。

此外，小型水坝数量多、分布广，其对河流连通性的严重影响也不容忽视（Anderson et al., 2018；Castello and Macedo, 2016；Fuller et al., 2016；Rodeles et al., 2017）。研究估计有 82891 座小水电站（small hydropower plants, SHPs）在 150 个国家中正在运营或在建（Couto and Olden, 2018），超过了国际大坝委员会（ICOLD）记录的 58713 座（截至 2020 年 4 月）大水电站（large hydropower plants, LHPs）的数量。目前，全球规划将建设 181976 座小水电站，其中 10569 座将在今后几十年建设，小水电站的数量将会进一步迅速攀升。在一些发达国家，如奥地利，由于大型河流的水电潜力大部分已被开发，正在规划越来越多的小水电站来满足能源需求（Wagner et al., 2015）。在亚洲、非洲、拉丁美洲和欧洲东南部等水资源丰富的国家，决策者对小水电站的潜力特别感兴趣，并将建造更多的小水电站（Harlan et al., 2021）。传统上认为小水电站是一种清洁能源，对环境的影响小于大水电站（Dursun and Gokcol, 2011；Nautiyal et al., 2011）。然而，小水电站通常建设在高梯度的高山溪流中，且一个流域通常会建设数量较多的小水电站，对河流破碎化产生比大水电站更加严重的影响（Timpe and Kaplan, 2017）。例如，在巴西的河流中，由小水电站造成的河流连通性平均损失要大于大水电站（Couto et al., 2021）。由于 Pantanal 湿地河流中小水电站的建设影响了河流与湿地之间的横向连通性，这些小水电站的大规模扩张引起了人类的极大担忧（Figueiredo et al., 2021）。

鱼类在不同生活阶段对栖息地有不同的需求，这种需求高度依赖于河流良好的连通性和自然流动性（Arthington et al., 2016）。纵向连通性对鱼类迁徙至关重要［图 7-1（a）、（b）］，横向连通性则使鱼类能够进入洪泛平原、旁侧河道、牛轭湖和洪泛区湖泊的产卵场和索饵场［图 7-1（c）］。

河流破碎化对鱼类产生了显著影响（Barbarossa et al., 2020）。水坝在鱼类产卵或觅食路线上起到物理屏障的作用，限制了鱼类种群的扩张［图 7-1（b）］。广泛分布的水坝阻碍了鱼类洄游，造成种群隔离，导致鱼类种群减少，最终导致鱼类局部或完全灭绝，尤其是洄游型鱼类（Duponchelle et al., 2021；Rodeles et al., 2017；van Puijenbroek et al., 2018）。在过去的 50 年中，全球范围内淡水洄游型鱼类减少了 96%，是所有脊椎动物中下降幅度最大的（Deinet et al., 2020）。关于河流破碎化对洄游型鱼类影响的研究主要是分析某些洄游物种的生活史，测量其不同生命阶段的栖息地特征，并评估建坝对其栖息地的潜在影响（Goodwin et al., 2014；Liermann et al., 2012；Wofford et al., 2005）。河流破碎化还导致鱼类种群变得孤立和遗传碎片化，使它们面临遗传漂变和近亲繁殖的严重

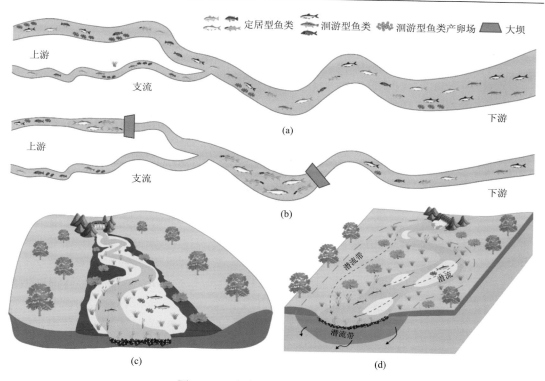

图 7-1　河流连通性以及建坝的影响

（a）自由流动河流中鱼类的洄游路线和产卵场；（b）建坝河流中鱼类的洄游路线和产卵场；（c）洪泛区内鱼类的产卵场和索饵场；（d）潜流交换和三文鱼幼鱼栖息地

影响（Brinker et al., 2018；Cheng et al., 2015）。此外，河流破碎化改变了河流食物网的结构，降低了鱼类的分类多样性（Freedman et al., 2014）。随着河网中最长非破碎段长度与河网总长度之比的增加，深潭中的本地鱼类和浅滩中的非本地鱼类的 β 多样性降低（Díaz et al., 2020）。

建坝降低了河流的横向连通性，导致一些鱼类无法进入洪泛区和湿地的产卵场[图 7-1（c）]（O'Mara et al., 2021）。在亚马孙河，建坝造成河流与洪泛平原的相互作用减少，导致马代拉河洪泛平原单位面积的渔获量显著减少，渔业组成发生变化（Arantes et al., 2022）。建坝还会影响河流的垂向连通性，影响洲滩上三文鱼幼鱼的栖息地。受调节的水流虽不至于使三文鱼幼鱼脱水，但仍可以通过改变潜热交换和溶解氧来影响栖息地中三文鱼胚胎的生存和发育，从而影响其种群数量[图 7-1（d）；Bhattarai et al., 2023；Martin et al., 2020]。除了大水电站导致的河流破碎化外，广泛分布的小水电站也对鱼类分布和多样性产生了严重影响，特别是累积影响（Consuegra et al., 2021）。研究表明，由于小水电站数量的增加，巴西 191 种洄游型鱼类中有 2/3 会受到河流破碎化的影响，这将会造成比大水电站更大的连通性损失（Couto et al., 2021）。河流破碎化对更大尺度（如大洲和全球尺度）的鱼类多样性及分布的影响可能不同于局部尺度（如流域和次流域尺度），因为具有相似连通性的河网之间的鱼类 β 多样性存在显著差异（Díaz et al., 2020）。

近年来，建坝引起的河流破碎化对鱼类的影响以及鱼类多样性对河流破碎化的响应机制已成为新的研究热点。Grill 等（2015）从次流域尺度到流域尺度，从高空间分辨率上评估了河流破碎化对鱼类栖息地的影响。鉴于目前从流域到大陆尺度的河流连通性研究的进展（Belletti et al., 2020；Duarte et al., 2021；Grill et al., 2019），预计关于河流破碎化对鱼类多样性和分布影响的研究将迅速扩大到全球范围。

7.1.2 建坝对河貌及鱼类的影响

泥沙是河流的基本组成部分，泥沙输移作为河流的一项重要功能，在维持全球河流系统的生态状况方面发挥着关键作用（Chapman and Wang, 2001；Netzband, 2007）。河流系统泥沙供给和输沙能力之间的平衡是河貌变化的基本驱动力，它不仅决定了河流系统的沉积或退化状态，而且控制着河流形态和底质结构（Dietrich et al., 1989；Lisle et al., 1993；Pitlick and Wilcock, 2001）。河流形态具有多种类型，包括笔直型、蜿蜒型、辫状型和交织型等（Latrubesse, 2008；Leopold and Wolman, 1957）。不同的河流形态会产生不同的水动力条件，导致不同的泥沙冲淤规律，形成各种地貌单元，如浅滩、深潭和河漫滩，从而增加了生物栖息地的多样性（Chapuis et al., 2015；Namour et al., 2015）。河流泥沙还能携带和运输大量有机物，为水生生物提供食物来源（Karr, 1991）。泥沙中有机质的含量受泥沙特征的影响，包括颗粒大小和密度、表面位点密度和颗粒形态（Wu et al., 2020）。在大多数河流中，河床泥沙颗粒粒径总体呈现从上游至下游细化的趋势（Luo et al., 2012），如图 7-2（a）所示。

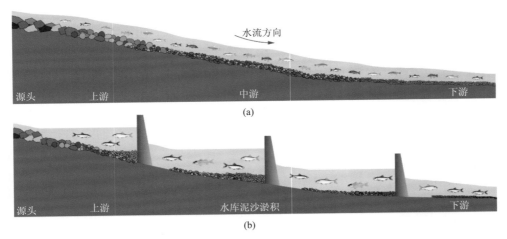

图 7-2 建坝对河床泥沙的影响

（a）自然河流泥沙级配；（b）建坝河流泥沙级配

在世界范围的建坝热潮开始之前，全球河流每年往海洋输送的泥沙约为 200 亿 t（Milliman and Syvitski, 1992）。水库将泥沙拦截在库内，排放通常不含泥沙的水体至下游河道，打破了河流泥沙通量的平衡，导致库内泥沙淤积以及下游河道泥沙减少（Morris and Fan, 1998）。到 21 世纪，全球水库导致河流向海洋输送的泥沙每年减少约 50 亿 t（Milliman and Syvitski, 1992)。在大坝上游，库区水体流速降低，可能会加速河道和河漫滩的泥沙淤积（Fencl et al., 2015；Su et al., 2017；Walter and Merritts, 2008）。

如图 7-2（b）所示，泥沙中的粗颗粒（如砾石和粗砂）最先沉降，在水库回水区末端形成三角洲；细颗粒泥沙进入水库后被异重流或非分层流裹挟，并在坝体附近淤积（Morris and Fan, 1998；Garde and Ranga Raju, 1977）。此外，建坝河流的泥沙负荷峰值与最大流量在时间上是不匹配的（Dang et al., 2010；Topping et al., 2000），这也促进了泥沙的沉降淤积。在坝下河道中，泥沙含量的减少通常会导致河道下切、河床和河岸的长期侵蚀，甚至三角洲的丧失（Bittencourt et al., 2007；Graf, 2006；Magilligan and Nislow, 2005；Petts and Gurnell, 2005）。在缺乏泥沙的河流中，经常存在强烈的冲刷和洪泛平原下切，因为水流携带的河床物质与其运输能力相当（Csiki and Rhoads, 2010）。在某些情况下，建坝会减少大洪水发生的次数，削弱大流量洪水对河道的冲刷作用，导致下游河道泥沙淤积，使得河床抬高（Kotti et al., 2016；Słowik et al., 2018）。建坝后，下游河道出现深潭的频率更高，且单个深潭的长度也会比上游的深潭长；相反，上游浅滩的长度则比下游的长（Kobayashi et al., 2012）。大坝建设后下游的低泥沙负荷也会导致相关的营养物质运输减少，从而影响鱼类索饵场（Guo et al., 2020）。此外，建坝破坏了无机和有机沉积物之间的平衡，矿物颗粒主要沉积在水库中，生物产量的增加导致水库泄水的悬浮负荷主要由水生生物的有机质组成（Sokolov et al., 2020）。

河流建坝对泥沙情势和河貌的改变会潜在地影响鱼类栖息地。侵蚀和沉积模式的变化导致河貌改变，这可能会降低鱼类产卵场和越冬场的适宜性（Kruk and Penczak, 2003；McLaughlin et al., 2006）。对于定居性鱼类或穴居鱼类来说，建坝改变了下游鱼类产卵、觅食和越冬栖息地的数量和分布，导致鱼类对产卵场和越冬场以及食物资源的竞争加剧（Cambray et al., 1997）。河流建坝后中尺度河床形态的变化，如上游和下游的深潭和浅滩，可以间接导致鱼类群落多样性和分布的变化（Calderon and An, 2016；Langeani et al., 2005）。此外，不同的鱼类可能对泥沙的特性有不同的偏好。例如，白鲟（*Psephurus gladius*）的幼鱼更喜欢干净的砾石和鹅卵石作为底质（Nguyen and Crocker, 2006），而短须裂腹鱼的幼鱼在不同的生命阶段对底质的偏好不同（Chai et al., 2019）。通常，七鳃鳗在覆盖着沙子、砾石和鹅卵石混合物的河床中产卵（Johnson et al., 2015）。具有相对高有机质的细沙是某些鱼类的主要食物和能量来源，甚至可能是诸如七鳃鳗幼鱼和嗜沙性鱼类等物种生命周期中不可或缺的必需品，大坝下游泥沙变粗会导致这些鱼的饵料减少。此外，复杂的栖息地结构，如粗颗粒泥沙之间的孔隙空间，可以增加鱼类的避难空间，从而降低捕食者的捕食效率，这种影响在猎物密度较低时最为明显（Barrios-O'Neill et al., 2015，2016；Toscano and Griffen, 2013）。悬移质泥沙含量的变化也会对建坝河流的鱼类栖息地造成各种影响。例如，一些鱼类更喜欢浑浊的水而不是清澈的水，这可能有利于降低被捕食的风险和增加觅食的机会（Cyrus and Blaber, 1987, 1992）。当水库将流动的水转化为相对静止的水时，上游的水由浑浊变为清澈（Guo et al., 2020），而水的清澈度的提高会直接影响这些鱼类的栖息地。综上所述，悬移质和河床底质泥沙的变化对建坝河流鱼类的整个生活史都具有重要影响。

7.2　建坝河流的其他保护措施

除了生态调度、支流生境替代的鱼类保护措施外,目前还有建设过鱼设施、开展增殖放流等保护措施。

7.2.1　过鱼设施

恢复河流的纵向和横向连通性,如重新连接河流-洪泛区和建设过鱼设施,可能是恢复建坝河流中鱼类的自然栖息地和洄游路线的最直接方法。近几十年来,由于洪泛区河道的丧失或与主河道失去连接对河流生态系统产生了明显影响,在河流生态修复的实践中,人们越来越多地努力恢复河漫滩的鱼类栖息地。建立洪泛区河道与主河道的连通性和恢复河流的横向连通性可以为鱼类提供必要的育苗区,并减轻鱼类多样性的损失(Stoffers et al., 2022)。荷兰莱茵河中恢复的洪泛区河道已成为喜流水性鱼类的适宜育苗区(Stoffers et al., 2021)。恢复美国基西米河主河道与洪泛区之间的水文联系,对食物网结构和生态系统功能产生了积极影响(Jordan and Arrington, 2014)。在多瑙河上游,根据一项以自然为本的建设计划,人工建造了一条二级洪泛区河道,提供了更多的鱼类生境,恢复了洄游路线,从而为恢复濒危鱼类的数量做出了重要贡献(Pander et al., 2015)。对苏格兰南埃斯克河上游的支流,根据历史地图资料,重建了一个天然蜿蜒河道,恢复了洪泛平原的连通性以及大西洋鲑鱼和鳟鱼的栖息地(Addy et al., 2016)。

在建坝河流建设过鱼设施是一种十分有潜力且有效的工程措施,可重新连接由于河流建坝而破碎的生态廊道,恢复河流纵向连通性。这是最早的,也是最广泛使用的在建坝河流中保护洄游鱼类的措施(Schilt, 2007)。过鱼设施主要包括鱼道、升鱼机、集运鱼系统、鱼类友好型水轮机、仿自然旁路鱼道以及其他工程运输措施(图7-3)。欧洲最早的鱼道可以追溯到18世纪中期(Clay,1995)。在20世纪早期,已有研究对不同的鱼道设计进行了现场和实验室试验。丹尼尔鱼道被创造以降低鱼道内的流速[图7-3(a)和图7-4(a)]。1946年,在加拿大弗雷泽河的地狱门两侧建造了一条竖缝式鱼道[图7-3(b)和图7-4(b)],以使鲱鱼能够成功地穿过由滑坡造成的河道障碍(Jackson,1950)。Monk 等(1989)设计了一种池堰组合的鱼道结构,其中几乎所有鲱鱼和大部分其他鱼类可以成功通过[图7-4(c)]。这些早期的鱼道设计主要针对鲑鱼物种,只有少数研究针对鲱鱼。美国、加拿大和欧洲最近针对濒危物种的立法再次强调了鱼道对鲑鱼和西鲱以外的洄游型物种的重要性;与此同时,世界其他地区也针对洄游型鱼类采取了一些成功的措施(Katopodis and Williams, 2012)。

随着大坝数量的快速增长,鱼道因造价高、效率低、工程复杂等问题,其适用性受到了极大挑战,促进了对其他类型鱼道的探索。升鱼机的设计原理类似于升降机,可以主动将鱼类从大坝下游河段移动和释放到上游水库[图7-3(d)]。这些升鱼机将鱼类引入漏斗中,再从底部上升到大坝上游(Santos et al., 2022)。Barry 和 Kynard(1986)发现,对美国西鲱来说,通过尾水集诱鱼的升鱼机比早期的升鱼机效率更高。据报道,采用了阿基米德螺旋设计的升鱼机能够显著提高过鱼效率(McNabb et al., 2003; Zielinski

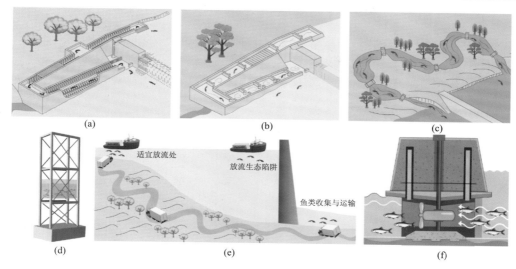

图 7-3　各类过鱼设施示意图

（a）丹尼尔鱼道；（b）竖缝式鱼道；（c）仿自然旁路鱼道；（d）升鱼机；（e）集运鱼系统；（f）鱼类友好型水轮机［图（a）～（c）均参考 Thorncraft 和 Harris（2000）并重新绘制］

图 7-4　各种类型的鱼道实物图

资料来源：（a）丹尼尔鱼道：Montana State University, Matt Blank 摄, 2015, https://www.montana.edu/ecohydraulics/research/；（b）竖缝式鱼道：联邦水道工程研究所（BAW），https://www.baw.de/en/die_baw/wasserbau/umwelt/umwelt.html；（c）池堰式鱼道：McElhanney Company，https://www.mcelhanney.com/project/anderson-creek-fishway/；（d）仿自然旁路鱼道：新华国际，https://news.qq.com/rain/a/20191026A099LC00

et al., 2022）。对于一些高坝来说，如果无法建设鱼道和升鱼机，集运鱼系统可能是一个合适的替代方案［图 7-3（e）］。集运鱼是一种特殊的过鱼方式，主要用于高坝或鱼类需要连续爬几级台阶的工程。该措施把鱼吸引到船舱或其他箱子里，然后用船或车辆把鱼运过大坝（图 7-5）。1981 年，USACE 实施了大规模的鱼类收集和运输的行动计划，以减少幼鲑在向大海洄游期间的损失。集运鱼系统可以提高鱼类通过水坝的存活率，并且在某些情况下比其他过鱼设施更有效（Ward et al., 1997）。

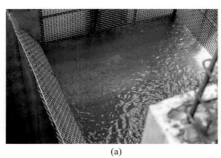 

(a)　　　　　　　　　　　　　　　　　　(b)

图 7-5　中国吉林丰满水电站集运鱼系统

（a）集鱼斗收集鱼类，将鱼类从丰满水电站大坝鱼道内提升起来；（b）运鱼车运载着运鱼箱（橙色部分）行驶在轨道上，将收集的鱼类转运至上游水库

资料来源：新华社，https://www.gov.cn/xinwen/2021-08/31/content_5634534.htm#1

　　传统的水轮机对通过的鱼类极为有害，因此，阿基米德螺旋水轮机和钝叶片水轮机等鱼类友好型水轮机已逐渐被使用[图 7-3（f）]。对鱼类友好的水轮机降低了旋转速度并且增大了开口，可以让较小的个体安全通过（Bracken and Lucas, 2013；YoosefDoost and Lubitz, 2020）。仿自然旁路鱼道[图 7-3（c）和图 7-4（d）]，可以引导下游鱼类向进水口周围合理安全的通道移动，从而有效降低鱼类通过大坝的死亡率（Beck et al., 2020; Meister et al., 2022）。在美国斯内克河下游和哥伦比亚河下游的 8 座大坝中，进入发电站的大部分鱼类被分流到幼鱼仿自然旁路鱼道，为幼鱼向下游迁移提供安全高效的通道（Faulkner et al., 2019）。在一些建坝河流中，修建了类似河流的通道，作为鱼类洄游的旁路，甚至作为鱼类繁殖的补充栖息地（Zhang et al., 2023）。在俄罗斯的顿河，已经建造了一条天然河道，使鲟鱼能够绕过康斯坦丁诺夫斯基大坝，并且在旁路通道中发现了闪光鲟（*Acipenser stellatus*）卵，说明仿自然旁路鱼道已被鱼类用作产卵栖息地（Pavlov and Skorobogatov, 2014）。

　　总的来说，过鱼设施可以帮助鱼类通过水坝的阻隔，减轻栖息地破碎化对鱼类的影响。然而，不同类型的鱼道的过鱼效率有很大差异。平均而言，鱼类向下通行的鱼道效率要略高于鱼类向上通行的鱼道；池堰式、竖缝式和仿自然旁路鱼道比升鱼机的过鱼效率要高一些（Noonan et al., 2012）。鱼道多应用于低比降河流的低坝，以改善河流纵向连通性。丹尼尔鱼道和仿自然旁路鱼道是最有效的鱼道类型（Baumgartner et al., 2018；Bunt et al., 2001）。即使在上游或下游水位发生显著波动时，这些鱼道也可以保持有效（Quaranta et al., 2019）。加拿大黎塞留河中的 Vianney-Legendre 竖缝式鱼道已被证明成功地通过了各种鱼类，包括湖鲟（Marriner et al., 2016）。美国蒙大拿州西南部比格霍尔河流域的 63 个导流坝的丹尼尔鱼道为北极茴鱼（*Thymallus arcticus*）和其他鱼类提供了全年进入关键栖息地的机会（Triano et al.，2022）。安装在加拿大印第安克里克的低坝处的仿自然旁路鱼道已被证明对多种鱼类过坝是有效的（Steffensen et al.，2013）。然而，有些鱼道可能对某些鱼类的过鱼效果不佳。在美国桑蒂亚姆河的福斯特大坝的池堰式鱼道，对大鳞大马哈鱼幼鱼的洄游效率是低到中等，而钢头鳟则一直有较高的通过率，表明池堰式鱼道可能不是一个适合所有物种的解决方案（Hughes et al.，2021）。总体而言，影响鱼道过鱼效率的因素众多，包括鱼道坡度、隔板等能够影响池中流场的要素，相邻水池间的水头差，以及池水的湍流强度和水流速度（Quaranta et al.，2019）。

升鱼机、集运鱼系统被认为是高坝最具成本效益的过鱼设施。葡萄牙利马河上的大型水电站大坝的升鱼机，有效地防止了不同河段之间鱼类洄游种群的分裂（Mameri et al.，2019）。集运鱼系统具有灵活性强、不干扰大坝结构布置、适应库水位变化大、鱼类过坝占用空间小等优点。20 世纪 40 年代，一个临时集运鱼系统在哥伦比亚河下游的罗克岛大坝成功转移了数千条成年鲑鱼。在加拿大圣约翰河的马克特科克大坝和美国梅里马克河的埃塞克斯大坝，集运鱼系统也被成功地用于运输鲱鱼（Clay，1995）。Ward 等（1997）回顾了美国国家海洋渔业局 1968～1989 年进行的关于使用卡车和驳船将洄游的大鳞大马哈鱼幼鱼从斯内克河大坝周围运输到斯内克河和哥伦比亚河下游水库的效率的研究，并建议使用驳船运输大鳞大马哈鱼幼鱼以提高其存活率。然而，只有 47%的大西洋鲑鱼成功地通过了法国加龙河上的 Golfech-Malause 水电站的升鱼机。在葛洲坝，在采集过程中释放射流可成功引诱底层鱼类（Liang et al.，2014）。升鱼机主要的困难在于捕鱼，因为升鱼机的 V 形入口可能会阻碍鲑鱼进入容纳池，且不能保证进入的鱼类不会返回河中（Croze et al.，2008）。

在不同的水力条件下，不同种类的鱼在过鱼设施中的通过效率参差不齐（Bunt et al.，2016；Nieminen et al.，2017；Williams and Katopodis，2016）。鲑鱼和鲱鱼通过竖缝式鱼道、池堰式鱼道和丹尼尔鱼道的效率分别为 63%、45%和 51%（Castro-Santos et al.，2017；Mallen-Cooper and Stuart，2007；Noonan et al.，2012）。云斑鮰（*Ameiurus nebulosus*）和条纹狼鲈（*Morone saxatilis*）的体型比成年鲤鱼小，它们更喜欢仿自然旁路鱼道，并且通过效率高达 70%（Bunt et al.，2012）。升鱼机是七鳃鳗和褐鳟（*Salmo trutta*）最有效的向上过鱼措施，但捕获小型个体比较困难（Castro-Santos et al.，2017；Pompeu and Martinez，2007）。Tummers 等（2016）强调挡板和高湍流的物理特性可能会抑制七鳃鳗在鱼道中上行，Moser 等（2019）提出了一种新的太平洋七鳃鳗鱼道入口的改造方案。鱼道的过鱼效率也与鱼类的行为有关（Shahabi et al.，2021），因为它们在鱼道中的游泳方向取决于它们对流场的经验（Goodwin et al.，2014）。对鱼的吸引力不足被认为是限制鱼道效率的主要因素（David et al.，2022）。鱼类在开始攀爬过鱼设施之前，通常需要熟悉通道入口（Laine，1995）。Mensinger 等（2021）认为，鱼类可能会根据其个性和大小在水坝处被隔离，这可以通过增加鱼道吸引力和最大化通过机会来缓解，从而使更多的探索性鳗鱼成功通过。一般来说，鱼道缓解建坝阻隔对鱼类影响的能力是有限的，既需要鱼道有良好的设计，同时也需要鱼类具备良好的游泳能力（Noonan et al.，2012）。

在许多情况下，过鱼设施是重新连接建坝河流中支离破碎的鱼类栖息地的有效方法。然而，有研究认为，将喜欢流水环境的鱼类从下游移到水库可能会对这些鱼类造成进一步的损害，因为水库的水流环境可能形成生态陷阱，使转移的鱼类无法找到它们的洄游路径或合适的栖息地。鱼道主要有利于游泳能力强的鱼类，这可能会改变大坝上下游鱼类群落结构，从而进一步损害建坝河流中鱼类的生物多样性。同时，也有很多鱼道没有达到预期的效果。其低效率可归因于在设计时没有充分考虑鱼类的游泳能力和水力特性，亟待创新解决方案，这需要工程师和生物学家共同努力，根据多种鱼类的首选水力条件设计鱼道。设计以自然为本的过鱼设施，并且在鱼道建设中使用天然材料而不是混凝土和金属也同样重要。此外，当前缺乏长期监测和鱼道运行效果的实时评估，也导致过鱼设施未得到及时的改进。

7.2.2　增殖放流

在建坝河流中针对目标鱼类实施人工增殖放流措施也是一种有效的保护鱼类的方法，尽管该措施具备有效性的证据并不全面（Rytwinski et al., 2021），但可一定程度上补充野生濒危鱼类的数量，恢复渔业资源（Molony et al., 2003；Naish et al., 2007；Yang et al., 2013）。人工增殖放流可分为"生态恢复型"和"资源恢复型"两大类。"生态恢复型"旨在通过将人工饲养的鱼类放归到鱼类在建坝河流的原始栖息地，保护濒临灭绝的本土鱼类，防止种群灭绝。"资源恢复型"是指通过人工增殖放流，恢复建坝河流的渔业资源，提高建坝河流经济鱼类的资源量水平（王丽娟，2016）。

中国已将这一措施作为保护 20 多种濒危鱼类的基本保护策略（Yang et al., 2013）。例如，中华鲟更倾向于分布在长江下游，但长江上游的大坝阻断了中华鲟的产卵洄游路线，破坏了中华鲟的产卵场，使中华鲟的自然产卵场长度从 600 km 减少到 7 km，并导致其性腺退化（Wang and Huang, 2020；Xie, 2003；Zheng et al., 2022）。自 1984 年以来，人工繁殖并将幼鱼（图 7-6）放归到自然环境中已成为保护中华鲟的重要方法（Chang et al., 2021；Gao et al., 2009；Qin et al., 2020；Stone, 2008；Wei et al., 2004）。1983～1998年，大约有 600 万尾中华鲟鱼苗和幼鱼被放流到长江（Wang et al., 2019）。1997～2003年，每年有 500～1500 条成年鲟鱼被放流到长江宜昌段的产卵场（Li et al., 2021b；Zhuang et al., 1997）。此外，中华鲟和长江鲟的人工繁育技术也取得突破，人工繁育的长江鲟可在实验室培育至第三代（Li et al., 2021a）。

(a)　　　　　　　　　　　　　　　　　　　(b)

图 7-6　长江中华鲟放流

图片由中国长江三峡集团有限公司提供

在巴西，第一个增殖放流计划是针对西北地区的非本地鱼类实施的，该项目显著提高了当地的渔业产量（Paiva et al., 1994）。目前，增殖放流已成为一项强制性管理措施，可减轻河流建坝对鱼类种群的影响以及保护巴西的鱼类区系（Arantes et al., 2011；Casimiro et al., 2022）。在中国，长江流域的大坝建设已经显著影响了四大家鱼的自然繁殖过程，减少了四大家鱼的渔业资源量（Peng et al., 2012）。三峡水库蓄水后，与 20 世纪 60 年代相比，四大家鱼的资源量减少了 90% 以上（Yi and Wang, 2009）。人工育苗技术的发展和大规模的放流，使长江流域四大家鱼的资源得到了明显的恢复。自 2010 年以来，长江中游石首、监利段每年放流 1 万 kg 以上的纯种四大家鱼，取得了显著的经济、社会和生态效益（陈会娟，2019）。改善后的四大家鱼渔业缓解了以往仅依赖四大家鱼天然资源渔获量的局限性（陈会娟，2019；Yang et al., 2013）。在澜沧江，几乎所有建坝河段都采取了增殖放流措施，有效恢复了鱼类资源（Xu and Pittock, 2019）。

总体而言，人工增殖放流是恢复濒危鱼类、维持遗传多样性、支撑种群扩张、进一步保护建坝河流生态系统完整性的重要措施（Le Luyer et al., 2017；Leinonen et al., 2020）。但监测数据显示，长江口中华鲟幼鱼数量并未出现明显增加（Wei et al., 2004），因为在葛洲坝下的产卵场只有小规模的自然繁殖活动（Zhuang et al., 2016）。因此，人工增殖放流并没有恢复野生中华鲟的自然繁殖过程，只是在一定程度上维持了它们的种群数量，防止种群灭绝。

在人工增殖过程中，有时会忽略对繁殖鱼的选择和更新，导致近亲繁殖产生遗传性状较差的亲本鱼。由于遗传漂变，放流鱼类的遗传渗入可能降低野生种群的遗传多样性，损害野生种群的性状（Lin et al., 2022）。例如，从支流和相连的湖泊中逃逸的人工培育的遗传特性较差的四大家鱼，影响了长江干流天然的四大家鱼优质种质资源，进一步导致野生四大家鱼种质资源质量和对野生环境的适应能力下降（陈会娟，2019）。鱼类放流活动可将外来疾病和寄生虫引入水体，这也会潜在地危害濒危种群（Yang et al., 2013）。因此，人工繁殖的鱼类与野生鱼类之间的遗传混合可能会造成遗传污染，影响野生种群的遗传结构和稳定性，导致遗传和生态风险（Abdolhay et al., 2011）。此外，大规模放流的人工繁殖鱼类和野生鱼类之间存在竞争，挤压了野生鱼类种群的生存空间（Bell et al., 2008）。在进行人工增殖和放流之前，有必要了解受体环境的承载能力和野生种群的规模，以减少负面影响，实现利益最大化（Agostinho et al., 2016）。需要注意的是，人工增殖和释放非本地物种可能导致生物入侵，这将导致本土鱼类多样性的变化和下降（Bernery et al., 2022）。例如，罗非鱼具有较强的环境适应能力，由于人工增殖放流，已成为水库和湖泊的优势物种，威胁到本地鱼类的生存（Cucherousset and Olden, 2011）。

长期的实地监测表明，大多数人工繁殖的鱼类在野外不能进行自然繁殖，而只是维持目标鱼类种群的规模。如果人工增殖放流的鱼类不能自然繁殖第二代，会导致鱼类的野生种群数量无法自然增加，难以维持鱼类野生种群的长期稳定。因此，研究建坝河流中目标鱼类的自然繁殖机制，包括人工繁殖和野生个体，对于恢复种群具有重要意义。此外，由于缺乏长期和连续的监测数据，人工增殖放流对河流生态系统的定量影响仍然不清楚。因此，有必要建立一个遗传混合和物种入侵的风险评估体系，以定量评估人工增殖放流的负面影响。这将有助于改善保护措施，增加目标鱼类种群，保护河流生物多样性。

7.3　建坝河流保护措施效益评估

目前已开展了各类保护措施来保护建坝河流的鱼类，每种保护措施在特定条件下都是有效的。然而，根据实际的情况和保护成本效益来选择合适的保护措施仍存在一些困难。表 7-1 总结了主要的保护措施及其优缺点和适用场景。环境决策较为复杂，需要对当地情况有细致入微的了解，才能做出最佳的权衡和取舍。

表 7-1　各类保护措施的优缺点及适用场景

保护措施		优点	缺点	适用场景
过鱼设施	鱼道	①促进鱼类及时通过；②对鱼类伤害较小	仅对具备较强游泳能力的鱼类有效	上下游水头差小于 60 m 的各类水坝
	升鱼机	①节省空间；②易于安装	①机械设施复杂；②通过率不高；③过坝的鱼类数量有限	上下游水头差大于 60 m 的混凝土重力坝
	集运鱼系统	①灵活性强；②可按鱼的喜好调整诱鱼水流	①耗费人力物力财力；②运行与管理复杂；③运输过程会增加鱼类死亡率	上下游水头差超过 60 m 的各类水坝
	鱼类友好型水轮机	可允许小体型鱼类安全通过	对鱼体产生机械损伤	中低水头的水坝
	仿自然旁路鱼道	①长度较长，具有生态景观的功能；②有效降低鱼类过坝的死亡率；③建好后便于调整和扩展	①空间需求较大；②对当地地形条件要求高	上下游水头差小于 30 m 的各类水坝，且依赖于支流工程
增殖放流		①便于操作和管理；②技术体系相对成熟；③保护鱼类物种，提高种群数量	①研究周期较长；②人工繁殖鱼类占据野生种群生存空间，减少野生个体生存机会；③稀释野生种群遗传多样性	所有的建坝河流，尤其是有濒危或经济鱼类保护需求的河流
生态调度		①可恢复河流生态系统结构与功能；②促进鱼类产卵繁殖	①损失社会经济效益；②协调多部门工作较为困难；③难同时满足不同鱼类的需求	具有大中型水库的各类水坝
支流生境替代		①为受干流建坝影响的鱼类提供补偿生境；②拆坝恢复河流的自然连通性；③促进河流特征多样性的变化；④促进鱼类产卵繁殖	①没有足够自由流动长度的支流，补偿能力有限；②拆除支流中的小水坝会造成鱼类伤亡	需要具备与建坝干流生境条件高度相似的支流

鱼道对游泳能力较强的鱼类有利，但主要适用于上下游水头差小于 60 m 的坝。升鱼机节省空间，主要适用于混凝土重力坝，上下游水头差大于 60 m，但机械设施复杂，

过鱼能力有限。集运鱼系统在空间和时间上较为灵活,适用于上下游水头差大于 60 m 的坝,但操作复杂,运输过程中鱼类死亡率高。对鱼类友好的水轮机常被设计用于低水头和中水头的坝,可降低鱼类死亡率和对鱼类的机械损伤(Hogan et al.,2014;Pracheil et al.,2016;Watson et al.,2022)。仿自然旁路鱼道主要用于上下游水头差小于 30 m 且存在支流的建坝河流。人工增殖放流是保护濒危鱼类、恢复经济鱼类资源的有效手段,但也会影响野生种群的生存和遗传多样性。生态调度是一种有效的保护建坝河流鱼类的非工程措施,特别适用于大中型水库,但可能造成一定的社会经济效益损失。对由于干流建坝而永久失去栖息地的河流鱼类来说,支流生境替代是一种潜在的保护方法,但其有效性取决于支流的生态状况和干流的未来开发情况。

定量评估保护措施的效果对于选择适当的保护措施和提高保护措施的效率至关重要。表 7-2 概述了评估这些不同保护措施的主要指标和方法。过鱼有效性和过鱼效率是评估过鱼设施过鱼能力的主要指标(Bravo-Córdoba et al., 2021)。过鱼有效性用于定性地描述过鱼设施对鱼类的潜在影响,判断过鱼设施是否能够让所有目标鱼类在洄游期间在自然界观察到的环境条件范围内通过,从而影响鱼类繁殖。过鱼效率是过鱼有效性的定量评价指标,定义为特定时期内通过过鱼设施向上游迁移的鱼类个体的种类和数量与需要过坝的鱼类个体的种类和数量的比值(Larinier, 2008)。过鱼设施的平均效率为 50%～60%(Hershey,2021)。对人工增殖放流有效性的评估取决于措施的具体目标,一般侧重于鱼苗的生长和对目标鱼类资源的贡献以及相关的经济、生态和社会效益(Rytwinski et al., 2021)。生态恢复以保护濒危物种为目的,效果评价主要集中在放流后鱼苗的成活率和自然繁殖(Lyu et al., 2021)。资源恢复的目的是恢复渔业资源,提高渔业经济效益,因此效果评价主要集中在渔获率上。生态调度的效果评价指标包括大坝下游河段生态流量补给和目标鱼类的产卵量(Li et al., 2019),特别是水库运行期间的产卵量可以很好地评估生态调度的有效性。支流生境替代的主要目标是保护土著鱼类的多样性,效果评价指标包括生境多样性、鱼类多样性和鱼类种群数量等。

表 7-2　鱼类保护措施效果评估指标

保护措施	评估指标	指标描述与计算方法
过鱼设施	过鱼有效性	在洄游期间的自然环境条件范围内,检查鱼类通道设施是否能够让所有目标鱼种通过,从而研究鱼类通道设施对鱼类繁殖的潜在影响。计算是根据鱼类的种类、数量、大小、生命阶段和在运作的鱼类通道的特定条件下的行为的监测数据
	过鱼效率	在一定时期内,通过过鱼设施向上游迁移的鱼类个体的种类和数量与需要通过水坝的鱼类个体的种类和数量之比
增殖放流	放流存活率	用标记技术在放生的鱼苗上做标记,并计算重捕的鱼中有标记的鱼所占的比例
	渔获率	某一水域某一时期的渔获量占该水域同一时期内渔捞对象总资源的比例
生态调度	生态流量补给	通过水库运行补充流量,以满足下游生态系统的最小流量需求
	产卵量	水库生态运行过程中在产卵场监测到的鱼类产卵量
支流生境替代	生境多样性	适应各种生物的各种类型生境的总体丰富度
	鱼类多样性	本土鱼类的多样性,包括物种丰富度、物种丰度和物种遗传多样性
	鱼类种群数量	栖息在特定区域的鱼类种群数量

建坝河流不同的鱼类保护措施的成本效益存在显著差异（表7-3）。过鱼设施的成本效益因设施类型而异。丹尼尔鱼道、升鱼机和集运鱼系统的成本效益相对较低，而仿自然旁路鱼道的成本效益相对较高。丹尼尔鱼道垂直高度每米的成本约为12.4万美元，维护和运营成本较低，但其平均过鱼效率仅为16%（Noonan et al., 2012）。升鱼机的建造和运营成本很高，安装成本约为240万美元，每年的维护费用为成本的5%（Noonan et al., 2012），它的过鱼效率相对较高。集运鱼系统需要在长途运输期间临时保存转移的鱼类，导致鱼类死亡的损失和运营成本高。仿自然旁路鱼道的建设和运行成本相对较低，平均过鱼效率可达70%，但其空间占据较大，限制了该措施的适用性。

表7-3　保护措施成本效益

保护措施	成本	效益
过鱼设施	①丹尼尔鱼道：建设成本为垂直高度每米约12.4万美元，维护与运行成本低； ②升鱼机：安装成本约240万美元，每年约5%的维护成本； ③集运鱼系统：较高的系统运行成本和鱼类死亡损失； ④仿自然旁路鱼道：相对较低的建设和运行成本	①丹尼尔鱼道：平均过鱼效率仅为16%； ②升鱼机：过鱼效率相对较高； ③集运鱼系统：过鱼效率高； ④仿自然旁路鱼道：平均过鱼效率为70%
增殖放流	①根据不同的放生规模和不同的养殖鱼种，费用从数百万美元到数亿美元不等（陈会娟，2019）； ②2005～2018年总计3155万条本土鱼类，其中经济鱼类2416万条，耗资约4.8亿美元	①生态恢复型：保护濒临灭绝的本地鱼类种群，防止其灭绝；资源恢复型：改善渔业，经济价值高； ②长江流域鱼类种类增加18种，有效恢复了长江渔业资源（Sun and Wang, 2020）
生态调度	①梯级水库发电损失1.76%； ②葛洲坝水电站发电损失0.15%； ③发电效益损失约2.5%	①生态流量满足率提高了17.45%，促进了四大家鱼产卵（Dai et al., 2022）； ②中华鲟产卵场适宜性提高39%（Wang et al., 2013）； ③保护河流中至少50%的目标鱼类栖息地（Chen et al., 2014）
支流生境替代	①拆除巴拉布河自来水厂大坝的费用为21.4万美元； ②马莫特大坝的拆除花费了486万美元	①拆坝两年后，原址的鱼类由原来的11种增加到26种（Catalano et al., 2007）； ②大坝的拆除恢复了近7 mi的河流，为钢头鲑、大鳞大马哈鱼和银鲑提供了洄游栖息地（肖复晋，2021）

注：1 mi=1.609 344 km。

人工增殖放流的一次性成本投入从数百万美元到数亿美元不等，其成本效益取决于人工养殖的鱼的种类和放流规模（陈会娟，2019）。例如，中华鲟在秋季产卵，因此需要使用加热装置在室内孵化和饲养，以促进鱼苗的生长，这需要投入昂贵的成本（Wei et al., 2004）。对本土濒危鱼类的生态恢复可防止它们在建坝河流中灭绝，这种价值难以估量。增殖放流恢复渔业资源量对改善建坝河流的渔业具有很高的经济价值。2005～2018年，共有3155万条本土鱼类被释放到长江上游，其中包括2416万条经济鱼类，价值约4.8亿美元。经济鱼类的放流有效地恢复了渔业资源，特有鱼类的放流使鱼类种类从 2006

年的 22 种增加到 2018 年的 40 种（Sun and Wang, 2020）。

生态调度要专门排放生态流量或因分层取水造成水头损失，导致损失一部分水库运行的社会经济利益。沙斯塔大坝的水库水温调节装置在 1987～1996 年造成了约 6300 万美元的水电收入损失（Hallnan et al., 2020）。然而，许多研究表明，通过水库优化调度，可以在保证生态效益的同时，仅造成较小的损失，甚至增加社会经济效益。雅砻江锦屏梯级水库在最优调度方案下，每年仅需牺牲 2.5% 的水力发电量，就能保护 50% 以上的细鳞裂腹鱼（*Schizothorax chongi*）栖息地（Chen et al., 2014）。在长江上游，在最优运行方案下，梯级水库发电损失 1.76%，而生态流量的满足率增加了 17.45%，这极大地促进了四大家鱼的产卵（Dai et al., 2022）。Wang 等（2020）提出的三峡、葛洲坝梯级水库优化调度方案，使总发电量增加 250089.2 MW·h，中华鲟适宜产卵场面积增加 2.16%。Cioffi 和 Gallerano（2012）对意大利皮亚韦河的皮耶韦-迪卡多雷水库的水力发电和鱼类栖息地保护进行了优化，结果表明，在发电损失很小的情况下也可以增加鱼类栖息地的面积。Chen 和 Olden（2017）设计了一个水库运行方案，该方案可以创造适当的条件，有利于本土鱼类而不是非本土鱼类，而几乎未牺牲人类的用水需求。总之，水库生态调度是一种有效的非工程保护措施，具有较高的成本效益。

研究表明，拆除水坝（高度≤3.0 m）的成本平均为 69000 美元，或 23000 美元/m，不到建造鱼道成本的 20%，或不到建造鱼梯成本的 12%（Garcia de Leaniz, 2008），而拆除水坝可显著增加鱼类物种丰富度。美国威斯康星河的一条支流巴拉布河的自来水厂大坝于 1998 年拆除，耗资约 21.4 万美元。拆除两年后，原坝址的鱼类种类数量从 11 种增加到 26 种（Catalano et al., 2007）。哥伦比亚河的一条支流桑迪河上的马莫特大坝被拆除，耗资约 486 万美元，恢复了近 7 mi 的河流栖息地，为钢头鲑、大鳞大马哈鱼和银鲑等洄游型鱼类提供了栖息地（肖复晋, 2021）。对于干流建坝的河流来说，支流生境替代可能是成本效益最高的鱼类保护措施。

7.4　本　章　小　结

本章首先综述了河流建坝对鱼类生境的其他影响，包括河流连通性和泥沙河貌的变化对鱼类生境的影响。建坝降低了河流纵向、横向和垂向连通性，影响鱼类洄游、产卵和索饵；改变了河流泥沙输移与河貌，影响鱼类微生境。其次，本章总结了其他建坝河流保护措施的实施情况，包括过鱼设施和增殖放流措施。过鱼设施主要包括鱼道、升鱼机、集运鱼系统、鱼类友好型水轮机和仿自然旁路鱼道，对恢复鱼类洄游通道起到了重要作用；增殖放流措施包括"生态恢复型"和"资源恢复型"，有效保护了濒危鱼类和恢复了渔业资源。本章还系统分析了建坝河流主要保护措施的保护效益，包括过鱼设施、增殖放流、生态调度和支流生境替代。这些保护措施具有不同的应用场景、保护效果、成本效益，因此，应综合考虑工程实际情况、保护的目标鱼类特性和保护措施效率，因地制宜地选择鱼类保护措施。

参 考 文 献

陈会娟. 2019. 长江中游四大家鱼放流亲本对早期资源和遗传多样性的影响研究[D]. 重庆: 西南大学.

王丽娟. 2016. 许氏平鲉增殖放流对其荣成俚岛湾群体遗传多样性及鱼类组成的影响[D]. 北京: 中国科学院大学.

肖复晋. 2021. 澜沧江流域云南段支流水电拆除评估框架研究[D]. 昆明: 云南大学.

Abdolhay H A, Daud S K, Ghilkolahi S R, et al. 2011. Fingerling production and stock enhancement of Mahisefid (*Rutilus frisii kutum*) lessons for others in the south of Caspian Sea[J]. Reviews in Fish Biology and Fisheries, 21(2): 247-257.

Addy S, Cooksley S, Dodd N, et al. 2016. River restoration and biodiversity: Nature-based solutions for restoring the rivers of the UK and Republic of Ireland[R]. Flintshire: IUCN National Committee UK 2016.

Agostinho A A, Gomes L C, Santos N C L, et al. 2016. Fish assemblages in neotropical reservoirs: Colonization patterns, impacts and management[J]. Fisheries Research, 173: 26-36.

Anderson E P, Jenkins C N, Heilpern S, et al. 2018. Fragmentation of Andes-to-Amazon connectivity by hydropower dams[J]. Science Advances, 4: eaao1642.

Arantes C C, Laufer J, Pinto M D D S, et al. 2022. Functional responses of fisheries to hydropower dams in the Amazonian Floodplain of the Madeira River[J]. Journal of Applied Ecology, 59(3): 680-692.

Arantes F P, Santos H B D, Rizzo E, et al. 2011. Collapse of the reproductive process of two migratory fish (*Prochilodus argenteus* and *Prochilodus costatus*) in the Três Marias Reservoir, São Francisco River, Brazil[J]. Journal of Applied Ichthyology, 27(3): 847-853.

Arthington A H, Dulvy N K, Gladstone W, et al. 2016. Fish conservation in freshwater and marine realms: Status, threats and management[J]. Aquatic Conservation: Marine and Freshwater Ecosystems, 26: 838-857.

Barbarossa V, Schmitt R J P, Huijbregts M A J, et al. 2020. Impacts of current and future large dams on the geographic range connectivity of freshwater fish worldwide[J]. Proceedings of the National Academy of Sciences of the United States of America, 117(7): 3648-3655.

Barrios-O'Neill D, Dick J T A, Emmerson M C, et al. 2015. Predator-free space, functional responses and biological invasions[J]. Functional Ecology, 29(3): 377-384.

Barrios-O'Neill D, Kelly R, Dick J T A, et al. 2016. On the context-dependent scaling of consumer feeding rates[J]. Ecology Letters, 19(6): 668-678.

Barry T, Kynard B. 1986. Attraction of adult American shad to fish lifts at Holyoke Dam, Connecticut River[J]. North American Journal of Fisheries Management, 6(2): 233-241.

Baumgartner L J, Boys C A, Marsden T, et al. 2018. Comparing fishway designs for application in a large tropical river system[J]. Ecological Engineering, 120: 36-43.

Beck C, Albayrak I, Meister J, et al. 2020. Swimming behavior of downstream moving fish at innovative curved-bar rack bypass systems for fish protection at water intakes[J]. Water, 12(11): 3244.

Bell J D, Leber, K M, Blankenship H L, et al. 2008. A new era for restocking, stock enhancement and sea ranching of coastal fisheries resources[J]. Reviews in Fisheries Science, 16(1-3): 1-9.

Belletti B, de Leaniz C G, Jones J, et al. 2020. More than one million barriers fragment Europe's rivers[J]. Nature, 588: 436-441.

Bernery C, Bellard C, Courchamp F, et al. 2022. Freshwater fish invasions: A comprehensive review[J]. Annual Review of Ecology, Evolution, and Systematics, 53(19): 1-30.

Bhattarai B, Hilliard B, Reeder W J, et al. 2023. Effect of surface hydraulics and salmon redd size on redd-induced hyporheic exchange[J]. Water Resources Research, 59(6): e2022wr033977.

Bittencourt A C D S P, Dominguez J M L, Fontes L C S, et al. 2007. Wave refraction, river damming, and episodes of severe shoreline erosion: The São Francisco River mouth, northeastern Brazil[J]. Journal of Coastal Research, 23(4): 930-938.

Bracken F S A, Lucas M C. 2013. Potential impacts of small-scale hydroelectric power generation on downstream moving lampreys[J]. River Research and Applications, 29(9): 1073-1081.

Bravo-Córdoba F J, Valbuena-Castro J, García-Vega A, et al. 2021. Fish passage assessment in stepped fishways: Passage success and transit time as standardized metrics[J]. Ecological Engineering, 162: 106172.

Brinker A, Chucholl C, Behrmann-Godel J, et al. 2018. River damming drives population fragmentation and habitat loss of the threatened Danube streber (*Zingel streber*): Implications for conservation[J]. Aquatic Conservation: Marine and Freshwater Ecosystems, 28(3): 587-599.

Bunt C M, Castro-Santos T, Haro A. 2012. Performance of fish passage structures at upstream barriers to migration[J]. River Research and Applications, 28(4): 457-478.

Bunt C M, Castro-Santos T, Haro A. 2016. Reinforcement and validation of the analyses and conclusions related to fishway evaluation data from Bunt et al.: 'Performance of fish passage structures at upstream barriers to migration'[J]. River Research and Applications, 32(10): 2125-2137.

Bunt C M, Van Poorten B T, Wong L. 2001. Denil fishway utilization patterns and passage of several warmwater species relative to seasonal, thermal and hydraulic dynamics[J]. Ecology of Freshwater Fish, 10(4): 212-219.

Calderon M S, An K G. 2016. An influence of mesohabitat structures (pool, riffle, and run) and land-use pattern on the index of biological integrity in the Geum River watershed[J]. Journal of Ecology and Environment, 40(1): 1-13.

Cambray J A, King J M, Bruwer C. 1997. Spawning behaviour and early development of the Clanwilliam yellowfish (*Barbus capensis*; Cyprinidae), linked to experimental dam releases in the Olifants River, South Africa[J]. Regulated Rivers: Research & Management: An International Journal Devoted to River Research and Management, 13(6): 579-602.

Casimiro A C R, Vizintim Marques A C, Claro-Garcia A, et al. 2022. Hatchery fish stocking: Case study, current Brazilian state, and suggestions for improvement[J]. Aquaculture International, 30(5): 2213-2230.

Castello L, Macedo M N. 2016. Large-scale degradation of Amazonian freshwater ecosystems[J]. Global Change Biology, 22(3): 990-1007.

Castro-Santos T, Shi X T, Haro A. 2017. Migratory behavior of adult sea lamprey and cumulative passage performance through four fishways[J]. Canadian Journal of Fisheries and Aquatic Sciences, 74(5): 790-800.

Catalano M J, Bozek M A, Pellett T D. 2007. Effects of dam removal on fish assemblage structure and spatial distributions in the Baraboo River, Wisconsin[J]. North American Journal of Fisheries Management, 27: 519-530.

Chai Y, Huang J, Zhu T, et al. 2019. Preliminary study on substrate preference of *Schizothorax wangchiachii* larvae fish[J]. Freshwater Fisheries, 49(1): 44-47.

Chang T, Gao X, Liu H Z. 2021. Potential hydrological regime requirements for spawning success of the Chinese sturgeon *Acipenser sinensis* in its present spawning ground of the Yangtze River[J]. Ecohydrology, 14(8): e2339.

Chapman P M, Wang F. 2001. Assessing sediment contamination in estuaries[J]. Environmental Toxicology and Chemistry, 20(1): 3-22.

Chapuis M, Dufour S, Provansal M, et al. 2015. Coupling channel evolution monitoring and RFID tracking in a large, wandering, gravel-bed river: Insights into sediment routing on geomorphic continuity through a riffle-pool sequence[J]. Geomorphology, 231: 258-269.

Chen D, Chen Q W, Li R N, et al. 2014. Ecologically-friendly operation scheme for the Jinping cascaded reservoirs in the Yalongjiang River, China[J]. Frontiers of Earth Science, 8(2): 282-290.

Chen W, Olden J D. 2017. Designing flows to resolve human and environmental water needs in a dam-regulated river[J]. Nature Communications, 8(1): 2158.

Chen X Q, Yan Y X, Fu R S, et al. 2008. Sediment transport from the Yangtze River, China, into the sea over the post-three gorge dam period: A discussion[J]. Quaternary International, 186(1): 55-64.

Cheng F, Li W, Castello L, et al. 2015. Potential effects of dam cascade on fish: Lessons from the Yangtze River[J]. Reviews in Fish Biology and Fisheries, 25(3): 569-585.

Cioffi F, Gallerano F. 2012. Multi-objective analysis of dam release flows in rivers downstream from hydropower reservoirs[J]. Applied Mathematical Modelling, 36(7): 2868-2889.

Clay C H. 1995. Design of Fishways and Other Fish Facilities[M]. 2nd ed. Boca Raton: Lewis Publishers: 248.

Consuegra S, O'Rorke R, Rodriguez-Barreto D, et al. 2021. Impacts of large and small barriers on fish assemblage composition assessed using environmental DNA metabarcoding[J]. Science of the Total Environment, 790: 148054.

Cooper A R, Infante D M, Daniel W M, et al. 2017. Assessment of dam effects on streams and fish assemblages of the conterminous USA[J]. Science of the Total Environment, 586: 879-889.

Couto T B A, Messager M L, Olden J D. 2021. Safeguarding migratory fish via strategic planning of future small hydropower in Brazil[J]. Nature Sustainability, 4(5): 409-416.

Couto T B A, Olden J D. 2018. Global proliferation of small hydropower plants - Science and policy[J]. Frontiers in Ecology and the Environment, 16(2): 91-100.

Croze O, Bau F, Delmouly L. 2008. Efficiency of a fish lift for returning Atlantic salmon at a large-scale hydroelectric complex in France[J]. Fisheries Management and Ecology, 15(5-6): 467-476.

Csiki S, Rhoads B L. 2010. Hydraulic and geomorphological effects of run-of-river dams[J]. Progress in Physical Geography, 34(6): 755-780.

Cucherousset J, Olden J D. 2011. Ecological impacts of nonnative freshwater fishes[J]. Fisheries, 36(5): 215-230.

Cyrus D P, Blaber S J M. 1987. The influence of turbidity on juvenile marine fishes in estuaries. Part 2.

Laboratory studies, comparisons with field data and conclusions[J]. Journal of Experimental Marine Biology and Ecology, 109(1): 71-91.

Cyrus D P, Blaber S J M. 1992. Turbidity and salinity in a tropical northern Australian estuary and their influence on fish distribution[J]. Estuarine Coastal and Shelf Science, 35(6): 545-563.

Dai L, Dai H, Li W, et al. 2022. Optimal operation of cascade hydropower plants considering spawning of four major Chinese carps[J]. Journal of Hydroelectric Engineering, 41(5): 21-30.

Dang T H, Coynel A, Orange D, et al. 2010. Long-term monitoring (1960-2008) of the river-sediment transport in the red river watershed (Vietnam): Temporal variability and dam-reservoir impact[J]. Science of the Total Environment, 408(20): 4654-4664.

David G, Céline C, Morgane B, et al. 2022. Ecological connectivity of the upper Rhône River: Upstream fish passage at two successive large hydroelectric dams for partially migratory species[J]. Ecological Engineering, 178: 106545.

Deinet S, Scott-Gatty K, Rotton H, et al. 2020. The Living Planet Index (LPI) for Migratory Freshwater Fish[R]. Groningen: World Fish Migration Foundation: 30.

Dettinger M D, Diaz H F. 2000. Global characteristics of stream flow seasonality and variability[J]. Journal of Hydrometeorology, 1(4): 289-310.

Díaz G, Górski K, Heino J, et al. 2020. The longest fragment drives fish beta diversity in fragmented river networks: Implications for river management and conservation[J]. Science of the Total Environment, 766: 144323.

Dietrich W E, Kirchner J W, Ikeda H, et al. 1989. Sediment supply and the development of the coarse surface layer in gravel-bedded rivers[J]. Nature, 340(6230): 215-217.

Duarte G, Segurado P, Haidvogl G, et al. 2021. Damn those damn dams: Fluvial longitudinal connectivity impairment for European diadromous fish throughout the 20th century[J]. Science of the Total Environment, 761: 143293.

Duponchelle F, Isaac V J, Doria C, et al. 2021. Conservation of migratory fishes in the Amazon basin[J]. Aquatic Conservation: Marine and Freshwater Ecosystems, 31(5): 1087-1105.

Dursun B, Gokcol C. 2011. The role of hydroelectric power and contribution of small hydropower plants for sustainable development in Turkey[J]. Renewable Energy, 36: 1227-1235.

Faulkner J R, Bellerud B L, Widener D L, et al. 2019. Associations among fish length, dam passage history, and survival to adulthood in two at-risk species of Pacific salmon[J]. Transactions of the American Fisheries Society, 148(6): 1069-1087.

Fencl J S, Mather M E, Costigan K H, et al. 2015. How big of an effect do small dams have? Using geomorphological footprints to quantify spatial impact of low-head dams and identify patterns of across-dam variation[J]. PLoS One, 10(11): e0141210.

Figueiredo J S M C D, Fantin-Cruz I, Silva G M S, et al. 2021. Hydropeaking by small hydropower facilities affects flow regimes on tributaries to the pantanal wetland of Brazil[J]. Frontiers in Environmental Science, 9: 1-13.

Flecker A S, Shi Q R, Almeida R M, et al. 2022. Reducing adverse impacts of Amazon hydropower expansion[J]. Science, 375: 753-760.

Freedman J A, Lorson B D, Taylor R B, et al. 2014. River of the dammed: Longitudinal changes in fish assemblages in response to dams[J]. Hydrobiologia, 727: 19-33.

Fuller M R, Doyle M W, Strayer D L. 2016. Causes and consequences of habitat fragmentation in river networks[J]. Annals of the New York Academy of Sciences, 1355: 31-51.

Gao X, Brosse S, Chen Y B, et al. 2009. Effects of damming on population sustainability of Chinese sturgeon, *Acipenser sinensis*: Evaluation of optimal conservation measures[J]. Environmental Biology of Fishes, 86(2): 325-336.

Garcia de Leaniz C. 2008. Weir removal in salmonid streams: Implications, challenges and practicalities[J]. Hydrobiologia, 609(1): 83-96.

Garde R J, Ranga Raju K G. 1977. Mechanics of Sediment Transportation and Alluvial Stream Problems[M]. New Delhi: Wiley Eastern Limited.

Goodwin R A, Politano M, Garvin J W, et al. 2014. Fish navigation of large dams emerges from their modulation of flow field experience[J]. Proceedings of the National Academy of Sciences of the United States of America, 111(14): 5277-5282.

Graf W L. 2006. Downstream hydrologic and geomorphic effects of large dams on American rivers[J]. Geomorphology, 79(3-4): 336-360.

Grant E H C, Lowe W H, Fagan W F. 2007. Living in the branches: Population dynamics and ecological processes in dendritic networks[J]. Ecology Letters, 10: 165-175.

Grill G, Lehner B, Lumsdon A E, et al. 2015. An index-based framework for assessing patterns and trends in river fragmentation and flow regulation by global dams at multiple scales[J]. Environmental Research Letters, 10: 015001.

Grill G, Lehner B, Thieme M, et al. 2019. Mapping the world's free-flowing rivers[J]. Nature, 569(7755): 215-221.

Guo C, Jin Z W, Guo L C, et al. 2020. On the cumulative dam impact in the upper Changjiang River: Streamflow and sediment load changes[J]. CATENA, 184: 104250.

Hallnan R, Saito L, Busby D, et al. 2020. Modeling Shasta reservoir water-temperature response to the 2015 drought and response under future climate change[J]. Journal of Water Resources Planning and Management, 146(5): 4020018.

Harlan T, Xu R, He J. 2021. Is small hydropower beautiful? Social impacts of river fragmentation in China's Red River Basin[J]. Ambio, 50(2): 436-447.

Hershey H. 2021. Updating the consensus on fishway efficiency: A meta-analysis[J]. Fish and Fisheries, 22(4): 735-748.

Hogan T W, Cada G F, Amaral S V. 2014. The status of environmentally enhanced hydropower turbines[J]. Fisheries, 39(4): 164-172.

Hughes J S, Khan F, Liss S A, et al. 2021. Evaluation of Juvenile salmon passage and survival through a fish weir and other routes at Foster Dam, Oregon, USA[J]. Fisheries Management and Ecology, 28(3): 241-252.

Jackson R I. 1950. Variations in Flow Patterns at Hell's Gate and Their Relationships to the Migration of Sockeye Salmon[M]. New Westminster B. C.: International Pacific Salmon Fisheries Commission.

Jardim P F, Melo M M M, Ribeiro L D C, et al. 2020. A modeling assessment of large-scale hydrologic alteration in South American Pantanal due to upstream dam operation[J]. Frontiers in Environmental

Science, 8: 1-15.

Johnson N S, Buchinger T J, Li W M. 2015. Reproductive Ecology of Lampreys[M]//Docker M. Lampreys: Biology, Conservation and Control. Dordrecht: Springer: 265-303.

Jordan F, Arrington D A. 2014. Piscivore responses to enhancement of the channelized Kissimmee River, Florida, U.S.A[J]. Restoration Ecology, 22(3): 418-425.

Karim F, Dutta D, Marvanek S, et al. 2015. Assessing the impacts of climate change and dams on floodplain inundation and wetland connectivity in the wet-dry tropics of northern Australia[J]. Journal of Hydrology, 522: 80-94.

Karr J R. 1991. Biological integrity: A long-neglected aspect of water resource management[J]. Ecological Applications, 1(1): 66-84.

Katopodis C, Williams J G. 2012. The development of fish passage research in a historical context[J]. Ecological Engineering, 48: 8-18.

Kobayashi S, Nakanishi S, Akamatsu F, et al. 2012. Differences in amounts of pools and riffles between upper and lower reaches of a fully sedimented dam in a mountain gravel-bed river[J]. Landscape and Ecological Engineering, 8(2): 145-155.

Kotti F C, Mahe G, Habaieb H, et al. 2016. Etude des pluies et des débits sur le bassin versant de la Medjerda, Tunisie[J]. Bulletin de l'Institut Scientifique, Rabat, 38: 19-28.

Kruk A, Penczak T. 2003. Impoundment impact on populations of facultative riverine fish[J]. Annales de Limnologie-International Journal of Limnology, 39(3): 197-210.

Laine A. 1995. Fish swimming behaviour in finnish fishways[C]//Proceedings of the International Symposium on Fishways '95 in Gifu, Japan. Gifu: Organising Committee for International Symposium on Fishways: 323-328.

Langeani F, Casatti L, Gameiro H S, et al. 2005. Riffle and pool fish communities in a large stream of southeastern Brazil[J]. Neotropical Ichthyology, 3: 305-311.

Larinier M. 2008. Fish passage experience at small-scale hydro-electric power plants in France[J]. Hydrobiologia, 609(1): 97-108.

Latrubesse E M. 2008. Patterns of anabranching channels: The ultimate end-member adjustment of mega rivers[J]. Geomorphology, 101(1-2): 130-145.

Latrubesse E M, Arima E Y, Dunne T, et al. 2017. Damming the rivers of the Amazon Basin[J]. Nature, 546(7658): 363-369.

Latrubesse E M, d'Horta F M, Ribas C C, et al. 2020. Vulnerability of the biota in riverine and seasonally flooded habitats to damming of Amazonian rivers[J]. Aquatic Conservation: Marine and Freshwater Ecosystems, 31(5): 1136-1149.

Le Luyer J, Laporte M, Beacham T D, et al. 2017. Parallel epigenetic modifications induced by hatchery rearing in a Pacific salmon[J]. Proceedings of the National Academy of Sciences, 114(49): 12964-12969.

Lees A C, Peres C A, Fearnside P M, et al. 2016. Hydropower and the future of Amazonian biodiversity[J]. Biodiversity and Conservation, 25: 451-466.

Leinonen T, Piironen J, Koljonen M L. et al. 2020. Restored river habitat provides a natural spawning area for a critically endangered landlocked Atlantic salmon population[J]. PLoS One, 15(5): e0232723.

Leopold L B, Wolman M. 1957. River channel patterns: Braided, meandering, and straight[R]. Washington D. C.:

US Government Printing Office.

Li D P, Prinyawiwatkul W, Tan Y Q, et al. 2021a. Asian carp: A threat to American Lakes, a feast on Chinese tables[J]. Comprehensive Reviews in Food Science and Food Safety, 20(3): 2968-2990.

Li J, Qin H, Pei S Q, et al. 2019. Analysis of an ecological flow regime during the *Ctenopharyngodon idella* spawning period based on reservoir operations[J]. Water, 11(10): 2034.

Li J Y, Du H, Wu J M, et al. 2021b. Foundation and prospects of wild population reconstruction of *Acipenser dabryanus*[J]. Fishes, 6(4): 55.

Liang Y, Liu D, Shi X, et al. 2014. Overview of fish barging[J]. Journal of Yangtze River Scientific Research Institute, 31(2): 25-29.

Liermann C R, Nilsson C, Robertson J, et al. 2012. Implications of dam obstruction for global freshwater fish diversity[J]. BioScience, 62(6): 539-548.

Lin Z, Kitakado T, Suzuki N, et al. 2022. Evaluation of the effects of stock enhancement on population dynamics using a state-space production model: A case study of Japanese flounder in the seto inland sea[J]. Fisheries Research, 251: 106299.

Lisle T E, Iseya F, Ikeda H. 1993. Response of a channel with alternate bars to a decrease in supply of mixed-size bed load: A flume experiment[J]. Water Resources Research, 29(11): 3623-3629.

Luo X X, Yang S L, Zhang J. 2012. The impact of the Three Gorges Dam on the downstream distribution and texture of sediments along the middle and Lower Yangtze River (Changjiang) and its estuary, and subsequent sediment dispersal in the East China Sea[J]. Geomorphology, 179: 126-140.

Lyu S L, Lin K, Zeng J W, et al. 2021. Fin-spines attachment, a novel external attachment method for the ultrasonic transmitters on hard fin-spines fish (Sparidae)[J]. Journal of Applied Ichthyology, 37(2): 227-234.

Magilligan F J, Nislow K H. 2005. Changes in hydrologic regime by dams[J]. Geomorphology, 71(1-2): 61-78.

Mallen-Cooper M, Stuart I G. 2007. Optimising Denil fishways for passage of small and large fishes[J]. Fisheries Management & Ecology, 14(1): 61-71.

Mameri D, Rivaes R, Oliveira J M, et al. 2019. Passability of potamodromous species through a fish lift at a large hydropower plant (Touvedo, Portugal)[J]. Sustainability, 12(1): 172.

Marriner B A, Baki A B M, Zhu D Z, et al. 2016. The hydraulics of a vertical slot fishway: A case study on the multi-species Vianney-Legendre fishway in Quebec, Canada[J]. Ecological Engineering, 90: 190-202.

Martin B T, Dudley P N, Kashef N S, et al. 2020. The biophysical basis of thermal tolerance in fish eggs: Thermal tolerance in fish eggs[J]. Proceedings of the Royal Society B: Biological Sciences, 61: E575-E576.

McLaughlin R L, Porto L, Noakes D L, et al. 2006. Effects of low-head barriers on stream fishes: Taxonomic affiliations and morphological correlates of sensitive species[J]. Canadian Journal of Fisheries and Aquatic Sciences, 63(4): 766-779.

McNabb C D, Liston C R, Borthwick S M. 2003. Passage of juvenile Chinook salmon and other fish species through Archimedes lifts and a hidrostal pump at red bluff, California[J]. Transactions of the American Fisheries Society, 132(2): 326-334.

Meister J, Selz O M, Beck C, et al. 2022. Protection and guidance of downstream moving fish with horizontal bar rack bypass systems[J]. Ecological Engineering, 178: 106584.

Mensinger M A, Brehm A M, Mortelliti A, et al. 2021. American eel personality and body length influence passage success in an experimental fishway[J]. Journal of Applied Ecology, 58(12): 2760-2769.

Milliman J D, Syvitski J P M. 1992. Geomorphic/tectonic control of sediment discharge to the ocean: The importance of small mountainous rivers[J]. The Journal of Geology, 100(5): 525-544.

Molony B W, Lenanton R, Jackson G, et al. 2003. Stock enhancement as a fisheries management tool[J]. Reviews in Fish Biology and Fisheries, 13(4): 409-432.

Monk B, Weaver D, Thompson C, et al. 1989. Effects of flow and weir design on the passage behavior of American shad and salmonids in an experimental fish ladder. North American Journal of Fisheries Management, 9(1): 60-67.

Morris G L, Fan J. 1998. Reservoir Sedimentation Handbook: Design and Management of Dams, Reservoirs, and Watersheds for Sustainable Use[M]. New York: McGraw-Hill.

Moser M L, Corbett S C, Keefer M L, et al. 2019. Novel fishway entrance modifications for Pacific lamprey[J]. Journal of Ecohydraulics, 4(1): 71-84.

Naish K A, Taylor J E, Levin P S, et al. 2007. An evaluation of the effects of conservation and fishery enhancement hatcheries on wild populations of salmon [J]. Advances in Marine Biology, 53: 61-194.

Namour P, Schmitt L, Eschbach D, et al. 2015. Stream pollution concentration in riffle geomorphic units (Yzeron basin, France)[J]. Science of the Total Environment, 532: 80-90.

Nautiyal H, Singal S K, Varun, et al. 2011. Small hydropower for sustainable energy development in India[J]. Renewable & Sustainable Energy Reviews, 15(4): 2021-2027.

Netzband A. 2007. Sediment management: An essential element of river basin management plans[J]. Journal of Soils and Sediments, 7(2): 117-132.

Nguyen R M, Crocker C E. 2006. The effects of substrate composition on foraging behavior and growth rate of larval green sturgeon, *Acipenser medirostris*[J]. Environmental Biology of Fishes, 76(2-4): 129-138.

Nieminen E, Hyytiäinen K, Lindroos M. 2017. Economic and policy considerations regarding hydropower and migratory fish[J]. Fish and Fisheries, 18(1): 54-78.

Noonan M J, Grant J W A, Jackson C D. 2012. A quantitative assessment of fish passage efficiency[J]. Fish and Fisheries, 13(4): 450-464.

O'Mara K, Venarsky M, Stewart-Koster B, et al. 2021. Connectivity of fish communities in a tropical floodplain river system and predicted impacts of potential new dams[J]. Science of the Total Environment, 788: 147785.

Paiva M P, Petrere J R, Petenate A J, et al. 1994. Relationship between the number of predatory fish species and fish yield in large north-eastern Brazilian reservoirs[J]. Rehabilitation of Freshwater Fisheries, 1: 120-129.

Palmer M, Ruhi A. 2019. Linkages between flow regime, biota, and ecosystem processes: Implications for river restoration[J]. Science, 365(6459): eaaw2087.

Pander J, Mueller M, Geist J. 2015. Succession of fish diversity after reconnecting a large floodplain to the upper Danube River[J]. Ecological Engineering, 75: 41-50.

Pavlov D S, Skorobogatov M A. 2014. Chapter 5: Fish passages in Russia[M]//Fish Migrations in Regulated Rivers. Moscow: KMK Scientific Press: 154-202.

Peng Q, Liao W, Li C, et al. 2012. Impacts of Four Major Chinese Carps' natural reproduction in the middle reaches of Changjiang River by Three Gorges Project since the impoundment[J]. Journal of Sichuang University (Engineering Science Edition), (S2): 228-232.

Petts G E, Gurnell A M. 2005. Dams and geomorphology: Research progress and future directions[J]. Geomorphology, 71(1-2): 27-47.

Pitlick J, Wilcock P. 2001. Relations between streamflow, sediment transport, and aquatic habitat in regulated rivers[J]. Geomorphic Processes and Riverine Habitat, 4: 185-198.

Pompeu P D S, Martinez C B. 2007. Efficiency and selectivity of a trap and truck fish passage system in Brazil[J]. Neotropical Ichthyology, 5(2): 169-176.

Pracheil B M, DeRolph C R, Schramm M P, et al. 2016. A fish-eye view of riverine hydropower systems: The current understanding of the biological response to turbine passage[J]. Reviews in Fish Biology and Fisheries, 26(2): 153-167.

Qin S Z, Leng X Q, Luo J, et al. 2020. Growth and physiological characteristics of juvenile Chinese sturgeon (Acipenser sinensis) during adaptation to seawater[J]. Aquaculture Research, 51(9): 3813-3821.

Quaranta E, Katopodis C, Comoglio C. 2019. Effects of bed slope on the flow field of vertical slot fishways[J]. River Research and Applications, 35(6): 656-668.

Rodeles A A, Galicia D, Miranda R. 2017. Recommendations for monitoring freshwater fishes in river restoration plans: A wasted opportunity for assessing impact[J]. Aquatic Conservation: Marine and Freshwater Ecosystems, 27(4): 880-885.

Rytwinski T, Kelly L A, Donaldson L A, et al. 2021. What evidence exists for evaluating the effectiveness of conservation-oriented captive breeding and release programs for imperilled freshwater fishes and mussels?[J]. Canadian Journal of Fisheries and Aquatic Sciences, 78(9): 1332-1346.

Saha T K, Pal S, Sarda R. 2022. Impact of river flow modification on wetland hydrological and morphological characters[J]. Environmental Science and Pollution Research International, 29: 75769-75789.

Santos J M, Amaral S D, Pádua J. 2022. Can fish lifts aid upstream dispersal of the invasive red swamp crayfish (Procambarus clarkii) past high-head hydropower plants? [J]. River Research and Applications, 38(8): 1519-1523.

Sawyer A H, Cardenas M B, Bomar A, et al. 2009. Impact of dam operations on hyporheic exchange in the riparian zone of a regulated river[J]. Hydrological Processes, 23(15): 2129-2137.

Schilt C R. 2007. Developing fish passage and protection at hydropower dams[J]. Applied Animal Behaviour Science, 104(3-4): 295-325.

Shahabi M, Ghomeshi M, Ahadiyan J, et al. 2021. Do fishways stress fish? Assessment of physiological and hydraulic parameters of rainbow trout navigating a novel W-weir fishway[J]. Ecological Engineering, 169: 106330.

Słowik M, Dezsö J, Marciniak A, et al. 2018. Evolution of river planforms downstream of dams: Effect of dam construction or earlier human-induced changes?[J]. Earth Surface Processes and Landforms, 43(10): 2045-2063.

Sokolov D I, Erina O N, Tereshina M A, et al. 2020. Impact of Mozhaysk dam on the Moscow River sediment transport[J]. Geography, Environment, Sustainability, 13(4): 24-31.

Steffensen S M, Thiem J D, Stamplecoskie K M, et al. 2013. Biological effectiveness of an inexpensive nature-like fishway for passage of warmwater fish in a small Ontario stream[J]. Ecology of Freshwater Fish, 22(3): 374-383.

Stoffels R J, Humphries P, Bond N R, et al. 2022. Fragmentation of lateral connectivity and fish population dynamics in large rivers[J]. Fish and Fisheries, 23(3): 680-696.

Stoffers T, Buijse A D, Geerling G W, et al. 2022. Freshwater fish biodiversity restoration in floodplain rivers requires connectivity and habitat heterogeneity at multiple spatial scales[J]. Science of the Total Environment, 838(4): 156509.

Stoffers T, Collas F P L, Buijse A D, et al. 2021. 30 years of large river restoration: How long do restored floodplain channels remain suitable for targeted rheophilic fishes in the lower River Rhine?[J]. Science of the Total Environment, 755: 142931.

Stone R. 2008. Three Gorges Dam: Into the unknown[J]. Science, 321(5889): 628-632.

Su X L, Nilsson C, Pilotto F, et al. 2017. Soil erosion and deposition in the new shorelines of the Three Gorges Reservoir[J]. Science of the Total Environment, 599: 1485-1492.

Sun Z, Wang D. 2020. Practical innovation of nature reserve management under hydropower development: Case of the national rare and endemic fishes nature reserve in upper reaches of Yangtze River[J]. Journal of Yangtze River Scientific Research Institute, 37(11): 1-7.

Thorncraft G, Harris J H. 2000. Fish passage and fishways in new south wales: A status report[R]. Cooperative Research Centre for Freshwater Ecology.

Timpe K, Kaplan D. 2017. The changing hydrology of a dammed Amazon[J]. Science Advances, 3(11): e1700611.

Topping D J, Rubin D M, Vierra L E Jr. 2000. Colorado River sediment transport: 1. Natural sediment supply limitation and the influence of Glen Canyon Dam[J]. Water Resources Research, 36(2): 515-542.

Toscano B J, Griffen B D. 2013. Predator size interacts with habitat structure to determine the allometric scaling of the functional response[J]. Oikos, 122(3): 454-462.

Triano B, Kappenman K M, McMahon T E, et al. 2022. Attraction, entrance, and passage efficiency of Arctic grayling, trout, and suckers at denil fishways in the Big Hole River basin, Montana[J]. Transactions of the American Fisheries Society, 151(4): 453-473.

Tummers J S, Winter E, Silva S, et al. 2016. Evaluating the effectiveness of a Larinier super active baffle fish pass for European river lamprey *Lampetra fluviatilis* before and after modification with wall-mounted studded tiles[J]. Ecological Engineering, 91: 183-194.

van Puijenbroek P J T M, Buijse A D, Kraak M H S, et al. 2018. Species and river specific effects of river fragmentation on European anadromous fish species[J]. River Research and Applications, 35(1): 68-77.

Wagner B, Hauer C, Schoder A, et al. 2015. A review of hydropower in Austria: Past, present and future development[J]. Renewable and Sustainable Energy Reviews, 50: 304-314.

Walter R C, Merritts D J. 2008. Natural streams and the legacy of water-powered mills[J]. Science, 319(5861): 299-304.

Wang H Z, Tao J P, Chang J B. 2019. Endangered levels and conservation options evaluations for Chinese sturgeon, Acipenser sinensis Gary[J]. Resources and Environment in the Yangtze Basin, 28(9): 2100-2108.

Wang L H, Huang Z L. 2020. What is actually the main cause for the survival crisis of Chinese sturgeon?[J].

Journal of Lake Sciences, 32(4): 924-940.

Wang X J, Dong Z, Ai X S, et al. 2020. Multi-objective model and decision-making method for coordinating the ecological benefits of the Three Gorger Reservoir[J]. Journal of Cleaner Production, 270: 122066.

Wang Y, Dai H, Wang B, et al. 2013. Study of the eco-scheduling for optimization Chinese sturgeon spawning habitats[J]. Shuili Xuebao, 44(3): 319-326.

Ward D L, Boyce R R, Young F R, et al. 1997. A review and assessment of transportation studies for juvenile Chinook salmon in the Snake River[J]. North American Journal of Fisheries Management, 17(3): 652-662.

Watson S, Schneider A, Santen L, et al. 2022. Safe passage of American Eels through a novel hydropower turbine[J]. Transactions of the American Fisheries Society, 151(6): 711-724.

Wei Q, He J, Yang D, et al. 2004. Status of sturgeon aquaculture and sturgeon trade in China: A review based on two recent nationwide surveys[J]. Journal of Applied Ichthyology, 20(5): 321-332.

Williams J G, Katopodis C. 2016. Commentary—incorrect application of data negates some meta-analysis results in Bunt et al.(2012)[J]. River Research and Applications, 32(10): 2109-2115.

Wofford J E B, Gresswell R E, Banks M A. 2005. Influence of barriers to movement on within-watershed genetic variation of coastal cutthroat trout[J]. Ecological Applications, 15(2): 628-637.

Wu Y Y, Fang H W, Huang L, et al. 2020. Particulate organic carbon dynamics with sediment transport in the Upper Yangtze River[J]. Water Research, 184: 116193.

Xie P. 2003. Three-Gorges Dam: Risk to ancient fish[J]. Science, 302(5648): 1149-1151.

Xu H Z, Pittock J. 2019. Limiting the effects of hydropower dams on freshwater biodiversity: Options on the Lancang River, China[J]. Marine and Freshwater Research, 70(2): 169-194.

Yang J X, Pan X F, Chen X Y, et al. 2013. Overview of the artificial enhancement and release of endemic freshwater fish in China[J]. Zoological Research, 34(4): 267-280.

Yi Y, Wang Z. 2009. Impact from dam construction on migration fishes in Yangtze River Basin[J]. Water Resources and Hydropower Engineering, 40(1): 29-33.

YoosefDoost A, Lubitz W. 2020. Archimedes screw turbines: A sustainable development solution for green and renewable energy generation—A review of potential and design procedures[J]. Sustainability, 12(18): 7352.

Zhang L, Wang H J, Gessner J, et al. 2023. To save sturgeons, we need river channels around hydropower dams[J]. Proceedings of the National Academy of Sciences, 120(13): e2217386120.

Zheng Y P, Zhang Y, Xie Z, et al. 2022. Seasonal changes of growth, immune parameters and liver function in wild Chinese sturgeons under indoor conditions: Implication for artificial rearing[J]. Frontiers in Physiology, 13: 894729.

Zhuang P, Ke F E, Wei Q W, et al. 1997. Biology and life history of Dabry's sturgeon, *Acipenser dabryanus*, in the Yangtze River[J]. Environmental Biology of Fishes, 48(1): 257-264.

Zhuang P, Zhao F, Zhang T, et al. 2016. New evidence may support the persistence and adaptability of the near-extinct Chinese sturgeon[J]. Biological Conservation, 193: 66-69.

Zielinski D P, Miehls S, Lewandoski S. 2022. Test of a screw-style fish lift for introducing migratory fish into a selective fish passage device[J]. Water, 14(15): 2298.

第8章 其他工程应用

本章以淮河流域和汉江流域为研究区域进行了多目标生态流量及调控技术的工程应用。通过对典型水体水生生态系统的变化及其与水文过程关系的研究，构建基于生态环境基流、水质达标、水华控制和特殊生境保障等多目标的生态流量过程融合方法，重点解决了闸坝调度运行中生态环境需水时间、空间、过程、要素、情景的耦合计算和协调平衡，形成多目标下分区域、分类型、分时段、分频率、分阶段的"五分"生态环境需水量成果体系，提升了闸坝河流生态目标保障程度，促进了社会经济与生态保护的协同发展。

8.1 淮河多闸坝河流生态流量过程调控

淮河流经豫、皖、苏、鲁等省，流域内耕地面积约 0.13 亿 hm²，共有人口 1.5 亿之多，平均人口密度是全国平均人口密度的 4.8 倍，居各大河流域人口密度之首，人均水资源量低，属于严重缺水地区。淮河流域干流总长度 1000 km，流域面积为 27 万 km²，地处我国南北气候过渡带，降雨时空分布严重不均，自古以来就是我国水患灾害高发区。近年来，极端暴雨、极端干旱事件更是频繁发生（梁静静等，2010）。根据淮河水利网，目前流域内修建水库 6300 余座，总库容 329 亿 m³，其中大型水库 44 座，总库容 239 亿 m³，中型水库 178 座，总库容 49 亿 m³，小型水库 6100 余座，总库容 41 亿 m³，成为我国水利设施密度最大的流域之一。因此，研究闸坝调控下河流生态水文变化过程与生态系统退化机制，提出科学的调度方案是促进流域经济和社会发展的首要任务。

淮河流域上游山区丘陵区、中游平原区、下游平原河网区，其生态系统的组成与特征存在较大差异。本节通过对淮河流域典型水体水生生态系统的变化及其与水文过程关系的研究，掌握淮河水生生态系统状态，揭示河流生态系统对闸坝群调控的响应关系，确定淮河水生生态系统不同健康状态对应的水文调控阈值，为实现淮河流域整体水环境治理与恢复水生生态系统健康的目标，支撑流域经济社会可持续发展提供技术支持。

8.1.1 淮河流域典型水体生态流量过程确定

1. 淮河流域典型水体生态流量过程计算

1）生态流量过程参照体系确定

参考体系选取时一般考虑以河流的天然状态作为河流生态系统的最基本参考。考虑研究区域特点，本书选取人为扰动较少的 1956~1966 年鲁台子断面多年平均径流量作为淮河干流生态流量过程的计算基准（图 8-1 和表 8-1）。

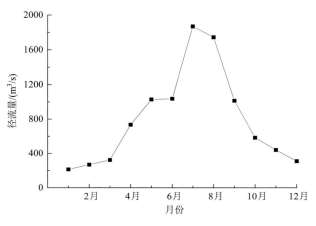

图 8-1 鲁台子断面多年平均径流量

表 8-1 鲁台子断面多年平均径流量

月份	多年平均径流量/（m³/s）
1 月	213.5
2 月	268.61
3 月	323.32
4 月	735.27
5 月	1028.44
6 月	1036.47
7 月	1867.24
8 月	1742.64
9 月	1013
10 月	583.46
11 月	440.42
12 月	308.98

为确定鱼类生态流量过程，在一个水文年内分时段优先考虑鱼类不同生长阶段的生境需求。每年的 4 月~6 月优先考虑满足鱼类产卵场要求，7 月~10 月优先考虑满足捕食场要求，11 月~次年 3 月优先考虑鱼类越冬场要求，具体原则如表 8-2 所示。

表 8-2 生态流量计算原则

时间（段）	规则说明
1 月~3 月	满足越冬场要求
4 月~6 月	满足产卵场要求，且不低于鱼类产卵流速要求
7 月~10 月	满足捕食场要求
11 月~12 月	满足越冬场要求

2）水量平衡计算

采用安徽省合肥市气象站的气象资料，已知鲁台子断面的纬度为 32°31′ N，查河底水温和表层水温沿纬度的分布曲线，可得研究区域鲁台子断面月均水面表层水温与河底水温（图 8-2）。

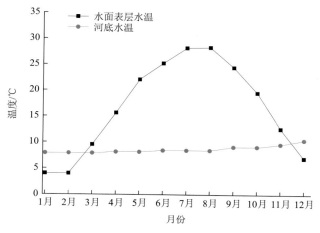

图 8-2　鲁台子断面月均水面表层水温与河底水温

采用张大发的方法（张大发，1984）可计算出研究区域 1 月～12 月水温垂直分布（图 8-3），从图 8-3 中可以看出当水深大于 15 m 时，越冬期（1 月～3 月）水温大于鱼类越冬最低水温 5℃。

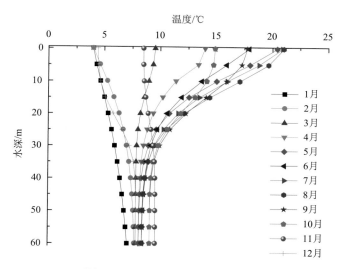

图 8-3　1 月～12 月水温垂直分布

研究区域越冬场位置见图 8-4。为了得到计算区域越冬期水域面积，首先对越冬场水深与流量关系进行了研究。由计算时段（2007～2010 年）内越冬场水深（图 8-5）与蚌埠闸水位关系曲线（图 8-6）可以看出，由于闸坝的调控，计算区域越冬场水深均满足鱼类越冬要求。

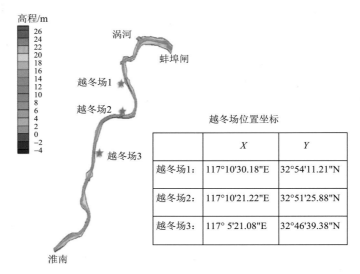

越冬场位置坐标

	X	Y
越冬场1:	117°10'30.18"E	32°54'11.21"N
越冬场2:	117°10'21.22"E	32°51'25.88"N
越冬场3:	117° 5'21.08"E	32°46'39.38"N

图 8-4　研究区域鱼类越冬场位置

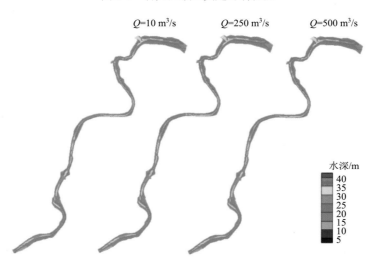

图 8-5　捕食期及越冬期研究区域水深分布

由于闸坝的调控,计算区域水位波动不大,且最低水位满足鱼类越冬水深要求,因此取计算区域平均水位对应面积 39.7 km²。在水量平衡计算时,考虑最不利情况(只考虑蒸发损失),蒸发量采用计算时段月平均值(图 8-7)。

3)生态流量过程确定

生态流量过程的计算过程以参照年份每个月均流量对应的栖息地状况为最佳,分别计算满足 50%、70%、90%栖息地修复所需流量。本书目标鱼类产卵期生态流量由连通性指数与流量的响应关系曲线推算得出,栖息地恢复目标 70%对应连通性指数增长速率最大,推荐为适宜生态流量,50%对应流量栖息地恢复目标及工程可达性最佳,推荐为

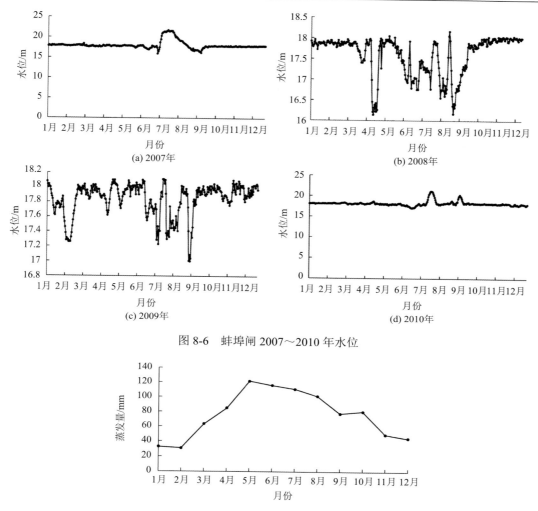

图 8-6 蚌埠闸 2007~2010 年水位

图 8-7 研究区域每月平均蒸发量

最小生态流量。通过前文分析可知研究区域由于闸坝调控,在目标鱼类越冬期随着流量的增加,栖息地空间分布特性指数变化并不大,因此,在越冬期利用水量平衡计算生态流量过程。本节计算了流域关键生态断面(王家坝、鲁台子、蚌埠闸、小柳巷、界首、蒙城)最小生态流量和适宜生态流量(表 8-3)。

表 8-3 淮河流域典型水体生态流量过程计算成果表 (单位:m³/s)

月份	项目	王家坝	鲁台子	蚌埠闸	小柳巷	蒙城	界首
1 月	最小生态流量	3.20	16.42	17.92	13.09	1.02	2.63
	适宜生态流量	8.00	32.84	35.84	65.35	2.04	6.57
2 月	最小生态流量	5.99	21.38	22.22	19.05	0.89	2.30
	适宜生态流量	14.98	42.76	44.44	95.07	1.77	5.76

续表

月份	项目	王家坝	鲁台子	蚌埠闸	小柳巷	蒙城	界首
3 月	最小生态流量	7.92	25.25	28.22	24.59	0.95	2.35
	适宜生态流量	19.79	50.49	56.45	122.72	1.90	5.88
4 月	最小生态流量	62.97	162.31	172.78	144.26	9.27	24.01
	适宜生态流量	157.43	324.61	345.56	479.37	18.54	60.02
5 月	最小生态流量	59.44	174.53	188.81	145.30	9.44	17.50
	适宜生态流量	148.60	349.06	377.61	527.19	18.87	43.76
6 月	最小生态流量	21.54	59.32	70.62	96.16	3.83	7.88
	适宜生态流量	53.86	118.64	141.25	361.39	7.56	19.71
7 月	最小生态流量	17.44	54.08	64.22	114.93	5.53	10.80
	适宜生态流量	43.60	108.16	128.45	439.58	11.05	27.01
8 月	最小生态流量	18.72	56.42	66.55	134.97	7.16	10.91
	适宜生态流量	46.80	112.85	133.09	507.69	14.33	27.28
9 月	最小生态流量	7.45	36.58	51.70	75.10	3.96	6.30
	适宜生态流量	18.63	73.15	103.40	328.10	7.92	15.57
10 月	最小生态流量	6.51	33.94	45.31	45.13	2.98	7.64
	适宜生态流量	16.28	67.88	90.61	180.77	5.95	19.11
11 月	最小生态流量	1.69	7.67	8.87	8.93	0.67	1.60
	适宜生态流量	4.23	15.35	17.73	47.04	1.35	3.99
12 月	最小生态流量	3.81	18.61	23.69	19.89	1.38	3.24
	适宜生态流量	9.54	37.22	47.39	99.31	2.76	8.09

2. 淮河流域典型水体生态流量过程比较与分析

Tennant 法中多年平均径流量的 10%是大多数水生生物维持短时间生存所推荐的最低瞬时径流量,多年平均径流量的 30%是保持大多数水生生物有较好的栖息条件所推荐的基本径流量。

本书将鱼类栖息地计算结果与 Tennant 法最小生态流量(多年平均径流量的 10%)与适宜生态流量(多年平均径流量的 30%)的情况进行比较可以看出,栖息地法计算产卵期流量需求明显高于 Tennant 法计算的流量需求,捕食期和越冬期计算的流量需求小于 Tennant 法的计算结果(图 8-8)。

从目标物种生境需求方面分析,产卵期是鱼类生命史中非常重要的阶段,一定的水文条件是许多鱼类产卵的必需条件。本书中目标鱼类鳊鱼产卵要求一定流速,范围为 0.1~0.36 m/s。Tennant 法计算产卵期(4 月~6 月)最小生态流量为 120 m^3/s,该流量下计算区域流场分布很难满足鳊鱼产卵最低流速(0.1 m/s)要求(图 8-9),而当流量为 250 m^3/s(栖息地最小生态流量)及 500 m^3/s(栖息地适宜生态流量)时计算区域流速满足率相对较好。在鱼类捕食期(7 月~10 月)及越冬期(11 月~翌年 3 月),对流速要求不高,但是需要保证水域连通性及越冬水深,即保证一定水位。将不同流量梯度(Tennant 法最小生态流量、Tennant 法适宜生态流量、栖息地适宜生态流量、栖息地最小生态流量)下

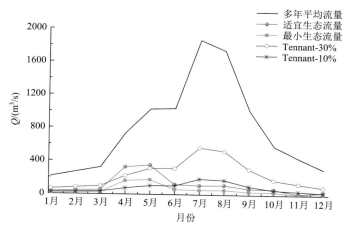

图 8-8　淮河干流鲁台子生态断面生态流量过程

河道水深分布进行比较（图 8-5）可以看出，水深分布差异并不大。在多闸坝平原河流，流量变化对水位影响不大，因此在鱼类捕食期及越冬期仅需保证水量平衡要求即可满足鱼类捕食及越冬要求。Tennant 法以历史径流资料为基础，根据某一个固定比例来确定的流量值很难保证鱼类在产卵期的基本生境需求而过大估计了鱼类在捕食期及越冬期的流量需求，Tennant 法计算结果主要依据河道径流特征推导得出，而与鱼类生境需求流量过程存在差异。本书以鱼类生活史关键阶段生境需求为依据推求完整水文年内生态流量过程，更加符合生物生境需求。

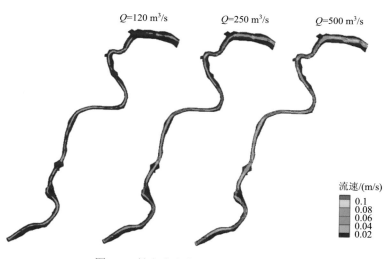

图 8-9　鳊鱼产卵期研究区域流速分布

Q 为流量

　　从栖息地空间特性方面（图 8-10～图 8-12）比较不同生态流量下栖息地评价指数，产卵期目标鱼类 Tennant 法最小生态流量、Tennant 法适宜生态流量、栖息地适宜生态流量及栖息地最小生态流量对应栖息地适宜性指数分别为 7.06、11.00、9.31、13.62，破碎性指数分别为 60978.54 m^2、71577.75 m^2、65138.58 m^2、87662.80 m^2，连通性指数分别为 0.15、0.22、0.19、0.26。可以看出鱼类产卵期栖息地法计算适宜生态流量具有较高适宜性及连通性。捕食期目标鱼类 Tennant 法最小生态流量、Tennant 法适宜生态流量、栖息地适宜生态流量及栖息地最小生态流量对应栖息地适宜性指数分别为 29.47、29.57、29.68、29.84，破碎性指数分别为 1708646 m^2、1662555 m^2、1659758 m^2、1640167 m^2，连通性指数分别为 0.61、0.61、0.61、0.61。越冬期目标鱼类 Tennant 法最小生态流量、Tennant 法适宜生态流量、栖息地适宜生态流量及栖息地最小生态流量对应栖息地适宜性指数分别为 8.38、8.38、8.38、8.38，破碎性指数分别为 157245.6 m^2、157245.6 m^2、157245.6 m^2、157245.6 m^2，连通性指数分别为 0.11、0.11、0.11、0.11。从捕食期及越冬期栖息地评价指数可以看出，虽然本书中越冬期采用水量平衡法计算的生态流量值较小，但是仍然可以保证鱼类栖息地生境需求。

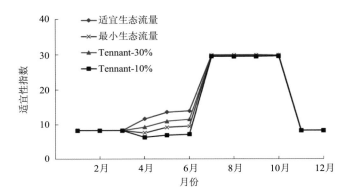

图 8-10　不同流量条件下栖息地适宜性指数

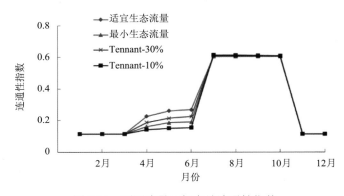

图 8-11　不同流量下栖息地连通性指数

　　从水资源调度可达性分析，鱼类产卵期栖息地法适宜生态流量选取栖息地连通性指数增长速率极值点对应流量，且该流量下可以保证 70%栖息地恢复目标，计算结果为相应多年平均月均流量的 1/3，最大化兼顾水生生物生境需求及水资源合理配置。捕食期和越冬期水量平衡法计算出的生态流量结果在同样满足鱼类生境需求情况下量值较小，尤其在冬季枯水期可以有效减缓水资源调度压力，提高可达性。

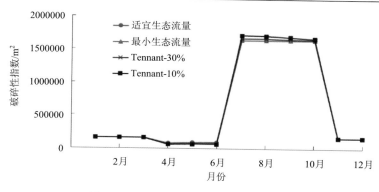

图 8-12　不同流量下栖息地破碎性指数

综上所述，本书基于鱼类不同生命阶段的生境需求推导的生态流量过程线更具生态水文意义。另外，在不同时期生态流量的值差异较大，河流生态系统健康的维持需要多种水流条件来满足，用栖息地法计算生态流量过程比以往单一静态的生态流量过程计算方法更具生态价值。

8.1.2　淮河流域典型水体水文调控阈值确定

基于建立的生态水力学模型，量化了闸坝调度导致的水文情势变化对鱼类栖息地的影响，考虑天然径流的季节变化及鱼类不同生命阶段的生境需求推求生态流量过程。从河流生态系统的结构和功能出发，以最小生态流量过程为依据，最终得出淮河流域典型水体水文调控阈值（表 8-4）。

表 8-4　淮河流域典型水体水文调控阈值　　　　　　（单位：m³/s）

时段	王家坝	鲁台子	蚌埠闸	小柳巷	蒙城	界首
4 月~6 月	21.54	59.32	70.62	96.16	3.83	7.88
7 月~10 月	6.51	33.94	45.31	45.31	2.98	7.64
11 月~次年 3 月	1.69	7.67	8.87	8.93	0.67	1.6

8.2　汉江梯级航电枢纽多目标生态流量调控

生态环境需水是维持河流生态系统健康可持续发展的基本要素，保障河流生态环境流量是落实五大新发展理念、推进生态文明建设、保障区域水安全和生态安全的基本要求。在开发、利用和调节、调度水资源时，应当注意维持江河的合理流量和湖泊、水库以及地下水的合理水位，维护水体的自然净化能力。本节从时间和空间两个维度，抓住水量（降雨-径流、实测-天然）、水体面积（河床空间侵占、湖泊干涸萎缩）、水质（污染物浓度、污染物分布）、水流（支流、下游河网）、水华现象（时间、位置）等开展深入分析，剖析相关演变对生态环境需水的影响。以规律特征分析成果为基础，梳理研究范围内的降雨、径流、水污染、水华、工程调度、已有相关规划等对生态用水的影响，归纳生态用水存在的主要问题。设置天然情景（天然径流过程）、现状情景（现状工程条件和经济社会发展水平、用水水平和排污治污水平）、未来情景（未来工程条件和未来经济社会发展水平、用水水平和排污治污水平）等不同情景，构建基本生态环境流量保障、断面水质目标保障、水华控制和特殊生境的河流生态环境需水计算模型，分别模拟各情景下河流控制断面的生态环境需水量和需水过程，对比分析不同情景下生态环境需水量计算结果，结合流域实际情况，提出推荐方案。

8.2.1　基于断面水质达标的生态流量

随着生态经济带的区域经济社会的快速发展和城市化的不断加快，排入河流的污染物增多，河流水质问题日益突出，水电开发及调水工程运行后，河道流量减小、流速变缓，水体自然净化能力大不如前，使得环境容量急剧下降，同时叠加农业面源污染、城市生活污水及工业废水排放等问题，使河流水质令人担忧。近年来，河道环境需水量研究方法包括水文学法、水力学法、水文-生物分析法、生境模拟法、综合法以及环境功能设定法等，缺少针对关键水质问题使用环境功能设定法的研究。本书以汉江为研究区域，根据收集的基础数据和调查获取的水质指标参数，筛选关键断面进行水质变化评价分析，采用单因子评价法、综合污染指数法、分级评价法、模糊综合评价法等，确定主要的超标污染物，筛选出共性和个性的关键控制指标。构建水质数学模型并与水动力模型耦合，选择关键水质指标[根据历史资料和规划水平年水环境达标要求，拟选定总氮（TN）、总磷（TP）、氨氮（NH_4-N）作为指标]模拟其时空变化特征；采用历史数据对水质模型进行参数率定，并采用实测数据进行模型验证。以现状年污染物入河量为依据，结合未来规划水平年断面水质目标，利用数学模型进行情景分析，合理制定规划水平年污染物削减方案；采用建立的"水动力-水质"模型，根据不同断面的水质目标及流量保障时段需求，确定满足水质保障需求的生态环境流量。

1. 基于断面水质达标的生态流量计算情景设置

1）入河污染负荷情景设置

首先确定主要控制断面，干流为黄家港、襄阳、皇庄、沙洋、潜江、仙桃、汉川；支流为蛮河河口、竹皮河河口、唐白河-汉江入河口。

汉江中下游主要污染源包括点源和面源，其中点源主要来自工业企业废污水排放、污水处理厂尾水排放、未集中收集处理的城镇生活污水排放以及规模化养殖场畜禽粪便排放，面源污染主要来自农村生活污水排放、农业种植污染排放、农村分散式畜禽养殖废污水排放以及城镇地表径流。

考虑不同计算方法断面选取的一致性，本书选取黄家港、襄阳、皇庄、沙洋、潜江、仙桃和汉川七个断面作为水质计算的主要控制断面。根据《汉江干流综合规划报告》[①]，上述断面于规划水平年（2030年）水质达标要求见表8-5。

---

① 长江水利委员会，《汉江干流综合规划报告》，2011年。

表 8-5　规划水平年水质达标要求

河段单元	范围	水质目标
1	黄家港	II
2	襄阳	II
3	皇庄	II
4	沙洋	II
5	潜江	II
6	仙桃	II
7	汉川	II

2）排放概化模式

基于规划水平年入河污染负荷预测，以控制关键断面水质指标达标为目标，从点源控制和非点源控制两个方面出发设计了 6 种不同的情景方案。情景一为点源控制，情景二至情景五为非点源控制，情景六为情景一至情景五一起实施时达到控源效果最大的情况，考虑了不同污染源的同步削减。

情景一：假定各点污染源的排放量不变，但污水必须经过处理后排放，使排放的污染物浓度符合一级 A 标准（氨氮取 5 mg/L，总氮取 15 mg/L，总磷取 0.5 mg/L）后方能排入河道中，非点源污染采用现状不变情况进行计算。

情景二：改变施肥方式。一般而言，表层土壤流失率较高，而采用表层施肥和深层施肥不同方式对营养元素的流失有很大的影响。假定改进化肥的施用方式，由目前的表层施肥改为深层施肥，使得表层土壤（10 cm 左右）施肥量减少到占总施肥量的 20%。

情景三：减少耕地的施肥量。作物对肥料的吸收效率通常只有 30%～40%，大部分的肥料残留在土壤中，成为潜在的非点源污染源；同时，施肥量的大小直接影响降雨径流带走的营养元素流失量。根据现状调查，流域内农田的施肥量（以纯养分计）约为冬小麦 N 370 kg/hm^2，P$_2$O$_5$ 60 kg/hm^2，夏玉米 N 115 kg/hm^2，水稻 N 216 kg/hm^2。而据统计，我国化肥平均施用量约为国际化肥安全施用上限的 1.92 倍，因此在本书中，为减少农业非点源污染负荷的产出，假定情景三中施肥量减少为现状施肥量的 50%。

情景四：坡耕地的退耕还林。我国退耕还草还林工作中规定，坡度为 25°以上的坡耕地属退耕范围。土壤侵蚀的室内试验结果表明，坡度在 18°～25°的土壤侵蚀量随坡度增加而急剧增加，且林地的水土保持效果要远好于耕地。因此，结合流域的实际情形，情景四中假定坡度在 15°以上的坡耕地全部实施退耕还林。

情景五：城镇地区的人口密度较大，不透水面积比率大，车辆及商业活动频繁，污染负荷主要来源于降雨径流对累积在街道上及路缘边的尘土、垃圾的冲刷。情景五中假定城镇地区的植被覆盖率增大并铺设透水性路面，透水面上采取很好的水土保持措施以及自然排水系统，使流域内城镇区不透水面积下降为 20%。

情景六：情景一至情景五同时实施时，污染物排放量可以得到最大的控制。

3）规划水平年污染物削减

点污染源采用现状条件不变，计算并统计得到流域内的点源加非点源污染负荷的排放总和，如表 8-6 所示。

表 8-6　不同情景下的污染年负荷量变化

负荷量		总氮	总磷	氨氮
现状		27233	25453	28646
情景一	计算值/（t/a）	8528	5291	18841
	削减率/%	68.69	79.21	34.23
情景二	计算值/（t/a）	24927	23948	25117
	削减率/%	8.47	5.91	12.32
情景三	计算值/（t/a）	24420	24398	25268
	削减率/%	10.33	4.14	11.79
情景四	计算值/（t/a）	17090	13594	12167
	削减率/%	37.25	46.59	57.53
情景五	计算值/（t/a）	22205	24135	21556
	削减率/%	18	5	25
情景六	计算值/（t/a）	6423	4976	10234
	削减率/%	76	80	64

由表 8-6 可知，情景一控制点污染源排放浓度达标是减少流域污染负荷的有效措施，对总氮和总磷的削减率分别达到 68.69% 和 79.21%。对于情景二至情景五，在对非点源污染控制措施方面，减少施肥量和采取深层施肥方式对总氮和总磷负荷输出的减少均产生了较好效果，其中对总氮输出的削减效果更佳，削减率可达到 10% 左右；坡耕地的退耕还林、城镇区的不透水面积减少等土地利用措施的改变，也可减少流域非点源污染的输出，尤其是坡耕地的退耕还林措施，对非点源产生的总氮和总磷的削减率分别达到 37.25% 和 46.59%，效果较为显著。在情景六中，综合考虑了情景一至情景五的削减方案，各种措施多管齐下，取得最佳的削减效果，总氮、总磷和氨氮的削减率分别达到 76%、80% 和 64%，在实际工作中可优先采用。

2. 基于水质目标保障的生态环境需水量计算结果

以 6 个分段河流作为独立计算单元，基于 90% 保证率的枯水年平均流量以及各主要控制断面的现状背景浓度值，分别从满足河段上游入口断面与下游出口断面水质目标的角度出发，计算了各河段单元的生态环境需水量区间，计算结果如表 8-7 所示。

表 8-7　满足各河段水质达标的生态环境需水量结果

河段单元	范围	长度/km	水质目标	Q_u/（m³/s）	Q_d/（m³/s）
1	丹江口—崔家营	118.14	II	512	643
2	崔家营—皇庄	114.94	II	551	797
3	皇庄—沙洋	77.25	II	590	778
4	沙洋—潜江	56.37	II	787	885
5	潜江—仙桃	81.77	II	788	858
6	仙桃—汉川	73.33	II	709	955

注：Q_u 为满足上游入口断面水质达标要求的安全生态环境需水量；Q_d 为满足下游出口断面水质达标要求的最小生态环境需水量。

基于前面设置的六种情景，对计算单元求取保障断面水质的安全生态环境需水量 Q_u 和最小生态环境需水量 Q_d，结果见表 8-8～表 8-13。

表 8-8　情景一满足各河段水质达标的生态环境需水量结果

河段单元	范围	长度/km	水质目标	Q_u/（m³/s）	Q_d/（m³/s）
1	丹江口—崔家营	118.14	Ⅱ	409.6	514.4
2	崔家营—皇庄	114.94	Ⅱ	440.8	637.6
3	皇庄—沙洋	77.25	Ⅱ	472.0	622.4
4	沙洋—潜江	56.37	Ⅱ	629.6	708.0
5	潜江—仙桃	81.77	Ⅱ	630.4	686.4
6	仙桃—汉川	73.33	Ⅱ	567.2	764.0

表 8-9　情景二满足各河段水质达标的生态环境需水量结果

河段单元	范围	长度/km	水质目标	Q_u/（m³/s）	Q_d/（m³/s）
1	丹江口—崔家营	118.14	Ⅱ	501.76	630.14
2	崔家营—皇庄	114.94	Ⅱ	539.98	781.06
3	皇庄—沙洋	77.25	Ⅱ	578.20	762.44
4	沙洋—潜江	56.37	Ⅱ	771.26	867.30
5	潜江—仙桃	81.77	Ⅱ	772.24	840.84
6	仙桃—汉川	73.33	Ⅱ	694.82	935.90

表 8-10　情景三满足各河段水质达标的生态环境需水量结果

河段单元	范围	长度/km	水质目标	Q_u/（m³/s）	Q_d/（m³/s）
1	丹江口—崔家营	118.14	Ⅱ	460.8	578.7
2	崔家营—皇庄	114.94	Ⅱ	495.9	717.3
3	皇庄—沙洋	77.25	Ⅱ	531.0	700.2
4	沙洋—潜江	56.37	Ⅱ	708.3	796.5
5	潜江—仙桃	81.77	Ⅱ	709.2	772.2
6	仙桃—汉川	73.33	Ⅱ	638.1	859.5

表 8-11　情景四满足各河段水质达标的生态环境需水量结果

河段单元	范围	长度/km	水质目标	Q_u/（m³/s）	Q_d/（m³/s）
1	丹江口—崔家营	118.14	Ⅱ	330.752	415.378
2	崔家营—皇庄	114.94	Ⅱ	355.946	514.862
3	皇庄—沙洋	77.25	Ⅱ	381.140	502.588
4	沙洋—潜江	56.37	Ⅱ	508.402	571.710
5	潜江—仙桃	81.77	Ⅱ	509.048	554.268
6	仙桃—汉川	73.33	Ⅱ	458.014	616.930

表 8-12　情景五满足各河段水质达标的生态环境需水量结果

河段单元	范围	长度/km	水质目标	Q_u/（m³/s）	Q_d/（m³/s）
1	丹江口—崔家营	118.14	Ⅱ	435.20	546.55
2	崔家营—皇庄	114.94	Ⅱ	468.35	677.45
3	皇庄—沙洋	77.25	Ⅱ	501.50	661.30
4	沙洋—潜江	56.37	Ⅱ	668.95	752.25
5	潜江—仙桃	81.77	Ⅱ	669.80	729.30
6	仙桃—汉川	73.33	Ⅱ	602.65	811.75

表 8-13　情景六满足各河段水质达标的生态环境需水量结果

河段单元	范围	长度/km	水质目标	Q_u/（m³/s）	Q_d/（m³/s）
1	丹江口—崔家营	118.14	Ⅱ	307.2	385.8
2	崔家营—皇庄	114.94	Ⅱ	330.6	478.2
3	皇庄—沙洋	77.25	Ⅱ	354.0	466.8
4	沙洋—潜江	56.37	Ⅱ	472.2	531.0
5	潜江—仙桃	81.77	Ⅱ	472.8	514.8
6	仙桃—汉川	73.33	Ⅱ	425.4	573.0

综合六种情景下各河段的生态环境需水量，根据关键断面水质指标及保障时段分析，丰水期通过控制氨氮可得黄家港、襄阳、皇庄、沙洋、潜江和仙桃六个断面 6 月～9 月满足水质达标的生态环境需水量范围。保障断面水质的生态环境需水量最终计算结果见表 8-14。

表 8-14　满足各断面各时期水质达标的生态环境需水量结果　　（单位：m³/s）

断面名称	月份			
	6 月	7 月	8 月	9 月
黄家港	512～643	512～643	512～643	512～643
襄阳	551～797	551～797	551～797	551～797
皇庄	590～778	590～778	590～778	590～778
沙洋	788～885	788～885	788～885	788～885
潜江	788～858	788～858	788～858	788～858
仙桃	708～955	708～955	708～955	708～955
计算依据	控制丰水期氨氮			

情景一至情景六均是根据现状排污量来削减制定的，在满足现状排污保障水质的情况下就可以满足情景一至情景六丰水期 6 月～8 月的生态环境需水量。在未来可以根据不同的污染削减方案来进行生态环境需水量的调度，情景一至情景六的生态环境需水量调度参考值范围详见表 8-8～表 8-13。

8.2.2　基于河流水华控制的生态流量

随着全球气候变化及人类活动日益频繁，有害藻类水华在全世界范围内发生的频率、规模和持续时间在急剧增加，目前藻类水华已成为全世界面临的重大水环境问题之一。引起藻类水华的环境因素通常为充足的氮磷等营养盐、适宜的气候条件、缓慢的水动力条件，且常见藻类水华易发生在湖泊、水库和其他静止水体环境中。然而随着城市化和社会经济的快速发展，河流兴修大量水电枢纽工程，导致天然连通性遭到破坏，水体流速减缓，水力停留时间增加，为河流藻类水华暴发创造了适宜的条件。同时对承担饮用水源地的河流来说，藻类水华暴发给沿岸饮用水安全带来了严重隐患，逐渐引起了广泛关注。本节以汉江为研究区域，结合历史数据调研和现场监测结果，分析研究区域藻类的时空变化特征，明确研究区域内的特殊生境位置及其特征，诊断研究河段突出生态问题，确定河段生态环境需水量计算的生态保护目标。通过主成分分析、典型相关分析、物元分析等方法，筛选对生态保护目标影响较大的关键水环境参数；明确保护目标和对应关键水环境因子间的响应关系，建立相应的适配曲线，并通过实测数据进行验证；建立典型河流水动力-水环境模型，使用典型水文年数据进行率定，应用现状年份数据进行验证；依据历史数据及现状调查反演典型河流水生生态系统变化过程，量化研究河段水生生态系统对关键环境因子的响应关系；根据各河段生态修复目标，推算控制断面各典型水文年相应的最小生态基流量和适宜生态基流量过程；总结生态保护目标-水文水环境响应关系，确定河流水生生态系统在现状年份不同时段对应的水文调控阈值。

1. 筑坝河流藻类水华暴发特征及其发生发展的关键环境因子识别

1）春季藻类水华暴发特征分析

春季为汉江中下游藻类水华的高发时段，其主要特点为：以硅藻为优势种，影响范围主要在沙洋断面以下，持续时间可长达十数日。图 8-13 为显示了 2 月～3 月春季枯水期汉江暴发硅藻水华期间藻细胞密度沿程变化特征。皇庄断面以上藻细胞密度显著低于下游断面，以 1×10^7 cells/L 为标准判定藻类暴发，在沙洋断面以下断面均出现了水华现象。沙洋断面为藻类水华暴发的起始断面，从沙洋至兴隆枢纽坝前断面藻细胞密度持续升高，说明该区段河道内藻类生长速率较大，沿程仍在不断累积。兴隆枢纽坝前流速较沙洋更缓，有利于藻类在此聚集，而自兴隆枢纽以下各断面气象、水文和营养盐条件均

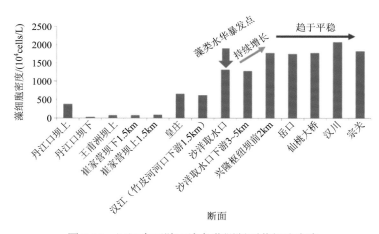

图 8-13　汉江中下游干流各监测断面藻细胞密度

较为适宜硅藻生长，故沿程藻细胞密度出现略微上升趋势，这是上游藻类顺流而下与断面自身藻类生长叠加的结果。自兴隆枢纽以下断面藻细胞密度虽维持在一个高水平，但沿程断面数值差异不大，说明在兴隆枢纽以下，藻类生长速率减小，持续的高密度是河流沿程输移的结果。

图 8-14 显示了各断面藻细胞密度随时间变化的特征。可以看出，藻类水华起始于 2 月 13 日，终止于 3 月 8 日，持续时间为 18～25d。藻细胞密度最早开始下降的断面为沙洋断面，之后下游各断面逐步开始降低，进一步验证了沙洋为藻类水华暴发起始断面这一结论。

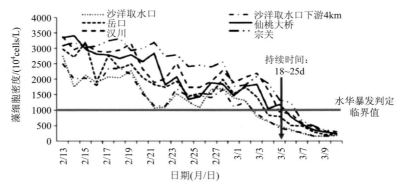

图 8-14　汉江中下游干流各监测断面藻细胞密度变化规律

一般湖库水华现象主要由氮磷浓度偏高和氮磷比（总氮/总磷，TN/TP）增加引起。国际公认的水体富营养化标志是 TN>0.2 mg/L、TP >0.02 mg/L；王红萍等（2004）通过富营养化动力学模型计算得出汉江水华的预警值为 TN>1.0 mg/L、TP>0.07 mg/L，藻类总细胞密度为 1×10^7 个/L；刘强等（2005）认为汉江水华的预警值为 TN>0.3 mg/L、TP>0.015 mg/L；李春青等（2007）认为汉江水华的预警值为 TN>1.0 mg/L、TP>0.05 mg/L。但河流中流速和水动力条件均比湖库好，因此汉江中下游硅藻水华成因与水动力、水质之间的关系需要考虑该河段的特点，不能简单以过去湖库水华控制的观点视之。汉江水华现象多暴发于春季枯水期，其河流流量相对较小，TN、TP 等指标较高。另外，受气候变化影响，春季气温存在变暖趋势，也是引发汉江水华的原因。卢大远等（2000）认为当水体流速≤0.8 m/s、流量≤500 m³/s、水温≥10℃时，汉江水华最易爆发。

分析 1992～2018 年水华期间监测数据，发现藻细胞密度与流量、TN、TP、溶解氧（DO）有较为显著的相关性，其中与流量、TP 为负相关，与 TN、DO 为正相关；DO 变化主要是藻类光合作用释放氧气引起的，不属于控制藻类生长的水环境条件。藻细胞密度与气温、水温、日照时数的相关性不明显，以往研究表明，硅藻在温度范围 5～30℃、光合有效辐射范围 5～50 μmol/（m²·s）均适宜生长，说明硅藻能够适应较宽泛的气象条件。气温升高等由气候变化引发的外界条件改变并不是汉江中下游发生春季硅藻水华的主要原因。

2）夏季藻类水华暴发特征分析

已有资料尚未对汉江中下游流域河流夏季藻类水华暴发进行记载，但是 2019 年实地监测表明夏季汉江存在藻类水华暴发的风险。图 8-15 显示了 2019 年 8 月潜江断面藻细胞密度最高，但根据采样时间和水动力计算（江段平均流速为 0.68 m/s），综合考虑藻类水华暴发条件，推断藻类水华应发生在襄阳崔家营断面，也就是说在潜江监测到的夏季水华实际是发生于襄阳崔家营枢纽的上游，但由于丰水期河流水量充沛，流速较大，藻细胞密度沿程累积效应不明显，峰值随水流不断向下游移动，故未在江段上形成持续水华现象，因此夏季水华未引起关注，但未来需要加以重视。

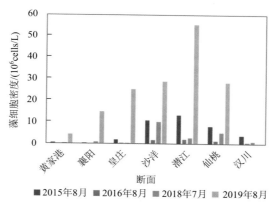

图 8-15 不同年份夏季丰水期藻细胞密度沿程变化规律

分析沿程藻细胞密度与营养盐的关系，结果如图 8-16 所示。可以看出丰水期水华暴发时的总磷沿程变化与藻细胞密度趋势变化一致，但峰值存在相位差，若将总磷断面进行平移，可发现总磷与藻细胞密度的相关性大大增加（线性相关决定系数 R^2 由 0.2652

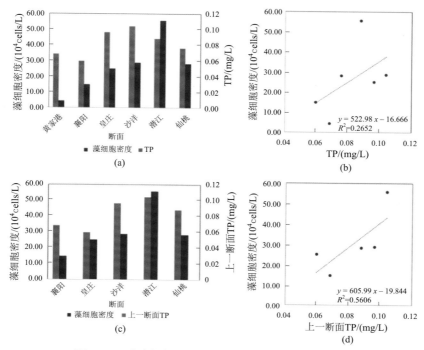

图 8-16 夏季丰水期藻细胞密度与总磷浓度对比分析

（a）丰水期藻细胞密度与该断面总磷（TP）浓度；（b）丰水期藻细胞密度与该断面总磷（TP）浓度相关性；（c）丰水期藻细胞密度与上一断面总磷（TP）浓度；（d）丰水期藻细胞密度与上一断面总磷（TP）浓度相关性

提升到 0.5606）。由此可以得出：总磷是影响夏季藻华发生的主要营养盐因素；河流藻类随水流存在输移现象，在某一断面观察到的水华现象可能是上游断面发生后随水流输移的结果。

3）影响河流浮游植物生长繁殖的主要环境因子

作为河流水华的典型代表，汉江水华以硅藻为主。硅藻对低温的耐受性强，且喜好生活在有一定流速的水体中，除了对氮、磷等营养盐有一定需求外，还需利用环境中的硅酸盐来合成细胞壁。通过已有研究对汉江水华的成因进行分析，主要集中在 3 个方面：①水文因素。受长江较高水位顶托和汉江流量减少的共同作用，汉江水流速度变缓，导致营养物质富集，水体逐渐表现出湖泊特性，为水华的发生提供了环境。②营养盐因素。汉江中下游地区排污量日益严重，河流中的氮、磷等营养盐过剩，为水华暴发提供了先决条件。③气候因素。春季气温偏暖，加之合适的光照条件，藻类的生长条件得以改善，表层水温升高，出现了水体密度不同引发的水层之间的翻转现象，水体底层和表层水之间的营养盐发生交换，导致早春出现硅藻生物量增加，甚至是硅藻水华。

根据收集和调查得到汉江中下游干流及典型支流水文、水质、水生态环境等基础数据，采用主成分分析、典型相关分析、物元分析等方法，筛选影响水量水质的关键影响因子。

水动力：与湖泊水华现象不同，一般认为流速低、水动力不足导致营养物质富集是河流水华发生的主要原因。水流状态直接影响了浮游植物种群的多样性特征或间接通过改变水体营养分布状态导致某种藻类疯长。野外调查显示，河流春季硅藻水华发生时，流量减少导致藻类大量聚集。水动力的改变对于河流硅藻水华的发生是一个非常关键的因素。图 8-17 为通过模型来研究不同流速条件下藻类的生长速率。结果表明，不同流速下，藻类的生长速率不同，缓慢的水流对藻类生长有促进作用，随着流速的增加，藻类生长速率逐渐减小。0.08～0.6 m/s 流速下河流都有暴发藻类水华的可能，但藻类在不同营养盐条件下，对应的适宜流速不同。

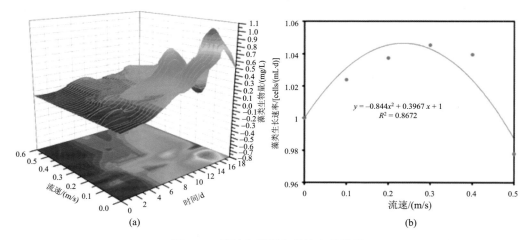

图 8-17　流速和藻类生长速率的关系

营养盐：营养盐是组成水体环境重要的物质基础，水体中营养盐浓度与水体中生物量存在着紧密的关联，因此在研究藻类水华形成及影响因素时，对水体中营养盐成分及浓度的研究尤为重要。营养盐中最为显著的就是氮磷营养盐，这也与水体富营养化程度相关。有研究表明，若水体中总氮与总磷浓度的比值在 10～25，水体中藻类可迅速增殖并产生藻类水华，若氮磷浓度比值小于或者高于此比值范围藻类增殖可能会受到抑制，当此比值低于 4 时，氮元素浓度很可能成为水质富营养化决定性的限制因素；经研究证实，氮和磷是藻类生长的主要限制营养元素，当水体中这两种元素过量增加时，富营养化过程是迅速的；而对淡水水体而言，磷是藻类生长的主要限制因子（图 8-18）。

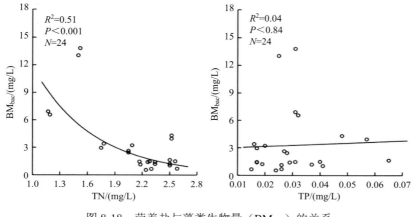

图 8-18　营养盐与藻类生物量（BM_{bac}）的关系

N 表示用来拟合的样本个数

水温：汉江硅藻水华多年被认为是小环藻，2009 年有学者对 2005 年藻类水华进行分子鉴定为冠盘藻，小环藻与冠盘藻同属于硅藻，但其生活习性存在一定差异。例如，小环藻更喜好静水且磷充足的环境，而冠盘藻在水体扰动较大、具有一定的流速及营养盐浓度的环境中占优势。关于冠盘藻的光强应答机制生理学研究表明，该优势种的最适生长光强为 2000～5000 lx，最接近野外水华发生时期的光照条件。2015～2016 年水华发生期间水温维持在 10～15℃，2018 年水华发生期间水温维持在 8.5～17.7℃，适宜藻类生长，与藻类冬春季低温的生理适应研究结论一致。

pH：水华发生期间 pH 变化范围不大，维持水体呈弱碱性，有益于藻类繁殖。2015年干流 pH 为 7.90～8.86，2016 年 pH 为 8.05～9.03，2018 年 pH 为 8.1～8.9，三年均值为 8.7。在空间上，也无明显差异，2018 年水华期间，皇庄断面的 pH 为 8.51～8.96；沙洋断面的 pH 为 8.65～8.91；岳口断面的 pH 为 8.4～8.9；仙桃断面的 pH 为 8.67～9.01；汉川断面的 pH 为 8.24～8.89；宗关断面的 pH 为 8.68～8.96。总体来说，水华期间 pH无较大波动。

4）汉江中下游河流藻类水华的主控因子

根据调研记录，自 1990 年以来汉江中下游水华多发生在春季，主要类型为硅藻水华。统计可知，1992～2018 年暴发硅藻水华的时段主要为枯水期 1 月～3 月，该时段皇庄断面（兴隆闸以上）对应流量变化范围在 788～846 m³/s，流速均值为 0.39 m/s，远低于水华未暴发时期的流量变化值 869～913 m³/s 以及流速均值 0.43 m/s；仙桃断面（兴隆闸以下）对应流量变化范围在 714～768 m³/s，流速均值为 0.62 m/s，远低于水华未暴发时期的流量变化值 776～788 m³/s 以及流速均值 0.66 m/s。对比水华发生年份与未发生年份流量、流速变化值，发现水华发生年份的流量、流速均值绝大部分小于未发生水华年份的同期均值。这也说明在汉江枯水期流量减小、水位降低、流速减缓的条件下易发生水华。

　　根据枯水期藻类水华期间总氮（TN）、总磷（TP）沿程分布（图 8-19），TN 沿程无显著变化，而 TP 在皇庄断面以下明显大于上游断面。沙洋断面处于钟祥下游，在该区域内存在磷矿开采，使得 TP 的本底值升高，而枯水期河流流量减小，水环境容量小，导致 TP 超标；沙洋断面处于兴隆枢纽回水区，流速较缓。水动力和营养盐条件表明：沙洋断面为枯水期硅藻水华暴发的起始断面，潜江断面、仙桃断面、汉川断面的藻细胞密度沿程逐渐增加是上游输移及沿程累积的共同效应。

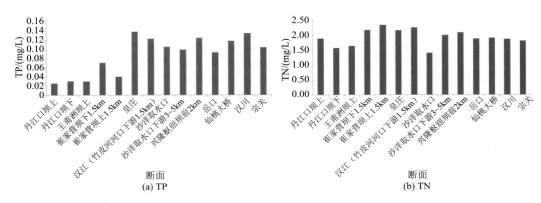

图 8-19　枯水期藻类水华期间 TP 和 TN 沿程分布

　　综上所述，汉江中下游藻类水华暴发仍以春季枯水期为主，该时段内主要影响藻类生长的因素包括流速和总磷，主要控制断面为沙洋断面及其下游的潜江断面、仙桃断面和汉川断面。

2. 基于水华控制的生态环境需水量推求结果

　　基于水华控制进行汉江中下游干流典型断面生态环境需水量定值研究，采用断面通量法和抑制流速法得到的汉江中下游典型断面生态环境需水量对比见表 8-15。

表 8-15　基于水华控制的各断面生态环境需水量阈值　　　　　　（单位：m³/s）

主要控制断面	方法	12 月	1 月	2 月	3 月	4 月
沙洋	断面通量法（Q_c）	695	890	890	890	695
	抑制流速法（Q_u）	741	741	741	741	741
潜江	断面通量法（Q_c）	742	918	918	918	742
	抑制流速法（Q_u）	718	718	718	718	718
仙桃	断面通量法（Q_c）	750	937	937	937	750
	抑制流速法（Q_u）	736	736	736	736	736
汉川	断面通量法（Q_c）	865	1075	1075	1075	865
	抑制流速法（Q_u）	873	873	873	873	873

对比两种方法的计算结果发现，断面通量法结果基本大于抑制流速法。为防止江汉中下游硅藻水华发生，维持枯水期健康生态环境系统，建议汉江中下游 12 月～次年 4 月控制硅藻水华的生态环境需水量阈值为：沙洋断面流量不低于 741 m^3/s、890 m^3/s、890 m^3/s、890 m^3/s 和 741 m^3/s；潜江断面流量不低于 742 m^3/s、918 m^3/s、918 m^3/s、918 m^3/s 和 742 m^3/s；仙桃断面流量不低于 750 m^3/s、937 m^3/s、937 m^3/s、937 m^3/s 和 750 m^3/s；汉川断面流量不低于 873 m^3/s、1075 m^3/s、1075 m^3/s、1075 m^3/s 和 873 m^3/s。

8.2.3　基于河流鱼类生境保护的生态流量

我国河流蕴含着十分丰富的渔业资源。受梯级水利枢纽工程的影响，河流的水文情势以及原有水生生境发生了明显变化，对鱼类繁殖，特别是对产漂流卵鱼类的繁殖产生了较大的影响，其中产卵行为对水文条件需求较严格的四大家鱼影响尤为明显；工程的建设和运行可能会进一步影响下游的生态环境质量，导致鱼类栖息地萎缩及栖息地质量下降，影响水生生物的生存繁殖并造成资源量的降低。生态流量是保障河流生境健康的根本，合理估算河流生态流量，对汉江渔业生态环境的恢复具有重要意义。

1. 目标鱼类筛选及其特殊生境分布

2015～2018 年鱼类调查结果显示，目前汉江中下游干流鱼类优势种为鲤科鲫鱼以及鲿科黄颡鱼和鲇科鲇（鱼）。同时，汉江中下游还存在四大家鱼产卵场，在长江干流修建了多个梯级电站后，四大家鱼自然种质保护需求尤为突出。根据汉江现状水生态环境条件，在汉江干流下游鱼类资源保护区（潜江、汉川段）范围内，鱼类的捕食和越冬均足以保障，因此鱼类产卵期为特殊生境保障的主要时段。

依据《汉江干流综合规划报告》，目前汉江流域已建立 4 个水产种质资源保护区，汉江钟祥段鳡鳤鯮鱼国家级水产种质资源保护区、汉江沙洋段长吻鮠瓦氏黄颡鱼国家级水产种质资源保护区、汉江潜江段四大家鱼国家级水产种质资源保护区和汉江汉川段四大家鱼国家级水产种质资源保护区。黄颡鱼、鳡、鳤、鯮鱼为产黏性卵鱼类，调节河流水动力条件对其影响不大；流速是四大家鱼繁殖行为的主要控制因子，可通过调节流量实现对四大家鱼产卵期自然繁殖行为的保障。根据《湖北省汉江中下游梯级枢纽 2024 年联合生态调度实施方案》报告，分析汉江中下游历年洪水对四大家鱼产卵的影响可知，虽然丹江口泄水对四大家鱼产卵有促进作用，但主要依赖唐白河洪水。在唐白河发生洪水，且汉江干流皇庄站流量达到 1200 m^3/s 时，均监测到四大家鱼早期资源，这与《汉江中下游干流梯级开发环境影响评价回顾性研究报告》也是一致的。综合考虑四大家鱼产卵繁殖所需水文条件以及洪水脉冲影响，参照湖北省政府批复的《湖北省汉江干流丹江口以下梯级联合生态调度方案（试行）》要求，确定梯级联合生态调度启动条件。丰水年、平水年唐白河发生 600 m^3/s 以上洪水，且皇庄站洪峰流量大于 1200 m^3/s 时将提前 3～4 d 预报。枯水年唐白河洪水大于 300 m^3/s，且皇庄站洪峰流量大于 1200 m^3/s 时将提前 3～4 d 预报。特枯年份至 8 月中旬，上述启动条件仍未出现，则在 8 月下旬和 9 月上中旬，通过丹江口水库加大出库流量营造洪水过程，保障河段流量日涨幅 200 m^3/s，涨水过程持续 3 d。

　　根据鱼类产卵温度要求，生态调度启动时间选在 5 月～8 月，生态调度尽量结合防洪调度，以减小调度经济损失。此外，在开展梯级水库联合生态补偿调度时，应考虑留有 3～4 d 的预泄时间。调度范围包括四大家鱼种质资源保护区内的潜江和汉川断面。基于此，以四大家鱼为目标鱼类，推求满足四大家鱼产卵生态调度需求的生态环境需水量。

2. 四大家鱼产卵的关键影响因子

　　四大家鱼产漂流卵，繁殖行为受流速刺激发生。根据以往研究，四大家鱼在产卵繁殖前及发情产卵时期必须要满足一定的水流刺激条件，包括水位上涨、水流加快、形成涡旋水；产卵后，受精卵吸水膨胀为漂浮卵，随水流孵化，需要河流达到一定流速，使漂浮的受精卵能够保持一定流程。室内控制实验及野外实地观测综合结果表明，四大家鱼产卵存在触发流速［图 8-20（a）］、适宜流速［图 8-20（b）］和适宜流速涨率 ［图 8-20（c）］ 范围。产卵触发流速指刺激鱼类发生产卵行为的最小流速，图 8-20（a）表明当流速大于 0.8 m/s 时，鱼类开始发生产卵行为，而 1.11～1.49 m/s 为触发流速峰值范围。产卵适宜流速指在该流速范围内鱼类产卵密度最大（或满足某一条件的产卵事件最多），图 8-20（b）表明产卵适宜流速范围在 1.40～1.60 m/s。除了满足鱼类产卵触发流速和适宜流速条件，当汉江日平均涨水幅度在 0.01～8.00 m 时，都可引起产漂流卵鱼类进行繁殖。当日平均涨幅在 0.4 m 以上时，产卵活动较为强烈。在鱼类繁殖季节，涨水过程包含着水位升高、流量增大、流速加快、流态紊乱和透明度减小等多种水文因素的变化。虽然这些水文因素的出现是相互关联的，对鱼类繁殖所起的作用是综合的，但涨水所持续的时间、流量和流速的增大在促进鱼类繁殖中起主导作用。涨水所持续的时间越长，流量和流速增加的幅度越大，产卵量的增加幅度也就越大（李修峰等，2006）。图 8-20（c）给出这一范围为 0.04～0.12 m/（s·d）。目前汉江中下游干流潜江段、汉川段为四大家鱼国家级水产种质资源保护区，通过梯级水利枢纽调度，需满足其产卵的流速需求。

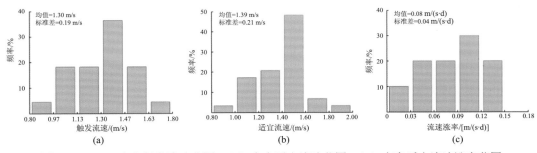

图 8-20　（a）产卵触发流速范围、（b）产卵适宜流速范围、（c）产卵适宜流速涨率范围

　　综上所述，以满足特殊生境需求为目标的汉江生态流量推求主要考虑满足四大家鱼产卵期（5 月～8 月）栖息地所需条件，依照现有水产种质资源保护区设置，选取潜江断面和汉川断面作为控制断面，主要控制因素为流速。

3. 流速阈值的确定

　　确定特殊生境对应的目标物种为四大家鱼，汉江中下游干流潜江段、汉川段为四大家鱼国家级水产种质资源保护区,参考《湖北省汉江中下游梯级枢纽 2019 年针对产漂流性卵鱼类自然繁殖联合生态调度实施方案》,结合文献调研,确定汉江段四大家鱼产卵期流量保障时段为 5 月~8 月,通过梯级水利枢纽调度,需满足其产卵的流速。对四大家鱼进行生态研究,发现四大家鱼产漂流卵,繁殖行为受流速刺激发生。室内控制实验及野外实地观测综合结果表明,四大家鱼产卵存在触发流速、适宜流速和适宜流速涨率范围,其中产卵触发流速为 1.11~1.49 m/s,产卵适宜流速为 1.40~1.60 m/s,该流速范围与《湖北省汉江中下游梯级枢纽 2019 年针对产漂流性卵鱼类自然繁殖联合生态调度实施方案》一致,满足上述产卵适宜流速时即可以满足其他产卵事件的要求。

4. 断面生态环境需水量推求

通过水平年实测数据对模型边界条件进行设置和率定验证。水动力模型以每日流量及水位数据进行设置,其中上边界采用时间-流量边界,下边界采用时间-水位边界。本书采用丹江口出库水文站黄家港站的流量数据为水动力模型提供上边界条件,采用汉江下游皇庄站的水位数据作为水动力模型下边界。采用 2016 年的数据用于参数率定,采用 2017 年的数据用于模型验证。对所选关键断面进行分类,遴选出对鱼类有特殊生境需求的断面,根据历史及现状调查结果,对断面有特殊流量需求的时段进行识别和划分,最终确定特殊生境研究断面为潜江断面和汉川断面。通过建立的二维水动力模型设计不同的流速梯度作为输入,得到潜江江段和汉川江段处的流速,直到满足流速在 1.40~1.60 m/s 为止,潜江江段和汉川江段二维水动力模拟见图 8-21。再根据研究断面地形,建立流速-流量关系,推求满足适宜流速相应的生态环境需水量。

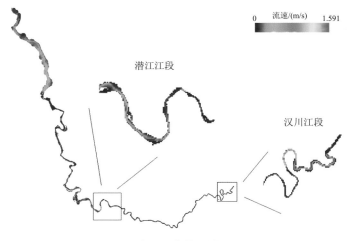

图 8-21　二维水动力模型模拟流速分布

5. 基于特殊生境保障河段的生态环境需水量推求结果

基于四大家鱼产卵进行汉江中下游干流典型断面生态环境需水量定值研究,通过建立的二维水动力模型设计不同的流速梯度作为输入,得到潜江江段和汉川江段处的流速,结合断面地形，以 4 月底水华控制生态蓄水量的最小值作为特殊生境典型断面生态环境需水量推算的起始流量，推求汉江中下游干流典型断面生态环境流量过程线以及生态环境需水量，具体见图 8-22 和表 8-16。

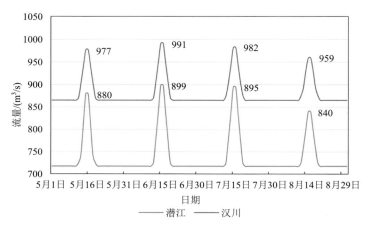

图 8-22　基于四大家鱼产卵的生态环境流量过程线

表 8-16　基于四大家鱼产卵的生态环境需水量　　　　　　　　（单位：m³/s）

控制断面	5 月	6 月	7 月	8 月
潜江	880	899	895	840
汉川	977	991	982	979

　　为满足四大家鱼产卵的生态环境流量需求，维持汉江中下游健康生态环境系统，建议汉江中下游 5 月～8 月，每月中旬通过上游泄流形成 3～4 d 的洪水脉冲过程，生态环境需水量阈值为：潜江断面涨水峰值流量不低于 880 m³/s、899 m³/s、895 m³/s、840 m³/s，涨水期间日平均流速涨率在 0.043～0.113 m/（s·d）（《湖北省汉江中下游梯级枢纽 2019年针对产漂流性卵鱼类自然繁殖联合生态调度实施方案》）；汉川断面涨水峰值流量不低于 977 m³/s、991 m³/s、982 m³/s、979 m³/s，涨水期间日平均流速涨率在 0.056～0.092 m/（s·d）。

8.2.4　多目标生态环境流量过程保障

　　在基本生态环境流量、断面水质、水华控制和特殊生境保障等目标的生态环境需水量计算成果的基础上，从生态环境需水目标的内涵和管理实际情况出发，对不同目标的生态环境需水量成果进行时间、空间、过程、要素、情景的耦合计算和协调平衡，研究提出基于多目标下的分区域、分类型、分时段、分频率、分阶段的"五分"生态环境需水量成果体系。

　　1. 计算思路

　　多目标生态环境需水量成果耦合的思路，主要是将基本生态环境流量、断面水质、水华控制和特殊生境保障三种目标下的生态环境需水量计算成果交叉融合（图 8-23）。

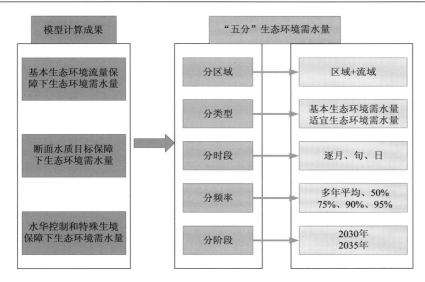

图 8-23　多目标生态环境需水量成果耦合示意图

1）分区域

以现有的计算成果为主，作为多目标生态环境需水量计算体系的基础，采用叠加外包法，取叠加后最大值作为各区域内的生态环境需水量的初步阈值；在此基础上，与上下游不同区域生态环境需水量进行耦合，确保不同区域内生态环境流量在空间上的连续和衔接，根据耦合结果，对各区域生态环境需水量的初步阈值进行合理性分析和检查，计算范围覆盖了汉江中下游不同区域（干流以黄家港、襄阳、皇庄、沙洋以及仙桃作为主要控制断面）。

2）分类型

以选取的主要控制断面为生态环境需水量耦合对象。首先按照基本生态环境需水量、适宜生态环境需水量两类进行分别耦合。基本生态环境需水量采用基本生态环境流量保障下生态环境需水量计算成果。在基本生态环境需水量的基础上，耦合断面水质、水华控制和特殊生境保障等目标的生态环境需水量后作为适宜生态环境需水量。从区域上看，针对有断面水质目标、水华控制和特殊生境保障等的区域，适宜生态环境需水量直接取基本生态环境流量、断面水质目标、水华控制和特殊生境保障三种生态环境需水量的外包值；对无断面水质目标、水华控制和特殊生境保障等的区域，根据相邻的上下游区域适宜生态环境需水及基本生态环境需水过程，综合确定该区域适宜生态环境需水量。从时段上看，针对有断面水质目标、水华控制和特殊生境保障等时段，适宜生态环境需水量直接取基本生态环境流量、断面水质目标、水华控制和特殊生境保障三种生态环境需水量的外包值；对无断面水质目标、水华控制和特殊生境保障等时段，以基本生态环境需水过程为基础，综合其他月目标，确定该时段适宜生态环境需水量。另外，对耦合后基本生态环境需水量、适宜生态环境需水量相互关系进行分析校核，确保基本生态环境需水量<适宜生态环境需水量。

3）分时段

以各控制断面确定的分月、分旬、分日计算尺度为标准，对基本生态环境流量、断面水质、水华控制和特殊生境保障三种目标下控制断面的逐月、逐旬、逐日成果进行耦合，形成各控制断面 1 月～12 月完整连续的生态环境需水过程。

本次计算以长系列天然水文数据为基础，分别采用日尺度、旬尺度和月尺度计算生态环境需水量，以满足不同时间尺度的河流生态环境需水量管理目标。

4）分频率

对于河道基流和基本生态环境需水量而言，二者属于河流维持基本生态安全的基础目标，基本不受天然来水的影响；而对于适宜生态环境需水量则受天然来水影响程度较高，因此，为便于河流生态环境需水量调度管理，分别计算不同天然来水频率下的适宜生态环境需水量，包括多年平均、50%、75%和 90%的天然来水频率下适宜生态环境需水量计算成果。不同断面所对应的天然来水频率不同，分别采用各断面天然来水频率进行多目标生态环境需水量计算势必造成上下游水量不协调，因此，多目标耦合计算的原则与基本生态环境需水量计算类似，应充分尊重上下游水量关系，以单个断面所对应的天然来水频率为基准，根据上下游水力联系，推求其他断面的多目标耦合计算成果。

5）分阶段

适宜生态环境需水量除受天然来水影响外，还与人类活动密切相关，包括取用水、工程调度以及入河污染物排放量等。鉴于汉江中下游的经济社会现状和生态环境用水的保障水平及现实，考虑适宜生态环境需水量的变化，选取 2030 年和 2035 年不同经济社会发展情景进行耦合分析，根据不同水平年的排污量对水质、水华的影响，或者根据适宜生态环境需水量的推荐范围，计算适宜生态环境需水量低值和高值。

2. 时间耦合

适宜生态环境流量时间尺度的耦合主要用于计算每个月的生态环境需水量控制值，以推求年内各月的生态环境需水量。由表 8-17 和表 8-18 可以看出，基于水质目标保障、水华控制和特殊生境保障的生态环境需水量是一个范围值，本次在耦合时，分成 2030 年和 2035 年两个阶段进行耦合，2030 年采用各断面的低值进行耦合，2035 年采用各断面的高值进行耦合。

表 8-17　基于水质目标保障的断面生态环境需水量计算结果　　　　（单位：m³/s）

主要控制断面	6 月	7 月	8 月	9 月
黄家港	512～679	512～679	512～679	512～679
襄阳	551～812	551～812	551～812	551～812
皇庄	580～790	580～790	580～790	580～790
沙洋	788～899	788～899	788～899	788～899
仙桃	708～1013	708～1013	708～1013	708～1013

按表 8-17 和表 8-18 给出的低值目标（2030 年）和高值目标（2035 年）分别构建计算矩阵，以每个月的生态环境需水量为基准，通过不同断面不同年份水文过程分别计算

表 **8-18**　基于水华控制和特殊生境保障的断面生态环境需水量计算结果　（单位：m³/s）

主要控制断面	12 月	1 月	2 月	3 月	4 月
沙洋	695~741	741~890	741~890	741~890	695~741
仙桃	736~820	736~947	736~947	736~947	736~820

其他月适宜生态环境需水量。

2030 年时间耦合成果：以低值目标为基准，黄家港、襄阳、皇庄推求出 4 组生态环境需水过程，沙洋、仙桃推求出 9 组生态环境需水过程，在此基础上选取最大值作为每个控制断面适宜生态环境需水量的时间耦合成果，并对每个断面的生态环境需水过程进行分析，得到 2030 年时间耦合成果的控制断面为沙洋断面。沙洋断面 1956~2017 年和 1956~1998 年水文系列的时间耦合生态环境需水过程详见表 8-19。

表 **8-19**　2030 年时间耦合成果的控制断面（沙洋断面）生态环境需水过程

控制断面	水文系列	逐月过程/（m³/s）												年径流量/亿 m³
		1 月	2 月	3 月	4 月	5 月	6 月	7 月	8 月	9 月	10 月	11 月	12 月	
沙洋	1956~2017 年	884	824	1213	1293	1676	1769	2139	1967	1817	1436	957	695	439
	1956~1998 年	889	856	1216	1511	1960	2048	2441	2044	2176	1406	971	695	480

注：根据不同月水质、水华及特殊生境控制的适宜生态环境需水过程计算成果，2030 年沙洋控制断面耦合成果 12 月水华控制流量值为 695 m³/s。

2035 年时间耦合成果：以高值目标为基准，黄家港、襄阳、皇庄推求出 4 组生态环境需水过程，沙洋、仙桃推求出 9 组生态环境需水过程，在此基础上选取最大值作为每个控制断面适宜生态环境需水量的时间耦合成果，并对每个断面的生态环境需水过程进行分析，得到 2035 年时间耦合成果的控制断面为仙桃断面。仙桃断面 1956~2017 年和 1956~1998 年水文系列的时间耦合生态环境需水过程详见表 8-20。

表 **8-20**　2035 年时间耦合成果的控制断面（仙桃断面）生态环境需水过程

控制断面	水文系列	逐月过程/（m³/s）												年径流量/亿 m³
		1 月	2 月	3 月	4 月	5 月	6 月	7 月	8 月	9 月	10 月	11 月	12 月	
仙桃	1956~2017 年	1010	942	1351	1171	1433	1792	1828	1766	1506	1600	1114	822	430
	1956~1998 年	1016	988	1428	1348	1753	2020	2236	2001	1739	1622	1148	820	477

注：根据不同月水质、水华及特殊生境控制的适宜生态环境需水过程计算成果，2035 年仙桃控制断面耦合成果 12 月水华控制流量值为 820 m³/s。

3. 空间耦合

依据表 8-19 和表 8-20 计算结果，2030 年和 2035 年适宜生态环境需水量的控制断面分别为沙洋断面和仙桃断面。因此，根据上下游断面基本生态环境流量过程的空间关系，以沙洋断面推求 2030 年其他控制断面的适宜生态环境需水过程，以仙桃断面推求 2035 年其他断面的适宜生态环境需水过程。黄家港、襄阳、皇庄、沙洋、仙桃 5 个主要控制断面 1956～2017 年和 1956～1998 年空间耦合后的适宜生态环境需水过程如图 8-24 和图 8-25 所示。

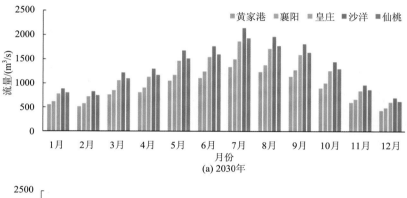

(a) 2030年

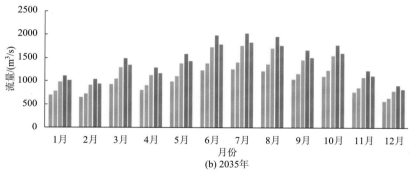

(b) 2035年

图 8-24　1956～2017 年水文系列空间耦合后的适宜生态环境需水过程

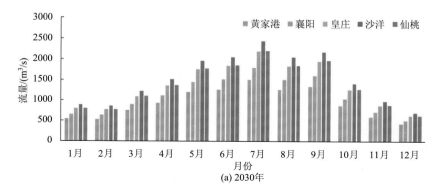

(a) 2030年

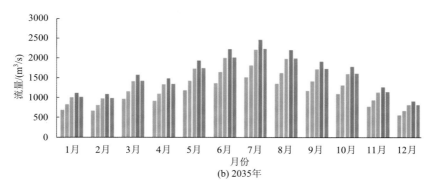

图 8-25 1956～1998 年水文系列空间耦合后的适宜生态环境需水过程

4. 不同频率适宜生态环境需水量

采用控制断面天然年径流量理论频率分布曲线，分别计算多年平均、50%、75%、90%频率下适宜生态环境需水过程，并计算黄家港、襄阳、皇庄、沙洋、仙桃 5 个主要控制断面 1956～2017 年和 1956～1998 年对应频率下的适宜生态环境需水过程（图 8-26～图 8-29），本次计算结果所构成的区间上下限分别作为 2030 年和 2035 年的适宜生态环境需水量成果。结果表明，各断面适宜生态环境需水过程均大于基本生态环境需水过程，满足不同类型生态环境需水的内在关系。

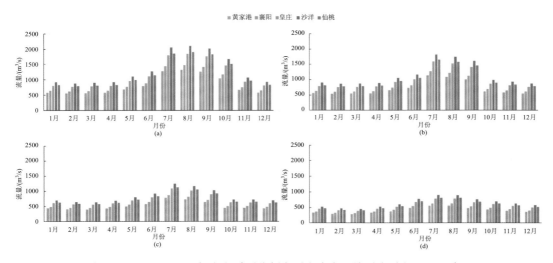

图 8-26 1956～2017 年水文系列分频率适宜生态环境需水过程（2030 年）

（a)表示 2030 年多年平均适宜生态环境需水过程；(b)表示 2030 年 P=50%适宜生态环境需水过程；(c)表示 2030 年 P=75%
适宜生态环境需水过程；(d) 表示 2030 年 P=90%适宜生态环境需水过程

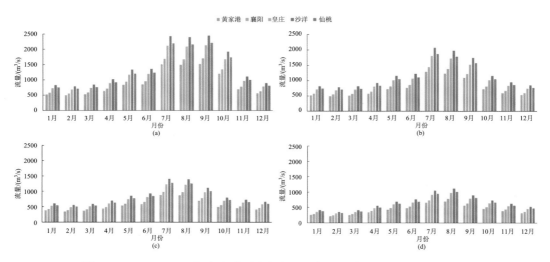

图 8-27　1956～2017 年水文系列分频率适宜生态环境需水过程（2035 年）

（a）表示 2035 年多年平均适宜生态环境需水过程；（b）表示 2035 年 P=50%适宜生态环境需水过程；（c）表示 2035 年 P=75%适宜生态环境需水过程；（d）表示 2035 年 P=90%适宜生态环境需水过程

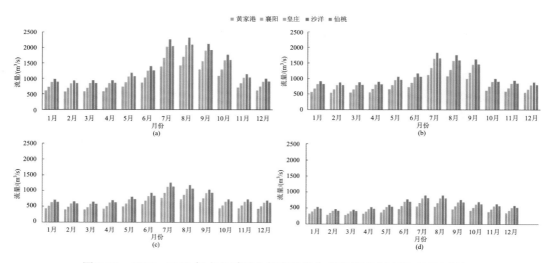

图 8-28　1956～1998 年水文系列分频率适宜生态环境需水过程（2030 年）

（a）表示 2030 年多年平均适宜生态环境需水过程；（b）表示 2030 年 P=50%适宜生态环境需水过程；（c）表示 2030 年 P=75%适宜生态环境需水过程；（d）表示 2030 年 P=90%适宜生态环境需水过程

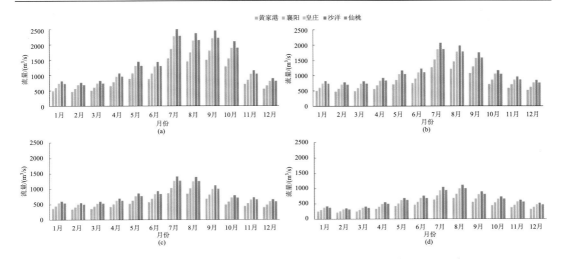

图 8-29　1956～1998 年水文系列分频率适宜生态环境需水过程（2035 年）

（a）表示 2035 年多年平均适宜生态环境需水过程；（b）表示 2035 年 $P=50\%$ 适宜生态环境需水过程；（c）表示 2035 年 $P=75\%$
适宜生态环境需水过程；（d）表示 2035 年 $P=90\%$ 适宜生态环境需水过程

8.3　本章小结

　　本章描述了多目标生态流量及调控技术的工程应用。针对淮河流域，基于建立的生态水力学模型，量化了闸坝调度导致的水文情势变化对鱼类栖息地的影响，考虑天然径流的季节变化及鱼类不同生命阶段的生境需求推求基于鱼类栖息地的生态流量过程，最终得出淮河流域典型水体（王家坝、鲁台子、蚌埠闸、小柳巷、界首、蒙城）水文调控阈值，为淮河流域"水质-水量-水生态"联合调度提供了基础性依据。针对汉江，提出了基本生态环境流量、断面水质、水华控制和特殊生境保障等多目标的生态环境流量过程耦合方法，重点解决了闸坝调度运行中生态环境需水时间、空间、过程、要素的耦合计算和协调平衡，形成多目标下分区域、分类型、分时段、分频率、分阶段的"五分"生态环境需水量成果体系，提升了筑坝河流生态目标保障程度，促进了社会经济与生态保护的协同发展。

参 考 文 献

李春青, 叶闽, 普红平. 2007. 汉江水华的影响因素分析及控制方法初探[J]. 环境科学导刊, (2): 26-28.

李修峰, 黄道明, 谢文星, 等. 2006. 汉江中游江段四大家鱼产卵场现状的初步研究[J]. 动物学杂志, (2): 76-80.

梁静静, 窦明, 夏军, 等. 2010. 淮河流域水生态服务功能类型研究[J]. 中国水利, (19): 11-14.

刘强, 陈进, 陈西庆. 2005. 汉江中下游水资源承载能力评价[J]. 长江科学院院报, 22(2): 17-20.

卢大远, 刘培刚, 范天俞, 等. 2000. 汉江下游突发"水华"的调查研究[J]. 环境科学研究, (2): 28-31.

王红萍, 夏军, 谢平, 等. 2004. 汉江水华水文因素作用机理: 基于藻类生长动力学的研究[J]. 长江流域资源与环境, (3): 282-285.

张大发. 1984. 水库水温分析及估算[J]. 水文, (1): 19-27.

跋

　　建坝河流生态环境保护是对"人与自然和谐共生"价值理念的响应和实践，本书围绕该领域关键科学问题和技术瓶颈，梳理已有研究成果，介绍了建坝河流水生态环境效应和保护技术。然而，随着人类认知的深入和新技术方法的应用，如何更系统科学地保护建坝河流水生态环境仍需要进一步探索，尤其在以下几个方面需要更多学者的关注和深入研究。

　　河流开发与保护的战略规划：在河流建坝的全过程中，包括规划设计和建成运行阶段，均应考虑对鱼类的潜在影响并积极采取行动以减少影响。应从更系统的尺度规划河流建坝，确保以更全面的方式做出决策。例如，在大坝建设之前，应在流域尺度上确定水电开发强度，以平衡河流生态系统保护和经济效益提升；开展充分的调查确定建坝的选址，结合当地水文地质条件优化选址，以减少对鱼类产卵场、索饵场和越冬场的影响；对干、支流建坝进行协同规划，并考虑高坝、低坝和径流坝的最佳组合，这对于从流域尺度上减少对河流生态系统的影响至关重要。虽然目前已有大量关于建坝河流本土鱼类保护的研究，但研究大多都集中在某一特定问题（如鱼道或生境修复）上，缺乏考虑鱼类整个生活史对栖息地需求的综合保护策略。鱼类保护措施效果有限，需要进行更多的研究来完善这些措施，确保更好地实现预期保护目标。具体而言，需要通过使用建坝河流的长期监测数据来定量评估保护措施的有效性和效率，及时发现新出现的问题，从而帮助改进设计，以采取更有效的措施。从遗传水平、种群水平、超种群水平、群落水平和生态系统水平对目标鱼类保护措施的有效性和效率进行系统评估具有重要意义。基于自然的保护方案在建坝河流鱼类保护方面具有很大潜力，未来研究应重点关注。此外，在调查和规划保护计划时，需要纳入更多的目标鱼类。有必要研究流体动能和水下水轮机，虽然一些改进会损失部分发电量，但它们可以发电且不具有水坝的许多缺点。

　　加强建坝河流长期系统监测：在河流建坝对鱼类的影响和保护措施的研究方面，研究不足的一个重要原因是缺乏长期监测数据。与自然河流的长序列监测数据相比，建坝河流类似数据的时间序列相对较短，且建坝也会导致蓄水前后的数据不一致。此外，河貌变化是长期且缓慢的过程，河流建坝后的河道形态演变及其对鱼类物理栖息地的影响也需要更加长期的监测。河流生态系统对水文地球物理变化的响应存在滞后现象，这也需要足够长的观测时间。亟待在建坝河流建立专门的监测网络，加强长期和系统的数据收集，以提高我们关于河流建坝对鱼类影响的认识。新兴的技术，如 eDNA、耳石微量化学和生物遥测，可以用来描述鱼类在建坝和未建坝河流的群落动态，为对比研究提供基础。此外，关于建坝对鱼类影响的现有资料主要是基于对野外观测和实验数据的统计分析，这些分析主要涉及关键的水文地球物理因子与鱼类之间的关系。一些研究在实验室中通过分析目标鱼类对关键水文地球物理因子变化的行为反应，建立了适宜性曲线，然后建立鱼类生境模型进行影响评估或预测。这些研究对评估河流建坝的影响和鱼类保护措施的设计做出了重要贡献。将来，可采用基因组学、转录组学、蛋白质组学、代谢组学和生物信息学等方法来研究被改变的水文地球物理条件如何影响目标鱼类的性腺发育、性别分化、基因调控和基因表达的生理机制。此外，建坝对鱼类行为、个性和认知的神经毒性影响可能反过来产生反馈循环，放大对鱼类的影响，因此，可将野外现场观测与新技术（如多组学技术、生物遥测技术）结合使用，有助于开发更可靠的模型来预测未来长期的影响，为保护措施的有效实施提供支持。

考虑气候变化与土地利用变化的复杂影响：气候变化对河流水文情势、水温情势产生巨大影响，从而以各种方式影响鱼类的洄游、繁殖、生长和分布。大坝的运行扰乱了河流自然水文情势和河流水动力条件，气候变化则通过影响全球降水和融雪模式带来更多不确定性的变化。气候变化和水库蓄水还共同影响河流沉积物状况，通过影响河流形态和底质组成而影响鱼类栖息地。由于缺乏有关气候变化、大坝调控和鱼类群落演化的综合数据，气候变化和河流建坝对鱼类的多重压力影响需要进一步的研究。此外，气候变化和建坝也会影响土地利用，从而直接或间接影响河流生态系统。在气候和土地利用变化的共同影响下，预测河流建坝对鱼类的影响可能变得更加困难和异常复杂。因此，在未来研究中需要考虑影响河流的各种压力因素，确定主要因素，并评估它们的相互作用和影响的时间尺度。